“十二五”普通高等教育本科国家级规划教材

计算机科学导论

——思想与方法

（第4版）

董荣胜

中国教育出版传媒集团
高等教育出版社·北京

内容提要

本书依据教育部高等学校计算机类专业教学指导委员会对“计算机导论”课程的要求，以及教育部高等学校大学计算机课程教学指导委员会对“大学计算机”课程的基本要求，并参考 ACM 和 IEEE CS 对“计算机科学导论”课程的有关建议组织编写。在学科思想与方法层面将学科知识有机地统一起来，避免了学科知识的杂乱堆积，有助于课程的教与学。基于本书“学科认知模型”的课程设计，适合采用翻转课堂的教学方式，通过将良好的课程结构与先进的教学方式相结合能够强化学生的计算思维习惯，提高问题求解的能力。

本书主要内容有绪论，计算学科的基本问题，计算学科的三形态，计算学科的核心概念，计算学科中的数学方法、统计学方法、系统科学方法，社会与职业问题，若干问题的探讨，以及 9 组与课程讲授内容相呼应的实验等。

本书可作为高等学校计算机科学导论、计算概论、计算思维与人工智能的数学基础或大学计算机科学等课程的教材或参考书，还可供广大教师、科技人员和其他对科学思维能力培养感兴趣的相关人士参考。

图书在版编目（CIP）数据

计算机科学导论：思想与方法／董荣胜编著．4 版．--北京：高等教育出版社，2024.8（2025.8重印）．

ISBN 978-7-04-062425-0

Ⅰ．TP3

中国国家版本馆 CIP 数据核字第 20242GL298 号

Jisuanji Kexue Daolun

策划编辑	张海波	责任编辑	张海波	封面设计	李卫青	版式设计	童　丹
责任绘图	于　博	责任校对	刘娟娟	责任印制	高　峰		

出版发行	高等教育出版社	网　　址	http://www.hep.edu.cn
社　　址	北京市西城区德外大街 4 号		http://www.hep.com.cn
邮政编码	100120	网上订购	http://www.hepmall.com.cn
印　　刷	北京顶佳世纪印刷有限公司		http://www.hepmall.com
开　　本	787 mm × 1092 mm　1/16		http://www.hepmall.cn
印　　张	21.75	版　　次	2007 年 9 月第 1 版
字　　数	520 千字		2024 年 8 月第 4 版
购书热线	010-58581118	印　　次	2025 年 8 月第 3 次印刷
咨询电话	400-810-0598	定　　价	47.00 元

物 料 号　62425-00

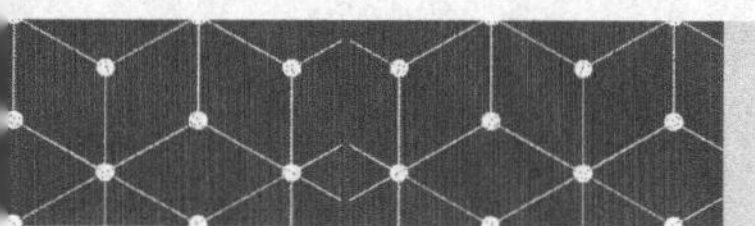

新形态教材网使用说明

计算机科学导论
——思想与方法

（第4版）

董荣胜

1 计算机访问https://abooks.hep.com.cn/1877021或手机微信扫描下方二维码进入新形态教材网。

2 注册并登录后，计算机端进入“个人中心”，点击“绑定防伪码”，输入图书封底防伪码（20位密码，刮开涂层可见），完成课程绑定；或手机端点击“扫码”按钮，使用“扫码绑图书”功能，完成课程绑定。

3 在“个人中心”→“我的学习”或“我的图书”中选择本书，开始学习。

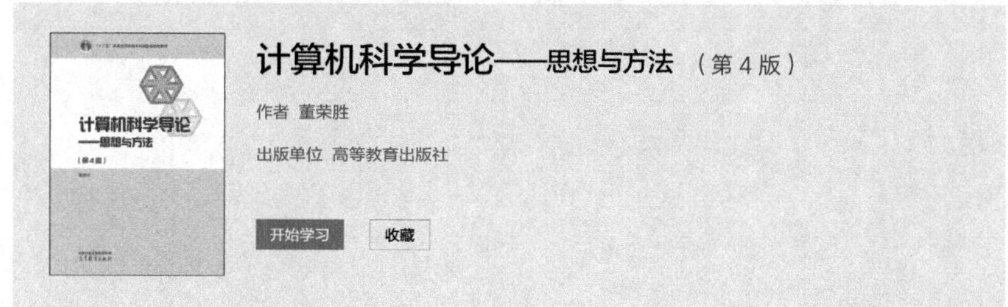

绑定成功后，课程使用有效期为一年。受硬件限制，部分内容可能无法在手机端显示，请按照提示通过计算机访问学习。

如有使用问题，请直接在页面点击答疑图标进行咨询。

https://abooks.hep.com.cn/1877021

序

科学界普遍认为，理论科学、实验科学和计算科学是促进科学技术进步和人类文明发展的三大科学，它们相辅相成地帮助人们发现未知，认识自然和改造世界。这三大科学也被认为是科学发现与技术创新的三大支柱，这种认识在美国得到国会听证会的听证，被美国联邦和私人企业广泛认同，同时也被科学文献大量引用。在研究这三大科学时，学术界一般认为，理论科学以数学为基础，实验科学以物理学为基础，而计算科学以计算机科学为基础。在许多情况下，或者理论基础尚未建立，或者理论模型过于复杂，或者实验费用过于昂贵甚至实验环境条件苛刻限制而无法进行，在此情况下，计算（模拟）手段就成为解决问题的主要或者是唯一方法了。随着计算技术的迅猛发展，计算科学的作用也越来越重要，正如美国总统信息技术咨询委员会（PITAC）在致美国前总统布什的“计算科学：确保美国竞争力”报告指出的那样：虽然计算本身也是一门学科，但其具有促进其他学科发展的作用。不仅如此，报告还指出，21 世纪科学上最重要的和经济上最有前途的研究前沿涉及的重要问题，都有可能通过熟练地掌握先进的计算技术和运用计算科学而得到解决。

我曾任两届教育部高等学校大学计算机基础教学指导委员会的主任委员，也参加过中国科学院组织的 PITAC 报告的科技咨询，我一直在思考一个问题：计算科学如此重要，如果我们这些搞计算机教育的人没有办法教好年轻人，那不是使年轻人失去了科学重大发现与技术创新的机会了吗？那我们的责任就大了。与我有类似想法的还有我们委员会的两位副主任委员李廉教授（现任主任委员）和冯博琴教授。在过去，计算机的基础教育曾过分地强调了工具的训练和使用，很少讲授计算科学本质上的核心思想与方法。在经过仔细观察和研究后，我们决定要改变这种状况。其实中国计算机教育面临的问题，在计算机教育发达的美国也是存在的，争论也是激烈的，为了落实 PITAC 报告，美国国家科学基金委员会 NSF 组织召开了一系列会议，并于 2007 年 NSF 启动了简称为 CPATH 的美国大学计算机教育振兴计划。在计划的实施过程中，一致感受到了计算思维的力量，最后选择以计算思维为突破口进行改革。计算思维是 2006 年时任美国 CMU 计算机系主任的周以真教授提出的，这个概念的源头可以追溯到中国古代学者的算法化思维以及古希腊的公理化思维，是一个中西思维方式融合的很好的切入点。2010 年 7 月，我在北京与周以真教授有一次长谈，美国是一个学术比较自由的国家，要在全国推动一件事情不容易，好在周以真教授当时负责 NSF 计算机与信息科学及工程学部的工作，她和 NSF 的同事们依靠 NSF 的资源推动了以计算思维为核心的美国大学教学改革。我们的国情有些不同，我们的教育改革放在教育部。所以，我们教指委组织了一系列的讨论，对计算思维的内涵以及如何把计算思维融入大学计算机课程的想法进行了深入、广泛的交流，逐步形成了以计算思维为切入点、全面改革高校计算机基础课程的思路。这项工作，2012年在教育部正式立项，今天，这项每年惠及全国近700万大学生的教学改革已取得不少成果。

本书作者董荣胜教授是我们讨论的核心成员之一，他参加了我们当时全程的讨论，以及一些文件的起草，他力图改变“狭义工具论”的计算科学的教学方法，特别是在计算机科学导论课程的建设中卓有成效，他提出了基于“学科认知模型”的计算机科学导论课程构建的思想，研制了帮助理解存储式计算机程序的实验平台，设计了“热身实验”的内容，降低了学习的难度，有助于学生深入理解计算机科学的基础概念，提高求解问题、设计系统和理解人类行为的计算思维能力。

最后，借本序，向包括作者在内的所有在“以计算思维为切入点的大学计算机课程改革项目”中做出贡献的人们表示感谢！

陈国良

中国科学院　院士

中国科学技术大学　教授

深圳大学　教授

2015年3月

第 4 版前言

计算学科的认知问题，是学术界长期争论的一个问题，反映在教学上，就包括“计算机科学导论”课程的构建问题。1989 年 1 月，美国 ACM 和 IEEE CS 任务组在 *Communications of the ACM* 杂志上发表了《计算作为一门学科》（“Computing as a Discipline”）报告，报告将“计算机科学导论”课程的构建问题列为计算学科教育面临的首个需要解决的重要问题。作者根据多年的研究和教学实践提出，该问题的实质就是寻求一种统一的思想来认知计算学科的本质，构建计算学科视角的世界观和方法论。

美国 ACM 和 IEEE CS 任务组在提交《计算作为一门学科》报告前，首先对计算学科中的概念进行了分类，最初有两种方案：一种是模型（model）与实现（implementation），另一种是算法（algorithm）与机器（machine）。显然，以上两种方案都可以反映计算学科研究的基本内容。但是，在考虑分支领域有关概念归属于何种形态时，出现了分类界限模糊的问题。

如果将计算学科中的所有概念都放在一个集合中，这个集合会是庞大且杂乱的。因此，人们希望将其进行分类，好的分类，将大大降低问题的复杂性。接下来，就是划分的方法，人们一般希望采用数学的等价类方法对集合进行划分，划分后的子集应满足自反性、对称性和传递性三个约束条件。数学的等价类，是人们控制和降低复杂系统的一种强有力的数学工具，这个工具的应用贯穿了本书的始终。

学科概念的划分，引发了专家的争论和探讨。专家们认识到，计算学科的基本原理已被纳入抽象、理论和设计三个过程中，学科的各分支领域正是通过这三个过程来实现它们的目标的。因此，从这三个过程的角度对计算学科概念进行分类，并将其确定为计算学科的三形态，即从事学科领域工作的三种文化方式。而关于三形态中谁更基础的问题产生了两种不同的研究思路。

第一种研究思路认为抽象、理论和设计三形态之间的关系是复杂的，相互之间是缠绕在一起的，以至谁更基础是有争议的。因此，另辟蹊径选择了计算学科中的计算、通信、协调、记忆、自动化、评估和设计七个概念对计算学科的主要内容进行新的划分，给出它们的原理、内容和实例，同时将这七个概念称为“伟大的计算原理”。

第二种研究思路则将研究的重点放在三形态的相互作用上，将计算学科中的抽象形态与理论形态分别与感性认识和理性认识对应起来，将实践与计算学科中的设计形态对应起来，借助大量的经典案例，帮助学生树立正确认知计算学科的世界观和方法论。

正是源于以上认知，本书对《计算作为一门学科》报告给出的“计算学科二维定义矩阵”进行了重新解释和梳理，构建了本书的总体结构框架。各章内容介绍如下。

第 1 章绪论：介绍计算学科的根本问题、学科的定义、“计算机科学导论”课程的构建问题、美国 ACM 和 IEEE CS 联合任务组提交的《计算作为一门学科》报告的主要内容等。

第 2 章计算学科的基本问题：通过典型的具有方法论性质的实例介绍计算系统及计算过程的基本问题。例如，可计算问题和不可计算问题，计算复杂性，计算系统中的软硬件资源管理问题，程序设计的结构问题，计算机网络中的协议问题，人工智能中的若干哲学问题等。

第 3 章计算学科的三形态：抽象、理论和设计是计算学科中的三个学科形态，它们反映了人们从感性认识到理性认识，再由理性认识回到实践的认识过程。本章分别从一般科学技术方法论和计算学科的角度对抽象、理论和设计三形态进行论述，并以“学生选课”为实例，按三形态对相关概念进行划分，让读者理解求解问题的思维过程。然后，以计算机语言的发展为主线，介绍学科的相关内容，包括自然语言与形式语言、图灵机与冯·诺依曼计算机、机器指令与汇编语言、虚拟机、高级语言、应用语言和自然语言的形式化问题等。最后，给出计算机科学 17 个分支领域抽象、理论和设计三形态的主要内容。

第 4 章计算学科的核心概念：认知学科终究是通过概念来实现的，掌握和应用学科中的核心概念是成熟的计算机科学家和工程师的标志之一。本章首先介绍计算学科中一个最具有学科方法论性质的核心概念——算法，包括算法的历史、定义、表示方法以及算法的计算时间复杂度和空间复杂度等内容。然后，介绍数据结构、程序、软件、硬件的概念，以及计算机中的数据等内容。最后，给出 CC1991 提取的 12 个核心概念，即绑定、大问题的复杂性、概念模型和形式模型、一致性和完备性、效率、演化、抽象层次、按空间排序、按时间排序、重用、安全性、折中和结论。

第 5 章计算学科中的数学方法：在计算学科中，采用的数学方法主要是离散数学方法。本章首先简单介绍数学的基本特征及数学方法的作用。然后介绍计算学科中常用的数学概念和术语（包括集合，函数和关系，代数系统，字母表、字符串和语言，定义、定理和证明，必要条件和充分条件）、证明方法、递归和迭代、随机数与蒙特卡罗方法、公理化方法等内容。最后介绍的是选修内容，即计算学科中的形式化方法，包括形式系统的组成、基本特点和局限性，形式化方法概述，以及形式化规格说明和形式验证等。

第 6 章计算学科中的统计学方法：本章是第 4 版教材新增的内容，主要介绍数据驱动的知识发现，包括不确定性描述的数学基础、朴素贝叶斯分类器、偏导数基础、回归与最小二乘法、最大梯度下降法，感知器与 BP 神经网络等。

第 7 章计算学科中的系统科学方法：在计算学科中，采用的系统科学方法主要是模型方法，包括建模、验证和实现。建模属于学科抽象形态方面的内容，模型的验证属于学科理论形态的内容，模型的实现属于学科设计形态的内容。为理解学科中的系统科学方法，本章针对软件的复杂性以及人所固有的局限性，介绍在软件开发中使用系统科学方法的原因。另外，针对传统软件开发管理存在的问题，介绍软件开发管理中的敏捷方法。最后介绍可选修的内容，即结构化方法和面向对象方法。

第 8 章社会与职业问题：作为未来的实际工作者，计算学科的学生不仅要了解专业，还要了解社会，以及与职业生涯有关的法律法规和道德等方面问题。本章的主要内容有：计算的历史、计算的社会背景、伦理选择和评价、AI 中的若干伦理问题、职业和道德责任、基于计算机系统的风险和责任、计算机犯罪等。

第 9 章若干问题的探讨：本章对计算学科中的若干问题进行探讨，包括计算对本质的认识历史、第三次数学危机与希尔伯特纲领、图灵对计算本质的揭示、关于能力的培养、布卢姆教育目标分类法中的复杂度与难度、SOLO 分类法中的浅层学习与深度学习等。

第 10 章课程实验：为贯彻“导论课程的实验要充分反映课堂教学的实质内容，让学生在实验的过程中加深对学科基础概念的理解，强化学生的计算思维习惯，不断提高学生面向学科求解问题的思维能力”的实验教学理念，研制了用于存储程序式计算机的简易实验平台，引入了简单易学的可视化程序设计工具 Raptor，设计了能够快速熟悉实验环境的“热身实验”，降低了算法设计和系统设计的难度，帮助读者将关注的重点尽快放在基于学科核心概念基础上的问题解决、系统设计和人类行为的理解上。

本章解决了长期困扰“计算机科学导论”课程的实验内容与讲授内容严重脱节的问题。传统“计算机科学导论”课程的实验，常见的是有关软件工具的使用，甚至是计算机的初步操作的，课程的最大问题是课堂讲授内容与实验内容脱节。由于反映课堂讲授内容的实验往往涉及具体的编程环境，以及众多的编程细节（如具体编程语言的语法等），致使“计算机科学导论”课程的实验长期困扰计算学科的教与学。计算学科是一个理论与实践紧密联系的学科，实验内容与课堂教学内容的脱节，可能使人产生错误认识，不利于导论类课程发挥其学科引导作用。

本书是“十二五”普通高等教育本科国家级规划教材，也是国家精品课程“计算机科学导论”、国家级一流本科课程、教育部课程思政示范课程的主讲教材。与第 3 版相比，本版增加了“计算学科中的统计学方法”以及“软件开发管理中的敏捷方法”“AI 中的若干伦理问题”等内容，删除了“团队工作”“知识产权”“隐私和公民自由”及 Access 数据库实验等内容。

为便于教学，本书配套资源有课程讲授课件，教学大纲、教案，习题和单元测试题的参考答案，以及实验平台 Vcomputer、实验指导书、源程序等。

自 2010 年起，作者参与了陈国良院士主持的教育部“以计算思维为切入点的大学计算机课程改革项目”的工作，担任了陈院士主持的南方科技大学首届实验班“计算思维导论”课程的主讲任务，采用了陈院士为南方科技大学首届实验班招生出的入学考试题（排序网）的内容。陈院士对作者在计算思维方面的工作给予了大力支持和帮助，本人铭记在心，并致谢。

最后，还要感谢教育部大学计算机课程教学指导委员会、教育部计算机课程思政虚拟教研室，以及“计算思维”的倡导者周以真教授、微软亚洲研究院对作者在计算思维结构方面所做工作的鼓励和支持。

由于计算机相关专业所涉及的理论、方法及技术不断发展，加之作者水平有限，在编写中出现的不当和疏漏之处，恳请广大读者给予指正，请发至作者邮箱：ccrsdong@ guet. edu. cn。

作　者

2024 年 5 月

于计算机系统的风险和责任，计算机犯罪等。

第9章若干问题的探讨：本章对计算学科中的若干问题进行探讨，包括计算对本质的认识历史，第三次数学危机与希尔伯特纲领，图灵对计算本质的揭示，关于能力的培养，布卢姆教育目标分类法中的复杂度与难度，SOLO分类法中的浅层学习与深度学习等。

第10章课程实验：力图做"导论课程的实验要充分反映课堂教学的实质内容，让学生在实验的过程中加深对学科基础概念的理解，强化学生的计算思维习惯，不断提高学生面向学科求解问题的思维能力"的实验教学理念，研制了用于存储程序式计算机的简易实验平台，引入了简单易学的可视化程序设计工具Raptor，设计了能够快速熟悉实验环境的"热身实验"，降低了算法设计和系统设计的难度，帮助读者将关注的重点切实放在基于学科核心概念基础上的问题解决、系统设计和人类行为的理解上。

本章解决了长期困扰"计算机科学导论"课程的实验内容与讲授内容严重脱节的问题。传统"计算机科学导论"课程的实验，常见的是有关软件工具的使用，甚至是计算机的初步操作的。课程的最大问题是课堂讲授内容与实验内容脱节。由于反映课堂讲授内容的实验往往涉及具体的编程环境，以及众多的编程细节（如具体编程语言的语法等），致使"计算机科学导论"课程的实验长期困扰计算学科的教与学。计算学科是一个理论与实践紧密联系的学科，实验内容与课堂教学内容的脱节，可能使人产生错误认识，不利于导论类课程发挥其学科引导作用。

本书是"十二五"普通高等教育本科国家级规划教材，也是国家精品课程"计算机科学导论"、国家级一流本科课程、教育部课程思政示范课程的主讲教材。与第3版相比，本版增加了"计算学科中的统计学方法"以及"软件开发管理中的敏捷方法"、"AI中的若干伦理问题"等内容，删除了"团队工作"、"知识产权"、"隐私和公民自由"及Access数据库实验等内容。

为便于教学，本书配套资源有课程讲授课件、教学大纲、教案、习题和单元测试题的参考答案，以及实验平台Vcomputer、实验指导书、源程序等。

自2010年起，作者参与了陈国良院士主持的教育部"以计算思维为切入点的大学计算机课程改革项目"的工作，担任了陈院士主持的南方科技大学首届实验班"计算思维导论"课程的主讲任务，采用了陈院士为南方科技大学首届实验班招生出的入学考试题（排序网）的内容。陈院士对作者在计算思维方面的工作给予了大力支持和帮助，本人铭记在心，并致谢！

最后，还要感谢教育部大学计算机课程教学指导委员会、教育部计算机课程思政虚拟教研室，以及"计算思维"的倡导者周以真教授，微软亚洲研究院对作者在计算思维结构方面所做工作的鼓励和支持。

由于计算机相关专业所涉及的理论、方法及技术不断发展，加之作者水平有限，在编写中出现的不当和疏漏之处，恳请广大读者给予指正，请发至作者邮箱：ccrsdong@guet.edu.cn

作　者

2024年5月

第 3 版前言

本书第 1 版，引入 IEEE CS 和 ACM 联合提交的 *Computing as a Discipline* 报告中给出的计算学科二维定义矩阵的概念，将学科的认知问题归约为计算学科二维定义矩阵的认知问题，为“计算机科学导论”的课程设计提供了一种基于“学科认知模型”的、以学科方法论为基础的、以计算思维能力为培养目标的新模式。

本书第 2 版，进一步丰富了第 1 版的内容。在陈国良院士的建议下，确定了以本教材为基础的“计算机科学导论”课程的教学原则和目标：以计算学科的基本问题讲授优先，以经典的案例教学为基础，以习题课和实验课的内容加强学生对学科基础概念的理解，将课堂翻转起来，让学生尽快了解学科的概貌，培养学生的计算思维习惯，提高问题求解、系统设计和人类行为理解的能力。

本书第 3 版，沿用了第 1 版的框架，更加面向学生，删除了原来供教师参考的“附录 A　CC2001 中的计算机科学知识体”、“附录 B　Armstrong 公理系统”、“附录 C　哲学家共餐问题的模型检验”、“附录 D　$m+0=m$ 的定理证明”，以及第 1 章中的“计算机工程知识体及专业核心课程”、“软件工程知识体及专业核心课程”、“信息技术知识体及专业核心课程”等内容，重新设计了附录的内容，增加了实验必需的背景知识，如“附录 A　Raptor 可视化程序设计概述”、“附录 B　Vcomputer 存储程序式计算机概述”、“附录 C　Access 2013 概述”，根据 CS2013 报告，补充和修改了书中相关分支领域的基本问题、学科形态，以及对计算机科学专业本科毕业生的期望等方面内容。

本书第 3 版与前两版最大的不同点在于增加课程实验内容，解决了长期困扰计算机科学导论课程的实验内容与讲授内容严重脱节的问题。

传统“计算机科学导论”课程的实验，不少是关于软件工具的使用，甚至是计算机的初步操作，课程的最大问题是课堂讲授内容与实验内容的脱节，由于反映课堂讲授内容的实验往往涉及具体的编程环境，以及众多的编程细节（如具体编程语言的语法等），致使“计算机科学导论”课程的实验长期困扰计算学科的教与学。计算学科是一个理论与实践紧密联系的学科，实验内容与课堂教学内容的脱节，会让同学们产生错误认识，不利于“导论”课程所起的学科引导作用。

针对以上问题，本书作者给出了“导论课程的实验要充分反映课堂教学的实质内容，让学生在实验的过程中加深对学科基础概念的理解，强化学生的计算思维习惯，不断提高学生面向学科求解问题的思维能力”的实验教学理念，研制了用于存储程序式计算机理解的简易实验平台，引入了简单易学的可视化程序设计工具 Raptor，设计了能够快速熟悉实验环境的“热身实验”，降低了算法设计和系统设计的难度，为解决“导论”课程中实验与课堂教学内容脱节的问题提供了一种新的思路和实现的途径，帮助学生将关注的重点尽快放在基于学科核心概念基础上的问题解决、系统设计和人类行为的理解上。

本书是“十二五”普通高等教育本科国家级规划教材，也是作者主持的国家级精品课程“计算机科学导论”的主讲教材。书中的实验部分围绕教材的核心章节，即第 2 章到第 6 章展开，第 1 个实验项目反映的是教材 2. 4 节中的程序的 3 种基本结构的内容，做的是分支和循环结构的简单程序设计；第 2 个反映的是第 2. 3 节中的计算复杂性方面的内容，做的是“RSA 公开密钥密码系统”的实验；第 3 个用于加深学生对 3. 7 节中的冯 · 诺依曼计算机体系结构的理解，做的是机器指令和汇编语言的简单编程；第 4 个用于对 4. 2 节中的算法加深理解，做的是递归算法和迭代算法，并对其进行比较。前 4 个实验是最基本的实验项目，后面的 6 个实验（数组实验，栈的基本操作：push 和 pop，归并排序与折半查找，蒙特卡罗方法应用，简单的卡通与游戏实验，基于 Access 的简单数据库设计）根据各自学校的实际情况（比如“学时”等）进行选取，原则上要求学生做所有实验项目中的“热身实验”，建议在做“进阶实验”和“综合实验”时分小组进行，不应要求学生每个实验都“进阶”，但求感兴趣的某个主题做得更深、更强、更大，鼓励出好的作品。为了更好地理解计算学科中的核心概念、思想和方法，本书网站还提供了基于本教材的 PPT 课件，单元测试的样题，各章节的习题参考答案，以及课程实验的所有参考答案、实验平台、原程序和微视频等。

本书针对的是零基础计算学科知识和编程经验的同学，为了提高效率，更快地认知计算学科的基础概念，建议将所有答案一开始就提供给学生，允许甚至鼓励学生根据“参考答案”的提示进行实验，要求删繁就简，将课堂尽快翻转起来，让学生尽快感受创意的快乐，让老师尽快体会这种授课方式的力量。

本书第 1 版是在北京大学袁崇义教授、重庆大学袁开榜教授、北京航空航天大学杨文龙教授、国防科技大学朱亚宗教授等一批老教授的支持和建议下撰写的。北京工业大学蒋宗礼教授、江西财经大学万常选教授审阅了本书第 1 版；本书第 2 版由北京交通大学王移芝教授审阅。本书第 3 版在撰写过程中得到西安交通大学程向前教授的大力支持，他提供了大量基于 Raptor 的案例供作者参考。作者指导的 2012 级、2013 级研究生王泓刚、刘宝立、聂晨华、方春林、张晓花，以及 2014 级本科生高金培、陈奕霖等同学均做了大量的资料整理、程序调试，以及配音等工作，没有他们的辛勤劳动，本书第 3 版，至少要推迟出版。另外，作者的领导和同事，桂林电子科技大学的古天龙教授、钟艳如教授、陈光喜教授、常亮教授、徐周波博士、王慧娇副教授、李凤英博士、孟瑜副教授等均给出许多富有建设性的建议，在此一并表示感谢。在本书的撰写过程中，作者参与了陈国良院士推动的“以计算思维为切入点的大学计算机课程改革项目”，参加了陈院士主持的南方科技大学首届实验班“计算思维导论”课程的教学工作，采用了陈院士为南方科技大学首届实验班招生出的入学考试题（如“排序网”的内容），本书第 3 版又由陈院士作序，本人铭记在心，并致谢。最后，还要感谢教育部高等学校大学计算机课程教学指导委员会主任委员李廉教授与全体同仁、周以真教授以及微软亚洲研究院对作者在“计算思维结构”方面所做工作的鼓励和支持。

作　者

2015 年 4 月

目录

第1章　绪论

本章首先简单介绍计算学科命名的背景、计算学科的定义以及计算学科的根本问题，阐述计算学科的演变、专业描述及其培养侧重点。然后，介绍CC2001报告中给出的计算机科学（CS）知识体、CS2013和CS2023报告的修订内容以及“101”计划白皮书，给出“计算机科学导论”课程的构建问题以及相应的解决方案。最后，介绍计算思维与“计算机科学导论”课程有关的内容。

1.1　引言

本节的目的在于介绍计算学科的定义、学科的根本问题，为后续章节的学习做一个简单的铺垫。

1. 计算学科命名的背景

如何认知计算学科，存在很多争论。1984年7月，美国计算机科学与工程博士单位评审部的专家们在美国犹他州召开的会议上对计算认知问题进行了讨论。这一讨论以及其他类似讨论促使国际计算机学会（Association for Computing Machinery，ACM）与电气电子工程师学会计算机学会（Institute of Electrical and Electronics Engineers Computer Society，IEEE CS）于1985年春联合组成任务组，经过近4年的工作，任务组提交了在计算教育史上具有里程碑意义的《计算作为一门学科》（“Computing as a Discipline”）报告，该报告论证了计算作为一门学科的事实，回答了计算学科中长期以来一直争论的一些问题，并将当时计算机科学、计算机工程、计算机科学与工程、计算机信息学以及其他类似名称的专业及其研究范畴统称为计算学科。

2. 计算学科的定义

《计算作为一门学科》对计算学科做了以下定义：计算学科主要是对描述和变换信息的算法过程进行系统研究，包括理论、分析、设计、效率、实现和应用等。

计算学科包括对计算过程的分析以及计算机的设计和使用。该学科的广泛性在下面一段来自美国工程与技术认证委员会发布的报告摘录中得到强调：计算学科的研究包括从算法与可计算性的研究到可计算硬件和软件的实际实现问题的研究。这样，计算学科的研究内容不但包括总体上对算法和信息的处理过程，也包括满足给定规格说明要求的有效而可靠的软硬件设计，这包含了相关的理论研究、实验方法和工程设计。

3. 计算学科的根本问题

计算学科的根本问题是：什么能被（有效地）自动执行。它来源于对算法理论、数理逻辑、计算模型、自动计算机器的研究，并与存储程序式电子计算机的发明一起形成于 20 世纪 40 年代初期。

学科的根本问题隐藏于学科基本问题之中，或者说，它是学科所有问题之中最基本的问题。为便于理解和记忆，将在第 2 章从与学科有关的若干著名而又有趣的问题出发，引出学科及其分支领域的基本问题。

1.2　计算学科的演变、专业描述

计算学科现已成为一个庞大的学科，需要有一份权威性的报告来说明该学科的相关情况。为此，ACM 和 IEEE CS 任务组做了大量的工作，并陆续提交了计算机科学（computer science，CS）、信息系统（information system，IS）、软件工程（software engineering，SE）、计算机工程（computer engineering，CE）、信息技术（information technology，IT）、网络空间安全（cyberspace security，CSEC）、数据科学（data science，DS）等 7 个分支学科（专业）的教程，给出了 7 个分支学科的知识体以及相应的核心课程，为各专业教学计划的制定奠定了基础，同时也为公众认知和选择相关专业提供了帮助。

根据我国高等学校的情况，教育部高等学校计算机科学与技术教学指导委员会（简称“计算机教指委”）编制的《高等学校计算机科学与技术专业发展战略研究报告暨专业规范（试行）》（简称《计算机专业规范》）借鉴了“Computing Curricula 2005”（简称 CC2005）报告中的 4 个分支学科，并以专业方向的形式进行了规范与讨论，它们分别是计算机科学、计算机工程、软件工程和信息技术。

本节仅介绍学科专业名称的演变、学科的描述以及培养的侧重点等内容。下一节将介绍学科的知识体和核心课程。

1. 演变中的学科专业名称

1962 年，美国普渡大学开设了计算机科学学位课程。当时，美国一些高等学校还开设了与计算相关的两个学位课程：电子工程和信息系统。在我国，早在 1956 年就开设了“计算装置与仪器”专业。

20 世纪 60 年代，随着问题复杂性的提升，生产可靠软件的困难越来越大，出现了“软件危机”。为了摆脱软件危机，1968 年秋，北大西洋公约组织（North Atlantic Treaty Organization，NATO）在德国召开了一次会议，提出了软件工程的概念。

20 世纪 70 年代，在美国，计算机工程（也被称为“计算机系统工程”）从电子工程学科中脱离出来，成为一个独立的二级学科，并被人们所接受。

20 世纪 70 年代末 80 年代初，在一些学校的计算机科学专业的学位课程中，引入了软件工程的内容，然而，这些内容只能让学生了解软件工程，却不能使学生明白如何成为一名软件工程师。于是，人们开始构建单独的软件工程学位课程。20 世纪 80 年代，英国和澳大利亚最早开设了软件工程这样的学位课程。

20 世纪 90 年代，计算机已成为人们日常办公的基本工具，而计算机网络则是信息的中枢，人们相信它有助于提高生产力，而原有的课程并不能满足社会的需求，于是，不少大学相继开设了信息系统和信息技术等学位课程。

随着计算技术的迅猛发展，在过去十多年的时间里，人们见证了计算学科专业领域前所未有的变革与繁荣。这一时期，可供学生选择的计算学科授予学位的专业数量和类型也大幅增加。计算学科的边界已扩大，不再局限于传统的编程和算法研究，而是涵盖了数据处理、机器学习、云计算、物联网等多个前沿领域，并与数学、物理、生物，以及社会科学、人文科学等多个学科有了深度融合，为人们提供了广阔的学习与探索空间。

2. 7个分支学科（专业）简要描述及培养侧重点

（1）计算机科学：涉及范围很广，包括计算的理论、算法和实现以及机器人技术、计算机视觉、智能系统、生物信息学和其他新兴且有发展前途的领域。

计算机科学专业的培养目标更关注计算的理论基础和算法，并能从事软件开发及其相关的理论研究。

（2）计算机工程：是对现代计算系统以及由计算机控制的有关设备上的软件与硬件的设计、构造、实施和维护进行研究的学科。

计算机工程专业的培养目标更关注设计并实施集软件和硬件设备为一体的系统，如嵌入式系统。

（3）软件工程：是研究软件系统的开发和维护以及如何使其可靠、高效运行的一门学科。

软件工程专业的培养目标更关注按工程规范实施大规模软件系统的开发与维护，并尽可能避免软件系统潜在的风险。

（4）信息系统：是指如何将信息技术、方法与企业的生产和商业活动结合起来，以满足这些行业需求的学科。

信息系统的培养目标更关注信息资源的获取、部署、管理及使用，并能分析信息的需求和相关的商业过程，能详细描述并设计目标系统。

（5）信息技术：从广义上来说，它包括与计算技术相关的各个方面，但这里专指作为一门学科的信息技术。它侧重于在一定的组织及社会环境下，通过选择、创造、应用、集成和管理等计算技术来满足用户的需求。

与信息系统相比，信息技术更关注信息技术的技术层面，而信息系统则侧重信息技术的信息层面。

信息技术专业的培养目标更关注基于计算机的新产品及其正常运行和维护，并能使用相关信息技术来规划、实施和配置计算机系统。

（6）网络空间安全：该领域涉及安全计算机系统的创建、操作、分析和测试。这是一个基于计算的跨学科分支领域，包括法律、政策、人为因素，以及工程的伦理和系统风险的管理等多方面。

该领域侧重培养网络安全、系统安全、应用安全方面工程化开发的理论与实践能力，以及网络攻防、网络安全管理与评估的实战能力。

（7）数据科学：数据科学的兴起几乎与所有主题领域的大型数据集的兴起直接相关。自然科学、社会科学、商业、人文科学和工程都看到了由前所未有的原始或结构化的大数据带来的新发现。这是一个将领域数据与计算机科学以及用于查询数据和提取有用信息的统计学工具有效结合的、正在兴起的跨学科领域。

数据科学侧重培养数据思维习惯——收集数据，并经过适当的分析，利用这些数据带来新的发现，得到新的见解。例如，获取城市空气质量数据以消除污染风险或向哮喘患者发送警告信息；实时收集交通数据，以便人们采取措施避免交通堵塞；收集患者数据为疾病诊断和治疗带来新的见解。

1.3 计算机科学的知识体和核心课程

"Computing Curricula 2001"（简称 CC2001）报告中计算机科学分支的知识体，为其他分支学科知识体的建立提供了模式。学科知识体由以下三个层次构成，下面以计算机科学为例进行介绍。

（1）最高层是分支领域（area），它代表一个特定的学科子领域。每个分支领域由两个字母的缩写词表示，比如 OS 代表操作系统，PL 代表程序设计语言。

（2）分支领域之下又分为更小的知识单元（unit），它代表该领域中的主题模块。每个知识单元都用一个领域名加一个数字后缀编号表示，比如 OS3 是指操作系统领域中的并发单元。为便于教学，报告还给出了所有知识单元的最小核心学时和学习目标，供教师参考。

（3）知识单元又被细分为众多的知识点（topic），这些知识点构成知识体结构的最底层。比如，在 DS（离散结构）领域的第一个知识单元 DS1（函数、关系、集合）中，相应的知识点有函数（满射、映射、逆函数、复合函数）、关系（自反、对称、传递、等价关系）、集合（文氏图、补集、笛卡儿积、幂集）、鸽巢原理、基数性和可数性等。

结合我国的实际情况，计算机教指委根据 ACM 和 IEEE CS 任务组给出的计算机科学、计算机工程、软件工程和信息技术等 4 个分支学科知识体和核心课程描述，组织编制了《计算机专业规范》。由于计算机科学是整个计算学科的基础，为此，本书仅简要介绍计算机科学的知识体和核心课程。

1. CC2001 报告中的计算机科学知识体

为便于学习，下面列出 CC2001 报告给出的计算机科学知识体的 14 个领域以及 132 个知识单元，其中单元后的数字表示学习所需的最小核心学时，该学时为一个相对值，一般要求有 3 倍以上的课外学时与之配套。

DS 离散结构（43）
- DS1 函数、关系、集合（6）
- DS2 基本逻辑（10）
- DS3 证明方法（12）
- DS4 计算基础（5）
- DS5 图和树（4）
- DS6 离散概率（6）

PF 程序设计基础（38）
- PF1 基本程序设计结构（9）
- PF2 算法和问题求解（6）
- PF3 基本的数据结构（14）
- PF4 递归（5）
- PF5 事件驱动的程序设计（4）

AL 算法与复杂性（31）
- AL1 算法分析基础（4）
- AL2 算法策略（6）
- AL3 基本的计算算法（12）
- AL4 分布式算法（3）
- AL5 可计算性基础（6）
- AL6 P 和 NP 复杂类
- AL7 自动机理论
- AL8 高级算法分析
- AL9 加密算法
- AL10 几何算法
- AL11 并行算法

OS 操作系统（18）
- OS1 操作系统概述（2）
- OS2 操作系统原理（2）
- OS3 并发（6）
- OS4 调度和分派（3）
- OS5 存储管理（5）
- OS6 设备管理
- OS7 安全和保护
- OS8 文件系统
- OS9 实时和嵌入式系统
- OS10 容错
- OS11 系统性能评价
- OS12 脚本

PL 程序设计语言（21）
- PL1 程序设计语言概述（2）
- PL2 虚拟机（1）
- PL3 语言翻译导引（2）
- PL4 声明和类型（3）
- PL5 抽象机制（3）
- PL6 面向对象程序设计（10）
- PL7 函数式程序设计
- PL8 语言翻译系统
- PL9 类型系统
- PL10 程序设计语言的语义
- PL11 程序设计语言的设计

AR 体系结构与组织（36）
- AR1 数字逻辑和数字系统（6）
- AR2 数据的机器级表示（3）
- AR3 汇编级机器组织（9）
- AR4 存储系统组织和体系结构（5）
- AR5 接口和通信（3）
- AR6 功能组织（7）
- AR7 多处理和其他体系结构（3）
- AR8 性能提高技术
- AR9 网络与分布式系统的体系结构

NC 网络计算（15）
- NC1 网络计算导引（2）
- NC2 通信与组网（7）
- NC3 网络安全（3）
- NC4 客户-服务器计算的实例：Web（3）
- NC5 建立 Web 应用
- NC6 网络管理
- NC7 压缩和解压缩
- NC8 多媒体数据技术
- NC9 无线和移动计算

HC 人机交互（8）
- HC1 人机交互基础（6）
- HC2 创建简单的图形用户界面（2）
- HC3 以人为中心的软件评估
- HC4 以人为中心的软件开发
- HC5 图形用户界面设计
- HC6 图形用户界面的程序设计
- HC7 多媒体系统的人机交互
- HC8 协作和通信的人机交互

GV 图形学与可视化（5）
- GV1 图形学的基本技术（2）
- GV2 图形系统（1）
- GV3 图形通信（2）
- GV4 几何模型
- GV5 基本绘制
- GV6 高级绘制
- GV7 高级技术
- GV8 计算机动画
- GV9 可视化
- GV10 虚拟现实
- GV11 计算机视觉

IM 信息管理（10）
- IM1 信息模型与信息系统（3）
- IM2 数据库系统（3）
- IM3 数据建模（4）
- IM4 关系型数据库
- IM5 数据库查询语言
- IM6 关系数据库设计
- IM7 事务处理
- IM8 分布式数据库
- IM9 物理数据库设计
- IM10 数据挖掘
- IM11 信息存储和检索
- IM12 超文本和超媒体
- IM13 多媒体信息与多媒体系统
- IM14 数字图书馆

SE 软件工程（31）
- SE1 软件设计（8）
- SE2 使用 API（5）
- SE3 软件工具和环境（3）
- SE4 软件过程（2）
- SE5 软件需求与规约（4）
- SE6 软件验证（3）
- SE7 软件演化（3）
- SE8 软件项目管理（3）
- SE9 基于构件的计算

IS 智能系统（10）
- IS1 智能系统的基本问题（1）
- IS2 搜索和约束满足（5）
- IS3 知识表示与推理（4）
- IS4 高级搜索
- IS5 高级知识表示与推理
- IS6 代理
- IS7 自然语言处理
- IS8 机器学习与神经网络
- IS9 人工智能规划系统
- IS10 机器人学

SP 社会与职业问题（16）
- SP1 计算的历史（1）
- SP2 计算的社会背景（3）
- SP3 分析方法和工具（2）
- SP4 职业和道德责任（3）
- SP5 基于计算机的系统的风险与责任（2）
- SP6 知识产权（3）
- SP7 隐私与公民自由（2）
- SP8 计算机犯罪
- SP9 计算中的经济问题
- SP10 哲学框架

CN 计算科学
- CN1 数值分析
- CN2 运筹学
- CN3 建模与模拟
- CN4 高性能计算

SE10 形式化方法

SE11 软件可靠性

SE12 专用系统开发

2. CS2013 对 CC2001 中计算机科学知识体的修订

2013 年 12 月，ACM 和 IEEE CS 联合推出了新的计算机科学教程“Computer Science Curricula 2013”（简称 CS2013），该教程延续了 CC2001 报告的形式和内容，根据计算学科十多年的发展，对计算机科学知识体的内容进行了修订，将原来 CC2001 中划分的 14 个分支进行了更新，增加了信息保障与安全（IAS）、基于平台的开发（PBD）、并行与分布式计算（PD）、系统基础（SF）等 4 个新的分支领域，对网络计算（NC）与程序设计基础（PF）两个分支领域进行了重组，将其名称分别修改为网络与通信（NC）和软件开发基础（SDF）；将社会与职业问题（SP）改为社会问题与专业实践。另外，CS2013 还将 CC2001 定义的核心单元分为两种：第一核心等级（Core-Tire1）和第二核心等级（Core-Tire 2），第一核心等级的内容要求本科生全部必修，第二核心等级的内容要求 80%～90%的内容必修。下面，给出 4 个新增的分支领域和知识单元，其中，括号中第一个数字表示第一核心等级学时，第二个数字表示第二核心等级学时，供读者参考。

IAS 信息保障与安全（3，6）

IAS1 安全中的基本概念（1，0）

IAS2 安全设计的原则（1，1）

IAS3 防御性编程（1，1）

IAS4 威胁与攻击（0，1）

IAS5 网络安全（0，2）

IAS6 密码学（0，1）

IAS7 Web 安全

IAS8 平台安全

IAS9 安全政策与监管

IAS10 数字取证技术

IAS11 安全软件工程

PD 并行与分布式计算（5，10）

PD1 并行计算基础（2，0）

PD2 并行计算分解（1，3）

PD3 并行计算的通信与协调（1，3）

PD4 并行算法、分析与编程（0，3）

PD5 并行计算结构（1，1）

PD6 并行计算性能

PD7 分布式系统

PD8 云计算

PD9 形式化并行模型与语义

PBD 基于平台的开发（0，0）

PBD1 简介

PBD2 Web 平台

PBD3 移动平台

PBD4 工业平台

PBD5 游戏平台

SF 系统基础（18，9）

SF1 计算范式（3，0）

SF2 跨层通信（3，0）

SF3 状态和状态机（6，0）

SF4 并行化（3，0）

SF5 评估（3，0）

SF6 资源分配与调度（0，2）

SF7 邻近（0，3）

SF8 虚拟化与隔离（0，2）

SF9 通过冗余获得可靠性（0，2）

SF10 量化评估

3. CS2023 对 CS2013 的改进

根据 2013 年以来计算机科学领域的变化，CS2023 又对 CS2013 的知识体进行了更新，强调了专家对本学科分支领域部分重要内容的关注。需要说明的是，本次更新的参与者除了 ACM 和 IEEE CS，又增加了国际先进人工智能协会（Association for Advancement of Artificial Intelligence，AAAI），这体现了人工智能领域的重要性。具体更新体现为：不再将广泛应用于工程的计算科学和数值计算方法（CN）分支领域放在本学科的知识体中；随着机器学习技术的快速发展，将离散结构（DS）改为数学与统计学基础（MSF）；将图形学与可视化（GV）改为图形学与交互技术（GIT）；将信息保障与安全（IAS）改为安全（SEC）；将信息管理（IM）改为数据管理（DM）；将智能系统（IS）改为人工智能（AI）；将基于平台的开发（PBD）改为专业平台开发（SPD）；将程序设计语言（PL）改为程序设计语言基础（FPL）；将社会问题与专业（SP）改为社会、伦理与职业化（SEP）。

最大的改变是 CS2023 接受了 CC2020 的建议，引入了胜任力（competency）这个概念（如图 1.1 所示），强调了品行（disposition）的重要性。一般认为，品行是促进胜任力模型中事实知识（know-what）向技能知识（know-how）演变的动力，是使知识（例如，具有学科方法论性质的核心概念）和技能（实施具有确定目标且有约束的任务的能力）在具体应用环境中得到“更好”或“更正确”应用的重要因素。品行是一种习惯性倾向，即社会情感倾向、偏好和态度（例如，可信度）。品行控制着一个人是否倾向于使用他/她的技能，以及如何使用他/她的技能。品行涉及应用知识的价值观和动机，可以用更具体的“倾向”“敏感”并将其与教学案例绑定在一起进行可操作性解释。

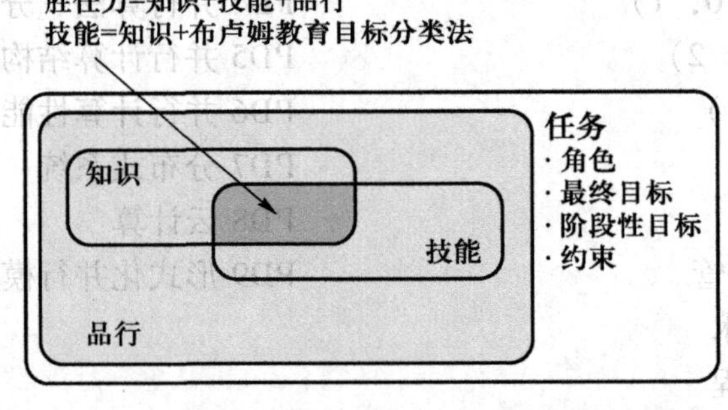

图 1.1 ACM 和 IEEE CS 的 CC2020 胜任力模型

4. “101 计划”白皮书给出的计算机类专业的核心课程

2021 年年底，教育部正式启动实施计算机领域本科教育教学改革试点工作（简称“101 计划”）。首批改革试点工作以 33 所计算机类基础学科拔尖学生培养基地建设高等学校为主，在“101 计划”12 门核心课程组 400 余位教师的共同参与下，2023 年 4 月由高等教育出版社出版了《高等学校计算机类专业人才培养战略研究报告暨核心课程体系》（“101 计划”白皮书），给出了高等学校计算机科学与技术专业核心课程体系，包含 12 门核心课程，即计算概论（计算机科学导论）、数据结构、算法设计与分析、离散数学、计算机系统导论、操作系统、计算机组成与系统结构、编译原理、计算机网络、数据库系统、软件工程、人工智能引论。

1.4 “计算机科学导论”课程的构建问题

1. “计算机科学导论”课程的构建是计算教育面临的一个重大课题

计算已成为一个庞大的学科，它涉及数学、科学、工程和商业等领域，并包括专业实践所需要的大量基础知识。

学科知识体以及核心知识单元等内容的给出为学科专业教学计划的制定奠定了基础。然而，由于知识单元，特别是知识点的大量罗列，也为计算学科的教学带来了挑战。

19 世纪，随着 63 个化学元素的发现，化学教学史上曾遇到过前所未有的危机，面对杂乱无章的 63 个化学元素，教与学都陷入了相当的困境。针对这个问题，门捷列夫发明了“元素周期表”，揭示了化学元素之间的规律，使问题的复杂性大大下降，促进了化学学科的发展。

现在的计算学科，不说具体的内容，仅就其重要的思想、方法和核心概念而言，早就超过了 63 个。因此，要解决计算学科内容大量罗列而产生的问题，就不得不先解决计算教育面临的另一个重要问题，即“计算机科学导论”课程的构建问题。

《计算作为一门学科》报告确认了“计算机科学导论”课程的构建问题是一个重要问题。报告认为，该课程要培养学生面向学科的思维能力，使学生领会学科的力量以及从事本学科工作的价值。报告希望该课程能用类似数学那样严密的方式将学生引入计算学科各个富有挑战性的领域。CC2001 报告认为，“计算机科学导论”课程应该讲授学科中那些富有智慧的核心思想。CC2004 和 CC2005 则进一步指出，该课程的关键是课程的结构设计问题。

我国计算机教育界对“计算机科学导论”课程的建设也非常重视，“101 计划”白皮书将该课程确定为一门纲领性的核心课程。

2. 计算学科的认知模型——计算学科二维定义矩阵

《计算作为一门学科》报告给出了计算学科二维定义矩阵的概念，为人们认知该学科提供了一个模型。表 1.1 就是一个以“计算机科学”为背景的计算学科二维定义矩阵。

表 1.1 计算学科二维定义矩阵

学科知识领域	三 形 态		
	抽 象	理 论	设 计
1. 人工智能（artificial intelligence，AI）			
2. 算法与复杂性（algorithmic and complexity，AL）			
3. 体系结构与组织（architecture and organization，AR）			
4. 数据管理（data management，DM）			
5. 程序设计语言基础（foundations of programming languages，FPL）			
6. 图形学与交互技术（Graphics and Interactive Techniques，GIT）			
7. 人机交互（human computer interaction，HCI）			

续表

学科知识领域	三形态		
	抽象	理论	设计
8. 数学与统计学基础（mathematical and statistical foundations，MSF）			
9. 网络与通信（networking and communication，NC）			
10. 操作系统（operating systems，OS）			
11. 并行与分布式计算（parallel and distributed computing，PD）			
12. 软件开发基础（software development fundamentals，SDF）			
13. 软件工程（software engineering，SE）			
14. 安全（security，SEC）			
15. 社会、伦理与职业化（society，ethics and professionalism，SEP）			
16. 系统基础（systems fundamentals，SF）			
17. 专业平台开发（specialized platform development，SPD）			

计算学科二维定义矩阵是对学科的一个高度概括，于是，可以将计算学科的认知问题具体化为计算学科二维定义矩阵的认知问题。

在定义矩阵中，不变的是三个过程（也称为三形态）；变化的是三个过程的具体内容（值），这一维的取名可以是学科知识领域，也可以为分支学科等。

3. “计算机科学导论”课程的结构设计

前面将学科的认知问题具体化为学科二维定义矩阵的认知问题，从而使学科的认知问题具体化了。

对一个学科的认知终究是通过概念来完成的，而学科中所有的概念都蕴含在定义矩阵中。于是，可以从定义矩阵出发介绍学科，并在学科思想、方法这个较高的层面来讲授“计算机科学导论”课程，为学生后续专业课程的学习提供必要的认知基础。

现在，将焦点放在定义矩阵上，将把握学科的本质问题归约为把握定义矩阵的本质问题，即把握定义矩阵的“横向”和“纵向”关系。

“横向”关系即抽象、理论和设计三个过程的关系，是定义矩阵中最为重要的内容。它反映的是人们在计算领域的认识规律，即是从感性认识（抽象）到理性认识（理论），再由理性认识（理论）回到实践（设计）的过程。

“横向”关系还蕴含着学科中的基本问题。由于人们对客观世界的认识过程就是一个不断提出问题和解决问题的过程，这种过程反映的是抽象、理论和设计三个过程之间的相互作用，它与三个过程在本质上是一致的，因此，在“计算机科学导论”课程的设计上，有必要将它与三个过程一起列入最重要的内容。

“纵向”关系即各分支领域中具有共性的核心概念、数学方法、统计学方法、系统科学方法、社会与职业问题等内容的关系。这些内容蕴含在学科三个过程中，并将学科各分支领域结合成一个完整的体系，而不是互不相关的领域。

显然，在定义矩阵中，“横向”关系最重要，“纵向”关系次之。因此，在“计算机科学导论”课程的设计上，可以将本章列为第1章，而将计算学科的基本问题，计算学科的三形态，计算学科的核心概念，计算学科中的数学方法、统计学方法、系统科学方法以及社会与职业问题分别列为第2~8章。

以定义矩阵这个关于学科概念的认知模型进行导引的优点在于，对学科的总结具有系统性，是回顾性的总结；不足之处在于，对学科有争论的问题以及未来探索性的展望作用有限。为此，有必要构建一个“若干问题的探讨”的章节，使“计算机科学导论”课程的结构更加完善。另外，为了让学生体验编程之美，并进一步加深对课程基础概念的理解，增加最后一章课程实验，与课堂讲授的内容相呼应。

1.5 计算思维与计算机科学导论

计算思维（computational thinking）与“计算机科学导论”课程有密切的关系，计算思维的倡导者、时任卡耐基梅隆大学（Carnegie Mellon University，CMU）计算机科学系主任的周以真（Jeannette M. Wing）教授就在该校开设了“计算思维导论”课程，作为计算机专业学生的第一门课程。下面分别从计算思维提出的背景、计算思维的定义和特征、我国学者对计算思维的认知、计算思维与计算机科学导论等方面介绍相关内容。

1. 计算思维提出的背景

计算思维的提出与美国总统信息技术咨询委员会（PITAC）在2005年6月提交的报告《计算科学：确保美国竞争力》（“Computational Science：Ensuring America’s Competitiveness”）密切相关。

《计算科学：确保美国竞争力》报告不仅对美国的科技与教育发展具有十分重要的战略意义，对中国而言，也有一定的借鉴作用。

该报告开篇指出，大约在半个多世纪前，世界上第一颗人造地球卫星的成功发射，促使美国在科学、工程和技术领域进行全面的改革。报告认为，如今美国又一次面临着挑战，这一次的挑战比以往任何挑战都更加广泛、复杂，也更具长期性；美国还没有认识到计算科学在社会科学、生物医学、工程研究、国家安全以及工业改革中的中心位置；这种认识上的不足将危及美国的科学领导地位、经济竞争力以及国家的安全。报告建议，将计算科学长期置于国家科学与技术领域的中心领导地位。

报告给出了两个重要结论。

(1) 虽然计算本身也是一门学科，但是它具有促进其他学科发展的作用。

(2) 21世纪科学上最重要的、经济上最有前途的研究前沿难题都有可能通过熟练地掌握先进的计算技术和运用计算科学而得到解决。

然而在报告的起草过程中，美国学习计算机科学的大学生急剧下降，从最高峰的2001年到2004年下降了60%~70%。这种下降不仅引发了美国计算机教育的危机，而且也与报告所强调的计算学科的重要性相悖。针对这些情况，2005年秋至2006年春，美国国家科学基金会（NSF）组织了计算教育与科学领域以及其他相关领域的专家分4个大区（东北、中西、东南、西北）进行研讨，并在专家们的建议下于2007年启动了由NSF资助的“大学计算教育振兴的途径”（Pathways to Revitalized Undergraduate Computing Education，CPATH）国家计划，以迎接21世纪新的挑战与机遇。

计算思维就是在这个背景下提出的，并成为被美国CPATH、“计算使能的科学发现与技术创新”（Cyber-Enabled Discovery and Innovation，CDI）等国家重大计划采用的一个重要核心概念。

2. 计算思维的定义和特征

2006年3月，周以真教授在国际著名计算机杂志 *Communications of the ACM* 上发表了《计算思维》一文，给出了计算思维的定义：计算思维是运用计算机科学的基础概念进行问题求解、系统设计以及人类行为理解等涵盖计算机科学之广度的一系列思维活动，该定义被国际学术界广泛采用。为便于理解，文中又给出了计算思维更详细的7种描述和6大特征。

1）计算思维的7种描述

（1）计算思维是通过约简、嵌入、转化和仿真等方法，把一个看似困难的问题重新阐释成我们知道如何解决的某个问题的思维方法。

（2）计算思维是一种递归思维，是一种并行处理，是一种既能把代码译成数据又能把数据译成代码的方法，是一种多维分析与推广的类型检查方法。

（3）计算思维是一种采用抽象和分解来控制庞杂的任务或实现复杂系统设计的方法，是基于关注点分离（separation of concerns）的方法。

（4）计算思维是一种选择合适的方式去陈述一个问题，或对一个问题的相关方面建模使其易于处理的思维方法。

（5）计算思维是按照预防、保护及通过冗余、容错、纠错的方式，并从最坏情况进行系统恢复的一种思维方法。

（6）计算思维是利用启发式推理寻求解答，即在不确定情况下的规划、学习和调度的思维方法。

（7）计算思维是利用海量数据来加快计算，在时间和空间之间、在处理能力和存储容量之间进行折中的思维方法。

2）计算思维的6大特征

（1）概念化，不是程序化。计算机科学不是计算机编程。像计算机科学家那样去思维意味着不仅限于能用计算机编程，还要求能够在抽象的多个层次上思维。

（2）根本的，不是刻板的技能。根本技能是一个人为了在现代社会中发挥职能所必须掌握的技能。刻板技能意味着可机械重复的技能。当计算机科学解决了人工智能的大挑战——使计算机像人类一样思考之后，思维真的可以变得“机械”了。然而，就时间而言，所有已发生的智力，其过程都是确定的。因此，智力无非也是一种计算。这就要求人们将精力集中在“有效”的计算上，最终造福人类。

（3）是人的，而不是计算机的思维。计算思维是人类求解问题的一条途径，但绝非要使人类像计算机那样思考。计算机枯燥且沉闷，人类聪颖且富有想象力。配置了计算设备后，我们就能用自己的智慧去解决那些计算时代之前不敢尝试的问题。计算机赋予人类强大的计算能力，人类应该更好地利用这种力量去解决各种需要大量计算的问题。

（4）数学和工程思维的互补与融合。计算机科学在本质上源自数学思维，因为像所有的科学一样，它的形式化基础建筑于数学之上。计算机科学又从本质上源自工程思维，因为我们建造的是能够与实际世界互动的系统，基本计算设备的限制迫使计算机科学家必须计算性地思考，而不能只是数学性地思考问题。构建虚拟世界的自由使我们能够超越物理世界的各种系统。数学和工程思维的互补与融合很好地体现在抽象、理论和设计三形态（或过程）上。

（5）是思想，不是人造品。不只是生产的软硬件等人造物将以物理形式呈现并时时刻刻触及人们的生活，更重要的是计算的概念，这种概念被人们用于问题求解、日常生活的管理，以及与他人进行交流和互动等。

（6）面向所有人、所有地方。当计算思维真正融入人类活动的整体以至不再表现为一种显式哲学的时候，它就将成为现实。就教学而言，计算思维作为一个问题求解的有效工具，应当在所有地方、所有学校的课堂教学中得到应用。

3. 我国学者对计算思维的认知

2023 年 8 月 15 日，教育部高等学校大学计算机课程教学指导委员会原主任委员、深圳大学陈国良院士在贵阳召开的“2023 年计算机课程思政虚拟教研室文化建设研讨会与课程导教研修班”上作了一个讲话，回顾了我国学者“以计算思维为导向的大学计算机课程教学改革”的情况，介绍了我国学者对计算思维的认识，已从原来的计算思维 1.0、计算思维 2.0，发展到现在的计算思维 3.0。下面，给出陈国良院士等人于 2022 年 4 月在《中国大学教学》上发表的“走向计算思维 2.0”一文中给出的计算思维 1.0 和 2.0 的区别，如表 1.2 所示。

表 1.2 计算思维 1.0 与计算思维 2.0 的区别

计算思维 1.0	计算思维 2.0
计算思维是计算机科学家的思维模式	计算思维是所有领域的科学家在应用计算和计算模型时所采取的思维模式
计算思维从计算机科学中产生，逐步扩散到其他科学领域	每个科学领域都有属于自身特点的计算思维，贯穿于整个通过计算模型求解的设计、执行和评价过程
在培养编程能力过程中产生计算思维，计算思维主要是大量的编程技巧	计算思维提供了有关模型和算法的丰富概念，学习和理解计算思维用以产生科学的编程能力
算法必须与程序紧密联系	算法并不一定要与程序和计算机联系，算法是信息处理的技术，一些生物体内部进行的自然计算也属于算法
实施算法设计要求具备计算机科学的领域知识，特别是关于计算机的基本知识	每个人都可以在本领域内找到问题求解的模型、算法和操作，并不需要图灵机这样的通用概念
应该关心程序背后的计算机概念而不是程序本身	应该关心程序背后反映领域特点的内容，注重本学科解决问题的计算化趋势

计算思维 3.0 与计算学科专业课程思政是绑定在一起的，其核心是将三大科学思维之一的计算思维拆分成可评估、可衡量、可检验的抽象、理论和设计三个过程，并强调品行的重要作用。一般认为，计算思维是算法思维、逻辑思维、系统思维、协议思维、数据思维和 AI 思维的总称，它最早起源于中国古代的算法化思想与古希腊的公理化思想，并与中国学者提出的计算学科方法论基本一致。在我国，一般是将"思维"与动词"提高"对应，将"方法论"与动词"掌握"对应。因此，可以通过学习和掌握计算学科方法论来提高学生求解复杂问题的计算思维能力。

4. 计算思维与计算机科学导论

2007 年秋，周以真教授在 CMU 率先开设了"计算思维导论"，下面列出该课程的大纲。

（1）计算领域的宏大视野。计算思维将是 21 世纪中叶所有人的一种基本技能，这种技能就像今天人们普遍掌握的 3R 技能一样；到那时，每个人都能像计算机科学家一样思考问题。

（2）计算思维中的两个 A。计算思维最根本的两个概念是抽象（abstraction）和自动化（automation）。这两个 A 代表了计算思维的本质，反映了计算的最根本问题：什么能被有效地自动进行。

（3）计算思维的详细描述。

（4）计算思维的影响。计算思维对其他学科，如统计学、生命科学、经济学、化学和物理学等学科领域的影响。

（5）计算思维的 6 大特征。

（6）计算思维在 CMU。

（7）计算机科学中的深层次问题，如 P = NP，什么是可计算的，什么是智力，系统的复杂性指的是什么等。

2008 年 6 月，对 CS2001（CC2001）进行中期审查的报告（"CS2001 Interim Review"）（草案）中将"计算思维"与"计算机科学导论"课程绑定在一起，明确要求"计算机科学导论"课程讲授计算思维的本质。巧合的是，以本书为基础的"计算机科学导论"课程与周以真倡导的"计算思维导论"课程异曲同工，讲授的都是计算学科的本质。若用"思想与方法"代替"基础概念"，计算思维又可以解释为采用计算机科学的思想与方法进行问题求解、系统设计，以及人类行为理解等涵盖计算机科学之广度的一系列思维活动。

1.6　本章小结

针对"计算机科学导论"课程的构建问题，本章在介绍学科的定义、学科的根本问题、专业名称的演变以及学科知识体等内容后，将学科的认知问题具体化为学科二维定义矩阵的认知问题，降低了学科认知问题的复杂性。本章还介绍了计算思维提出的背景，计算思维的定义和特征，我国学者对计算思维的认知等。最后，给出了周以真教授在 CMU 开设的"计算思维导论"课程大纲。

习题 1

1.1　简述计算学科的定义及其根本问题。

1.2　简述计算学科的演变。

1.3　简述计算学科主要专业培养内容的不同。

1.4　学科知识体由哪三个层次组成？

1.5　列出“101 计划”白皮书给出的计算机类专业的 12 门核心课程。

1.6　为什么说“计算机科学导论”课程的构建是一个重大问题？

1.7　简述“计算机科学导论”课程构建的关键及要实现的目标。

1.8　计算学科的认知问题为什么可以转化为计算学科二维定义矩阵的认知问题？

1.9　本书是如何对“计算机科学导论”课程结构进行设计的？

1.10　以计算学科二维定义矩阵这个关于学科概念的认知模型进行导引和学习有什么优点，有什么不足？针对不足之处，有什么方法可以使计算学科导引性课程的结构更加完善？

1.11　查资料，了解计算思维提出的背景。

1.12　查资料，了解计算思维的定义和特征。

1.13　查资料，了解计算思维与“计算机科学导论”课程的关系。

1.14　查资料，了解国内外开设“计算思维导论”课程的高等学校及课程设置相关信息。

1.15　为什么说科学思维是创新的灵魂？

1.16　什么是理论思维？什么是实验思维？为什么说理论、实验和计算是人类最重要的三大科学思维方式？

1.17　简述我国学者对计算思维的认知。

第 2 章　计算学科的基本问题

本章首先介绍一个对问题进行抽象的典型实例——哥尼斯堡七桥问题。然后，通过汉诺塔问题和停机问题分别介绍学科中的可计算问题和不可计算问题。从汉诺塔问题再引出算法复杂性中的难解问题，证比求易算法，P=NP 是否成立问题，RSA 公开密钥密码系统，旅行商问题与组合爆炸，找零问题、背包问题与贪婪算法。

要描述和实现算法，就要编写程序。本章从 GOTO 语句的争论引出程序设计中的结构问题，以哲学家共餐问题为例介绍计算机系统中的软硬件资源的管理问题，以两军问题为例介绍计算机网络的有关问题，以图灵测试和中文房间为例介绍人工智能的有关问题，最后给出计算机科学各主领域的基本问题。

2.1 引言

科学研究从问题开始，或者说科学始于问题而非观察，尽管通过观察可以引出问题，但在观察时必定带有问题，带有预期的设想，漫无目的的观察是不存在的。

人们对客观世界的认识过程正是一个不断提出问题和解决问题的过程，这个过程反映的正是抽象、理论和设计三个过程之间的相互作用，它与三个过程在本质上是一致的。

以下先介绍一个对问题进行抽象的典型实例，即哥尼斯堡七桥问题；然后再介绍计算学科的基本问题。

2.2 对计算问题进行抽象的一个典型实例：哥尼斯堡七桥问题

17 世纪的东普鲁士有一座哥尼斯堡城（现为俄罗斯的加里宁格勒），城中有一座奈佛夫岛，普雷格尔河的两条支流环绕其旁，并将整个城市分成北区、东区、南区和岛区 4 个区域，全城共有 7 座桥将 4 个城区相连，如图 2.1 所示。人们常通过这 7 座桥到各城区游玩，于是产生了一个有趣的数学难题：寻找走遍这 7 座桥，且每座桥只许走过一次，最后又回到原出发点的路径。该问题就是著名的哥尼斯堡七桥问题。

1736 年，大数学家莱昂哈德·欧拉（Leonhard Euler）发表了关于哥尼斯堡七桥问题的论文《关于位置几何问题的解法》（“Solutio Problematis ad Geomertriam Situs Pertinentis”），他在文中指出，从一点出发不重复地走遍 7 座桥，最后又回到原出发点是不可能的。

为了解决哥尼斯堡七桥问题，欧拉用4个字母 A、B、C、D 代表4个城区，并用7条线表示7座桥，如图2.2所示。在图2.2中，只有4个点和7条线，这样做是基于该问题本质考虑的，它抽象出问题最本质的东西，忽视问题非本质的东西（如桥的长度、宽度等），从而将哥尼斯堡七桥问题抽象为一个数学问题，即求经过图中每条边一次且仅一次的回路问题。欧拉在论文中论证了这样的回路是不存在的。后来，人们把有这样回路的图称为欧拉图。欧拉在论文中将问题进行了一般化处理，即对给定的任意一个河道图与任意多座桥，判定每座桥恰好走过一次（不一定回到原出发点）是否可能，并用数学方法给出了3条判定规则：

（1）如果连通奇数座桥的地方不止两个，那么满足要求的路线是找不到的；

（2）如果只有两个地方连通奇数座桥，那么可以从这两个地方之一出发，找到所要求的路线；

（3）如果没有一个地方是连通奇数座桥的，那么无论从哪里出发，所要求的路线都能实现。

上述3条判定规则包含了任一连通无向图是否存在欧拉路径（Euler path）和欧拉回路（Euler circuit）的判定条件。根据判定规则（3）可以得出，任一连通无向图存在欧拉回路的充要条件是图的所有结点均有偶数度。

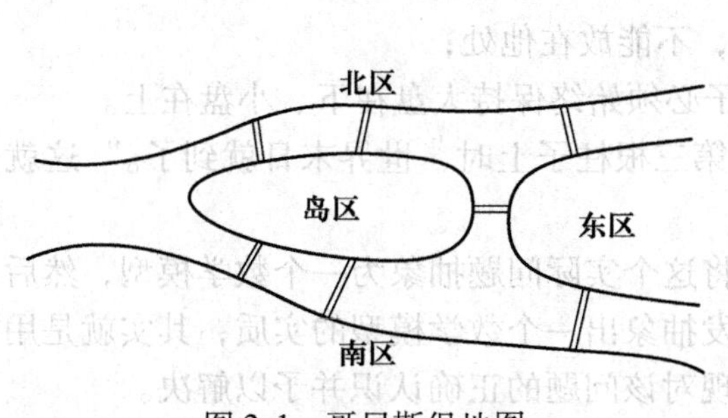

图2.1 哥尼斯堡地图

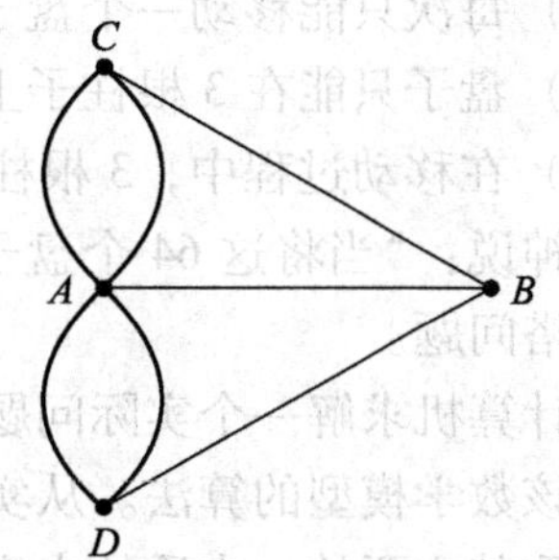

图2.2 简化图

欧拉的论文为图论的形成奠定了基础。现在，图论已广泛地应用于计算、运筹学、信息论、控制论等相关学科之中，并已成为人们对现实问题进行抽象的一个强有力的数学工具。随着计算学科的发展，图论在计算学科中的作用越来越大，同时，图论本身也得到了充分的发展。

在图论中还有一个很著名的哈密顿回路问题。该问题是英国数学家、物理学家和力学家威廉·罗恩·哈密顿（William Rowan Hamilton）于1859年提出的一个数学问题。其大意是：在任一给定的图中，能不能找到这样的路径，即从一点出发不重复地走过所有的结点（不必通过图中每一条边），最后又回到原出发点。哈密顿回路问题与欧拉回路问题看上去十分相似，然而却是完全不同的两个问题。哈密顿回路问题是访问除原出发结点以外的每个结点一次（图2.2有哈密顿回路，如 B—C—A—D—B 就是一个回路），而欧拉回路问题是访问每条边一次。对任一给定的图是否存在欧拉回路前面已给出充要条件，而对任一给定的图是否存在哈密顿回路至今仍未找到充要条件。

2.3　可计算问题与不可计算问题

计算学科的问题无非就是计算问题，从大的方面来说，分为可计算问题与不可计算问题。判断一个问题是否为可计算的就是看是否存在一个可在有限步内结束的能行计算过程。

为便于理解，下面分别以汉诺（Hanoi）塔问题和停机问题来介绍可计算问题与不可计算问题。

2.3.1　汉诺塔问题

相传，印度教的天神汉诺在创造地球时建了一座神庙，神庙里竖有 3 根宝石柱子，柱子由一个铜座支撑。汉诺将 64 个直径大小不一的金盘子，按照从大到小的顺序依次套放在第一根柱子上，形成一座金塔（如图 2.3 所示），即所谓的汉诺塔。天神让庙里的僧侣们将第一根柱子上的 64 个盘子借助第二根柱子全部移到第三根柱子上，即将整个塔迁移，同时定下 3 条规则：

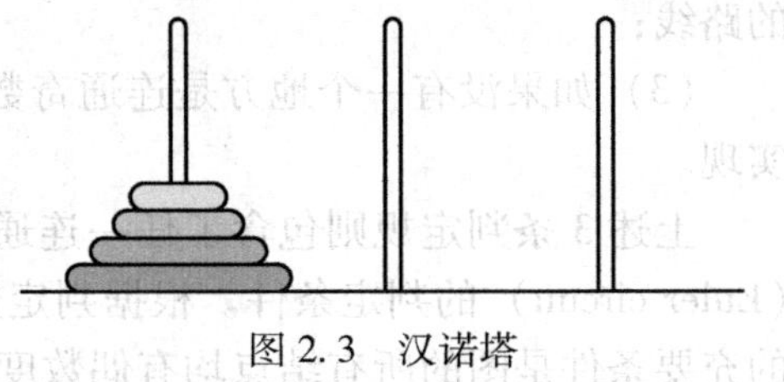

图 2.3　汉诺塔

（1）每次只能移动一个盘子；

（2）盘子只能在 3 根柱子上来回移动，不能放在他处；

（3）在移动过程中，3 根柱子上的盘子必须始终保持大盘在下、小盘在上。

天神说："当将这 64 个盘子全部移到第三根柱子上时，世界末日就到了。"这就是著名的汉诺塔问题。

用计算机求解一个实际问题，首先要将这个实际问题抽象为一个数学模型，然后设计一个求解该数学模型的算法。从实际问题出发抽象出一个数学模型的实质，其实就是用数学的方法抽取其主要的、本质的内容，最终实现对该问题的正确认识并予以解决。

汉诺塔问题是一个典型的、可用递归方法来求解的问题。递归是计算学科中的一个重要概念。所谓递归，就是将一个较大的问题逐步归约为一个或多个子问题的求解方法。要求这些子问题比原问题简单一些，且在结构上与原问题相同。

根据递归方法，可以将 64 个盘子的汉诺塔问题转化为求解 63 个盘子的汉诺塔问题，如果 63 个盘子的汉诺塔问题能够解决，则可以先将 63 个盘子移动到第二根柱子上，再将最后一个盘子直接移动到第三根柱子上，再一次性将 63 个盘子从第二根柱子移动到第三根柱子上，这样就可以解决 64 个盘子的汉诺塔问题了。以此类推，63 个盘子的汉诺塔求解问题可以转化为 62 个盘子的汉诺塔求解问题，62 个盘子的汉诺塔求解问题又可以转化为 61 个盘子的汉诺塔求解问题，直到 1 个盘子的汉诺塔求解问题。再由 1 个盘子的汉诺塔的求解实现 2 个盘子的汉诺塔问题求解，直到实现 64 个盘子的汉诺塔问题求解。

下面用伪代码对该问题的求解算法进行描述。

```
hanoi(int n,char x,char y,char z)
{
    if (n==1) move(x,z);
```

```
else
    {
    hanoi(n-1,x,z,y);
    move(x,z);
    hanoi(n-1,y,x,z);
    }
```

为便于理解，可以设盘子的个数 n 为 12，表示柱子的 3 个变量 x、y、z 的初值分别为第一根柱子 A、第二根柱子 B 和第三根柱子 C，语句如下：

```
n=12;
x="A";
y="B";
z="C";
```

在算法中，函数 move(x,z)表示将变量 x 指定柱子上的一个盘子直接移到变量 z 指定的柱子上；函数 hanoi(n-1,x,z,y)表示 n-1 个盘子的汉诺塔从第一根柱子借助第三根柱子先移到第二根柱子上；函数 hanoi(n-1,y,x,z)表示 n-1 个盘子的汉诺塔从第二根柱子借助第一根柱子移动到第三根柱子上。假设 n-1 个盘子的汉诺塔可解，显然，按照这个算法，n 个盘子的汉诺塔也可解。

在以上伪代码描述的算法基础上，用特定语言（如 C 语言）进行适当的修改和扩充就可以形成一个完整的程序，经过编译和链接后，计算机就可以执行这个程序，并严格地按照递归的方法将答案求解出来。

现在的问题是当 $n=64$ 时，即有 64 个盘子时，需要移动多少次盘子？要用多少时间？按照上面的算法，n 个盘子的汉诺塔问题需要移动的盘子数是 $n-1$ 个盘子的汉诺塔问题需要移动的盘子数的 2 倍加 1。设 $h(n)$ 表示 n 个盘子的移动数，于是有

$$
\begin{aligned}
h(n) &= 2h(n-1)+1 \\
&= 2(2h(n-2)+1)+1 \\
&= 2^2h(n-2)+2+1 \\
&= 2^3h(n-3)+2^2+2+1 \\
&\cdots\cdots\cdots \\
&= 2^n h(0)+2^{n-1}+\cdots+2^2+2+1 \\
&= 2^{n-1}+\cdots+2^2+2+1 \\
&= 2^n-1
\end{aligned}
$$

因此，要完成汉诺塔的搬迁，需要移动盘子的次数为

$$2^{64}-1=18\,446\,744\,073\,709\,551\,615$$

如果每秒移动一次，则僧侣们一刻不停地来回搬动，也需要花费大约 5 849 亿年的时间。这个时间大大超过了科学家们推测的地球寿命的时间（大约 100 亿年，已存活 46 亿年）。

假定计算机以每秒 1 000 万个盘子的速度进行搬迁，也需要花费大约 58 494 年的时间。

从这个例子读者可以了解到理论上可以计算的问题，实际上并不一定能行，这属于算法复杂性方面的研究内容。

2.3.2　算法复杂性中的难解问题

一个问题的算法复杂性包括算法的空间以及时间两方面的复杂性，分别用空间复杂度和时间复杂度来衡量。汉诺塔问题主要讲的是算法的时间复杂度。

关于汉诺塔问题算法的时间复杂度，可以用一个指数函数 $O(2^n)$ 来表示，显然，当 n 很大（如 10 000）时，计算机是无法处理的。相反，当算法的时间复杂度的表示函数是一个多项式，如 $O(n^2)$ 时，则可以用计算机来处理。因此，一个问题求解算法的时间复杂度超过多项式函数（如指数函数）时，算法的执行时间将随 n 的增加而急剧增长，以致即使是中等规模的问题也无法求解，于是将这一类问题称为难解问题。人工智能领域中的状态图搜索问题（解空间的表示或状态空间搜索）就是一类典型的难解问题。

在计算复杂性理论中，将所有可以在多项式时间内求解的问题称为 P 问题，而将所有在多项式时间内可以验证其解的问题称为 NP 问题。由于 P 问题采用的是确定性算法，NP 问题采用的是非确定性算法，而确定性算法是非确定性算法的一种特例，因此，可以断定 $P \subseteq NP$。

2.3.3　证比求易算法

1. 证比求易算法

为了更好地理解计算复杂性的有关概念，我国学者洪加威曾经讲了一个被人称为“证比求易算法”的童话，可用来帮助读者理解计算复杂性的有关概念，大致内容如下。

从前，有一个酷爱数学的年轻国王向邻国一位聪明美丽的公主求婚。公主出了这样一道题：求 48 770 428 433 377 171 的一个真因子。若国王能在一天之内求出答案，公主便接受他的求婚。

国王回去后立即开始逐个数地进行计算，他从早到晚，共算了 3 万多个数，最终还是没有结果。国王向公主求情，公主将答案相告：223 092 827 是它的一个真因子。国王很快就验证了这个数确能除尽 48 770 428 433 377 171。公主说：“我再给你一次机会，如果还求不出，将来你只好做我的证婚人了。”

国王立即回国，并向一位大数学家求教，大数学家在仔细地思考后认为这个数为 17 位，则最小的一个真因子不会超过 9 位，于是他给国王出了一个主意：按自然数的顺序给全国的老百姓每人编一个号发下去，对公主给出的数，让每个老百姓用自己的编号去除这个数，除尽了立即上报，赏金万两。最后，国王用这个办法求婚成功。

2. 顺序算法和并行算法

在“证比求易算法”的故事中，国王最先使用的是一种顺序算法，其复杂性表现在时间方面，后面由数学家提出的是一种并行算法，其复杂性表现在空间方面。直觉上，我们认为顺序算法解决不了的问题完全可以用并行算法来解决，甚至会想，并行计算机系统求解问题的速度将随着处理器数目的不断增加而不断提高，从而解决难解问题，但其实这是一种误解。当将一个问题分解到多个处理器上解决时，由于算法中不可避免地存在必须串行执行的操作，因而大大地限制了并行计算机系统的加速能力。下面用阿姆达尔定律（Amdahl's law）来说明这个问题。

3. 阿姆达尔定律

设 f 为求解某个问题的计算中必须串行执行的操作占整个计算的百分比，p 为处理器的数目，S_p 为并行计算机系统最大的加速能力，则

$$S_p \leqslant \frac{1}{f+\frac{1-f}{p}}$$

设 $f=1\%$，当 $p\to\infty$ 时，$S_p\to 100$。这说明在并行计算机系统中即使有无穷多个处理器，若串行执行操作占全部操作的 1%，则其求解速度与单处理器的计算机相比最多也只能是 100。因此，对难解问题而言，单纯地提高计算机系统的速度是远远不够的，降低算法复杂度的数量级才是最关键的问题。

2.3.4 P=NP?

在“证比求易算法”中，对公主给出的数进行验证，显然这是在多项式时间内可以解决的问题，因此，这类问题属于 NP 问题。现在，P=NP 是否成立的问题是计算学科和当代数学研究中悬而未决的问题之一。2000 年 5 月，美国克莱数学研究所（Clay Institute of Mathematics）提供 100 万美元求解这一问题。解决这一问题有重要的意义，若回答 P=NP，对人类实践将有深远的影响，它不仅将动摇当今以电子技术为基础的密码学理论基础，同时也将为人们有效解决数学和其他科学与工程学科中的难解问题提供可能；若回答 P≠NP，则有可能找到一种崭新的证明方法，进一步丰富和发展计算机科学及数学的新理论。

若 P=NP，则所有在多项式时间内可验证的问题都将是在多项式时间内可求解（或可判定）的问题。大多数人不相信 P=NP，因为人们已经投入了大量的精力为 NP 中的某些问题寻找多项式时间算法，但均未成功。然而，要证明 P≠NP，目前还无法做到这一点。

针对 P=NP 是否成立的问题，斯蒂芬·A. 库克（Stephen A. Cook）等人于 20 世纪 70 年代初取得了重大的进展，他们认为 NP 类中某些问题的复杂性与整个类的复杂性有关，当这些问题中的任何一个存在多项式时间算法时，所有 NP 问题都是在多项式时间内可解的，这些问题被称为 NP 完全（NPC）问题。

NP 完全问题是计算复杂性理论中最有研究价值的问题，这类问题在下述意义下具有同等的难度：要么每个 NP 完全问题都存在多项式时间的算法（即通常所指的有效算法）；要么所有 NP 完全问题都不存在多项式时间的算法。尽管学术界目前还不能证明其中任一个结果的正确性，但普遍认为第二种可能性更接近于事实。

NP 完全问题在理论和实践两方面都具有重要的研究意义。历史上第一个 NP 完全问题是库克于 1971 年提出的可满足性问题。

可满足性问题就是判定一个布尔公式是否是可满足的。它可以形式化地表示为

$$\mathrm{SAT}=\{\langle\phi\rangle \mid \phi \text{ 是可满足的布尔公式}\}$$

关于可满足性问题和 NP 问题的联系，库克给出并证明了这样的定理：

$$\text{SAT} \in \text{P} \text{ 当且仅当 } \text{P} = \text{NP}$$

库克因其在计算复杂性理论方面（主要是在 NP 完全性理论方面）的奠基性工作，于 1982 年获图灵奖。

在库克工作的影响下，理查德 · M. 卡普（Richard M. Karp）随后证明了 21 个有关组合优化的问题也是 NP 完全问题，从而加强和发展了 NP 完全性理论。卡普由于在计算复杂性理论、算法设计与分析、随机化算法等方面的创造性贡献，于 1985 年获图灵奖。

计算复杂性理论有一个非常实用的结论，那就是，若采用某种特定的方法（步骤），则任何人都无法控制这个问题的复杂性。因此，问题的解决不在于问题的本身，而在于方法的改变。

现在，在计算科学、数学、逻辑学以及运筹学等领域中已发现了数万个 NPC 问题。其中有代表性的有哈密顿回路问题、旅行商问题（也称货郎担问题）、划分问题、带优先级次序的处理机调度问题、顶点覆盖问题等。P、NP、NPC 问题的关系见图 2. 4。

图 2. 4　P、NP、NPC 的关系图

2. 3. 5　RSA 公开密钥密码系统

计算复杂性理论在密码学研究领域中发挥了十分重要的作用，它为密码研究人员指出了寻找难计算问题的方向，并促使研究人员在该领域中取得革命性的成果。公开密钥密码系统就是其中的典型例子。

第一个实用的、在非保护信道中建立共享密钥的方法是 1976 年由惠特菲尔德 · 迪菲（Whitfield Diffie）与马丁 · 赫尔曼（Martin Hellman）建立的密钥交换方法（Diffie-Hellman key exchange，DH）。迪菲与赫尔曼为解决密钥管理问题，在《密码学中的新方向》（“New Directions in Cryptography”）一文中给出了一种密钥交换协议。该协议允许在不安全的媒体上保证通信双方交换信息的安全。在迪菲与赫尔曼等人工作的基础上，很快出现了非对称密钥密码系统，其原理是将加密密钥和解密密钥分离开，公开加密密钥，保存解密密钥。用公开密钥加密数据，数据以密文形式传播，只有拥有解密密钥时才能解密。

目前，使用最为广泛的是 1978 年由罗恩 · 李维斯特（Ron Rivest）、阿迪 · 萨莫尔（Adi Shamir）和伦纳德 · 阿德曼（Leonard Adleman）在《一种实现数字签名和公钥密码系统的方法》（“A Method for Obtaining Digital Signatures and Public-Key Cryptosystems”）一文中给出的 RSA 公开密钥密码系统，它通过 RSA 公钥算法，以相应的“整数对”作为公钥和密钥对数据进行加密和解密。RSA 三位科学家因在公开密钥算法上所作出的杰出贡献而荣获 2002 年图灵奖。

1. RSA 公开密钥密码系统的形式化描述

$$RSA = \langle p, q, n, m, e, d, k, c \rangle$$

其中，

（1）$p, q, n, m, e, d, k, c \in \mathbf{Z}^*$，$\mathbf{Z}^* = \{1,2,3,\cdots\}$；

（2）p，q 为不同素数，$n=pq$；

（3）(e, n)：公钥，(d, n)：私钥；

（4）m：原始报文，$m<n$；

（5）c：加密后的报文；

（6）$\forall k(m^{k(p-1)(q-1)}(\bmod n))=1$；

（7）$\exists k(ed=k(p-1)(q-1)+1)$；

（8）$c=m^e(\bmod n)$；

（9）$m=c^d(\bmod n)$。

2. 构建一个 RSA 公开密钥密码系统的步骤

（1）选择两个不同的素数 p，q。

（2）求 e，使得 e 与 $(p-1)(q-1)$ 互素，且 $0<e<(p-1)(q-1)$。

（3）求 d，使 $\exists k(ed=k(p-1)(q-1)+1)$ 为真。

3. 在 RSA 公开密钥密码系统中的加密和解密

（1）对原始报文 m 加密，加密后的报文 $c=m^e(\bmod n)$。

（2）根据加密后的报文 c，求原始报文 $m=c^d(\bmod n)$。

在 RSA 公钥密码系统中，(e, n) 是公钥，(d, n) 是私钥，p 和 q 用来构建加密系统，由加密系统的构造者所有，不对外公开。

命题 $\forall k(m^{k(p-1)(q-1)}(\bmod n))=1$ 可以用严密的数学方法证明，本书不做证明，但用一个例子做解释。

例 2.1 若 $p=3$，$q=11$，$n=3\times 11=33$，有

设 $m=2(m<n)$，$k=1$，有

$$\begin{aligned} m^{k(p-1)(q-1)}(\bmod n) &= 2^{1\times(3-1)\times(11-1)}(\bmod 33) \\ &= 2^{20}(\bmod 33) \\ &= 1\ 048\ 576(\bmod 33) \\ &= 1 \end{aligned}$$

设 $m=2(m<n)$，$k=2$，有

$$\begin{aligned} m^{k(p-1)(q-1)}(\bmod n) &= 2^{2\times(3-1)\times(11-1)}(\bmod 33) \\ &= 2^{40}(\bmod 33) \\ &= 1\ 099\ 511\ 627\ 776(\bmod 33) \\ &= 1 \end{aligned}$$

设 $m=2(m<n)$，$k=3$，有

$$
\begin{aligned}
m^{k(p-1)(q-1)}(\bmod\ n) &= 2^{3\times(3-1)\times(11-1)}(\bmod\ 33)\\
&= 2^{60}(\bmod\ 33)\\
&= 1\ 152\ 921\ 504\ 606\ 846\ 976(\bmod\ 33)\\
&= 1
\end{aligned}
$$

证明 $c^d(\bmod\ n)=m$。

证明：
$$
\begin{aligned}
c^d(\bmod\ n) &= (m^e(\bmod\ n))^d(\bmod\ n)\\
&= (m^e)^d(\bmod\ n)\\
&= m^{ed}(\bmod\ n)\\
&= m^{k(p-1)(q-1)+1}(\bmod\ n)\\
&= m\times m^{k(p-1)(q-1)}(\bmod\ n)\\
&= m\times 1\\
&= m
\end{aligned}
$$

例 2.2 设 $p=3$，$q=11$，$n=3\times 11=33$，构建一个 RSA 公开密钥密码系统，并对报文 9 加密和解密。

构建 RSA 公开密钥密码系统的步骤如下。

(1) 求 e。

当 $p=3$，$q=11$ 时，$(p-1)(q-1)=(3-1)\times(11-1)=20$。

根据 RSA 公钥密码系统的构建，e 必须与 $(p-1)(q-1)$ 互素，即与 20 互素。

设 $e=2$，$20 \bmod 2=0$。

设 $e=3$，$20 \bmod 3=2$。

由上可知，3 与 20 互素，因此，$e=3$。

(2) 求 d。

存在 k 使得 $ed=k(p-1)(q-1)+1$，因此，必定存在一个 k 使得

$$d=(k(p-1)(q-1)+1)/e$$

将 $e=3$，$p=3$，$q=11$ 代入上式，有 $d=(20k+1)/3$。

当 $k=1$ 时，$d=21/3=7$。

根据题意，知 d 为整数，因此，$d=7$。

因此，该 RSA 公钥密码系统的公钥为 $(3,33)$，私钥为 $(7,33)$。

用公钥 $(3,33)$ 对 $m=9$ 进行加密，有

$$
\begin{aligned}
c=m^e(\bmod\ n) &= 9^3(\bmod\ 33)\\
&= 729(\bmod\ 33)\\
&= 3
\end{aligned}
$$

收到加密报文 3，用私钥 $(7,33)$ 进行解密，有

$$
\begin{aligned}
c^d(\bmod\ n) &= 3^7(\bmod\ 33)\\
&= 2\ 187(\bmod\ 33)\\
&= 9
\end{aligned}
$$

例 2.3 设 $p=223\ 092\ 827$，$q=218\ 610\ 473$，$n=48\ 770\ 428\ 433\ 377\ 171$，构建一个 RSA 公钥密码系统（本题 p，q，n 的值来自"证比求易算法"）。

构建 RSA 公开密钥密码系统的步骤如下。

（1）求 e。

$p=223\ 092\ 827$，$q=218\ 610\ 473$，则

$$
\begin{aligned}
(p-1)(q-1) &= (223\ 092\ 827-1)\times(218\ 610\ 473-1) \\
&= 48\ 770\ 427\ 991\ 673\ 872
\end{aligned}
$$

根据 RSA 公钥密码系统的构建，e 必须与 48 770 427 991 673 872 互素。

设 $e=2$，48 770 427 991 673 872 mod 2 = 0。

设 $e=3$，48 770 427 991 673 872 mod 3 = 1。

由上可知，3 与 48 770 427 991 673 872 互素，因此，$e=3$。

（2）求 d。

存在 k 使得 $ed=k(p-1)(q-1)+1$，因此，必定存在一个 k 使得

$$d=(k(p-1)(q-1)+1)/e$$

将 $e=3$，$p=223\ 092\ 827$，$q=218\ 610\ 473$ 代入上式，得

$$d=(48\ 770\ 427\ 991\ 673\ 872k+1)/3$$

当 $k=1$ 时，$d=48\ 770\ 427\ 991\ 673\ 873/3$。

当 $k=2$ 时，$d=97\ 540\ 855\ 983\ 347\ 745/3$

$=32\ 513\ 618\ 661\ 115\ 915$

根据题意，知 d 为整数，因此，$d=32\ 513\ 618\ 661\ 115\ 915$。

因此，该 RSA 公钥密码系统的公钥为（3，48 770 428 433 377 171），私钥为（32 513 618 661 115 915，48 770 428 433 377 171）。

在 RSA 公开密钥密码系统中，加密密钥(e, n)与加密报文(c)均通过公开途径传送，对于巨大的素数 p 和 q，计算 $n=pq$ 非常简单，而相对的逆运算就费时了。这种“单向性”的函数称为单向函数。任何单向函数都可以作为某种公开密钥密码系统的基础，而单向函数的安全性也就是这种公开密钥密码系统的安全性。公开密钥密码系统不仅可以用于信息的保密通信，还能用于信息发送者的身份验证和数字签名，这些内容本书就不再介绍了。

2.3.6 停机问题

停机问题（halting problem）是于 1936 年由艾伦·M. 图灵（Alan M. Turing）在其著名论文《论可计算数及其在判定问题上的应用》（“On Computable Numbers, with an Application to the Entscheidungsproblem”）中提出，并用形式化方法给予证明的一个不可计算问题。

该问题针对任意给定的图灵机和输入，寻找一个一般的算法（或图灵机），用于判定给定的图灵机在接收初始输入后能否到达终止状态，即停机状态。若能找到这样的算法，则停机问题可解；否则不可解。换句话说，就是能不能找到这样一个测试程序，它能判断任意程序在接收某个输入并执行后能不能终止。若能，则停机问题可解；否则，不可解。

有编程经验的人都会遇到判断一个程序是否会进入死循环的情况，并且往往能判定该程序在某种情况下是否能够终止。

例 2.4
```
main()
{
    int i=1;
    while(i<10)
    {
        i=i+1;
    }
    return;
}
```

很明显，这个程序可以终止。但是将程序中 while 语句的条件“(i<10)”改为“(i>0)”时，循环将会一直运行下去，无法终止。若程序比较简单，可以很容易做出判断；但对复杂的程序，会遇到较大的困难。在某些情况下，甚至是无法预测的。

用计算机程序来证明停机问题的不可解或许会更有趣，本书不介绍图灵的严格证明，而采用 J. 格伦 · 布鲁克希尔（J. Glenn Brookshear）在其著作《计算机科学概论》（*Computer Science：An Overview*）给出的一个证明。

在证明之前，先介绍一个概念：哥德尔数。

在计算机理论的研究中，可以将无符号数分配给任何用特定语言编写的程序，这样的无符号数就称为哥德尔数。这种分配使得程序可以作为单一的数据项输入给其他程序。

首先，将程序中的符号用哥德尔数进行分配，例如

int　对应　1
x　对应　2
+　对应　3
-　对应　4
…
while　对应　A
if　对应　B
…

语句则根据以上符号的对应关系来确定。比如语句 int x，int 对应 1，x 对应 2，所以 int x 对应 12（十六进制），这样 int x 的哥德尔数也可以用二进制数 00010010 表示。

同理，可以用这样的方法表示其他语句和程序段，这样就可以将程序转化为哥德尔数并作为单一的数据项输入给其他程序。特别地，当一个程序以自身（转化为哥德尔数）为输入，该程序能够终止，那么这个程序就是一个自终止的程序，否则就不是。下面举例说明。

例 2.5
```
while x not 0 do;
end;
```

该程序首先是一个字符串，当它转化为哥德尔数时，就成了一个非零的无符号数，若将该数赋值给程序的变量 x，则程序无法终止，是一个死循环。因此，该程序不是自终止的。

例 2.6
```
while x not 0 do;
    x=x-1;
end;
```

将该程序自身（转化为哥德尔数）赋值给程序的变量 x，经过若干次循环，x 的值一定可以为 0，因此，该程序是自终止的。

接下来对停机问题进行证明。

停机问题的关键在于，能否找到这样一个测试程序，这个测试程序能判定任何一个程序在给定的输入下能否终止。用数学反证法证明，先假设存在这样的测试程序，然后再构造一个程序，用该测试程序测试不了。

（1）假设存在一个测试程序 T，它能接受任何输入，如图 2.5（a）所示。输入程序 P（用哥德尔数来代替），若它能终止，则输出 1，若不能终止，则输出 0。

（2）构造一个程序 S，该程序由两部分构成，一部分为测试程序 T，另一部分为一个空循环，如图 2.5（b）所示。空循环表示如下：

```
while(X)
{
}
```

输入 P，若 P 终止，则程序 T 输出 1，把 1 送到循环体，很明显 S 不会终止；若 P 不终止，则程序 T 输出 0，把 0 送入循环体，程序 S 终止。

（3）将 S 自身作为输入，会是什么情况呢？由于没有对 P 做任何特殊的规定，因此也可能用 S 替换 P 作为输入，如图 2.5（c）所示。

若 S 终止，则测试程序 T 输出 1，把 1 送到循环体，很明显它不会终止；若 S 不终止，则 T 输出 0，把 0 送入循环体，程序终止。

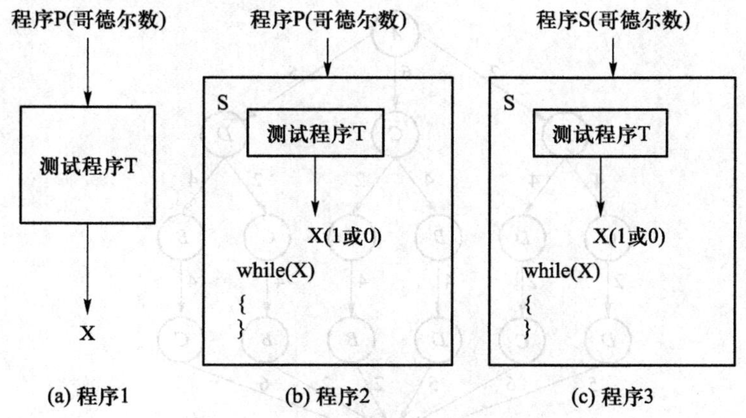

图 2.5　停机问题证明的 3 个程序

结论是：若 S 终止，则 S 不终止；若 S 不终止，则 S 终止。结论矛盾，故可以确定这样的测试程序 T 是不存在的，从而证明停机问题是不可解的。

现在我们知道，对于一个问题而言，并不都是可以计算的，即使是可以计算的问题，也存在是在多项式时间内可以计算的，还是在非多项式时间内可以计算的区别，当然，还存在着神秘的 NP 完全问题。

2.3.7　旅行商问题与组合爆炸问题

旅行商问题（traveling salesman problem，TSP）是威廉·罗恩·哈密顿和英国数学家托马斯·P. 柯克曼（Thomas P. Kirkman）于 19 世纪初提出的一个数学问题。这是一个典型的 NP 完全问题。其大意是：有若干城市，任何两个城市之间的距离都是确定的，现要求一个旅行商从某城市出发，必须经过每一个城市且只能在每个城市逗留一次，最后回到原出发城市。问：如何事先确定好一条最短的路线，使其旅行的费用最少？

人们在考虑解决这个问题时，一般首先想到的最原始的方法就是：列出每一条可供选择的路线（即对给定的城市进行排列组合），计算出每条路线的总里程，最后从中选出一条最短的路线。假设现在给定的 4 个城市分别为 A、B、C 和 D，各城市之间的距离已知，如图 2.6 所示。可以用一个组合的状态空间图来表示所有的组合，如图 2.7 所示。从图 2.6 不难看出，可供选择的路线共有 6 条，从中很快可以选出一条总距离最短的路线。由此推算，若设城市数目为 n 时，那么组合路径数则为 $(n-1)!$。显然，当城市数目不多时要找到最短距离的路线并不难，但随着城市数目的不断增大，组合路线数将呈指数级增长趋势，以致达到无法计算的地步，这就是所谓的组合爆炸问题。假设现在城市的数目增为 20 个，组合路径数则为 $(20-1)! \approx 1.216 \times 10^{17}$，如此庞大的组合数目，若计算机以每秒检索 1 000 万条路线的速度计算，也需要花费约 386 年的时间。

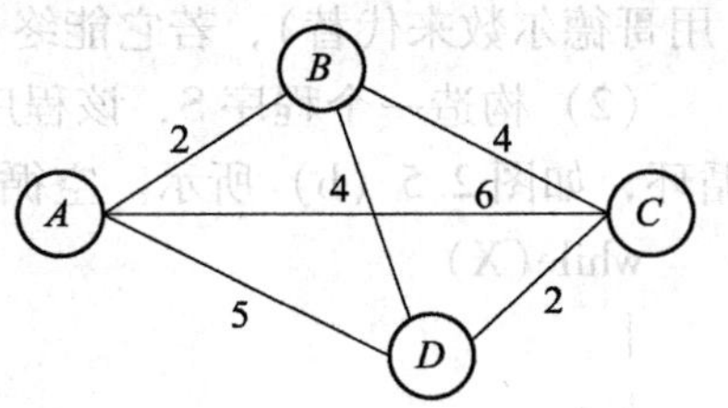

图 2.6　4 城市交通图

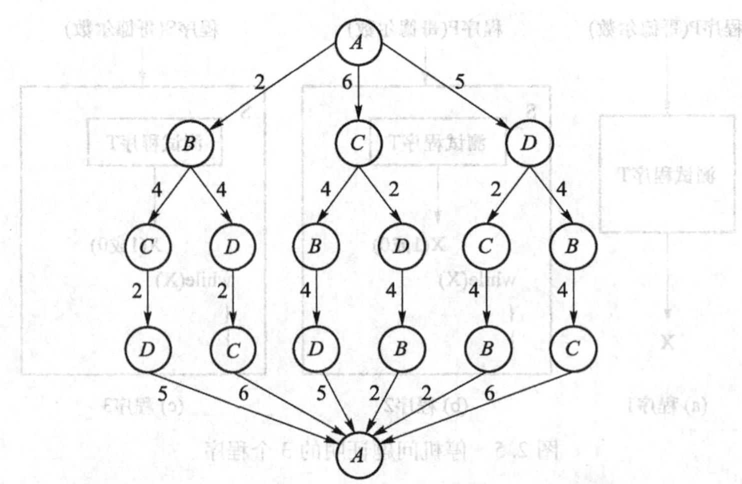

图 2.7　组合路径图

TSP 问题是一个 NP 完全问题，NP 完全问题从本质上来说是非常难以求解的，对于这类问题，尽管无法找到有效的算法，但实际应用中提出的类似问题却必须予以解决，一个合理的办法就是寻找相应的启发式算法、近似算法、概率算法等。

据文献介绍，1998 年，科学家们将组合优化算法中的割平面法与分支限界法相结合，成功地解决了美国 13 509 个城市之间的 TSP 问题，2001 年又解决了德国 15 112 个城市之间的 TSP 问题。但这一工程的代价也是巨大的，据报道，为解决 15 112 个城市之间的 TSP 问题，使用由美国莱斯大学和普林斯顿大学 110 台计算机互联构成的网络，各计算机采用主频为 500 MHz 的 Compaq EV6 Alpha 处理器，所有计算机花费的时间之和为 22.6 年。

TSP 是最有代表性的组合优化问题之一，它的应用已逐步渗透到各个技术领域和人们的日常生活中，至今还有不少学者在从事这方面的研究工作。就实际应用而言，一个典型的例子就是机器在电路板上钻孔的调度问题（在该问题中，钻孔的时间是固定的，只有机器移动时间的总量是可变的）。在这里，电路板上要钻的孔相当于 TSP 中的“城市”，钻头从一个孔移动到另一个孔所消耗的时间相当于 TSP 中的“旅行费用”。在大规模生产过程中，寻找最短路径能有效降低成本。这类问题的解决还可以延伸到其他行业，如运输业、后勤服务业等。然而，由于 TSP 会产生组合爆炸问题，因此寻找切实可行的简化求解方法就成为问题的关键。

2.3.8 找零问题、背包问题与贪婪算法

找零问题、背包问题等是一类可以用启发式贪婪算法来处理的典型问题。下面分别进行介绍。

1. 找零问题

设有不同面值的钞票，要求用最小数量的钞票给顾客找某数额的零钱，这就是通常说的找零问题。

例 2.7 一顾客用一张面值 100 元的钞票（人民币）在超市买了 5 元钱的商品，收银员需找给他 95 元零钱。售货员在找零钱时可有多种选择，比如可以找 9 张 10 元的、1 张 5 元的，也可以找 95 张 1 元的，甚至还可以找 950 张 1 角的。

但在一般情况下，收银员都会凭直觉选择 1 张 50 元、2 张 20 元和 1 张 5 元的，从而使找的零钱数目最少。

收银员采用的方法，其实是一种典型的贪婪算法（greedy algorithm，也可译为贪心算法）。可以证明，按照这种算法找的零钱数目的确最少。下面，介绍贪婪算法的基本思想。

2. 贪婪算法

贪婪算法是一种传统的启发式算法，它采用逐步构造最优解的方法，即在算法的每个阶段都做出在当时看上去最好的决策，以获得最大的“好处”，换言之，就是在每一个决策过程中都要尽可能“贪”，直到算法中的某一步不能继续前进时，算法才停止。

在算法执行过程中，“贪”的决策一旦做出，就不可再更改，做出“贪”的决策的依据称为贪婪准则。

贪婪算法是从局部最优来考虑问题的解决方案，它简单又快捷，因此，应用较为广泛。

但是，这种从局部而不是从整体最优来考虑问题的算法，并不能保证求得的最后解为最优解。下面再介绍一类典型的背包问题。

3. 背包问题

给定 n 种物品和一个背包，设 W_i 为物品 i 的重量，V_i 为其价值，C 为背包可承受的最大重量，要求在最大重量的限制下，尽可能使装入的物品总价最大，这就是背包问题。

背包问题是一个典型的 NP 复杂问题，也是在“算法设计与分析”教学中一般都要提到的一个典型问题。为便于讨论，本书所指的是一类物品不可分割的背包问题，即 0/1 背包问题，在这类问题中，物品只有装入和不装入两种情况。

用贪婪算法解决背包问题，有以下 3 种常用的贪婪准则。

贪婪准则 1：每次都选择价值最大的物品装包。

例 2.8　假设 $n=3$；$W_1=100$，$V_1=60$；$W_2=20$，$V_2=40$；$W_3=20$，$V_3=40$；$C=110$。采用价值最大的贪婪准则，选物品 1，这种方案的总价值为 60。而最优解是选物品为 2 和 3，总价值为 80，因此，可以断定，使用贪婪准则 1，不能保证得到最优解。

贪婪准则 2：每次都选择重量最小的物品装包。

使用贪婪准则 2，对于前面的例子能产生最优解，但在一般情况下，不一定能得到最优解。

例 2.9　假设 $n=2$；$W_1=100$，$V_1=60$；$W_2=20$，$V_2=40$；$C=110$。采用重量最小的贪婪策略，选择物品 2，总价值为 40。而最优解是选物品 1，总价值为 60。

贪婪准则 3：每次都选择 V_i/W_i 值（价值密度）最大的物品装包。

例 2.10　假设 $n=3$；$W_1=100$，$V_1=60$；$W_2=20$，$V_2=40$；$W_3=20$，$V_3=40$；$C=110$。采用价值密度最大的贪婪策略，选择物品 2 和 3，总价值为 80，结果为最优解。

比较 3 种不同的贪婪准则，感觉（贪婪算法有直觉的倾向，这种倾向是计算学科中的一个特点）贪婪准则 3 可能是一种更好的启发式算法。而据有关文献介绍，用贪婪准则 3 可以在大多数时候得到令人满意的次优解，甚至相当一部分为最优解。

综上所述，在一些应用（如找零问题）中，贪婪算法所产生的方案总是最优的解决方案。但对其他的一些应用（如 0/1 背包问题），就不一定能得到最优解。在实际应用中，尽管不一定能够得到最优解，然而次优解也是可以接受的。

与找零问题、背包问题等类似的、可以用贪婪算法求解的问题还有货箱装船问题、拓扑排序问题、二分覆盖问题、最短路径问题、最小代价生成树等。

贪婪算法是一种传统的启发式算法，用于求解一类问题的启发式算法还有分而治之法、动态规划法、分支限界法、A * 算法、遗传算法、蚂蚁算法以及演化算法等。

就找零问题、背包问题而言，以上启发式算法都可以使用，在以后的学习中还会知道，解决这类问题的方法还有不少。在现实生活中，解决问题的方式（方法）总比问题多，这时，问题的关键往往不在于问题的本身，而在于方式（方法）的选择。

2.4　GOTO 语句与程序的结构

在计算机诞生的初期，计算机主要用于科学计算，程序的规模一般都比较小，那时的程序设计要说有方法的话，也只能说是一种手工式的设计方法。20 世纪 60 年代，计算机软硬件技术得到了迅速的发展，其应用领域也急剧扩大，这给传统的手工式程序设计方法带来了挑战。

1966 年，科拉多 · 博姆（Corrado Bohm）和朱塞佩 · 亚科皮尼（Giuseppe Jacopini）发表了关于“程序结构”的重要论文《带有两种形成规则的图灵机和语言的流程图》（“Flow Diagrams, Turing Machines and Languages with Only Two Formation Rules”），给出了任何程序的逻辑结构都可以用 3 种最基本的结构（如图 2. 8 所示；A，B 分别表示程序段；T，F 分别表示谓词 P 的真、假），即顺序结构、选择结构和循环结构来表示的证明。

以伯姆和亚科皮尼的工作为基础，1968 年，埃德斯加 · W. 迪杰斯特拉（Edsgar W. Dijkstra）经过深思熟虑后，在给 *Communications of the ACM* 编辑的一封信中，首次提出了“GOTO 语句是有害的”（GOTO Statement Considered Harmful）问题，该问题在 *Communications of the ACM* 杂志上发表后，引发了激烈的争论，不少著名的学者参与了讨论。

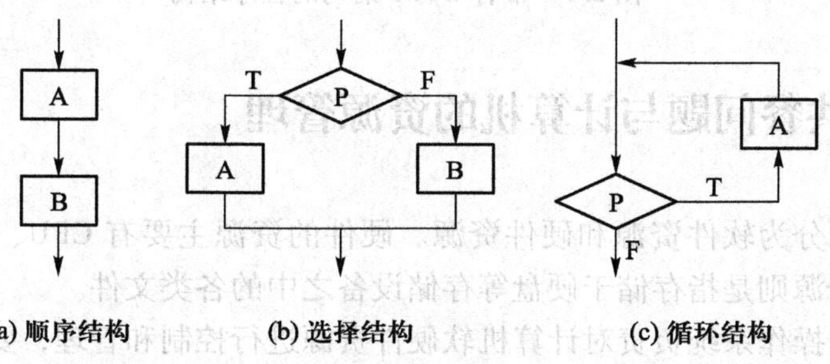

图 2. 8 程序的 3 种基本结构

经过 6 年的争论，1974 年，著名计算机科学家、图灵奖获得者唐纳德 · E. 克努特（Donald E. Knuth）教授在他发表的、有影响力的论文《带有 GOTO 语句的结构化程序设计》（“Structured Programming with GOTO Statements”）中对这场争论做了较为全面而公正的论述：滥用 GOTO 语句是有害的，完全禁止也不明智，在不破坏程序良好结构的前提下，有控制地使用一些 GOTO 语句，就有可能使程序更清晰，效率也更高；关于 GOTO 语句的争论，其焦点应当放在程序的结构上，好的程序应该是逻辑正确、结构清晰、朴实无华的。图 2. 9 给出带 GOTO 语句的程序结构示例，以便更好地理解以上内容。

在图 2. 9（a）中，GOTO 语句的使用过于随意，影响了程序的良好结构，而在图 2. 9（b）中，当需要非正常退出时，可以直接退到错误子程序进行处理，避免了循环中一层层地退出，程序的效率更高。

关于 GOTO 语句问题的争论直接导致了一个新的学科分支领域，即程序设计方法学的诞生。程序设计方法学是对程序的性质及其设计的理论和方法进行研究的学科，它是计算学科发展的必然产物，也是学科方法论中的重要内容。

```
L1:                          {…
…                              {…
goto L3;                          {…
{…                                goto error;
  L2:                             }
  …                            }
  goto L1;                   }
  {…                         error:
     L3:                       {…
       {…                        …
       goto L2;                }
       }                         …
     }                       }
  }
}
```

(a) 影响程序结构的GOTO语句　　(b) 不影响程序结构的GOTO语句

图 2.9　带有 GOTO 语句的程序结构

2.5　哲学家共餐问题与计算机的资源管理

计算机的资源分为软件资源和硬件资源。硬件的资源主要有 CPU、存储器以及输入输出设备等，软件资源则是指存储于硬盘等存储设备之中的各类文件。

在计算机中，操作系统负责对计算机软硬件资源进行控制和管理，要使计算机系统中的软硬件资源得到高效使用，就会遇到由于资源共享而产生的问题。下面通过生产者-消费者问题和哲学家共餐问题来了解这方面的内容。

1. 生产者-消费者问题

1965 年，迪杰斯特拉在他著名的论文《协同顺序进程》（“Cooperating Sequential Processes”）中用生产者-消费者问题（producer-consumer problem）对并发程序设计中进程同步的最基本问题，即多进程提供（或释放）以及使用计算机系统中的软硬件资源（如数据、I/O 设备等）进行了抽象的描述，并使用信号灯的概念解决了这一问题。

在生产者-消费者问题中，消费者是指使用某一软硬件资源的进程，而生产者是指提供（或释放）某一软硬件资源的进程。

在生产者-消费者问题中，有一个重要的概念，即信号灯，它借用了火车信号系统中的信号灯来表示进程之间的互斥关系。

2. 哲学家共餐问题

在提出生产者-消费者问题后，迪杰斯特拉针对多进程互斥地访问有限资源（如 I/O 设备）的问题又提出并解决了一个被人们称为“哲学家共餐”的多进程同步问题。

对哲学家共餐问题可以作这样的描述：如图 2.10 所示，5 个哲学家围坐在一张圆桌旁，每个人的面前摆有一碗面条，碗的两旁各摆有一只筷子（注：迪杰斯特拉原来提到的是叉子和意大利面条，因有人习惯用一个叉子吃面条，于是后来的研究人员又将叉子和意大利面条改写为中国筷子和面条）。

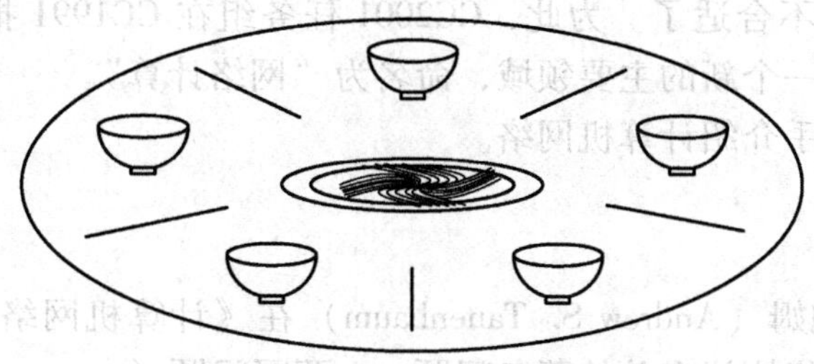

图 2.10 5 个哲学家共餐

假设哲学家的生活除了吃饭就是思考问题（这是一种抽象，即对该问题而言其他活动都无关紧要），而吃饭的时候需要左手拿一只筷子，右手拿一只筷子，然后开始进餐。吃完后又将筷子摆回原处，继续思考问题。那么，一个哲学家的生活进程可表示为：

（1）思考问题；

（2）饿了停止思考，左手拿一只筷子（如果左侧哲学家已持有它，则需等待）；

（3）右手拿一只筷子（如果右侧哲学家已持有它，则需等待）；

（4）进餐；

（5）放右手筷子；

（6）放左手筷子；

（7）重新回到思考问题状态（1）。

现在的问题是：如何协调 5 个哲学家的生活进程，使每一个哲学家最终都可以进餐。考虑下面的两种情况。

（1）按哲学家的活动进程，当所有的哲学家都同时拿起左手筷子时，所有的哲学家都将拿不到右手的筷子，并处于等待状态，那么哲学家都将无法进餐，最终饿死。

（2）修改哲学家的活动进程为，若某位哲学家拿不到右手的筷子时，就放下其左手的筷子，这种情况是不是就没问题了呢？不一定，因为可能在一个瞬间，所有的哲学家都同时拿起左手的筷子，则自然拿不到右手的筷子，于是都同时放下左手的筷子，等一会儿，又同时拿起左手的筷子，如此永远重复下去，则所有的哲学家一样都吃不到面条。

以上两种情况其实反映的是程序并发执行时进程同步的两个问题，一个是死锁（deadlock），另一个是饥饿（starvation）。

为了提高系统的处理能力和机器的利用率，并发程序被广泛地使用，因此，必须彻底解决并发程序中的死锁和饥饿问题。于是，人们将哲学家共餐问题推广为更一般的 n 个进程和 m 个共享资源的问题，并在研究过程中给出了解决这类问题的不少方法和工具，如佩特里网（Petri net）、并发程序语言等。

与程序并发执行时进程同步有关的经典问题还有读者-写者问题（reader-writer problem）、睡眠的理发师问题（sleeping barber problem）等。

2.6 两军问题与计算机网络

20 世纪 90 年代，计算机网络特别是因特网（Internet）得到飞速的发展，新思想、新技术、新产品和新的应用层出不穷，并开始渗透到人们生活的各个方面，若再将它列为操作系统中的一个研究主题就不合适了。为此，CC2001 任务组在 CC1991 报告的基础上，将它提取出来，作为计算学科一个新的主要领域，命名为“网络计算”。

下面从两军问题入手介绍计算机网络。

2.6.1　两军问题

安德鲁·S. 塔嫩鲍姆（Andrew S. Tanenbaum）在《计算机网络》（*Computer Networks*）一书中介绍了一个与网络协议有关的著名问题——两军问题（two army problem），如图 2.11 所示，用来说明协议设计的微妙性和复杂性。

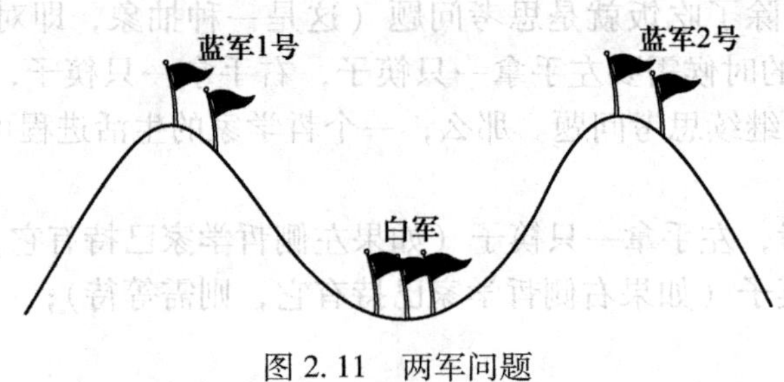

图 2.11　两军问题

两军问题可以这样描述：一支白军被围困在一个山谷中，山谷的两侧是蓝军。困在山谷中的白军人数多于山谷两侧的任一支蓝军，而少于两支蓝军的总和。若一支蓝军对白军单独发起进攻，则必败无疑；但若两支蓝军同时发起进攻，则可取胜。两支蓝军希望同时发起进攻，这样他们就要传递信息，以确定发起攻击的具体时间。假设他们只能派遣士兵穿越白军所在的山谷（唯一的通信信道）来传递信息，那么在穿越山谷时，士兵有可能被俘，从而造成消息的丢失。现在的问题是：如何通信，才能保证蓝军必胜？

假设一支蓝军指挥官发出消息：“我建议明天拂晓发起进攻，请确认。”如果消息到达了另一支蓝军，其指挥官同意这一建议，并且他的回信也安全送到，那么能否进攻呢？不能。这是一个两步握手协议，因为该指挥官无法知道他的回信是否安全送到了，所以，他不能发起进攻。

改进协议，将两步握手协议改为三步握手协议，这样，最初提出建议的指挥官必须对该建议的应答信息予以确认。假如信息没有丢失，并收到确认消息，则他还需将收到的确认信息告诉对方，才能完成三步握手协议。然而，这样他也无法知道消息是否被对方收到，因此，他不能发起进攻。

那么，采用四步握手协议会如何呢？结果仍是于事无补。

结论是：不存在使蓝军必胜的通信约定（协议）。

该结论可以用反证法证明，证明如下。

假如存在某种协议，那么协议中最后一条信息要么是必需的，要么不是。如果不是，可以删除它，直到剩下的每条消息都是至关重要的。若最后一条消息没有安全到达目的地，则会怎样呢？刚才说过每条信息都是必需的，因此，若它丢了，则进攻不会如期进行。由于最后发出信息的指挥官永远无法确定该信息能否安全到达，所以他不会冒险发动攻击。同样，另一支蓝军也明白这个道理，所以也不会发动进攻。

塔嫩鲍姆用两军问题来阐述网络传输层中“释放连接”问题的要点。而在实际应用中，当两台通过网络互联的计算机释放连接（对应“两军问题”的发起进攻）时，通常一方收到对方确认的应答信息后不再回复，就释放连接（采用的是一种三步握手协议）。这样处理，协议并非完全没有错，但通常情况下已经足够了。本书不再讨论这个问题，但是，正如塔嫩鲍姆给出的结论那样，现在你应该很清楚，释放一个可能有数据丢失的网络连接并不像人们初看起来那样简单。

2.6.2 互联网软件的分层结构

网络协议（简称协议）是为在网络中进行数据交换而建立的规则、标准或约定的集合。

实现计算机之间自动、可靠的数据通信的网络协议一般都极其复杂。借鉴复杂系统的研究方法，应对网络协议进行划分，于是人们将它划分为若干子集（层次），各层各司其职，从而降低了协议设计的复杂性，进而分别予以讨论和研究。在 Internet 上，就是通过一个分层的、具有不同功能的软件来实现数据交换的。这就类似于邮寄一个包裹的过程，如图 2.12 所示，首先将礼物打包，然后送到当地邮局，邮局通过货运公司的交通工具（可能经过若干中转站）将包裹送往目的地，目的地邮局将包裹取出，按照地址送给接收方，接收方打开包裹，取出礼物。这个礼物的运送由用户层、邮局和货运公司三个层次来完成，每一层将下一个较低层当作一种抽象工具使用（不用关心该层的细节）。这个层次结构中的每一层在源地和目的地都有代表，在目的地的代表会与其在源地的对应代表进行相反的操作。

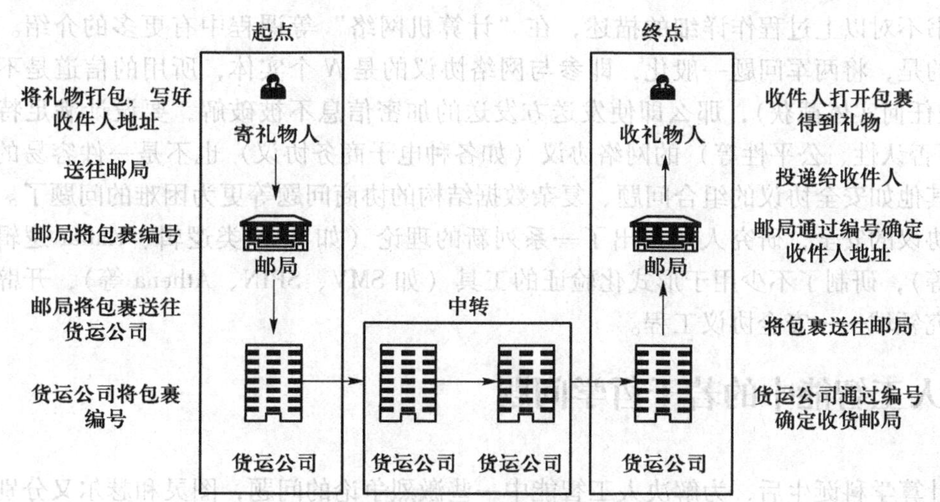

图 2.12 包裹邮寄的层次结构

与此相似的是控制 Internet 上通信的软件，不同之处在于该软件有 4 个层次，如图 2.13 所示，即应用层、传输层、网络层和数据链路层，每层均有相应的协议进行支撑，Internet 上的每台机器都具有这样的软件及层次结构。一条信息在应用层产生，向下通过传输层和网络层的处理，通过数据链路层实现传输。这个信息由目的地的数据链路层接收，通过网络层和传输层的逆操作，最后将信息送到应用层。

应用层包括所有的网络应用，如电子邮件、FTP、WWW 等。这些应用要支持该层相应的协议，如域名系统（domain name system，DNS）、简单邮件传送协议（simple mail transfer protocol，SMTP）、文件传输协议（file transfer protocol，FTP）、超文本传送协议（hypertext transfer protocol，HTTP）等。从应用层产生的信息首先发送到传输层。

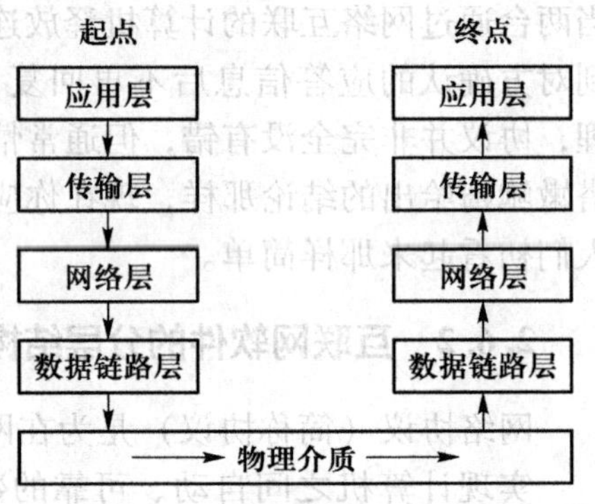

图 2.13 Internet 软件的层次结构

传输层从应用层接收信息，并将信息分成小的片段，这些片段被当作单独的单元在 Internet 上传送。传输层为这些小的片段加上序号以便它们在目的地被重组，然后加上目的地地址。

网络层从传输层接收加上序号的片段（也被称为包），根据其拓扑结构，在确定一个包的中间目的地后，将相应地址附加其上再送到数据链路层。

数据链路层负责处理通信的细节，每次传送包时，包都由接收方的数据链路层负责接收，并将包传给接收方的网络层处理。若包没有到达最终目的地，则接收方的网络层就在包上附加一个新的中转站地址，再将包返回数据链路层继续传送，直到网络层确定到达的包已经送到了最后的目的地，它便将包送到传输层。当传输层从网络层接收包以后，就将包拆分，并通过序号将这些信息恢复成原来的样子，最后送到应用层。

本书不对以上过程作详细的描述，在“计算机网络”等课程中有更多的介绍。这里需要指出的是，将两军问题一般化，即参与网络协议的是 N 个实体，所用的信道是不安全的（可以被任何实体截获），那么即使发送方发送的加密信息不被破解，要设计满足特定要求（如不可否认性、公平性等）的网络协议（如各种电子商务协议）也不是一件容易的事，更不用说其他如安全协议的组合问题、复杂数据结构的协商问题等更为困难的问题了。为了确保网络协议的安全，研究人员提出了一系列新的理论（如 BAN 类逻辑、Kailar 逻辑、串空间理论等），研制了不少用于形式化验证的工具（如 SMV、SPIN、Athena 等），开辟了一个新的研究领域——安全协议工程。

2.7 人工智能中的若干哲学问题

在计算学科诞生后，为解决人工智能中一些激烈争论的问题，图灵和瑟尔又分别提出了能反映人工智能本质特征的两个著名的哲学问题，即图灵测试和瑟尔的“中文房间”。沿着图灵等人对“智能”的理解，人们在人工智能领域取得了长足的进展，其中“深蓝”（Deep Blue）战胜国际象棋大师卡斯帕罗夫就是一个很好的例证。

2.7.1 图灵测试

图灵于 1950 年在英国《心》（*Mind*）杂志上发表了《计算机器和智能》（“Computing Machinery and Intelligence”）一文，文中提出了“机器能思维吗?”这样一个问题，并给出了一个称作“模仿游戏”（imitation game）的试验，后人称之为图灵测试（Turing test）。

该游戏由以下3人来完成：一个男人（A），一个女人（B），一个性别不限的提问者（C）。

提问者（C）待在与其他两个游戏者隔离的房间里。游戏的目标是，让提问者通过对其他两人的提问来鉴别其性别。

为了避免提问者通过声音、语调轻易地做出判断，规定提问者和两个游戏者之间只能通过电传打字机进行沟通。

提问者只被告知两个人的代号为X和Y，游戏的最后他要做出“X是A（表示男性），Y是B（表示女性）”或“X是B，Y是A”的判断。

提问者可以提出这样的问题：“请X回答，你的头发的长度”

若X是男人（A），为了给提问者造成错觉，他可以这样回答：“我的头发很长，大约有20 cm”。而X是女人（B），为帮助提问者，那么她会做出真实的回答，并可能在答案的后面加上“我是女人，不要相信那个人”之类的提示。然而，男人（A）也同样可以加上类似的提示。

现在，把上面游戏中的男人（A）换成机器。若提问者在与机器、女人游戏中做出的错误判断与在男人、女人游戏中做出的错误判断次数相同或更多，则判定这部机器能够思维。

下面是图灵在论文中给出的一个例子，请判断回答者是人还是机器。

问：请以美丽的福斯桥（Forth Bridge，位于苏格兰，建成于1890年）为例，为我作一首十四行诗。

答：不要问我这道题，我从来没有写过诗。

问：32 957加70 764等于多少。

答：（停顿大约30 s）105 621。

问：你会下国际象棋吗?

答：会下。

问：我的K（王）在K1格上，没有其他棋子了。你的K（王）在K6格上，还有一个R（车）在R1格上，现在轮到你走了。

答：（停顿大约15 s）R（车）移到R8上，将死。

图灵关于“图灵测试”的论文发表后引发了很多争论，以后的学者在讨论机器思维时大多都要谈到这个游戏。

“图灵测试”不要求接受测试的机器在内部构造上与人脑一样，它只是从功能的角度来判定机器是否具有思维，也就是从行为主义这个角度对“机器思维”进行定义。尽管图灵对“机器思维”的定义是不够严谨的，但他关于“机器思维”定义的开创性工作对后人的研究具有重要意义。因此，一些学者认为，图灵发表的关于“图灵测试”的论文标志着现代机器思维问题讨论的开始。

根据图灵的预测，到2000年，此类机器能通过测试。现在，在某些特定的领域中，如博弈领域，“图灵测试”已取得了成功，1997年，IBM公司研制的计算机“深蓝”就战胜了国际象棋冠军卡斯帕罗夫。

符号主义者认为，认知是一种符号处理过程，人类思维过程也可用某种符号序列来描述，即思维就是计算（认知就是计算），这种思想构成了人工智能的哲学基础之一。历史上有人把推理视为人类精神活动的中心，把一切推理都归结于某种计算的想法一直吸引着人们。然而，由于人们对心理学和生物学的认识还很不成熟，对人脑的结构还有许多未知之处，因而无法建立起关于人脑思维的完整的数学模型。

未来如果能像图灵揭示计算本质那样揭示人类思维的本质，即“能行”思维，那么制造出真正能思维的机器的日子也就不会太久了。

2.7.2 瑟尔的“中文房间”

美国哲学家约翰·R. 瑟尔（John R. Searle）根据人们在研究人工智能模拟人类认知能力方面的不同观点，将有关人工智能的研究划分为强人工智能（strong artificial intelligence）和弱人工智能（soft artificial intelligence）两个派别。

在研究意识方面，弱人工智能认为计算机的主要价值在于它提供了一个强大的工具；强人工智能的观点则认为，计算机不仅是一个工具，形式化的计算机是具有意识的。

1980年，瑟尔在《行为科学和脑科学》（*Behavioral and Brain Sciences*）杂志上发表了论文《心、脑和程序》（“Minds、Brains and Programs”），在文中，他以自己为主角设计了一个“中文房间（Chinese Room）”的假想试验来反驳强人工智能的观点。

假设瑟尔被单独关在一个房间里，房间里有序地堆放着足量的汉语字符，而他对中文一窍不通。这时屋外的人递进一串汉语字符，同时，还附一本用英文写的处理汉语字符的规则（英语是瑟尔的母语），这些规则将递进来的字符和房间里的字符之间的转换做了形式化的规定，瑟尔按规则指令对这些字符进行一番转换之后，将一串新组成的字符送出屋外。事实上他根本不知道送进来的字符串就是屋外人提出的“问题”，也不知道送出去的就是所谓“问题的答案”。又假设瑟尔很擅长按照指令娴熟地处理一些汉字符号，而程序设计师（即制定规则的人）又擅长编写程序（即规则），那么，瑟尔的答案将会与一个地道的中国人做出的答案没什么不同。但是，能说瑟尔真的懂中文吗？

瑟尔借用语言学的术语非常形象地揭示了“中文房间”的深刻寓意：形式化的计算机仅有语法，没有语义。因此，他认为，机器永远也不可能代替人脑。以研究语言哲学问题而著称的分析哲学家瑟尔提出的来自语言学的思考，的确给人工智能涉及的哲学和心理学问题提供了不少启示。

2.7.3 计算机中的博弈问题

1. 博弈的历史简介

博弈问题属于人工智能中一个重要的研究领域。从狭义上讲，博弈是指下棋、玩扑克牌、掷骰子等具有输赢性质的游戏；从广义上讲，博弈就是对策或斗智。计算机中的博弈问题一直是人工智能领域研究的重点内容之一。

1913 年，数学家 E. 策梅洛（E. Zermelo）在第五届国际数学大会上发表了《关于集合论在国际象棋博弈理论中的应用》（“On an Application of Set Theory to the Theory of the Game of Chess”）的著名论文，第一次把数学和国际象棋联系起来，从此，现代数学出现了一个新的理论，即博弈论。

1950 年，“信息论”创始人克劳德·E. 香农（Claude E. Shannon）发表了《编程实现计算机下棋》（“A Programming a Computer for Playing Chess”）一文，并阐述了用计算机编制下棋程序的可能性。

1956 年夏天，由 J. 麦卡锡（J. McCarthy）和香农等人共同发起的、在美国达特茅斯学院（Dartmouth College）举行的夏季学术讨论会上，第一次正式使用了“人工智能”这一术语，这次会议的召开对人工智能的发展起到了极大的推动作用。当时，IBM 公司的工程师 A. 塞缪尔（A. Samuel）也被邀请参加了达特茅斯会议，塞缪尔的研究专长正是计算机下棋。早在 1952 年，塞缪尔就运用博弈理论和状态空间搜索技术成功地研制了世界上第一个国际跳棋程序。该程序经不断地完善于 1959 年击败了它的设计者塞缪尔本人，1962 年，它又击败了美国某个州的国际跳棋冠军。

从 1970 年开始，一直到 1994 年（1992 年间断过一次），ACM 每年举办一次计算机国际象棋锦标赛，每年产生一个计算机国际象棋赛冠军。1991 年，冠军由 IBM 公司的“深思Ⅱ”（Deep ThoughtⅡ）获得。ACM 的这些工作极大地推动了博弈问题的深入研究，并促进了人工智能领域的发展。

2. “深蓝”与卡斯帕罗夫之战

“深蓝”是美国 IBM 公司研制的一台高性能并行计算机，它由 256 个专为国际象棋比赛设计的微处理器组成，据估计，该系统每秒可计算 2 亿步棋。“深蓝”的前身是“深思”，始建于 1985 年。1989 年，卡斯帕罗夫首战“深思”，后者败北。1996 年，在“深思”基础上研制出的“深蓝”与卡斯帕罗夫交战，以 2:4 负于对手。

1997 年 5 月初，“深蓝”与国际象棋冠军卡斯帕罗夫再次对弈，前者以两胜一负三平战胜后者。

“深蓝”的研制团队有主管谭崇仁（C. J. Tan，美籍华人）、设计师许峰雄（C. B. Hsu，美籍华人）、国际象棋顾问 J. 本杰明（J. Benjamin）及其他科学家、工程师。与其说是“深蓝”战胜了卡斯帕罗夫，还不如说是“深蓝队”战胜了卡斯帕罗夫。

3. 博弈树搜索

国际象棋、国际跳棋与围棋、中国象棋一样都属于双人完备博弈。所谓双人完备博弈就是两位选手对垒，轮流走步，其中一方完全知道另一方已经走过的棋步以及未来可能的走步，对弈的结果要么是一方赢（另一方输），要么是和局。

对于任何一种双人完备博弈，都可以用一个博弈树（与或树）来描述，并通过博弈树搜索策略寻找最优解。

博弈树类似于状态图和问题求解搜索中使用的搜索树。搜索树上的第一个结点对应一个棋局，树的分支表示棋的走步，根结点表示棋局的开始，叶结点表示棋局的结束。一个棋局的结果可以是赢、输或者和局。

对于一个对弈双方都思维缜密的棋局来说，其博弈树的规模是非常大的，就国际象棋来说，有 10^{120} 个结点（棋局总数），而对中国象棋来说，估计有 10^{160} 个结点，围棋更复杂，盘面状态达 10^{768} 个。计算机要装下如此大的博弈树，并在合理的时间内进行详细的搜索是不可能的。因此，如何将搜索树规模控制在一个合理的范围内是一个值得研究的问题，“深蓝”是这类研究的成果，阿尔法围棋（AlphaGo）也是这类研究的成果，提升阿尔法围棋胜率的一个关键是采用了蒙特卡罗（Monte Carlo）树搜索。

4. 结论

“深蓝”战胜卡斯帕罗夫后，在社会上引起了轩然大波。一些人认为，机器的智力已超越人类，甚至还有人认为计算机最终将控制人类。其实人的智力与机器的智力根本就是两回事，因为人们现在对人的精神和脑结构的认识还相当不充分，更不用说对它用严密的数学语言进行描述了，而计算机是一种用严密的数学语言来描述的计算机器。

如果不考虑人的精神和脑结构这样的哲学和生物学问题，那么许多问题解释起来就很容易了。其实计算机就像汽车、飞机一样，人要超过这些机器设备所具有的特殊能力是不现实的。就计算机而言，人要在计算能力上超过机器是不现实的。

以上认识有助于我们真正理解计算机器的本质。就像人们知道汽车、飞机在造福人类的同时也会带来灾难一样，计算机器也是如此。这就需要我们去正视这些问题，并通过各种途径来避免灾难的发生。不仅如此，我们还应当自觉地将它们应用于人类社会的进步和发展之中。

*2.8　计算机科学各主领域及其基本问题

本节综合 CS2023、CS2013 和 CC2001 报告，给出计算机科学各主领域简介以及计算机科学中各主领域的基本问题。

1. 人工智能

CS2013 将该领域定义为智能系统，智能系统关注的是自主系统的设计和分析。这些系统有些是软件系统，有些系统还配有传感器和传送器（如机器人或航天器）。一个智能系统应具备感知环境、执行既定任务以及与其他代理进行交流的能力，包括计算机视觉、规划和动作、机器人学、多代理系统、语音识别和自然语言理解等。

智能系统依赖于一整套关于问题求解、搜索算法以及机器学习技术的专门知识表示机制和推理机制。人工智能为求解采用其他方法难以解决的问题提供了一些技术，包括启发式搜索和规划算法、知识表示的形式化机制、机器学习技术以及语言理解、计算机视觉、机器人学等领域中包含的感知和动作问题的方法。要求学生能够针对特定的问题选择合适的方法来解决问题。

近十年来，数据驱动的人工智能得到迅速发展，这些发展得益于基于大规模数据集的广泛可用性、计算能力的提升以及算法的改进。因此，CS2023 将 CS2013 中的“智能系统”修改为更具普遍意义的“人工智能”，报告将神经网络和表示学习方面的内容列为核心知识单元，以反映该领域的最新进展。CS2023 注重人工智能知识领域与数据管理知识领域的交叉连接，以及 AI 伦理、公平性、信任和可解释性等问题。

下面，给出人工智能领域的基本问题。

(1) 什么是智能行为？（如图灵测试及其缺陷、多模态输入和输出、智能行为的模拟、理性推理与非理性推理等。）

(2) 基本的行为模型是什么？如何建造模拟它们的机器？

(3) 规则评估、推理、演绎和模式计算可在多大程度上描述智能？

(4) 采用这些方法来模拟行为的机器的最终性能如何？

(5) 如何编码传感数据才能使相似的模式有相似的代码？

(6) 电机编码如何与传感编码相关联？

(7) 如何理解和学习系统的体系结构？

(8) 这些系统是如何表示它们对这个世界的理解的？

2. 算法与复杂性

算法是计算机科学和软件工程的基础。现实世界中任何软件系统的性能仅依赖于两个方面：一方面是所选择的算法，另一方面是在各不同层次上的实现效率。

就所有软件系统的性能而言，好的算法设计都是至关重要的。此外，算法研究需要深刻理解问题的本质和可能的求解技术，而不依赖于具体的程序设计语言、程序设计模式、计算机硬件或其他任何与实现有关的内容。

计算的一个重要内容就是根据特定目的选择适当的算法并加以运用，同时认识到可能存在不合适的算法。这依赖于对那些具有良好定义的重要问题求解算法的理解，以及认识到这些算法的优缺点和它们在特定环境中的适用性。效率是贯穿该领域的一个核心概念。

下面，给出算法与复杂性领域的基本问题。

(1) 对于给定的问题类，最好的算法是什么？要求的存储空间和计算时间是多少？空间和时间如何折中？

(2) 访问数据的最好方法是什么？

(3) 算法最好和最坏的情况是什么？

(4) 算法的平均性能如何？

(5) 算法的通用性如何？

3. 体系结构与组织

计算机在计算技术中处于核心地位。如果没有计算机，计算学科将只是理论数学的一个分支。

作为计算机专业的学生，都应该对计算机系统的功能部件、特点、性能和相互作用有一定的理解，而不应该只将计算机看作是一个执行程序的黑盒子。

了解计算机体系结构和组织还有一定的实际意义。为了构造程序，需要理解计算机体系结构，从而使该程序在一台真正的机器上能更有效地运行。在选择用于应用的系统时，应该理解各种部件之间的折中，如 CPU、时钟频率与内存容量的折中。

下面，给出体系结构与组织领域的基本问题。

(1) 实现处理器、内存和机内通信的方法是什么？

(2) 如何设计和控制大型计算系统，而且要令人相信，尽管存在错误和失败，但它仍然是按照设计意图工作的？

（3）哪种类型的体系结构能有效支持系统进行并行计算？

（4）如何度量性能？

4. 数据管理

数据管理几乎在所有使用计算机的场合都发挥重要的作用，包括数据获取，数据数字化，数据的表示、组织、转化以及信息的表现；可有效访问和更新存储信息的算法，数据建模和数据抽象，物理文件的存储技术，共享数据的信息安全、隐私性、完备性和保护。

要求学生能够建立概念和物理上的数据模型，对于给定的问题，能够选择和实现合适的数据管理解决方案。

下面，给出数据管理领域的基本问题。

（1）使用什么样的建模概念来表示数据元素及其相互关系？

（2）怎样把基本操作（如存储、定位、匹配和恢复）组合成有效的事务？

（3）这些事务怎样才能与用户进行有效的交互？

（4）如何将高级查询翻译成高质量的程序？

（5）哪种体系结构能够实现有效的恢复和更新？

（6）怎样保护数据，以避免非授权访问、泄露和破坏？

（7）如何保护大型数据库，以避免由于同时更新引起的不一致性？

（8）当数据分布在多台计算机上时，如何保护数据、保证性能？

（9）文本如何索引和分类才能够进行有效的恢复？

5. 程序设计语言基础

程序设计语言是程序员与计算机交流的主要工具。一个程序员不仅应至少掌握一种程序设计语言，更应了解各种程序设计语言的风格。在工作中，程序员会使用不同风格的程序设计语言，也会遇到许多不同的程序设计语言。为了迅速掌握一门新的程序设计语言，程序员必须理解程序设计语言的语义以及不同程序设计范式设计上的优缺点。为了理解程序设计语言的实用性，还要求具备语言翻译和诸如存储分配等方面的基础知识。

下面给出程序设计语言基础领域的基本问题。

（1）语言（数据类型、操作、控制结构、引进新类型和操作的机制）表示的虚拟机的可能组织结构是什么？

（2）语言如何定义机器？机器如何定义语言？

（3）什么样的表示法（语义）可以有效地描述计算机应该做什么？

6. 图形学与交互技术

图形学与交互技术领域可以划分成以下 4 个相互关联的子领域。

（1）计算机图形学：计算机图形学是研究怎样用计算机生成、处理和显示图形的一个学科分支领域。

关于计算机图形学的研究，有以下具体要求。

① 要求信息的表示和构造应有助于图像的产生和观察。

② 要求方便用户，使之能够通过精心设计的设备和技术与模型进行交互。

③ 要求提供能绘制模型的技术。

④ 设计有助于保存图像的有效方法。

计算机图形学的目标是对人的视觉中心及其他认知中心有深入的了解。

(2) 可视化：可视化是指使用计算机图形学和图像处理技术，将数据转换成图形或图像并在屏幕上显示，同时提供交互处理的理论、方法和技术。

当前的可视化技术主要是探索人类的视觉以及声音和触觉（触摸）等能力，目的在于通过它们进一步探查人类信息处理过程。

(3) 虚拟现实：虚拟现实是综合利用计算机三维图形技术、仿真技术、传感技术、显示技术、网络技术等实现的一种虚拟环境，这种环境是由计算机生成的、以视觉感受（包括视觉、触觉）为主的、综合可感知的人工环境，是计算机与用户之间一种更为理想化的人机界面形式。

(4) 计算机视觉

计算机视觉是研究怎样利用计算机实现人的视觉功能（包括对客观世界的三维场景的感知、识别和理解）的一个分支领域。对计算机视觉的理解和实践取决于计算学科中的核心概念，但也和物理、数学和心理学等密切相关。

下面，给出图形学与交互技术领域的基本问题。

(1) 如何选择可支撑图像产生以及信息浏览的、更好的模型？

(2) 如何提取科学的（计算和医学）和更抽象的相关数据？

(3) 图像形成过程的解释和分析方法。

7. 人机交互

人机交互的重点在于理解作为交互式对象的人的行为，知道怎样使用以人为中心的方法来开发和评价交互式软件系统。

人机交互基础（单元 HC1）和创建简单的图形用户界面（单元 HC2）是最基本的内容，需要学生掌握。剩余单元可作为高年级的选修课程内容。

下面，给出人机交互领域的基本问题。

(1) 表示物体和自动产生供阅览的照片的有效方法是什么？

(2) 接收输入和给出输出的有效方法是什么？

(3) 怎样才能减少产生误解和由此产生的人为错误的风险？

(4) 图表和其他工具是怎样通过存储在数据集中的信息去理解物理现象的？

8. 数学与统计学基础

离散结构是计算机科学的基础内容。尽管很少有计算机科学家专门从事离散结构的研究，但计算机科学许多领域的工作都要用到离散结构的概念。离散结构包括集合论、数理逻辑、代数系统、图论和组合数学等重要内容。

离散结构的内容在数据结构、算法以及其他计算机科学领域中都有广泛的运用。例如，在形式化规格说明、形式验证以及密码学的研究和学习中，需要有生成并理解形式证明的能力；在计算机网络、操作系统、编译系统等领域中要用到图论的概念；在软件工程和数据库等领域中需要使用集合论的概念。

随着计算机科学与技术的日益成熟，越来越完美的分析技术被用于解决实际问题。为理解将来的计算技术，需要有坚实的离散结构基础。

计算学科的根本问题是“能行性”的问题。而凡是与“能行性”有关的讨论，都是处理离散对象的。因为非离散对象，即所谓的连续对象，是很难进行能行处理的。因此，“能行性”这个计算学科的根本问题决定了计算机本身的结构和它处理的对象都是离散型的，甚至许多连续型问题也必须在转化为离散型问题以后才能被计算机处理。例如，计算定积分就是把它变成离散量，再用分段求和的方法来处理的。

正是源于计算学科的根本问题，以离散型变量为研究对象的离散数学对计算技术的发展起着十分重要的作用。同时，又因为计算技术的迅猛发展，离散数学越来越受到重视。为此，CC2001 特意将它从 CC1991 的预备知识中抽取出来，列为计算机科学知识体的第一个主领域，命名为“离散结构”，以强调它的重要性。CS2013 继续强调了该领域的重要作用。

强大的数学基础仍然是计算机科学教育的基石，CS2023 中的数学与统计学基础（MSF）领域是 CS2013“离散结构”领域的继任者，旨在确定支撑现代计算机科学的、更广泛的数学和统计学基础。随着人工智能、机器学习、机器人、数据科学和量子计算等技术的快速发展，目前计算机相关专业对数学的广度的要求已超越了原来离散结构的内容。因此，需要进一步关注概率论、统计学和线性代数等内容。

9. 网络与通信

计算机与通信网络的发展，尤其是基于 TCP/IP 的网络的发展，使网络技术在计算学科中变得更为重要。在 CC2001 报告中，该领域包括计算机通信网络的基本概念和协议、多媒体系统、Web 标准和技术、网络安全、移动计算以及分布式系统等传统网络的内容。CS2013 认为，这些内容已得到发展和分化，因此对该领域进行了重组，主要关注于该领域的网络与通信方面，将网站应用和移动设备开发的内容放在基于平台的开发（PBD）领域中，将安全部分内容放入新的信息保障和安全（IAS）领域中。该领域的知识单元包括网络应用、可靠数据传输、路由与转发、局域网、资源分配、移动网络、社会网络等。

CC2001 特别强调在该领域中进行实践教学的重要性，认为实践教学能够大大地加强学生对该领域基本概念的理解。在 CC2001 的基础上，CS2013 继续强调了该领域的重要性，报告认为，现在许多计算的应用脱离了网络是无法继续工作的，这些应用对底层网络的依赖程度在未来会更强，报告认为，网络的设计依赖于实际的约束条件，要求通过使用网络工具、编写网络软件等方式，向学生展示这些实际的约束条件。

计算机网络课程有很多不同的组织方式。一些教育工作者倾向于“自顶向下”的教学方式：课程起始于应用程序，然后讲授可靠数据传输、路由和转发等。另外一些倾向于“自底向上”的教学方式：课程起始于网络体系底层，然后讲授数据传输、应用层等概念。无论采用哪种方式，实验都是该领域课程教学中重要的内容，包括数据收集和综合、建模、源代码级的协议分析、网络数据包的监控、软件构造以及对备选设计模型的评估等。

下面，给出网络与通信领域的基本问题。

（1）网络中的数据如何进行交换？

（2）网络性能如何评估？

（3）网络协议如何验证？

（4）网络安全如何保证？

（5）网络构建与操作背后的网络行为和关键原则是什么？

10. 操作系统

操作系统是对计算机硬件行为的抽象，程序员用它对硬件进行控制。操作系统还负责管理计算机用户间的共享资源（如文件等）。

本领域的主题解释了影响现代操作系统设计的各种问题，相应的课程还应该包括实验部分。

近年来，操作系统及其抽象机制相对于应用软件变得更加复杂，这就要求在系统学习操作系统内部算法实现和数据结构之前，对操作系统有深入的理解。因此操作系统课程不仅要强调操作系统的使用（外部特性），还要强调它的设计和实现（内部特性）。

操作系统中的许多思想在其他计算机科学领域也有相当广泛的应用，例如并行程序设计、算法设计与实现、虚拟环境的创建、网络高速缓存、安全系统的创建、网络管理等。

下面，给出操作系统领域的基本问题。

（1）在计算机系统操作的每一个级别上，可见的对象和允许进行的操作分别是什么？

（2）对于每一类资源，能够对其进行有效利用的最小操作集是什么？

（3）如何组织接口才能使用户只需与抽象的资源而非硬件物理细节打交道？

（4）作业调度、内存管理、通信、软件资源访问、并发任务间的通信以及可靠性与安全控制策略是什么？

（5）通过少数构造规则的重复使用进行系统功能扩展的原则是什么？

CS2023 对 CS2013 中操作系统领域的知识单元做了微调，将文件系统知识单元（文件系统 API 和实现）和设备管理移到系统基础（SF）领域之中。另外，还将与操作系统相关的系统编程和平台特定可执行文件的创建放到程序设计语言基础（FPL）领域中。

11. 并行与分布式计算

CC2001 将并行性的内容作为选修内容分别穿插在不同的学科领域中。CS2013 考虑到并行与分布式计算越来越突出的作用，划分产生了这个新的领域。该领域包括程序设计模板、程序设计语言、算法、性能、体系结构和分布式系统等内容。并行和分布式计算建立在学科许多分支领域的基础上，包括对基础系统概念的理解，如并发和并行执行、一致性状态、内存操作和延迟。由于进程间的通信和协作根植于消息传递和共享内存模型的计算中，也存在于算法之中，如原子性、一致性以及条件等。因此，要想在实践中加深对该领域的把握，需要先对并发算法、问题分解策略、系统架构、实施策略与性能分析等内容有一个较深入的认知。

下面，给出并行和分布式计算领域的基本问题。

（1）机器的结构如何保证大量处理单元能够有效协同工作以最终实现并行计算？

（2）如何将任务划分到不同的处理器上执行？

（3）如何评价并行算法与分布式算法的性能？

（4）如何组织分布式计算才能使通过通信网连接在一起的自主计算机参与到某项特定的计算中？如何在计算的过程中保持网络协议、主机地址、带宽和其他使用资源的透明性？

12. 软件开发基础

CS2013 报告在 CC2001 的基础上，对原报告划分的程序设计基础（PF）领域进行了重组，将关注的内容进一步扩展到整个软件的开发过程中，要求学生在大学一年级就系统地掌握软件开发的基本概念和技巧，包括算法的设计和简单分析、基本程序设计的概念、数据结构与基本软件开发方法和工具等。

CS2013 报告认为，该领域课程的设计可以相当灵活，报告要求在基本软件开发中只强调那些常见的基础概念。报告认为，可以综合程序设计语言、算法与复杂性以及软件工程等多个领域的内容，选择一个或多个编程范例（例如面向对象编程、函数式编程或脚本编程）来说明这些概念。报告建议，将形式化的分析（例如复杂度分析、可计算性）与设计方法（如团队项目、软件生命周期）融入系列课程，以形成一个完整的、连贯一致的第一学年的系列课程。

下面，给出软件开发基础领域的基本问题。

(1) 对给定的问题，如何进行有效的描述并给出算法？

(2) 如何确定算法的复杂度？

(3) 如何正确选择数据结构？

(4) 如何进行程序的设计、编码、测试和调试？

13. 软件工程

软件工程是一门关于如何有效构建满足用户需求的软件系统所需的理论、知识和实践的学科。软件工程适用于各种软件开发，它包含需求分析和规格说明、设计、构建、测试、运行和维护等软件系统生存周期的所有阶段。

软件工程使用工程化的方法、过程、技术和度量标准。它使用的工具有管理软件开发的工具，软件产品的分析和建模、质量评估和控制工具，确保有条不紊且有控制实施软件进化和复用的工具。软件可由一个开发者或者一组开发者进行开发，他们需要选择最适合已知开发环境的工具和方法。

质量、进度、成本等软件工程的要素对软件系统的生产都是十分重要的。

下面，给出软件工程领域的基本问题。

(1) 程序和程序设计系统发展的原理是什么？

(2) 如何证明一个程序或系统满足其规格说明？

(3) 如何编写不忽略重要情况且能用于安全分析的规格说明？

(4) 软件系统是如何演化的？

(5) 如何从可理解性和易修改性入手设计软件？

14. 安全

自 2013 年以来，“信息保障与安全”领域已拓展为一个名为“网络空间安全”的新的计算学科，该学科的 CSEC2017 课程指南已由 ACM、IEEE CS、AIS 和 IFIP 联合工作组制定。基于 CS2013 对计算机科学中安全性、普遍性的认识，CS2023 安全（SEC）领域侧重确保计算机专业的毕业生设计和开发更安全的代码，确保数据的安全和隐私，以及培养学生安全思维的倾向（mindset，心态），以便为计算领域发生的持续变化做好准备。

下面，给出计算机科学安全领域的基本问题。

（1）如何定义信息的不可否认性?

（2）如何保证信息的可用性、完整性、可认证性与机密性?

（3）安全规则与监管的有效策略是什么，如何评估?

15. 社会、伦理与职业化

虽然技术问题是任何计算课程的核心，但并不能构成一个完整的教学大纲，学生还必须了解计算的社会、伦理与职业问题。

学生需要了解计算学科本身基本的文化、社会、法律和道德等问题。他们应该知道这个学科的过去、现在和未来，同时也要了解在该学科的发展过程中发挥重要作用的哲学问题、技术问题和美学价值观等。

学生应该有能力提出关于社会对信息技术的影响问题，以及对这些问题的可能答案进行评价的能力。将来的从业者必须能够在产品进入特定环境以前就能预测可能产生的影响和后果。

学生需要认识软硬件销售商和用户的权利，还必须遵守相关的职业道德。未来的从业者必须认识到他们承担的责任和失败后可能产生的后果，清楚地认识到他们自身的局限性和工具的局限性。

下面，给出社会、伦理与职业化领域的基本问题。

（1）计算学科本身的文化、社会、法律和道德的问题。

（2）有关计算的社会影响问题以及对一些可能的答案如何评价的问题。

（3）哲学问题。

（4）技术问题以及美学问题。

16. 系统基础

该部分内容不构成严格意义上的学科分支，它的划分是为了满足教学上的需要，将构建应用程序所依赖的底层硬件、软件架构的基础概念抽取出来，为不同专业的学生奠定统一的基础而设置的，其知识单元已在第一章中列出。它的基本问题与操作系统、并行与分布式系统、通信与网络、体系结构与组织等分支领域相关内容的基本问题相同，这里不再赘述。

17. 专业平台开发

与系统基础领域的划分一样，专业平台开发领域也不构成严格意义上的学科分支，它的划分是为了满足教学上的需要，将软件开发基础（SDF）分支领域中基于指定平台的内容抽取出来，对它进行强调而形成的，其基本的知识单元已在第一章中列出。它的基本问题与软件开发基础分支领域的基本问题相同，这里也不再赘述。

2.9 本章小结

计算学科的基本问题，从大的方面来说，就是计算问题，它分为可计算问题和不可计算问题。可计算问题又分为理论上的可计算问题与实际上的可计算问题。理论上的可计算问题涉及算法的空间和时间两方面的复杂性问题。

在计算复杂性理论中，存在 P 问题、NP 问题以及 NP 完全问题。旅行商问题就是一个 NP 完全问题，NP 完全问题从本质上来说是非常难以求解的，对于这类问题，尽管无法找到有效算法，但实际应用中提出的问题本身却必须要予以解决，一个合理的办法就是寻找启发式算法。

程序是算法的一种描述形式，好的程序应该是逻辑正确、结构清晰、朴实无华的。

操作系统是计算机系统中最基本的系统软件，它控制和管理计算机系统中的软硬件资源，使之协调工作。要使计算机系统中的软硬件资源得到高效的利用，就会遇到资源共享的问题。

网络协议是计算机网络的重要组成部分，其内容极其庞杂，为了降低网络的复杂性，计算机网络采用了分层结构。

图灵测试、瑟尔的“中文房间”是反映人工智能本质特征的两个著名哲学问题，并被 CC2001 列入本科学位课程必修的主题内容。

图灵测试不要求接受测试的思维机器在内部构造上与人脑一样，它只是从功能的角度来判定机器是否具有思维，也就是从行为主义角度对“机器思维”进行定义。图灵发表的、关于“图灵测试”的论文标志着现代机器思维问题讨论的开始。

计算机中的博弈问题是人工智能领域研究的重点内容之一。其中最具代表性的是双人完备博弈，如国际象棋、国际跳棋、围棋、中国象棋等。对于任何一种双人完备博弈，都可以用一个博弈树（与或树）来描述，并通过博弈树搜索策略寻找最优解。

习题 2

2. 1　为什么说科学研究是从问题开始的？

2. 2　欧拉是如何对“哥尼斯堡七桥问题”进行抽象的？

2. 3　简述欧拉回路与哈密顿回路的区别。

2. 4　判断图 2. 14 中哪个存在欧拉路径，哪个存在欧拉回路。

2. 5　判断图 2. 15 中哪个存在哈密顿回路。

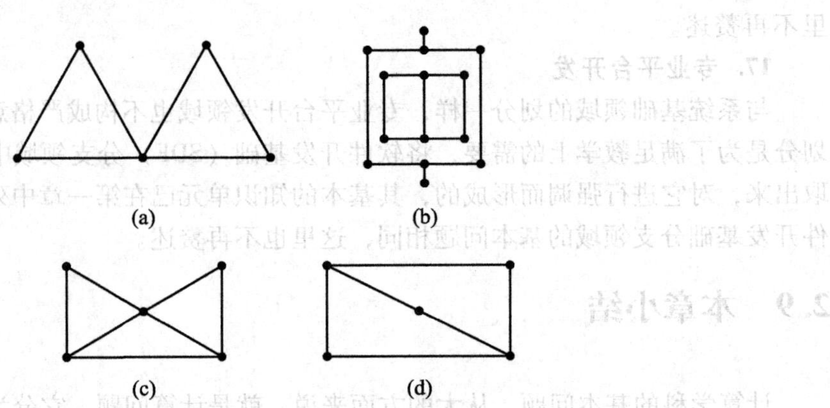

图 2. 14　题 2. 4 图

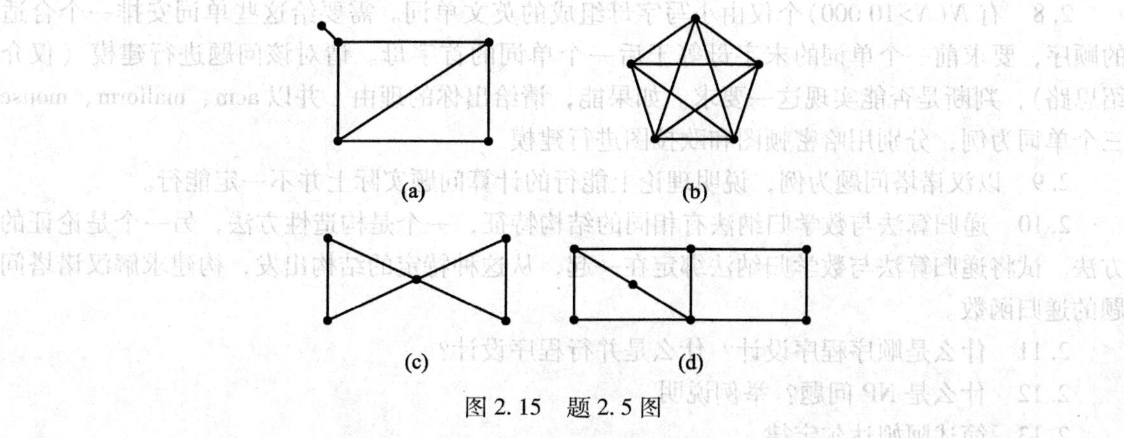

图 2.15　题 2.5 图

2.6　假设某一河段中有两个岛，河岸与岛间架设了 15 座桥，如图 2.16 所示。问：

（1）能否从某地出发，经过这 15 座桥各一次后再回到出发点？

（2）若不要求回到出发点，能否在一次散步中穿过所有的桥各一次？若行，请将路径写出来。

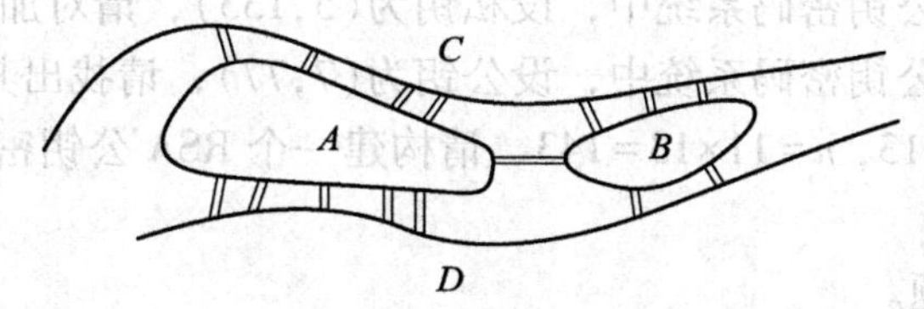

图 2.16　题 2.6 图

2.7　在解决复杂工程问题时，抽象出问题的本质内容，忽略非本质内容，有助于快速找到解决方法。图 2.17 是某展览厅的平面图。该展览厅由 5 个展室组成，任意两展室之间都有门相通，整个展览厅只有一个入口和一个出口。问：游人能否从入口进入，一次不重复地穿过所有的展室后从出口出去？请对该问题进行建模，给出用字母表示的、解决该问题的结点图以及路径。

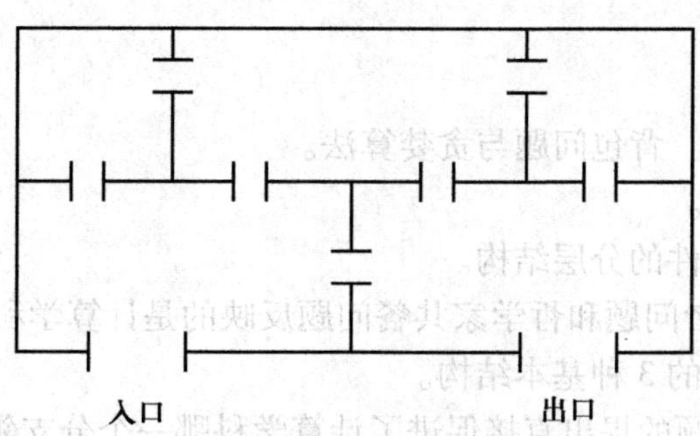

图 2.17　题 2.7 图

2.8　有 $N(N>10\,000)$ 个仅由小写字母组成的英文单词。需要给这些单词安排一个合适的顺序，要求前一个单词的末字母等于后一个单词的首字母。请对该问题进行建模（仅介绍思路），判断是否能实现这一要求。如果能，请给出你的理由。并以 acm、malform、mouse 三个单词为例，分别用哈密顿图和欧拉图进行建模。

2.9　以汉诺塔问题为例，说明理论上能行的计算问题实际上并不一定能行。

2.10　递归算法与数学归纳法有相同的结构特征，一个是构造性方法，另一个是论证的方法。试将递归算法与数学归纳法绑定在一起，从这种特定的结构出发，构建求解汉诺塔问题的递归函数。

2.11　什么是顺序程序设计？什么是并行程序设计？

2.12　什么是 NP 问题？举例说明。

2.13　简述阿姆达尔定律。

*2.14　对本质上可以并行计算的特定问题（如网络搜索引擎，其计算本质上是并行的，该引擎可以在不同的处理器上运行不同的查询），阿姆达尔定律对这类问题适用吗？

2.15　请找出合数 41 891 的两个真因子。

2.16　在一个 RSA 公钥密码系统中，设公钥为(5,91)，请对报文 6 加密。

2.17　在一个 RSA 公钥密码系统中，设私钥为(5,133)，请对加密报文 13 解密。

2.18　在一个 RSA 公钥密码系统中，设公钥为(7,77)，请找出其私钥。

2.19　设 $p=11$，$q=13$，$n=11\times13=143$，请构建一个 RSA 公钥密码系统，并对报文 9 加密和解密。

2.20　简述停机问题。

2.21　判定下面程序是否是自终止的。

```
y=x;
while x not 0 do;
    x=x-1;
end;
y=y-1;
while y not 0 do;
    y=y-1;
end;
```

2.22　简述找零问题、背包问题与贪婪算法。

2.23　简述两军问题。

2.24　简述互联网软件的分层结构。

2.25　生产者-消费者问题和哲学家共餐问题反映的是计算学科中的什么问题？

2.26　用图表示程序的 3 种基本结构。

2.27　GOTO 语句问题的提出直接促进了计算学科哪一个分支领域的产生？

2.28　图灵测试和“中文房间”是如何从哲学的角度反映人工智能本质特征的？

2.29　查资料，了解更多图灵测试的实例，并给出自己设计的一个例子。

2. 30　通过 cleverbot 网站与 cleverbot 计算机对话并分析机器的“智能”。

2. 31　举例说明计算机中的博弈问题。

2. 32　为什么说人要在计算能力上超过计算机是不现实的?

2. 33　计算复杂性理论告诉我们，若严格采用某种方法，任何人都无法控制这个问题的复杂性，这就需要另想办法，降低问题的复杂性，从根本上解决问题。这个结论不仅重要，而且还具有广泛的实际应用价值，请举一个实例加以说明。

*2. 34　计算机科学各领域包括哪些基本问题?

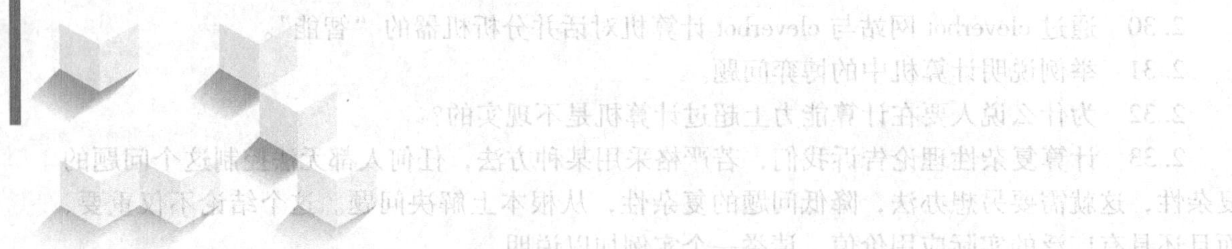

第 3 章　计算学科的三形态

抽象、理论和设计是计算学科的三个形态，它反映了人们从感性认识到理性认识，再由理性认识回到实践的认识过程。本章分别从一般科学技术方法论和计算学科的角度对抽象、理论和设计三个学科形态进行论述，并以“学生选课”为实例，按三个学科形态对相关概念进行划分。然后，以计算机语言的发展为主线，介绍学科的相关内容，包括自然语言与形式语言、图灵机和冯·诺依曼计算机、机器指令与汇编语言、计算机的层次结构、虚拟机、高级语言、应用语言以及自然语言的形式化问题等。最后，给出计算机科学 17 个分支领域抽象、理论和设计三个学科形态的主要内容。

3.1　引言

《计算作为一门学科》报告在确定计算学科二维定义矩阵的“横向”关系时，最初有两种方案：一种是模型（model）与实现（implementation）相对，另一种是算法（algorithm）与机器（machine）相对。

显然，以上两种方案都可以反映计算学科研究的基本内容。但是，在讨论分支领域有关概念归属于何种形态时，出现了分类界限模糊的问题。后来，专家们认识到，计算学科的基本原理已被纳入抽象、理论和设计三个过程中，学科的各分支领域正是通过这三个过程来实现它们的目标的。因此，选择了三个过程作为计算学科二维定义矩阵的“横向”内容，并将其确定为学科的三个学科形态，即从事学科领域工作的三种文化方式。

抽象、理论和设计三个概念源于一般科学技术方法论，是计算学科中三个最基本的概念。为便于理解，下面分别从一般科学技术方法论的角度、计算学科的角度对三个学科形态进行论述，并以“学生选课”为实例进行讲解。

3.2　“学生选课”实例

众所周知，人类的认识过程是从感性认识到理性认识，再回到实践的过程。感性认识是采用一定的方式，以可感知的文字或图形等形式对客观事物的特征进行描述，并通过构建模型来实现的。感性认识包括两方面的内容：一方面是感性认识的认识方法（或工具）的建立，另一方面是采用已建立起来的认识方法来实现对客观世界的感性认识。

在计算领域，感性认识、理性认识、实践分别与更为具体的抽象、理论和设计三个学科形态相对应。

下面以一个“学生选课”为实例，为计算机初学者学习和掌握学科方法论中最基本的内容——感性认识（抽象）、理性认识（理论）和实践（设计）的学习做一个铺垫。

例 3.1 现给出“学生”和“课程”两个实体，它们的关系为：一个学生可以选修若干门课程，每门课程可以被任一学生选修。请建立一个管理信息系统，以实现对“学生选课”这一信息的管理。

3.2.1 对“学生选课”实例的感性认识

1. 概念模型

概念模型用于信息世界的建模，是从客观世界到信息世界的抽象。概念模型中的主要概念有实体、属性、码、域、关系等。

实体：客观存在并可相互区别的事物。

属性：实体所具有的一些特性。

码：能唯一标识实体的属性集。

域：属性的取值范围。

关系：不同实体集之间的关系。两个实体之间的关系分为一对一（1∶1）、一对多（1∶n）和多对多（n∶m）3 类。

2. E-R 模型

在计算学科发展的过程中，为了实现对客观世界的感性认识，人们创造了不少认识客观世界的方法，这些方法极大地促进了人们对客观世界的认识。在数据库领域中，最常用的抽象方法有 E-R 方法（entity relationship approach），它是美籍华人陈平山（Peter Pingshan Chen）在 1976 年提出的，是一种用实体和实体之间的关系来描述客观世界并建立概念模型的抽象方法，该方法也被称为实体关系模型（或 E-R 图）。

在 E-R 图中，实体用矩形表示，属性用椭圆形表示，关系用菱形表示，菱形框内写明关系名，并用无向边分别与有关实体连接起来，同时在无向边旁标上关系的类型（1∶1，1∶n，n∶m），若一个关系也有属性，则这些属性也要用无向边与该关系连接起来。

要实现对客观事物的感性认识，必须将客观世界（在例中客观世界就是“学生选课”）抽象为信息世界。

下面用 E-R 图来建立“学生选课”的概念模型，如图 3.1 所示。

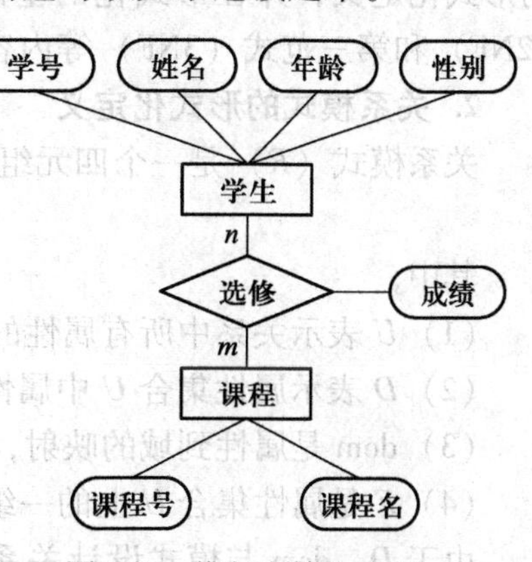

图 3.1 学生选课 E-R 图

3. 关系模型

概念模型不是机器世界支持的数据模型，而是从客观世界到机器世界的一个中间层次，因此，还需要将它转换成机器世界能支持的数据模型。在数据库领域中，数据库管理系统（DBMS）能支持的数据模型有层次、网状、关系以及面向对象等数据模型。

本书只讨论最常用的关系模型。下面再将实例中的概念模型转换为关系数据库管理系统（RDBMS）所支持的数据模型，即关系模型。

关系模型支持的是一种二维表结构的数据模型，它由关系数据结构、关系数据操作和关系数据的完整性约束条件 3 部分组成。其中，关系就是一张二维表。在关系模型中，客观世界的实体以及实体之间的各种联系均用关系来表示。常用的关系操作有选择、投影、连接、并、交、差等查询操作以及更新操作。关系模型有 3 类完整性约束条件：实体完整性、参照完整性和用户定义完整性。

根据概念模型向关系模型的转换规则，“学生选课”的概念模型（E-R 图）可以转换为下面的关系模型（关系的码用下画线标出）：

学生（学号，姓名，年龄，性别）

课程（课程号，课程名）

学生选课（学号，课程号，成绩）

将概念模型直接转换成关系模型还不能说完成了对“学生选课”这一客观世界的理性认识，换言之，就是所转换的关系模型有可能存在问题。

3.2.2 对“学生选课”实例的理性认识

1. 感性认识中存在的问题

在学生（学号，姓名，年龄，性别）关系中增加系名、系主任等属性时，即学生关系变为（学号，姓名，年龄，性别，系名，系主任）时，可能出现以下问题。

（1）一个系刚成立，系主任已确定，但还未招学生时无法将系名和系主任的名字插入数据库（学生实体中学号为码，码不能为空），从而造成插入异常。

（2）当一个系的学生全部毕业，删除所有毕业生时，系名和系主任的名字也被删除了，从而造成删除异常。

（3）假若一个系有 1 000 个学生，由于一个学生对应一个系名和系主任的名字，则该系系名和系主任的名字要重复 1 000 次，冗余太大。

要解决以上一系列问题，必须使问题形式化，即内容与形式要分开。下面给出关系模式的形式化定义，并在形式化的基础上讨论与上面问题有关的第一范式（1NF）、第二范式（2NF）和第三范式（3NF）等内容。

2. 关系模式的形式化定义

关系模式（R）是一个四元组，即

$$R=<U,D,\mathrm{dom},F>$$

其中，

（1）U 表示关系中所有属性的集合，

（2）D 表示属性集合 U 中属性所来自的域，

（3）dom 是属性到域的映射，

（4）F 是属性集合 U 上的一组数据依赖。

由于 D、dom 与模式设计关系不大，因此，可以将关系模式简单地表示为一个二元组 $R=<U,F>$。

1NF 的定义：对关系 R，其中各分量必须是不可再分的数据项，满足这个条件的关系模式 $R \in 1NF$。

2NF 的定义：若 $R \in 1NF$，且每一个非主属性不存在对码的部分函数依赖，则 $R \in 2NF$。在该定义中，非主属性为不属于码的那些属性。

3NF 的定义：若 $R \in 2NF$，且每一个非主属性不存在对码的传递函数依赖，则 $R \in 3NF$。

3. 对“学生选课”实例问题的理性认识

显然“学生选课”最初是属于 1NF、2NF、3NF 的，但是当在学生属性集中增加系名和系主任后，就出现了这样的传递函数依赖：学号（码）→系名，系名→系主任。因此，它就不属于 3NF 了。

不属于 3NF 的所有关系模型都会出现插入异常、删除异常和冗余的问题。因此，还必须依靠分解算法对模式进行分解，使其满足 3NF 的要求。基于数据依赖理论，可以完成模式的分解任务。就“学生选课”实例而言，可以再增加一个关系，即系（系号，系名，系主任名），从而满足关系模式规范化的要求，实现对“学生选课”实例的理性认识。

从概念模型向关系模型的转换是认识过程由感性认识（抽象）上升到理性认识（理论）的过程，这个过程包含两方面的内容：一方面是有关理论的建立；另一方面是基于理论，在具体设计中实现对客观世界的理性认识。前者是对科学研究而言的，而后者是对工程设计而言的。

3.2.3 “学生选课”系统的工程设计

在前面的“学生选课”实例中，在关系数据理论的基础上建立起正确的关系模型后，还要根据具体的关系数据库管理系统（如 Oracle、Informix、Sybase、FoxPro 等）对该模型进行定义，然后经过计算机处理，便可进行有关数据的输入、修改和查询工作了。

下面给出定义该模型的 SQL 语句：

```
CREATE TABLE STUDENT
    (SNO   CHAR(9)   NOT NULL,
    SN    CHAR(16),
    SAGE   INT,
    SEX   CHAR(1));
CREATE TABLE COURSE
    (CNO   CHAR(6)   NOT NULL,
    CN     CHAR(22));
CREATE TABLE SC
    (SNO   CHAR(9)   NOT NULL,
    CNO   CHAR(6),
    GRADE   INT);
CREATE TABLE DEPARTMENT
    (DNO    CHAR(9)   NOT NULL,
    DN       CHAR(16),
    DEAN   CHAR(8));
```

以上语句为 SQL 语言的标准语句，可在任何支持 SQL 标准的数据库系统上运行，系统运行这些语句后，就将以上 3 个表的有关定义和约束条件存储在数据库的数据字典中，供系统调用。接下来，便可以进行数据的输入、修改和查询，从而完成对“学生选课”的管理。下面介绍一个简单的查询：查询选修了“数据库”课程，并且成绩在 90 分以上的所有学生的学号和姓名。

```
SELECT SNO,SN
FROM STUDENT,SC,COURSE
WHERE STUDENT.SNO=SC.SNO AND SC.CNO=COURSE.CNO AND CN='数据库' AND
                    GRADE>90;
```

系统运行以上语句后，即可在屏幕上显示所求的结果。

以上“学生选课”管理信息系统的开发过程蕴含了人们对客观世界从感性认识（通过 E-R 图，实现对例子的抽象）到理性认识（在关系数据理论的基础上，通过建立更为适合的关系模型而实现对例子的理性认识），再由理性认识回到实践（在实现对例子的感性认识和理性认识后，编写程序实现“学生选课”管理信息系统）的科学思维方式。

对“学生选课”这个简单例子的分析有助于人们从工程设计角度来理解后面要介绍的计算学科中有关抽象、理论和设计三个过程的内容。

下面分别从一般科学技术方法论的角度、计算学科的角度，对抽象、理论和设计三个过程（即形态）进行论述，最后给出有关实例及三个过程（形态）的主要内容和简要分析，以加深读者对三个过程（形态）的理解。

3.3 抽象形态

1. 一般科学技术方法论中的抽象形态

在一般科学技术方法论中，科学抽象是指在思维中对同类事物去除其表象的、次要的方面，抽取其共同的、主要的方面，从而做到从个别中把握一般、从现象中把握本质的认知过程和思维方法。科学抽象是科学认识由感性认识向理性认识飞跃的决定性环节。

抽象源于现实世界、源于经验，是对现实原型的理想化，尽管理想化后的现实原型与现实事物有了质的区别，但它们都是对现实事物的概念化，有现实背景，从严格意义上来说还是粗糙的、近似的。因此，要实现对事物本质的认识还必须通过经验与理性的结合，完成从抽象到抽象的升华。尽管科学抽象还有待升华，但它仍然是科学认识的基础和决定性环节。

学科中的抽象形态包含具体的内容，它们是学科所具有的科学概念、科学符号和思想模型。

2. 计算学科中的抽象形态

抽象、理论和设计是计算学科的 3 种主要形态（或称文化方式），它为定义计算学科提供了条件。按客观现象的研究过程，抽象形态包括以下 4 个步骤的内容。

（1）形成假设。

（2）建造模型并做出预测。

（3）设计实验并收集数据。

（4）对结果进行分析。

3.“学生选课”实例中有关抽象形态的主要内容及其简要分析

在“学生选课”实例中，有关抽象形态的内容可以用集合的方式表示为：

A={学生,属性,码,关系,学号,姓名,年龄,性别,课程,课程号,课程名,成绩,E-R 图,“学生选课”E-R 图,关系模型,“学生选课”关系模型……}

对“学生选课”问题的抽象（感性认识）就是通过建立“学生选课”的 E-R 模型和关系模型来实现的，这一步是实现“学生选课”管理信息系统的关键。

3.4 理论形态

1. 一般科学技术方法论中的理论形态

科学认识由感性阶段上升为理性阶段，就形成了科学理论。科学理论是经过实践检验的、系统化了的科学知识体系，它是由科学概念、科学原理以及对这些概念、原理的理论论证所组成的体系。

理论源于数学，是从抽象到抽象的升华，它们已经完全脱离现实事物，不受现实事物的限制，具有精确的、优美的特征，因而更能把握事物的本质。

2. 计算学科中的理论形态

在计算学科中，从统一、合理的理论发展过程来看，理论形态包括以下 4 个步骤的内容。

（1）表述研究对象的特征（定义和公理）。

（2）假设对象之间的基本性质和对象之间可能存在的关系（定理）。

（3）确定这些关系是否为真（证明）。

（4）结论。

3.“学生选课”实例中有关理论形态的主要内容及简要分析

在与“学生选课”实例有关的关系数据库领域中，理论形态的主要内容可以用集合的方式表示为：

T={关系代数,关系演算,数据依赖理论……}

基于数据库理论，人们就可以在“学生选课”关系模型（感性认识）的基础上，实现对“学生选课”问题的理性认识，为“学生选课”管理信息系统的设计奠定基础。

3.5 设计形态

1. 一般科学技术方法论中的设计形态

（1）设计形态与抽象、理论两个形态之间的联系：设计源于工程并用于系统或设备的开发，以实现给定的任务。

① 设计形态（技术方法）和抽象、理论两个形态（科学方法）具有许多共同的特点。设计作为变革、控制和利用自然界的手段，必须以对自然规律的认识为前提（可以是科学形态的认识，也可以是经验形态的认识）。

② 设计要实现变革、控制和利用自然界的目的，必须创造相应的人工系统和人工条件，还必须认识自然规律在这些人工系统中和人工条件下的具体表现形式。所以，科学认识方法（抽象、理论两个形态）对具有设计形态的技术研究和技术开发是有作用的。

（2）设计形态的主要特征与抽象、理论两个形态的主要区别：设计形态具有较强的实践性，设计形态具有较强的社会性，设计形态具有较强的综合性。

2. 计算学科中的设计形态

在计算学科中，从为解决某个问题而实现系统或装置的过程来看，设计形态包括以下4个步骤的内容。

（1）需求分析。

（2）建立规格说明。

（3）设计并实现该系统。

（4）对系统进行测试与分析。

设计、抽象和理论三形态针对具体的研究领域发挥各自作用，也就是说，在相关理论基础上，运用抽象工具进行各种设计工作，最终的成果将是计算机的软硬件系统及其相关资料（如需求说明、规格说明以及设计与实现方法说明等）。

3. "学生选课"实例中有关设计形态的主要内容及简要分析

在关系数据库中，有关设计形态的内容是指：基于关系数据库理论，运用一定的抽象工具（如E-R图等）完成各种设计工作。最终的内容包括Oracle、Informix、SyBase、FoxPro等各种关系数据库管理系统软件、应用软件（具体的管理信息系统）以及相关资料（如需求说明、规格说明以及设计与实现方法说明等资料）。

在"学生选课"实例中，有关设计形态的内容是指：基于数据库理论，运用E-R图和关系模型，实现对实例的感性认识和理性认识，最后借助某种关系数据库管理系统（如Oracle等），实现"学生选课"应用软件的编制。最终成果是"学生选课"应用软件以及相关资料（如需求说明书）。

就例子而言，其内容可以用集合的方式表示为：

$$D=\{\text{“学生选课”应用软件,“学生选课”需求说明书……}\}$$

3.6 三形态的内在联系

1. 一般科学技术方法论中三形态的内在联系

在一般科学技术方法论中，抽象、理论和设计三个学科形态蕴含着人类认识过程中的两次飞跃。一次是从物质到精神、从实践到认识的飞跃。这次飞跃包括两个决定性的环节：一个是科学抽象，另一个是科学理论。科学抽象是科学认识由感性阶段向理性阶段飞跃的决定性环节，当科学认识由感性阶段上升为理性阶段时，就形成了科学理论。

第二次飞跃是从精神到物质、从认识到实践的飞跃。这次飞跃的实质对技术学科（计算学科就是一门技术学科）而言，其实就是基于理论的认知，以抽象的成果为工具完成各种设计工作。在设计（实践）工作中，还会遇到很多新的问题，这又将促使人们在新的起点实现认识过程的新飞跃。

三个学科形态是有内在联系的，但不是说，某人构建了一个符合逻辑的理论，其他人就一定要采用。在具体的实践（设计）过程中，人们会遇到很多相关的理论，采用哪些理论、用多少，要根据具体的情况，由实践者决定。

2. 计算学科三形态的内在联系

众所周知，在人类社会实践中，认识（cognition）和实践（practice）是两个最基本的概念。相对而言，在计算领域，“认识”指的是学科中的抽象（abstraction）过程和理论（theory）过程，“实践”指的是学科中的设计（design）过程。显然，抽象、理论和设计构成了计算学科最基本的概念。

（1）抽象源于现实世界，它的研究内容表现为两个方面：一方面是建立对客观事物进行抽象描述的方法；另一方面是要采用某种抽象方法，建立具体问题的概念模型，从而实现对客观世界的感性认识。

抽象（建模）是自然科学的根本。科学家们认为，科学的进展是首先形成假说，然后系统地按照建模过程对假说进行验证和确认取得的。

（2）理论源于数学，它的研究内容也表现在两个方面：一方面是建立完整的理论体系；另一方面是在现有理论的基础上，为具体问题建立数学模型，从而实现对客观世界的理性认识。

理论是数学的根本。应用数学家认为，科学的进展都是建立在数学基础之上的。

（3）设计源于工程，它的研究内容同抽象、理论一样，也表现在两个方面：一方面是在对客观世界的感性认识和理性认识的基础上完成一个具体的任务；另一方面是要对工程设计中遇到的问题进行总结，提出问题，让人们去求解，去探索。同时，也要将工程设计中所积累的经验和教训进行总结，最后形成方法（如计算机组成结构的设计方法：冯·诺依曼计算机），便于以后的工程设计。

设计是工程的根本。工程师们认为，工程的进展主要是通过提出问题并系统地按照设计过程，通过建立模型而逐步实现的。

抽象、理论和设计三个学科形态的划分有助于我们正确地理解学科三个形态的地位和作用。在计算学科中，还可以从抽象、理论和设计三个形态出发独立地开展工作，这种工作方式可以使研究人员将精力集中在所关心的学科形态上（如计算机科学侧重理论和抽象形态，计算机工程侧重抽象和设计形态），从而促进计算理论研究的深入和计算技术的发展。

3. 关系数据库领域中三个学科形态的内在联系

1）“学生选课”实例三个学科形态的内在联系

就“学生选课”实例而言，其三个学科形态的内在联系可以用关系 R 来表示。

（1）（学号，学号）$\in R$。“学号”当然与“学号”（自身）有关系，满足自反性。

（2）（“学生选课”应用软件，“学生选课”应用软件）$\in R$，满足自反性。

（3）（“学生选课”应用软件，“学生选课”E-R 图）$\in R$，“学生选课”应用软件属于学科设计形态方面的内容，“学生选课”E-R 图属于学科抽象形态方面的内容。在“学生选课”应用软件的设计中，首先要对问题有感性认识，即抽象（如“学生选课”E-R图、“学生选课”关系模型等），故“学生选课”应用软件和“学生选课”E-R图有关系。

（4）（“学生选课”应用软件，数据依赖理论）$\in R$，数据依赖理论属于学科理论形态方面的内容。正如3.2.2节所指出的那样，当增加某些字段时，例子中的关系模型将出现问题，解决例子中的这些问题应在数据依赖理论的基础上进行，故“学生选课”应用软件和数据依赖理论有关系。

（5）（关系代数，关系模型）$\in R$，作为理论形态的“关系代数”，是在关系模型的基础上进行研究的，故两者有内在关系。

2）与例子有关的三个学科形态内在联系的分析

关系模型是数据库中最常用的数据模型，“学生选课”实例采用的数据模型就是关系模型，关系数据库是数据库领域中最基本的内容，下面对与该实例有关的三个学科形态内在联系进行分析。

20世纪90年代以来，数据库系统在传统关系数据库的基础上采用了客户-服务器（client/server，C/S）模式，这种模式使数据和应用程序分别存放在网络环境中的客户机和服务器上。客户端的客户程序通过开放数据库连接（open database connectivity，ODBC）与服务器上的关系数据库相连，在客户端采用面向对象思想（一种抽象方法）编制应用程序，弥补了传统关系数据库不能用面向对象的方法描述客观世界的局限性，为数据库应用系统的开发创造了更好的条件。

然而，在实际应用中，还存在一些问题。例如，由于面向对象建模语言种类繁多、内容繁杂、难学难教，从而对使用者要求较高；面向对象建模语言的语言体系结构、语义等方面还存在理论上的缺陷。这就要求人们在现有基础上去创建更加完善的抽象工具和理论体系；需要人们充分利用现有的抽象工具来抽取现实世界的本质特性，并基于现有的理论，更好地完成工程设计的要求。

显然，关系数据库中的抽象、理论和设计三个过程的相互作用在一定程度上推动了数据库（至少是关系数据库）领域的发展。

3.7 计算机语言的发展及其三形态的内在联系

计算机语言在计算学科中占有特殊的地位，它是计算学科中最富有智慧的成果之一，它深刻地影响着计算学科各个领域的发展。不仅如此，计算机语言还是程序员与计算机交流的主要工具。因此，可以说如果不了解计算机语言，就谈不上对计算学科的真正了解。

下面从自然语言与形式语言、图灵机与冯·诺依曼计算机、机器指令与汇编语言、虚拟机、高级语言、应用语言和自然语言等方面介绍计算机语言的发展历程及其在抽象、理论和设计三个学科形态取得的主要成果，从而揭示计算机语言发展过程中三个学科形态的内在联系。

3.7.1 自然语言与形式语言

科学思维是通过可感知的语言（符号、文字等）来完善并得以显示的，否则，人们将无法使自己的思想清晰化，更无法进行交流和沟通。

1. 自然语言的定义

人类的语言（这里指文字）是人类最普遍使用的符号系统。其最基本、最普遍的形式是自然语言符号系统。自然语言是在某一社会逐步发展中形成的一种民族语言。例如，汉语、英语、法语等。

2. 自然语言符号系统的基本特征

（1）歧义性。

（2）不够严格和不够统一的语法结构。

下面用语言学家吕叔湘先生给出的两个例子来说明自然语言的歧义性问题。

例 3.2 他的发理得好。

这个例子至少有以下两种不同的解释。

（1）他的理发水平高。

（2）理发师给他理的发理得好。

例 3.3 他的小说看不完。

这个例子至少有以下 3 种不同的解释。

（1）他写的小说看不完。

（2）他收藏的小说看不完。

（3）他是一个小说迷。

3. 高级语言的歧义性问题

自然语言的语义有歧义性问题，高级语言其实也有语义的歧义性问题，下面给出一个典型的关于语义问题的例子。

例 3.4 IF（表达式 1）THEN IF（表达式 2）THEN 语句 1 ELSE 语句 2。

这个例子至少有以下两种不同的解释。

（1）IF（表达式 1）THEN（IF（表达式 2）THEN 语句 1 ELSE 语句 2）。

（2）IF（表达式 1）THEN（IF（表达式 2）THEN 语句 1）ELSE 语句 2。

显然，自然语言和高级语言都存在歧义性问题，只不过，高级语言存在较少的歧义性而已，而要用计算机对语言进行处理，必须解决语言的歧义性问题，否则，计算机就无法进行判定。

4. 形式语言

随着科学的发展，人们在自然语言符号系统的基础上，逐步建立起了人工语言符号系统（也称科学语言系统），即各学科的专门科学术语（符号），使语言符号保持其单一性、无歧义性和明确性。

人工语言符号系统发展的第二阶段称为形式化语言，简称形式语言。形式语言是进行形式化工作的元语言，它是以数学和数理逻辑为基础的科学语言。

5. 形式语言的基本特点

（1）有一组初始的、专门的符号集。

（2）有一组精确定义的，由初始的、专门的符号组成的字符串转换成另一个字符串的规则。在形式语言中，不允许出现根据形成规则无法确定的字符串。

6. 形式语言的语法

形式语言中的转换规则被称为形式语言的语法。语法不包含语义，它们是两个完全不同的概念。在一个给定的形式语言中，可以根据需要，通过赋值或模型对其进行严格的语义解释，从而构成形式语言的语义。在形式语言中，语法和语义要进行严格的区分。下面给出几个例子，以方便读者加深对形式语言的理解。

例 3.5 语言 W 定义如下。

初始符号集：{a,b,c,d,e}。形成规则：在由上述符号组成的有限字符串中，能组成一个英语单词的称为一个公式，否则不是。

问：W 是一种形式语言吗？

答：不是。因为，根据形成规则，无法精确地定义转换规则。原因：形成规则（语法）中包含了语义。

例 3.6 语言 X 定义如下。

初始符号集：{a,b,c,d,e,(,),+,-,×,÷}。形成规则：在由上述符号组成的有限字符串中，构成表达式的称为一个公式，否则不是。

问：X 是一种形式语言吗？

答：不是。原因：与例 3.5 相同。

例 3.7 语言 Y 定义如下。

初始符号集：{a,b,c,d,e,(,),+,-,×,÷}。形成规则：在由上述符号组成的有限字符串中，凡以符号“(”开头且以“)”结尾的字符串都是公式。

问：Y 是一种形式语言吗？

答：不是。因为，根据形成规则，无法对不是以符号“(”开头且以“)”结尾的符号串进行判定，例如，(a+b)×c。

例 3.8 语言 Z 定义如下。

初始符号集：{a,b,c,d,e,(,),+,-,×,÷}。形成规则：在由上述符号组成的有限字符串中，凡以符号“(”开头且以“)”结尾的字符串都是公式，否则不是。

问：Z 是一种形式语言吗？

答：是。

由于技术科学（计算学科主要是一门技术科学）的语言从类型上说基本上是描述性、判定性而非评论性的，在描述性语言中又以分析陈述为主，因而技术科学就更有可能充分运用形式语言来表达自己深刻而复杂的内容，并进行演算化的推理。

计算机语言是一种形式语言。讲到计算机语言，就不可避免地要涉及支撑语言的计算机，而计算机的诞生又与形式化研究的进程息息相关。其实，不论是计算机语言还是数字计算机，它们都是形式化的产物。

3.7.2 图灵机与冯·诺依曼计算机

在关于形式化研究进程方面，在 K. 哥德尔（K. Gödel）“不完备性定理”的影响下，图灵通过对人的计算过程的哲学分析，描述了计算一个数的过程，得出后来以他名字命名的通用计算机概念。由于图灵对计算科学所做出的杰出贡献，ACM 于 1966 年设立了以图灵名字命名的计算机科学大奖——图灵奖，以纪念这位杰出的科学家。后人也将图灵誉为“计算机科学之父”。

1. 图灵机

1）图灵机及其他计算模型

根据图灵的观点可以得到这样的结论：凡是能用算法方法解决的问题，也一定能用图灵机解决；凡是图灵机解决不了的问题，任何算法都解决不了。

今天我们知道，图灵机与当时提出的、用于解决可计算问题的递归函数、λ 演算和 POST 规范系统等计算模型在计算能力上是等价的。它们于 20 世纪 30 年代共同奠定了计算科学的理论基础。相比于其他几种计算模型，图灵机是从过程这一角度来刻画计算的本质的，其结构简单，操作运算规则也较少，从而能被更多的人所理解。

2）图灵机的特征

（1）图灵机由一条两端可无限延长的带子、一个读写头以及一组控制读写头工作的命令组成，如图 3.2 所示。图灵机的带子被划分为一系列均匀的方格。读写头可以沿带子方向左右移动，并可以在每个方格上进行读写。

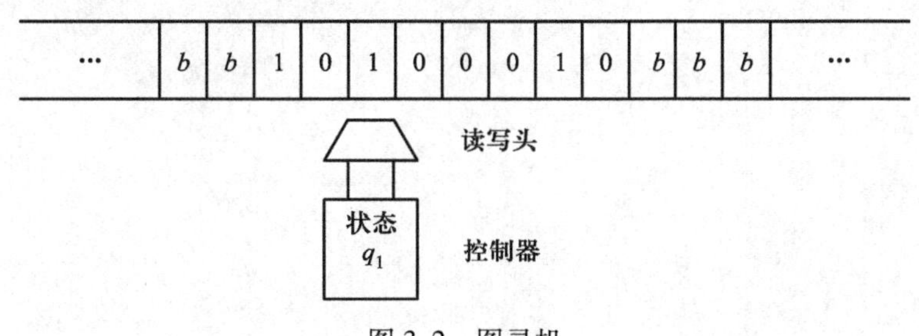

图 3.2　图灵机

（2）带子上的符号属于一个有穷字母表$\{S_0, S_1, S_2, \cdots, S_p\}$。通常，可以认为这个有穷字母表仅有 S_0、S_1 两个字符，其中 S_0 可以看作是“0”，S_1 可以看作是“1”，它们只是两个符号，要说有意义的话，也只有形式上的意义。大家知道，由字符“0”和“1”组成的字符串可以表示任何一个数。由于“0”和“1”只有形式上的意义，因此，也可以将 S_0 改称为“白”，S_1 改称为“黑”，甚至，还可以改称为“桌子”和“老虎”，这样改称的目的在于割断与直觉的联系，并加深对布尔域中值（{真，假}）以及二进制机器本质的理解。

（3）机器的控制状态表为$\{q_1, q_2, \cdots, q_m\}$。通常，一个图灵机的初始状态设为 q_1，在每一个具体的图灵机中还要确定一个结束状态 q_w。

一个给定机器的“程序”认为是机器内五元组（$q_i S_j S_k R$（或 L 或 N）q_l）形式的指令集，五元组定义了机器在一个特定状态下读入一个特定字符时所采取的动作。五元组中各元素的含义如下：

q_i 表示机器目前所处的状态；

S_j 表示机器从方格中读入的符号；

S_k 表示机器用来代替 S_j 写入方格中的符号；

R、L、N 分别表示向右移一格、向左移一格或不移动；

q_l 表示下一步机器的状态。

3）图灵机的工作原理

机器从给定带子上的某起始点出发，其动作完全由其初始状态及机内五元组来决定。就某种意义而言，一个机器其实就是它作用于纸带上的五元组集。

一个机器计算的结果是从机器停止时带子上的信息得到的。容易看出，$q_1S_2S_2Rq_3$指令和$q_3S_3S_3Lq_1$指令如果同时出现在机器中，当机器处于状态q_1，第一条指令读入的是S_2，第二条指令读入的是S_3，那么机器会在两个方块之间无休止地工作下去。

另外，如果$q_3S_2S_2Rq_4$和$q_3S_2S_4Lq_6$指令同时出现在机器中，当机器处于状态q_3并在带子上扫描到符号S_2时，就产生了二义性问题，机器将无法判定。

以上两个问题是进行程序设计时要注意的问题。

4）实例

例 3.9 设b表示空格，q_1表示机器的初始状态，q_4表示机器的结束状态，如果带子上的输入信息是10100010，读写头对准最右边第一个为0的方格，状态为初始状态q_1。按照以下规则执行之后，输出正确的计算结果。

计算的规则如下：

q_1 0 1 L q_2

q_1 1 0 L q_3

q_1 b b N q_4

q_2 0 0 L q_2

q_2 1 1 L q_2

q_2 b b N q_4

q_3 0 1 L q_2

q_3 1 0 L q_3

q_3 b b N q_4

计算过程如图 3.3 所示。

显然，最后的结果是10100011，即对给定的数加1。其实，以上命令计算的是这样一个函数：$S(x)=x+1$。当没有输入时，即初始状态所指的方格为空格（b）时，不改变空格符，读写头不动并停机。

现在，尽管仅给出了图灵机的非形式化描述，但也不难理解图灵机作为一个数学机器的事实。

5）小结

图灵机不仅可以计算$S(x)=x+1$（后继函数），显然还可以计算$N(x)=0$（零函数），甚至$U_i(n)(x_1, x_2, \cdots, x_n)=x_i$，$1\leqslant i\leqslant n$（投影函数）以及这3个函数的任意组合。根据递归论可知，这3个函数属于初始递归函数，而任何原始递归函数都是从这3个初始递归函数经有限次的复合、递归和极小化操作得到的。由可计算理论，每一个原始递归函数都是图灵机可计算的。

尽管图灵机就其计算能力而言，可以模拟现代任何计算机，甚至图灵机还蕴含了现代存储程序式计算机的思想（图灵机的带子可以看作是具有可擦写功能的存储器），但是，它毕竟不同于实际的计算机，在实际计算机的研制中，还需要有具体的实现方法与实现技术。

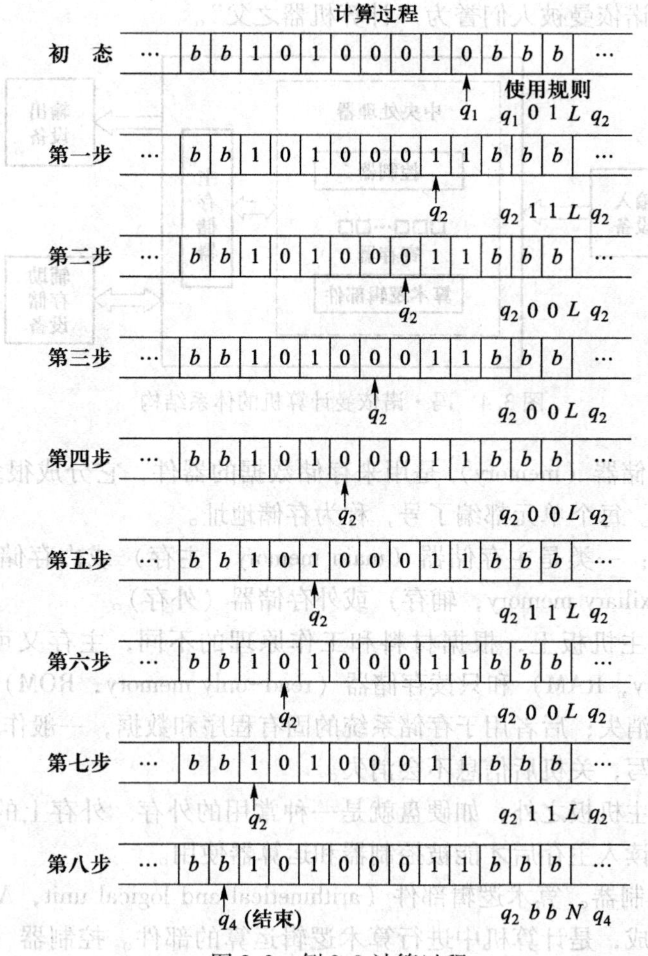

图 3.3 例 3.9 计算过程

2. 冯·诺依曼计算机

1946 年 2 月 14 日，世界上第一台数字电子计算机 ENIAC 在美国宾夕法尼亚大学研制成功。研制组的主要成员有：总设计师为 36 岁的 J. 莫克利（J. Mauchly），解决工程技术问题的是 24 岁的电气工程师 J. 埃克特（J. Eckert），设计乘法器等大型逻辑元件的是 A. 伯克斯（A. Burks），协调项目进展的是美国弹道实验室的负责人 H. 戈德斯坦（H. Glodstine），项目负责人是莫尔学院资深教授 J. 布雷纳德（J. Brainerd）。

ENIAC 是第一台使用电子线路来执行算术和逻辑运算以及存储信息的、真正工作的计算机器，它的成功研制显示了电子线路的巨大优越性。但是，ENIAC 的结构在很大程度上是依照机电系统设计的，还存在重大的线路结构等问题。在图灵等人工作的影响下，美国杰出数学家约翰·冯·诺依曼（John von Neumann）等人提出关于电子计算装置逻辑结构的设计方案，具体介绍了制造电子计算机和程序设计的新思想，给出了由存储器、控制器、运算器、输入和输出设备 5 个基本部件组成的、被称为冯·诺依曼计算机（单指令顺序存储程序式计算机）的体系结构（如图 3.4 所示）及其实现方法，为现代计算机的研制奠定了基础。至今为止，大多数计算机采用的仍然是冯·诺依曼计算机的体系结构，只是做了一些改进而已。因此，冯·诺依曼被人们誉为“计算机器之父”。

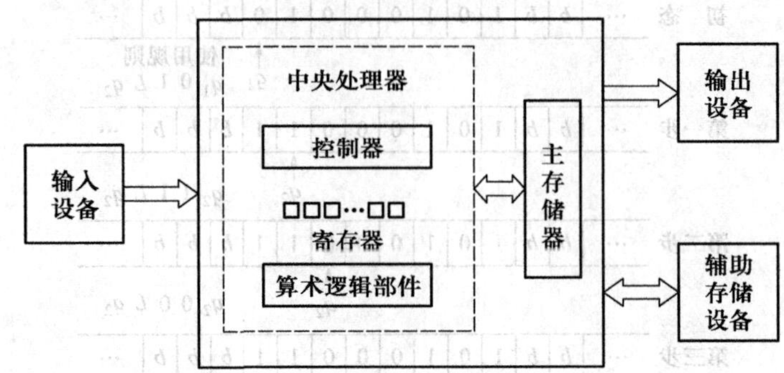

图 3.4　冯·诺依曼计算机的体系结构

（1）存储器。存储器（memory）是用来存储数据的器件，它分成很多存储单元，并按一定的方式进行排列。每个单元都编了号，称为存储地址。

存储器分为两类：一类是主存储器（main memory，主存）或内存储器（内存）；另一类是辅助存储器（auxiliary memory，辅存）或外存储器（外存）。

主存一般安装在主机板上，根据材料和工作原理的不同，主存又可分为随机存储器（random access memory，RAM）和只读存储器（read-only memory，ROM）。前者可随时读写信息，关机后，信息消失；后者用于存储系统的固有程序和数据，一般作为引导系统的一部分，信息只能读不能写，关机后信息不会消失。

外存一般安装在主机板之外，如硬盘就是一种常用的外存。外存上的信息可长久保存，但是这些信息必须在读入主存后才能被控制器和运算器使用。

（2）运算器和控制器。算术逻辑部件（arithmetical and logical unit，ALU）也称运算器，它由很多逻辑电路组成，是计算机中进行算术逻辑运算的部件。控制器（control unit，CU）由时序电路和逻辑电路组成，是整个计算机的指挥中心，负责对指令进行分析，并根据指令的要求向各部件发出控制信号，使计算机的各部件协调一致地工作。

运算器和控制器一般都做在一个集成块中，合称为中央处理器（central processing unit，CPU）。计算机中各种控制和运算都由 CPU 来完成，因此，人们把 CPU 称为计算机的“心脏”。

为了保存临时数据，CPU 包含了自己的存储单元，称为寄存器（register）。寄存器又可分为通用寄存器和特殊寄存器。

为了传递数据，CPU 与主存之间用总线（bus，含数据总线、地址总线和控制总线）进行连接（如图 3.5 所示）。利用总线，CPU 中的控制器可以将内存中的数据移入寄存器，也可以将寄存器中的数据移到主存中。一次总线操作中通过总线传送的数据位数（bit，b）称为总线的宽度，它是计算机性能评价的一个重要指标，并常与微处理器的字长相一致（如 Intel 8086 微处理器字长 16 位，总线宽度也是 16 位）。

在算术逻辑部件中，一般有若干通用寄存器用来临时存放数据。在控制器中，有两个特殊的寄存器：一个是程序计数器，另一个是指令寄存器。程序计数器用来存放下一条指令的存储地址，指令寄存器存放当前正在执行的指令。

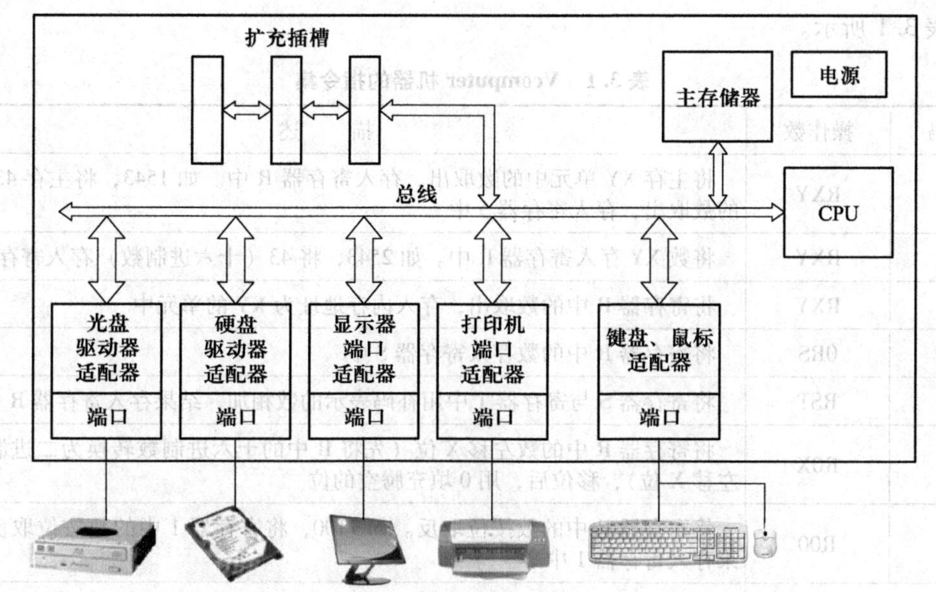

图 3.5 基于总线的计算机系统的硬件组成

(3) 输入设备和输出设备。输入和输出设备是人与计算机进行交互的两大部件，分别用于将信息输入计算机或将信息输出计算机。

常用的输入设备有键盘、鼠标、扫描仪等。常用的输出设备有打印机、显示器、绘图仪等。而磁记录设备既可以用作输入设备也可以用作输出设备。

3. 基于冯·诺依曼计算机体系结构的程序执行

在早期计算机设计中，人们认为程序与数据是两种完全不同的实体。于是，自然将程序与数据分离，数据存放在存储器中，程序则作为控制器的一个组成部分（如外插型程序）。这样，每执行一个程序都要对控制器进行设置。如在 ENIAC 中，编制一个解决小规模问题的程序，就要在 40 多块、几英尺①长的插接板上接插几千个带导线的插头。显然，这样的机器效率不仅低，并且灵活性也很差。

冯·诺依曼计算机的体系结构（即存储程序式计算机的体系结构）是将程序与数据一样看待，对程序像数据那样进行适当的编码，然后与数据一起存放在存储器中。这样，计算机就可以通过改变存储器中的内容对数据进行操作。从原来对程序和数据的严格区分到同等看待，这个观念上的转变是计算机史上的一场革命，它反映的正是计算的本质，即字符串的变化。

借鉴布鲁克希尔的思想，下面给出一个名为 Vcomputer 的、基于冯·诺依曼的计算机器，以加深读者对存储程序式计算机体系结构的理解。

(1) Vcomputer 机器的结构和指令。该机器有 256 个主存单元（分别用十六进制 0~FF 表示）、16 个通用寄存器（0~F）、一个程序计数器和一个指令寄存器。

机器的指令有 9 条，每条指令的长度均为 2 B，指令的前 4 位为操作码，后 12 位为操作

① 1 ft = 0.304 8 m。

数，如表 3.1 所示。

表 3.1　Vcomputer 机器的指令集

操作码	操作数	描　　述
1	RXY	将主存 XY 单元中的数取出，存入寄存器 R 中。如 1543，将主存 43 单元中的数取出，存入寄存器 5 中
2	RXY	将数 XY 存入寄存器 R 中。如 2543，将 43（十六进制数）存入寄存器 5 中
3	RXY	将寄存器 R 中的数取出，存入内存地址为 XY 的单元中
4	0RS	将寄存器 R 中的数存入寄存器 S 中
5	RST	将寄存器 S 与寄存器 T 中用补码表示的数相加，结果存入寄存器 R 中
6	R0X	将寄存器 R 中的数左移 X 位（先将 R 中的十六进制数转换为二进制数，再左移 X 位），移位后，用 0 填充腾空的位
7	R00	将寄存器 R 中的数按位取反。如 7100，将寄存器 1 中的数按位取反，将结果存入寄存器 1 中
8	RXY	若寄存器 R 与寄存器 0 中的值相同，则将数据 XY（转移地址）存入程序计数器；否则，程序按原来的顺序继续执行
9	000	停机，9000

（2）程序执行的一个例子。图 3.6 表示的是一个在主存中即将执行的程序，该程序在内存中的起始地址为 A0。下面分析程序的执行。

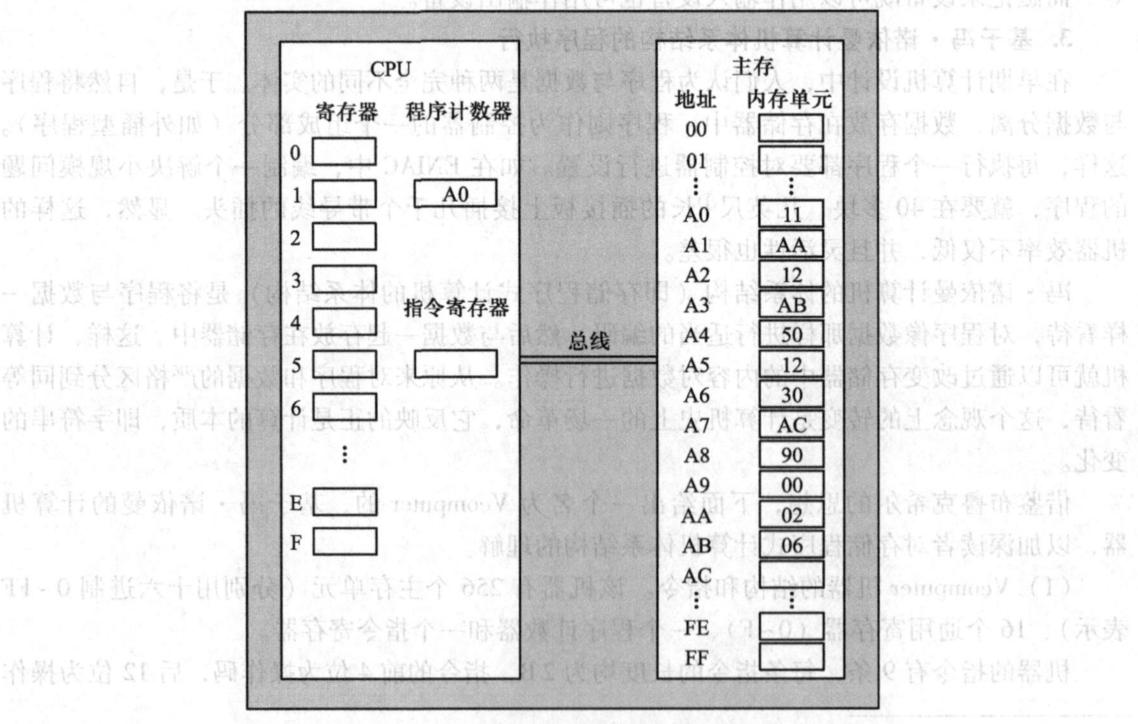

图 3.6　一个在主存中即将执行的程序

① 从 A0 开始，将 A0 放入程序计数器中，开始运行程序。提取地址为 A0 的指令（2B），并把指令（11AA）存放到指令寄存器中。

② 执行指令 11AA，通过总线，将 AA 地址中的值 2 取出来，放到 1 号寄存器中，程序计数器中的值+2，即为 A2。

③ 提取地址为 A2 的指令，并把指令（12AB）存放到指令寄存器中。

④ 执行指令 12AB，将 AB 地址中的值 6 取出来，存放到 2 号寄存器中，程序计数器中的值+2，即为 A4。

⑤ 提取地址为 A4 的指令，并把指令（5012）存放到指令寄存器中。

⑥ 执行指令 5012，将 1 号寄存器中的数据与 2 号寄存器中的数据相加，将结果存放到 0 号寄存器中，程序计数器中的值+2，即为 A6。

⑦ 提取地址为 A6 的指令，并把指令（30AC）存放到指令寄存器中。

⑧ 执行指令 30AC，将 0 号寄存器中的数据存放到内存地址为 AC 的存储单元中，程序计数器中的值+2，即为 A8。

⑨ 提取地址为 A8 的指令，并把指令（9000）存放到指令寄存器中。

⑩ 执行指令 9000，停机。

3.7.3　机器指令与汇编语言

1. 机器指令

每种数字电子计算机在设计时都规定了一组指令，这组机器指令集合就是所谓的机器指令系统。用机器指令形式编写的程序称为机器语言。支撑实际机器的理论基础是图灵机等计算模型。

2. 计算机语言在裸机级所取得的主要成果

在裸机级，计算机语言中的抽象、理论和设计三个形态的主要内容和成果如表 3.2 所示。

表 3.2　裸机级计算机语言中有关抽象、理论和设计形态的主要内容

计算机语言	抽　　象	理　　论	设　　计
0，1	语言的符号集为：{0，1} 算法的机器指令描述	图灵机（过程语言的基础）、POST 系统（字符串处理语言的基础）、λ 演算（函数式语言的基础）等计算模型	冯・诺依曼计算机等实现技术 数字电子计算机产品

表 3.2 所描述的是，在裸机级，计算机语言关于算法的描述采用的是实际机器的机器指令，它的符号集是{0,1}，即所有指令由“0”和“1”组成；支撑实际机器的理论是图灵机等计算模型；在图灵机等计算模型理论的基础上，有关设计形态的主要成果有冯・诺依曼计算机等具体实现思想和技术，以及各类数字电子计算机产品。

3. CISC

在实际机器研制的过程中，同时也要对指令系统进行设计。为了使机器具有更强的功能、更好的性能价格比，人们对机器指令系统进行了研究：最初人们采用的是进一步增强原有指令的功能，并设置更为复杂的指令的方法，按照这种思路，机器指令系统将变得越来越庞杂，采用这种设计思路的计算机被称为复杂指令集计算机（complex instruction set computer，CISC）。CISC的思路是由IBM公司提出的，并以1964年IBM研制的IBM 360系统为代表。

20世纪70年代，通过仔细的研究，人们发现，80%的指令只在20%的运行时间里用到；一些指令非常繁杂，而其执行效率甚至比用几条简单基本指令组合的实现效率还要低。另外，庞杂的指令系统也给超大规模集成电路（VLSI）的设计带来了困难，它不但不利于设计自动化技术的应用，延长了设计周期，增加了成本，同时，也增加了设计中出错的概率，降低了系统的可靠性。

4. RISC

为了解决以上问题，D. 帕特森（D. Patterson）等人提出了RISC的设计思路，这种设计思路主要是通过减少指令总数和简化指令的功能来降低硬件设计的复杂度，从而提高指令的执行速度。按照这种思路，机器指令系统将得到进一步精简，采用这种设计思路的计算机被称为精简指令集计算机（reduced instruction set computer，RISC）。RISC技术现已成为计算机结构设计中的一种重要思想，与CISC技术相比，它有以下优点。

（1）简化了指令系统，适合超大规模集成电路的实现。

（2）提高了机器执行的速度和效率。

（3）降低了设计成本，提高了系统的可靠性。

（4）提供了直接支持高级语言的能力，简化了编译程序的设计。

5. 汇编语言

在计算机发展的早期，人们最初使用机器指令来编写程序。然而，由于以二进制表示的机器指令编写的程序很难阅读和理解。于是，在机器指令的基础上，人们提出了采用字符和十进制数来代替二进制代码的思想，产生了将机器指令符号化的汇编语言。下面给出Vcomputer机器上的汇编指令集。Vcomputer机器的汇编指令共9条，与其机器指令一一对应，如表3.3所示。

表3.3 Vcomputer机器的汇编指令与机器指令对照表

操作码	操作数	汇编指令	描述
1	RXY	Load R,[XY]	[R]:=[XY]
2	RXY	Load R,XY	[R]:=XY
3	RXY	Store R,[XY]	[XY]:=[R]
4	0RS	Mov R,S	[S]:=[R]
5	RST	Add R,S,T	[R]:=[S]+[T]
6	R0X	Shl R,X	[R]:=[R]左移X位，移位后，用0填充腾空的位
7	R00	Not R	[R]:=[R]中的值按位取反
8	RXY	Jmp R,XY	程序计数器[PC]:=XY，IF [R]=[R0]；else[PC]:=[PC]+2
9	000	Halt	停机

例 3.10 给出计算 2+6 的算法描述。

（1）用二进制机器指令对 2+6 进行计算的算法描述如下：

0001000110101010

0001001010101011

0101000000010010

0011000010101100

1001000000000000

显然，这个算法描述的就是上节给出的程序，只不过用的是二进制表示。如此长的二进制表示显然不便于人们进行处理，为了缩短这种数据形式的长度，人们采用十六进制的缩简表示法。于是，上述二进制数又可以表示为更为简洁的十进制数：11AA，12AB，5012，30AC，9000。

（2）用汇编语言对 2+6 进行计算的算法描述如下：

```
LOAD R1,[AA]
LOAD R2,[AB]
ADD R0,R1,R2
STORE R0,[AC]
HALT
```

汇编语言与机器语言都依赖于具体的机器，不具备通用性。但是，汇编语言毕竟不同于由二进制组成的机器指令，它还需要经汇编程序翻译为机器指令后才能运行。汇编语言源程序需经汇编程序翻译成机器指令，再在实际的机器中执行。这样，就汇编语言用户而言，该机器是可以直接识别汇编语言的，从而产生了一个属于抽象形态的重要概念，即虚拟机的概念。

3.7.4 虚拟机

1. 虚拟机

虚拟机（virtual machine，也被译为如真机）是一个抽象的计算机，它由软件实现，并与实际机器一样，具有一个指令集并可以使用不同的存储区域。例如，一台机器上配有 C 语言和 Pascal 语言的编译程序，对 C 语言用户来说，这台机器就是以 C 语言为机器语言的虚拟机；对 Pascal 语言用户来说，这台机器就是以 Pascal 语言为机器语言的虚拟机。略有区别的是，Java 虚拟机不识别 Java 语言，它识别的是字节码（bytecode，Java 源程序经 Java 编译器编译后产生，也称为 Java 虚拟机指令）。

2. 虚拟机的层次之分

虚拟机可分为固件虚拟机、操作系统虚拟机、汇编语言虚拟机、高级语言虚拟机和应用语言虚拟机等层次。下面从语言的角度给出计算机系统的层次结构图，如图 3.7 所示。

3. 虚拟机的意义和作用

当机器（实际机器或虚拟机）确定下来后，所识别的语言也随之确定；反之，当一种语言形式化后，所需要支撑的机器也就可以确定下来了。从计算机系统的层次结构图中可以清晰地看到这种机器与语言的关系。

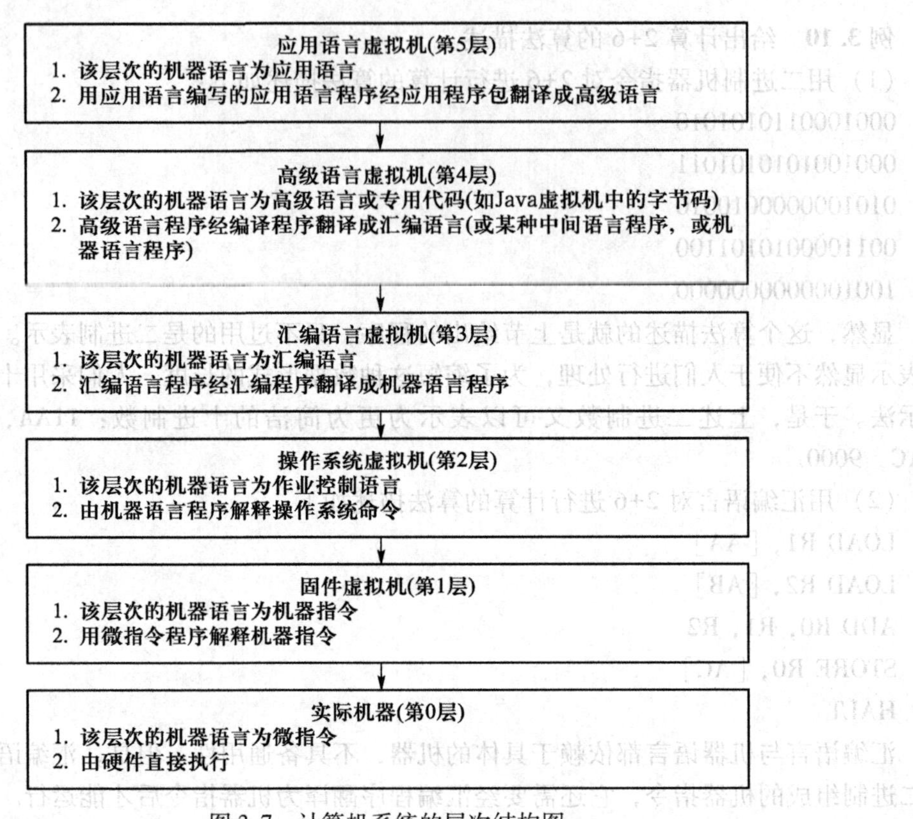

图 3.7　计算机系统的层次结构图

虚拟机是计算学科中抽象的重要内容。引入虚拟机的概念，对计算机语言而言，有以下意义和作用。

（1）有助于正确理解各种语言的实质和实现途径。

微指令、机器指令、作业控制语言主要是为支撑更高层次虚拟机所必需的解释程序和翻译程序而设计的，它们是更高层次虚拟机设计与实现的基础。汇编语言、高级语言、应用语言主要是为应用程序员设计的，它们需通过翻译转换成低级语言，或由低级语言解释来执行。为了对上一层次语言进行较为方便的翻译和解释，相邻层次语言的语义差距不能太大。虚拟机的引入有助于正确理解各种语言的实质和实现途径，从而更好地进行语言的研究和应用。

（2）推动了计算机体系结构以及计算机语言的发展。

虚拟机的引入使计算机体系结构得到了极大的发展，由于各层次虚拟机均可以识别相应层次的计算机语言，从而摆脱了这些语言必须在同一台实际机器上执行的限制，为多处理计算机系统、分布式处理系统以及计算机网络、并行计算机系统等新的计算机体系结构的出现奠定了基础。

计算机体系结构的发展，也极大地促进了计算机语言的发展，相继出现了一系列支持多处理机、分布式、计算机网络、并行计算机的高级语言。例如，Java 语言，它经 Java 编译器编译产生的字节码可以在任何一台装有 Java 虚拟机的机器上由该虚拟机解释执行。值得注意的是，由于支持网络的高级语言可以在网上任何一台装配了该语言虚拟机的机器上运行，从而给网络安全带来了巨大的隐患。

反过来，也可以根据需要设计支持特定语言的虚拟机或实际机器。在计算机中，软件和硬件在逻辑功能上是等效的。一般来说，软件实现的功能可以由硬件来完成，硬件实现的功能也可以由软件来模拟完成。用软件还是硬件来实现一个逻辑功能，这要根据其实现的性能、价格和难易程度等情况进行折中。随着技术的发展、硬件成本的不断下降，可以考虑用硬件和固件来实现各层次虚拟机的功能，甚至可以用真正存在的处理机来代替各个层次的虚拟机，例如，高级语言机器等，从而又进一步促进了计算机体系结构的发展。

（3）有助于各层次计算机语言自身的完善。

虚拟机的层次之分有助于各层次计算机语言相对独立地发展，使研制者可以将注意力主要放在本层次语言上，使之不断得以完善和发展。各种语言的不同升级版本就是这种不断完善和发展的产物。

在图 3.7 中有一个特殊的虚拟机，即操作系统虚拟机，它属于操作系统研究的范畴。虽然它作用于各个层次，但从本质上来看，它是固件虚拟机的引申，因此，一般将它放在固件虚拟机之上、汇编语言虚拟机之下来认识。它提供了固件机器所没有的，但为汇编语言、高级语言使用和实现所需的某些基本操作及数据结构，如文件结构与文件管理的基本操作、存储体系以及多道程序和多重处理涉及的某些操作等，这些操作可以看成是操作系统的指令系统，它们经机器语言程序解释实现。另外，需要指出的是，有些机器指令，如某些 I/O 操作指令是被操作系统“挡”住的，高级语言不能调用这些指令，但大部分机器指令，如运算类指令等，操作系统不做限制，并且这些指令基本包含在操作系统的指令系统之内。

在操作系统虚拟机的上一层是汇编语言虚拟机，由于汇编语言可以直接控制机器的所有操作以及它与机器指令的一一对应关系所带来的高效性，因此，在一些软件的研制中，汇编语言至今仍被人们所使用。

汇编语言中有关抽象、理论和设计三个形态的主要内容如表 3.4 所示。

表 3.4　汇编语言中有关抽象、理论和设计形态的主要内容

抽　象	理　论	设　计
常用的符号有数字（0~9）、大小写字母（A~Z、a~z）等 虚拟机 算法的汇编语言描述	与裸机级中理论形态的内容相同	CISC 设计思想 RISC 设计思想 翻译方法和技术 汇编程序

3.7.5　高级语言

1. 高级语言的产生

虽然与机器语言相比，汇编语言的产生是一个很大的进步，但是用它来进行程序设计仍然比较困难。于是人们着手对它进行改进。一是发展宏汇编，即用一条宏指令代替若干条汇编指令，从而提高编程效率。现在人们使用的汇编语言大多数都是宏汇编语言。二是创建高级语言，使编程更加方便。例如，用高级语言对例子“2+6”进行计算的算法描述，其描述为：VC=2+6。

汇编语言虚拟机的上一层是高级语言虚拟机。高级语言的语句与特定机器的指令无关，又比较接近自然语言，因此，用高级语言进行程序设计就方便多了。

20世纪50年代是高级语言兴起的年代，早期的有FORTRAN、ALGOL、COBOL、LISP等高级语言，随着语言学理论研究的进展以及计算技术的迅猛发展，在原有基础上又产生了大量新的高级语言。

2. 高级语言的分类

按语言的特点，可以将高级语言划分为过程式语言（如COBOL、FORTRAN、ALGOL、Pascal、Ada、C）、函数式语言（如LISP）、数据流语言（如SISAL、VAL）、面向对象语言（如Smalltalk、CLU、C++、Java、Python）、逻辑语言（如Prolog）、字符串语言（如SNOBOL）和并发程序设计语言（如Concurrent Pascal、Modula 2）等类型的语言。

3. 高级语言的形式化

计算机要处理高级语言，就必须使其形式化。20世纪50年代，在高级语言发展的早期，计算机语言的设计往往强调其“方便”的一面，而忽略其“严格”的一面，因而对语言的语义（注意：这里所指的“语义”与瑟尔在“中文房间”中所说的“语义”有本质的不同，这里指的是计算机语言中一类特定的转换规则，若无特别说明，本书均指这一意义），甚至语法，都未给出严格的定义，从而使语言的设计者、实现者和使用者对同一语言的语义缺乏共同的理解，造成了一定程度的混乱。

20世纪50年代，美国语言学家诺姆·乔姆斯基（Noam Chomsky）关于语言分层的理论，以及约翰·巴克斯（John Backus）、彼得·诺尔（Peter Naur）关于“上下文无关方法表示形式”的研究成果推动了语法形式化的研究。其结果是，在ALGOL 60的文本设计中第一次使用了巴克斯-诺尔范式（Backus-Naur form，BNF）来表示语法，并且第一次在语言文本中明确提出应将语法和语义区分开来。20世纪50—60年代，面向语法的编译自动化理论得到了很大发展，使语法形式化研究的成果达到实用化的水平。巴克斯因发明BNF与世界第一个高级语言FORTRAN而于1977年获图灵奖。诺尔因改进巴克斯的描述法，并用于描述整个ALGOL语言，受到业界的高度评价并于2005年获图灵奖。

语法形式化问题基本解决以后，人们逐步把注意力集中到对语义形式化的研究上。20世纪60年代，相继诞生了操作语义学、指称语义学、公理语义学、代数语义学等语义学理论，这些理论与乔姆斯基等人关于语法形式化的形式语言与自动机理论一起为高级语言的发展奠定了基础。

相对于汇编语言和机器语言，高级语言的数据类型的抽象层次有了很大提高，具有整型、实型、字符型、布尔型、用户自定义类型以及抽象数据类型等数据类型，极大地方便了用户对数据的抽象描述，为实现软件设计的工程化奠定了基础。

高级语言中有关抽象、理论和设计三个形态的主要内容如表3.5所示。

表 3.5 高级语言中有关抽象、理论和设计形态的主要内容

抽象	理论	设计
常用的符号有数字（0~9）、大小写字母（A~Z、a~z）、括号、运算符（+，-，*，/）等 算法的高级语言描述 语言的分类方法 各种数据类型的抽象实现模型 词法分析、编译、解释和代码优化的方法 词法分析器、扫描器、编译器组件和编译器的自动生成方法	形式语言和自动机理论 形式语义学：操作、指称、公理、代数、并发和分布式程序的形式语义	特定语言：过程式的（COBOL，FORTRAN，ALGOL，Pascal，Ada，C），函数式的（LISP），数据流的（SISAL，VAL），面向对象的（Smalltalk，C++，Java、Python），逻辑的（Prolog），字符串（SNOBOL）和并发（Concurrent Pascal，Modula 2）等语言 词法分析器和扫描器的产生器（如YACC，LEX），编译器产生器 语法和语义检查，成型、调试和追踪程序

3.7.6 应用语言

1. 应用语言

在高级语言虚拟机之上还有应用语言虚拟机，它是为使计算机系统满足某种特定应用（如商业管理系统等）而专门设计的。应用语言虚拟机的机器语言为应用语言。用应用语言编写的程序一般经应用程序包翻译成高级语言程序后，再逐级向下实现。

2. 第四代语言

在计算机领域中，根据计算机语言接近人类自然语言的程度，一般将它划分为5代：第一代为机器语言，第二代为汇编语言，第三代为高级语言，第四代为非过程性语言，第五代为自然语言。

本书中，我们将第四代语言划归到应用语言之中。第四代语言（4GL）是20世纪80年代随着大型管理信息系统开发的需要而产生的，这类语言提供了功能强大的非过程化问题定义手段，用户只需告知系统“做什么”，而无须说明“怎么做”，因此，极大地提高了软件的生产效率。

4GL以数据库管理系统所提供的功能为核心，进一步构造了高层软件系统的开发环境，如报表生成、多窗口表格设计、菜单生成系统等，为用户提供了一个良好的应用开发环境。4GL的代表性软件系统有PowerBuilder、Delphi等，以Java语言为主，应用在网络、移动等领域的集成开发环境有Eclipse、IntelliJ IDEA、Android Studio等；以Python语言为主，应用在科学研究、网络等领域的集成开发环境有PyCharm和开发平台管理系统Anaconda等。

应用语言中有关抽象、理论和设计形态的主要内容如表3.6所示。

表 3.6 应用语言中有关抽象、理论和设计形态的主要内容

抽象	理论	设计
算法和案例的应用语言描述	特定应用领域的支撑理论，如数据库领域的支撑理论——关系数据理论	在文件处理等方面的应用，如表生成，图、数据处理，统计处理等 第四代语言（4GL），如PowerBuilder、Delphi、Eclipse、PyCharm等应用语言的程序设计环境 网络开发领域的B/S模型和C/S模型，软件架构模式MVC、MVP等

3.7.7 自然语言

除了以上层次的计算机语言外，还有自然语言。自然语言的计算机处理是计算学科中最富有挑战性的课题之一。

1. 自然语言计算机处理层次的划分

自然语言的计算机处理可以分为以下4个层次：

（1）第一层次：文字和语音，即基本语言信息的构成；

（2）第二层次：语法，即语言的形态结构；

（3）第三层次：语义，即语言与它所指的对象之间的关系；

（4）第四层次：语用，即语言与它的使用者之间的关系。

2. 自然语言的输入问题

目前，自然语言的输入问题已基本解决，各种自然语言的文字（如英文、中文等）都可以通过多种方式，例如键盘（汉字的编码输入也是通过键盘实现）、扫描、手写、语音等方式进入计算机。计算机可以对输入的文字进行各种加工和处理（如放大、变形等），现在大多数报刊、书籍等就是这一处理的产物。

3. 自然语言的形式化问题

将文字输入计算机后，要用计算机对自然语言进行处理，就必须使其形式化。因此，如何解决自然语言语法和语义的形式化问题，就成为计算机处理自然语言的关键。

乔姆斯基用了一个寻常的但不为人们注意的事实回答了这个问题：一个说本族语言的人具有一种理解他过去从未听到过的句子的能力，他也能十分贴切地说出大量新的句子，而说同一种语言的人对听懂这些句子是毫无困难的。这个事实表明：人不仅具有创造新句子的能力，而且还有创造“合格”句子的能力。

乔姆斯基把人所具有的创造和理解正确句子的能力称为语言的“创造性”（creativity）。而语言“创造性”过程的本质就是由有限数量的词根据一定的规则产生正确句子的过程，进一步而言，其实质也就是一个字符串到另一个字符串的变换过程。显然，语言“创造性”过程的本质与计算过程的本质是一致的，因此，可以将自然语言也看作是一种计算，从而自然语言能否实现形式化的争论也就不存在了。

4. 自然语言形式化的方法及实例

自然语言能否形式化的问题解决以后，接下来的问题是如何将其形式化。自然语言形式化的内容非常丰富，本节仅给出一个简单的例子，以便读者理解。

现有一个具体的形式文法：$G_0=<V_n,V_t,P_o,S>$。

其中：

（1）V_n为非终结符号的有限集合；

（2）V_t为终结符号的有限集合；

（3）P_o为生成式（或称产生式）的有限集合，即形式规则；

（4）S为开始符号。

该形式语法的定义为：

$V_n=\{S,NP,VP,N,V\}$

V_t={我,他,学,教,英语,汉语,希望}

P_o={*S*→*NP VP*,*NP*→*N*,*VP*→*V NP*,*VP*→*V S*,*N*→我,*N*→他,*V*→学,*V*→教,*V*→希望,*N*→英语,*N*→汉语}

其中:

(1) *S* 表示句子。

(2) *NP* 表示名词短语。

(3) *VP* 表示动词短语。

(4) *N* 表示名词。

(5) *V* 表示动词。

(6) *S*→*NP VP* 表示句子由名词短语和动词短语组成。

(7) *NP*→*N* 表示名词短语由名词构成。

其他转换规则以此类推。

根据以上形式语法的定义，可以产生以下一些“合格”的句子。

(1) 我学英语。

(2) 他学汉语。

(3) 我教他学汉语。

(4) 他教我学英语。

(5) 我希望他教我学英语。

(6) 他希望我教他学汉语。

下面按照以上语法规则给出句子 (6) 的派生过程:

S							
NP	*VP*						根据 *S*→*NP VP*
N	*VP*						根据 *NP*→*N*
N	*V*	*S*					根据 *VP*→*V S*
N	*V*	*NP*	*VP*				根据 *S*→*NP VP*
N	*V*	*N*	*VP*				根据 *NP*→*N*
N	*V*	*N*	*V*	*S*			根据 *VP*→*V S*
N	*V*	*N*	*V*	*NP*	*VP*		根据 *S*→*NP VP*
N	*V*	*N*	*V*	*N*	*VP*		根据 *NP*→*N*
N	*V*	*N*	*V*	*N*	*V*	*NP*	根据 *VP*→*V NP*
N	*V*	*N*	*V*	*N*	*V*	*N*	根据 *NP*→*N*
他	*V*	*N*	*V*	*N*	*V*	*N*	根据 *N*→他
他	希望	*N*	*V*	*N*	*V*	*N*	根据 *V*→希望
他	希望	我	*V*	*N*	*V*	*N*	根据 *N*→我
他	希望	我	教	*N*	*V*	*N*	根据 *V*→教
他	希望	我	教	他	*V*	*N*	根据 *N*→他
他	希望	我	教	他	学	*N*	根据 *V*→学
他	希望	我	教	他	学	汉语	根据 *N*→汉语

因此，以上句子完全可以用形式化方式描述，并且用以上形式语法还可以构造出更多符合语法规定的句子。

通过以上例子，可以知道汉语是可以用数学模型（形式语法和形式语义均是数学模型）来表示的。

就目前而言，自然语言的语法形式化和语义形式化的研究已取得了较为丰硕的成果，现在已有一些计算机程序能在受限制的领域内“懂得”英语等自然语言，比如SQL语言可以根据数据库中的信息，以其受到严格限制的英语语言形式命令来回答问题或处理事务。

随着机器学习（machine learning）能力的不断提高，人们在语音识别领域的自然语言处理方面也取得了很大的进展。2014年10月29日，在北京召开的第十六届“二十一世纪的计算”学术研讨会上，微软公司副总裁彼得·李（Peter Lee）博士做了题为“The Pipeline from Computing Research to Surprising Inventions”的大会报告。在报告中，李博士提到，1991年，就微软公司而言，在语音识别领域机器学习取得的成果非常差，词语错误率几乎为100%，大约到了2000年，错误率下降到26%，再经过近10年艰苦的基础研究，2009年取得了重大突破，所研制的相应软件在实验室环境中可以将语音识别的错误率降到10%以下。李博士认为，这是一个不可思议的进步。为使语音领域的自然语言能够形式化地正确表述，李博士在报告中还介绍了起初两个不为人们重视的问题：一个是涉及心理学、人类意识等方面的问题，如人们说话时的重音和语调的处理问题；另一个是人们说话时不流利表述的处理问题。机器学习正是在解决这两个问题后取得了重要的进展，微软公司研制的Skype Translator正是这一进展的一个成果。李博士总结道，就Skype Translator软件的具体研制来说，只是产品的开发和软件工程上的问题。但实际上，当你想把这个东西真正做出来，一些新的、基础性的研究问题就可能会出现，当然一些新的想法、新的机会也会出现。在做Skype Translator翻译的时候，研制者们就遇到了以上问题。李博士进一步总结道，由于Skype Translator是一个分布式系统，拥有成千上万的用户，其通话时间达到了上万亿分钟，作为一个全球化的系统，每个月的通话规模非常大。这种分布式系统对于语音识别、机器学习和文字处理都提出了巨大的挑战，也令人兴奋。目前，机器学习已成为计算学科一个相当有挑战性的分支领域。

至于语言研究中的第四个层次——语用的问题，这是一个较语法和语义更为复杂的问题，本书不再进行讨论。

3.7.8 小结

综上所述，计算机语言经历了从机器语言、汇编语言、高级语言、应用语言到自然语言的发展阶段，其功能变得越来越强大，人机交互也变得越来越方便，这种发展过程反映了人们的认识从感性认识（抽象）上升到理性认识（理论），再回到实践（设计）的科学思维方式。

由于高层次语言总要转换为低层次语言去解释或执行，因此，带有更高抽象层次的语言系统将更加庞大，对软硬件资源的消耗也就更加严重，应用也将越来越受到硬件的限制，运行效率不可避免地也将越来越低，这就是一般新的系统软件为什么越来越庞大，而又往往在原有机器上运行效率较低（或不能运行）的主要原因之一。在整体能力上，不同层次的语言也有一定的差异，比如，汇编语言所具有的、与机器有关的某些功能（如某些 I/O 功能），高级语言就不具备，同时，由于汇编语言的高效性，因此，在一些软件的研制中，汇编语言至今仍被人们所使用。

为了人与机器的交流更加友好、方便，计算机语言必然朝着更高层次的方向发展。随着计算机硬件技术的迅猛发展，高层次语言对计算机软硬件资源消耗较大的缺点也就相对减弱了，从而为计算机语言的发展、实现人们认识的螺旋式上升提供了必要的条件。

对计算机语言抽象、理论和设计三个学科形态的研究，有助于我们正确理解计算机语言的本质，以及更好地把握它的研究方向，从而能更好地进行计算学科的研究。

最后，讨论计算机语言的局限性问题。

计算机语言是一种形式系统，由于形式系统所固有的局限性，可以想象在计算机语言中可能存在一个表达式既不为真、也不为假的情况，也就是说存在某表达式的真假对一个形式系统（计算机语言）而言是不可判定的情况。

计算机语言相关内容极其丰富，本节只是从计算机发展的角度做了比较简单的概述，详细内容请读者查阅有关资料。

*3.8　计算机科学各领域三形态的主要内容

《计算作为一门学科》报告给出了最初划分的 9 个主领域中抽象、理论和设计三形态的主要内容，本书在此基础上，进一步给出 CS2023 报告划分的计算机科学 17 个主要领域抽象、理论和设计三形态的主要内容。

1. 人工智能

人工智能领域中有关抽象、理论和设计的主要内容如下。

（1）抽象：人工神经网络（神经元、权重、偏置值、输入值、输出值、标签、学习率、误差等）；知识表示（如规则、框架和逻辑）以及处理知识的方法（如演绎、推理）、自然语言理解和自然语言表示的模型（包括音素表示和机器翻译）、语音识别与合成、从文本到语音的翻译、推理与学习模型（如不确定、非单调逻辑、贝叶斯推理）、启发式搜索方法、分支限界法、控制搜索、模仿生物系统的机器体系结构（如神经网络）、人类的记忆模型以及自动学习和机器人系统的其他元素等。

（2）理论：概率与统计，包括概率的公理系统、期望、方差正态分布、均匀分布、参数估计等；函数论，包括线性函数、非线性函数等，微积分，包括偏导数、梯度、链式法则等；线性代数，包括向量、矩阵等；逻辑（如单调、非单调和模糊逻辑）、概念依赖性、认知、自然语言理解的语法和语义模型，机器人动作和机器人使用的外部世界模型的运动学和力学原理，以及相关支持领域（如结构力学、图论、形式语法、语言学、哲学与心理学）等。

（3）设计：计算机视觉（LeNet、AlexNet、ResNet 等）；自然语言处理（RNN、LSTM、Transformer 等）；AI 伦理；知识产权；逻辑程序设计软件系统的设计技巧、定理证明、规则评估；在小范围领域中使用专家系统的技术、专家系统外壳程序、逻辑程序设计的实现（如 Prolog）、自然语言理解系统、神经网络的实现、国际象棋和其他策略性游戏的程序、语音合成器、识别器、机器人等。

2. 算法与复杂性

算法与复杂性领域中有关抽象、理论和设计的主要内容如下。

（1）抽象：算法分析、算法策略（如蛮干算法、贪婪算法、启发式算法、分治法等）、并行和分布式算法等。

（2）理论：可计算性理论、计算复杂性理论、P 和 NP 问题、并行计算理论、密码学等。

（3）设计：对重要问题类的算法的选择、实现和测试，对通用算法的实现和测试（如哈希法、图和树的实现与测试），对并行和分布式算法的实现和测试，对组合问题启发式算法的大量实验测试、密码协议等。

3. 体系与组织结构

体系与组织结构领域中有关抽象、理论和设计的主要内容如下。

（1）抽象：布尔代数模型，基本组件合成系统的通用方法，电路模型和在有限领域内算术函数的有限状态机，数据路径和控制结构模型，不同模型和工作负载的优化指令集，硬件可靠性（如冗余、错误检测、恢复与测试），VLSI 装置设计中的空间、时间和组织的折中，不同的计算模型的机器组织（如时序、数据流、表处理、阵列处理、向量处理和报文传递），分级设计的确定，即系统级、程序级、指令级、寄存器级和门级等。

（2）理论：布尔代数、开关理论、编码理论、有限自动机理论等。

（3）设计：快速计算的硬件单元（如算术功能单元、高速缓冲存储器），冯·诺依曼机（单指令顺序存储程序式计算机），RISC 和 CISC 的实现、存储和记录信息，以及检测与纠正错误的有效方法，对差错处理的具体方法（如恢复、诊断、重构和备份过程），用于 VLSI 电路设计的计算机辅助设计（CAD）系统以及逻辑模拟、故障诊断等程序，在不同计算模型上的机器实现（如数据流、树、LISP、超立方结构、向量和多处理器），超级计算机等。

4. 数据管理

数据管理领域中有关抽象、理论和设计的主要内容如下。

（1）抽象：表示数据的逻辑结构和数据元素之间关系的模型（如 E-R 模型、关系模型、面向对象的模型），用于快速检索的文件表示（如索引），保证更新时数据库完整性（一致性）的方法，防止非授权泄露或更改数据的方法，对不同类信息检索系统和数据库（如超文本、文本、空间的、图像、规则集）进行查询的语言，允许文档在多个层次上包含文本、视频、图像和声音的模型（如超文本），人的因素和接口问题等。

（2）理论：关系代数、关系演算、数据依赖理论、并发理论、统计推理、排序与搜索、性能分析以及支持理论的密码学。

（3）设计：关系、层次、网络、分布式和并行数据库的设计技术，信息检索系统的设计技术，安全数据库系统的设计技术，超文本系统的设计技术，把大型数据库映射到磁盘存储器的技术，把大型只读数据库映射到光存储介质上的技术等。

5. 程序设计语言基础

程序设计语言基础领域中有关抽象、理论和设计的主要内容如下。

（1）抽象：基于语法和动态语义模型的语言分类（如静态型、动态型、函数式、过程式、面向对象的、逻辑、规格说明、报文传递和数据流），按照目标应用领域的语言分类

（如商业数据处理、仿真、表处理和图形），程序结构的主要语法和语义模型的分类（如过程分层、函数合成、抽象数据类型和通信的并行处理），语言的每一种主要类型的抽象实现模型、词法分析、编译、解释和代码优化的方法，词法分析器、扫描器、编译器组件和编译器的自动生成方法等。

（2）理论：形式语言与自动机、图灵机（过程式语言的基础）、POST 系统（字符串处理语言的基础）、λ 演算（函数式语言的基础）、形式语义学、谓词逻辑、时态逻辑、近世代数等。

（3）设计：把一个特殊的抽象机器（语法）和语义结合在一起形成的、统一的、可实现的整体特定语言，如过程式的（COBOL、FORTRAN、ALGOL、Pascal、Ada、C），函数式的（LISP），数据流的（SISAL、VAL），面向对象的（Smalltalk、CLU、C++），逻辑的（Prolog），字符串的（SNOBOL）和并发的（CSP、Concurrent Pascal、Modula 2）；特定类型语言的指定实现方法；程序设计环境、词法分析器和扫描器的产生器（如 YACC、LEX）、编译器产生器、语法和语义检查、成型、调试和追踪程序、程序设计语言方法在文件处理方面的应用（如制表、图、化学公式）、统计处理等。

6. 图形学与交互技术

图形学与交互技术领域中有关抽象、理论和设计的主要内容如下。

（1）抽象：显示图像的算法、计算机辅助设计（CAD）模型、实体对象的计算机表示、图像处理和加强的方法。

（2）理论：二维和高维几何（包括解析、投影、仿射和计算几何）、颜色理论、认知心理学、傅里叶分析、线性代数、图论等。

（3）设计：不同的图形设备上图形算法的实现、不断增多的模型和现象的实验性图形算法的设计与实现、显示时彩色图的恰当使用、在显示器和硬复制设备上色彩的精确再现、图形标准、图形语言和特殊的图形包、不同用户接口技术的实现（含位图设备上的直接操作和字符设备的屏幕技术）、用于不同的系统和机器之间信息转换的各种标准文件互换格式的实现、CAD 系统、图像增强系统等。

7. 人机交互

人机交互领域中有关抽象、理论和设计的主要内容如下。

（1）抽象：人的表现模型（如理解、运动、认知、文件、通信和组织）、原型化、交互对象的描述、人机通信（含减少人为错误和提高人的生产力的交互模式心理学研究）等。

（2）理论：认知心理学、社会交互科学等。

（3）设计：交互设备（如键盘、语音识别器）、有关人机交互的常用子程序库、图形专用语言、原型工具、用户接口的主要形式（如子程序库、专用语言和交互命令）、交互技术（如选择、定位、定向、拖动等技术）、图形拾取技术、以人为中心的人机交互软件的评价标准等。

8. 数学与统计学基础

该领域包括支撑机器学习等人工智能新技术的概率、统计学和线性代数，以及 CS2013 强调的集合论、数理逻辑、近世代数、图论等离散数学的内容。它主要属于学科理论形态方面的内容。同时，它又具有广泛的应用价值，为计算学科各分支领域基本问题（或具体问题）的感性认识（抽象）和理性认识（理论）提供强有力的数学工具。

9. 网络与通信

网络与通信领域中有关抽象、理论和设计的主要内容如下。

抽象：分布式计算模型（如 C/S 模式，对等网、云等）、组网（如分层协议、命名、远程资源利用、帮助服务）、网络安全模型（如通信、访问控制）；社交网络图的结构：密度、聚类系数、平均或最短路径长度、小世界特性、偏好连接；社交活动参与者之间的关系，记录社交活动参与者相关社交关系的数据收集和分析，展示社交活动参与者之间关系模式的社交网络图，描述和解释这些关系模式的计算模型。

理论：数据通信理论，排队理论，密码学，协议的形式化验证，社交网络的分析理论以及所支撑的统计学原理等。

设计：排队网络建模和实际系统性能评估的模拟程序包，套接字 API，TCP，IP 协议，网络体系结构（如以太网），虚拟电路协议，Internet，实时会议，资源分配需求，静态分配（TDM、FDM、WDM）与动态分配，IEEE 802.11 网络，社交网络平台实例。

10. 操作系统

操作系统领域中有关抽象、理论和设计的主要内容如下。

（1）抽象：不考虑物理细节（如面向进程而不是处理器，面向文件而不是磁盘）而对同一类资源上进行操作的抽象原则，用户接口可以察觉的对象与内部计算机结构的绑定，重要的子问题模型（如进程管理、内存管理、作业调度、两级存储管理和性能分析），安全计算模型（如访问控制和验证）等。

（2）理论：并发理论、调度理论（特别是处理机调度）、程序行为和存储管理的理论（如存储分配的优化策略）、性能模型化与分析等。

（3）设计：分时系统、自动存储分配器、多级调度器、内存管理器、分层文件系统和其他作为商业系统基础的重要系统组件、构建操作系统（如 UNIX、DOS、Windows）的技术、建立实用程序库的技术（如编辑器、文件形式程序、编译器、连接器和设备驱动器）、文件和文件系统等内容。

11. 并行与分布式计算

并行与分布式计算领域中有关抽象、理论和设计的主要内容如下。

（1）抽象：并行分解的基础概念；自然并行算法；并行算法模式（分治、映射和归约、管理者-工作者和其他）；具体算法（如并行归并算法）；并行图算法（如并行最短路径、并行生成树）；矩阵的并行运算算法（如矩阵转置算法、矩阵相乘算法、矩阵和向量相乘算法）；生产者-消费者和流水线算法；非并行算法实例；核心的分布式算法：选举，发现；进程和信息传递的形式化模型，包括如通信序列进程（CSP）的代数和演算；并行计算分布式模型，包括并行随机存取机（PRAM）与批量同步并行（BSP）；计算依赖的形式化模型；共享内存的一致性模型及与程序设计语言规范的关系；算法正确性的标准，包括可线性化；算法过程模型。

（2）理论：并行与分布式算法的正确性证明与分析；并行与分布式的计算理论；计算几何学；计算机语义学；支撑并行与分布式计算的数学基础：线性代数、图论、概率论等。

（3）设计：多核处理器；共享内存与分布式内存；对称式多处理（SMP）；SIMD，向量处理器；GPU；协同处理；原子操作指令；内存问题：多处理器缓存与缓存一致性，非均匀存储器访问（NUMA）；拓扑结构；连接线，簇，资源共享（例如总线和共联）；指定和检查正确性特性的技术，如原子性和无数据竞争；分布式系统设计折中：延迟与吞吐量，一致性、可用性和分区容错性；分布式服务设计：状态性协议与无状态协议及服务，会话（基于连接）设计，反应与多线程设计；基于云计算的数据存储：弱一致性数据的存储与共享访问，数据同步，数据划分，分布式文件系统，复制等。

12. 软件开发基础

软件开发基础领域中有关抽象、理论和设计的主要内容如下。

该分支领域的内容主要属于学科抽象和设计两个形态，特别是该领域学科抽象形态的成果，更是为人们认知学科各分支领域的基本问题提供了大量基础的方法，具体如下。

（1）抽象：程序设计的基本结构（条件和迭代控制结构；函数和参数传递；递归的概念；表达式和赋值；简单的输入输出，包括文件的输入输出；变量和数据类型）、算法和问题求解（算法的概念、迭代和递归形式的数学函数、数据结构的迭代和递归遍历、分治策略；程序设计的基本概念和原则：抽象、程序分解；封装和信息隐藏；接口与实现的分离）、数据结构（数组；记录/结构体；字符串和字符串处理；抽象数据类型及其实现：栈、队列、优先队列、集合和映射；引用和别名使用；链接表）；软件开发的基础概念（程序理解；程序正确性：错误类型，如语法错误、逻辑错误；重构的概念；调试策略）。

（2）设计：防错性程序设计（如安全编码、异常处理）、代码复查、测试基础和测试用例生成；现代程序设计环境：代码搜索；库组件和 API 程序设计；程序风格和文档。

13. 软件工程

软件工程领域中有关抽象、理论和设计的主要内容如下。

（1）抽象：规格方法（如谓词转换器、程序设计演算、抽象数据类型和霍尔公理化思想）、方法学（如逐步求精法、模块化设计）、程序开发自动化方法（如文本编辑器、面向语法的编辑器和屏幕编辑器）、可靠计算的方法学（如容错、安全、可靠性、恢复、多路冗余）、软件工具与程序设计环境、程序和系统的测度与评价、软件系统到特定机器的相匹配问题域、软件研制的生命周期模型等。

（2）理论：程序验证与证明，时态逻辑，可靠性理论以及支持领域（如谓词演算、公理语义学和认知心理学等）。

（3）设计：规格语言，配置管理系统，版本修改系统，面向语法的编辑器，行编辑器，屏幕编辑器和字处理系统，实际使用并受到支持的特定软件开发方法，如敏捷方法（agile method）；测试的过程与实践（如遍历、手工仿真、模块间接口的检查），质量保证与工程管理，程序开发和调试、成型、文本格式化和数据库操作的软件工具，安全计算系统的标准等级与确认过程的描述，用户接口设计，可靠、容错的大型系统的设计方法，“以公众利益为中心”的软件从业人员认证体系。

14. 安全

计算机安全领域中有关抽象、理论和设计的主要内容如下。

（1）抽象：CIA（保密性、完整性、有效性）；风险、威胁、漏洞和攻击向量的概念；验证、授权和访问控制（强制与自由）；信任和可信度的概念；端到端的安全机制；不同的通信伙伴间的基本的密码学术语涵盖的相关概念；Web 安全模型；保密规则；深入剖析监管链与司法权之间的差异性及共通之处，以期更全面地理解二者的内涵和外延。

（2）理论：密码学的数学基础要素，包括线性代数、数论、概率论和统计；加密基元：伪随机数生成器和流密码，分组密码（伪随机排列），伪随机数函数，哈希函数（如 SHA2 和抗碰撞性），消息认证码，密钥推导函数；对称密钥加密：完全保密和一次加密，语义安全和认证加密的操作模式，消息完整性；公钥加密：陷门置换（如 RSA），公钥加密（如 RSA 加密、EIGamal 加密），数字签名，公钥基础设施（PKI）和认证，强度假设（如 Diffie-Hellman、整数分解）。

（3）设计：恶意软件的实例（如计算机病毒、网络蠕虫、僵尸网络、特洛伊木马或黑客程序）；拒绝服务（DoS）和分布式拒绝服务（DDoS）；安全平台模块和安全的协同处理器；数字证据方法与标准；数据保存技术和标准；安全设计原则与模式；安全软件规则与需求；安全软件开发实践；安全测试：确保软件或系统满足安全需求的测试过程，其中静态分析用于审查源代码和架构的安全性，动态分析用来模拟实际运行环境并检测潜在的安全漏洞；软件质量保证和基准测试；社会工程（例如钓鱼式攻击）；伦理、道德。

15. 社会、伦理与职业化

该领域的成果主要属于学科设计形态方面的内容。根据一般科学技术方法论的划分，该领域中的价值观、道德观属于设计形态中技术评估方面的内容，知识产权属于设计形态中技术保护方面的内容，而 CC1991 报告提到的美学问题则属于设计形态中技术美学方面的内容。

16. 系统基础

系统基础领域中有关抽象、设计的主要内容如下。

（1）抽象：应用程序级的顺序处理：单线程；简单的应用程序级的并行处理：请求级，每个服务器的单线程、多服务器的多线程；顺序处理与并行处理；并行程序设计与并发程序设计；请求并行与任务并行；C/S、Web 服务；流水线的基本概念，指令在时间上的重叠执行；编程抽象：接口，库的使用；应用程序和操作系统服务的区别，远程过程调用；应用程序与虚拟机的交互过程；可靠性；数字系统与模拟系统/离散系统与连续系统、简单逻辑门，逻辑表达式及布尔逻辑简化，时钟，状态，次序，组合逻辑，顺序逻辑，寄存器及内存器，作为状态机例子的计算机网络协议；资源分配与调度的策略与方法；虚拟化与隔离的基础概念等。

（2）设计：计算机的基本构件（门、触发器、寄存器、数据通路+控制器+存储器）；基本的逻辑构件；线程（Fork/Join 框架）；多核架构以及支持同步的硬件；通过冗余获得可靠性的技术；量化评估的模拟程序包等。

17. 专业平台开发

该领域中有关抽象、设计的主要内容如下。

（1）抽象：平台的约束（Web 平台约束，移动平台约束，工业平台约束，游戏平台约束）；软件即服务（SaaS）模式；性能/能量权衡。

（2）设计：Web 编程语言（HTML5、Java Script、PHP、CSS 等）；移动编程语言（Objective-C、Java 脚本、Java 等）；移动无线通信面临的挑战；定位感知应用；工业平台类型（数学、机器人学、工业控制等）；机器人软件及其架构；特定领域语言；游戏平台类型（Xbox、Wii、游戏机等）；游戏平台语言（C++、Java、Lua、Python 等）。

3.9 本章小结

抽象、理论和设计三个学科形态（或过程）概括了计算学科中的基本内容，是计算学科认知领域中最基本（或原始）的三个概念。不仅如此，它还反映了人们的认识是从感性认识（抽象）到理性认识（理论），再由理性认识（理论）回到实践的科学思维方式。

抽象源于现实世界，源于经验，是对现实原型的理想化。按客观现象的研究过程，抽象形态包括以下 4 个步骤的内容。

（1）形成假设。

（2）建造模型并做出预测。

（3）设计实验并收集数据。

（4）对结果进行分析。

理论源于数学。在计算学科中，从统一合理的理论发展过程来看，理论形态包括以下 4 个步骤的内容。

（1）表述研究对象的特征（定义和公理）。

（2）假设对象之间的基本性质和对象之间可能存在的关系（定理）。

（3）确定这些关系是否为真（证明）。

（4）结论。

设计源于工程，用于系统或设备的开发，以实现给定的任务。在计算学科中，从解决特定问题而实现的系统或装置的过程来看，设计形态包括以下 4 个步骤的内容。

（1）需求分析。

（2）建立规格说明。

（3）设计并实现该系统。

（4）对系统进行测试与分析。

计算机语言涉及自然语言与形式化语言、图灵机与冯·诺依曼计算机、机器指令与汇编语言、虚拟机、高级语言、应用语言和自然语言等方面的内容。

计算机语言是计算学科中最富有智慧的成果之一，它深刻地影响着计算学科各个领域的发展。不仅如此，计算机语言还是程序员与计算机交流的主要工具。因此，可以说如果不了解计算机语言，就谈不上对计算学科的真正了解。

前 3 章是按《计算作为一门学科》报告对“计算机科学导论”课程的要求，从课程的结构、学科中的问题、学科的三个学科形态等方面入手，介绍课程结构的设计问题，以及学科富有挑战性的领域。然而，要加深对学科知识的理解，以便更好地应用，还应了解学科中那些重要的核心概念。下一章介绍这些内容。

习题 3

3.1 试给出 3 个实际的 E-R 图，要求实体之间的关系分别为一对一、一对多、多对多。

3.2 将所在班级若干学生（至少 10 人）的具体内容根据以下关系模型进行填写，并分析可能出现的问题。

学生（学号，姓名，年龄，性别，系名，系主任）

3.3　抽象与自动化（automation）是计算思维的本质特征，在计算学科各领域中均存在为数不少的抽象工具。E-R 图（实体关系图）就是其中一种对客观世界进行抽象的工具。使用该工具可以大大降低软件系统研制，特别是数据库应用系统研制的复杂性。请用 E-R 图建立以下关系数据库系统的概念模型。

一个公司有一个销售部门，一个销售部门有若干员工，每位员工都可以销售若干商品，每个商品都可以由若干员工销售，一个商品可以存放在若干不同的仓库中，一个仓库可以存放不同的商品，一个员工可以管理若干仓库，请画出该单位销售部的 E-R 图（提示：销售时有一个"销售明细"属性；存放时有一个"存放与出库时间"的属性），建立该公司销售部门的概念模型。

3.4　简述计算学科三形态的主要内容。

3.5　计算机对语言进行处理，首先要解决的是语言的歧义性问题，试分析句子"I saw the man on the hill with the telescope"，写出至少 3 种不同的解释。

3.6　什么是形式语言？试举例说明。

3.7　图灵机有什么特点？它的工作原理是什么？

3.8　计算题：在图灵的带子机中，设 b 表示空格，q_1 表示机器的初始状态，q_4 表示机器的结束状态，如果带子上的输入信息是 11100101，读写头对准最右边第一个为 1 的方格，状态为初始状态 q_1。写出执行以下命令后的计算结果。

$q_1\ 0\ 0\ L\ q_2$

$q_1\ 1\ 0\ L\ q_3$

$q_1\ b\ b\ N\ q_4$

$q_2\ 0\ 0\ L\ q_2$

$q_2\ 1\ 0\ L\ q_2$

$q_2\ b\ b\ N\ q_4$

$q_3\ 0\ 0\ L\ q_2$

$q_3\ 1\ 0\ L\ q_3$

$q_3\ b\ b\ N\ q_4$

3.9　简述冯·诺依曼计算机的体系结构及其特点。

3.10　为什么说从原来对程序和数据的严格区别到后来的同等看待这个观念上的转变是计算机史上的一场革命？

3.11　根据计算机输入设备和输出设备的定义，硬盘属于输入设备，还是输出设备？或者，既属于输入设备，又属于输出设备？

3.12　CPU 与主存之间是用什么进行数据传递的？

3.13　现有一台计算机，它的总线宽度（即数据总线的宽度）为 32 位，地址总线的宽度为 16 位，试问：该计算机有多少不同的地址空间，一次总线传送的数据位数是多少，最大值是多少？

3.14　在冯·诺依曼计算机中，运算器能否直接与主存和外存中的数据打交道？若不能，那它只能与 CPU 中的什么存储单元打交道？

3.15 画出基于总线的计算机系统的硬件组成。

3.16 如果一个指令系统有 12 条指令，请问操作码至少需要多少位？若操作码有 5 位，那么最多可以设计多少条指令？

3.17 请分别用 Vcomputer 机器的汇编指令和自然语言写出下列指令的功能。

（1）9000 （2）6205 （3）5123 （4）12A0 （5）3312

3.18 请用 Vcomputer 的机器指令描述下列用自然语言描述的指令。

（1）将十六进制数 A0 装入寄存器 R0。

（2）将寄存器 R1 中的值左移 3 位，右边空出的位上补 0。

（3）将地址为 E8 的内存单元的值装入寄存器 R0 中。

（4）若寄存器 R1 与寄存器 R0 中的值相等，则跳转到地址为 00 的内存单元存储的指令执行。

（5）将寄存器 R0 和寄存器 R1 中的值相加，存入寄存器 R2 中。

（6）将寄存器 R1 的值存入地址 D2 的内存单元中。

3.19 下列哪些指令执行后 AA 单元中的值会发生变化？

（1）13AA （2）22AA （3）30AA （4）50AA （5）82AA

3.20 若执行指令 8000，程序计数器的值为多少？

3.21 地址 00~07 的内存单元中包含以下内容。

地址	内容
00	10
01	05
02	11
03	05
04	81
05	00
06	90
07	00

若程序计数器的初值为 00，程序是否会终止，为什么？

3.22 地址 00~07 的内存单元中包含以下内容。

地址	内容
00	11
01	A0
02	53
03	21
04	33
05	A0
06	90
07	00

（1）请描述程序的功能。

（2）若开始时，内存地址 A0 的值，即[A0]为 20，R1 的值为 10，R2 的值为 20，R3 的值为 30，程序结束时，[A0]和 R1、R2、R3 寄存器的值各是多少？

3.23　地址 00~07 的内存单元中包含以下内容。

地址	内容
00	10
01	A0
02	70
03	00
04	30
05	A0
06	90
07	00

若[A0]=80，请问程序结束后[A0]的值为多少？

3.24　地址 00~09 的内存单元中包含以下内容。

地址	内容
00	10
01	A0
02	60
03	01
04	70
05	00
06	30
07	A0
08	90
09	00

若[A0]=FF，请问程序结束后[A0]的值为多少？

3.25　地址 00~07 的内存单元中包含以下内容。

地址	内容
00	10
01	A0
02	60
03	01
04	30
05	A0
06	90
07	00

（1）若[A0]=01，程序结束后[A0]的值为多少？

（2）若[A0]=01，将[03]的值“01”分别改为“02”和“03”，程序结束后[A0]的值分别为多少？

（3）就以上[A0]值的变化而言，每左移 1 位，在不溢出的情况下，其值为原值的多少倍？

（4）若[A0]=01，将[03]的值“01”分别改为“07”和“08”，程序结束后[A0]的值又为多少？

3.26　地址 00~07 的内存单元包含了以下内容。

地址	内容
00	20
01	B0
02	21
03	25
04	52
05	01
06	90
07	00

若机器从内存地址 00 开始执行，请回答以下问题。

（1）将执行了的指令转换成自然语言。

（2）该程序中用到哪些寄存器，在程序结束时它们的值各为多少？

3.27　地址 00~05 的内存单元中包含以下内容。

地址	内容
00	11
01	02
02	31
03	0A
04	90
05	00

若将程序计数器置为 00 后执行，则程序结束时计数器的值为多少？程序完成了哪些工作？

3.28　地址 A6~B1 的内存单元中包含以下内容。

地址	内容
A6	20
A7	A8
A8	21
A9	A8
AA	22
AB	20
AC	53

AD　01
AE　55
AF　23
B0　90
B1　00

若机器从内存地址 A6 开始执行，请回答以下问题。

（1）若机器每微秒执行一条指令，完成这个程序需要多少时间？

（2）将以上指令翻译成自然语言。

（3）程序结束时，寄存器 5 的值是多少？

（4）指令 20A8 与 11A8 中的“A8”是一个意思吗？

3.29　要将存储在地址 A1 和 A2 内存单元中的值进行数值相加，结果存入地址为 A3 的内存单元，需要哪些步骤？

3.30　设机器从内存地址 00 开始执行，请用 Vcomputer 机器指令写一个程序，计算内存单元 B1、C1、D1 中所有值的和，将结果放入内存地址 E1 中。

3.31　设机器从内存地址 00 开始执行，请用 Vcomputer 机器指令与汇编指令分别实现以下操作。

（1）将寄存器 1 与寄存器 2 中的值相加，存入内存单元 20 中。

（2）将内存单元 25 中的值，与寄存器 1 中的值相加，存入寄存器 3 中。

（3）将寄存器 1 和寄存器 2 中的值互换。

3.32　用自然语言解释以下程序。

地址　内容
00　10
01　0C
02　11
03　0D
04　52
05　01
06　32
07　08
08　72
09　00
0A　90
0B　00
0C　60
0D　30

3.33　用自然语言解释以下程序。

地址　内容
00　10
01　0E

02　　70
03　　00
04　　30
05　　08
06　　11
07　　0F
08　　71
09　　00
0A　　31
0B　　10
0C　　90
0D　　00
0E　　6F
0F　　52

3.34　基于 Vcomputer 机器指令的汇编程序如下。

```
LOAD R0,01
LOAD R1,FF
LOAD R2,02
LABEL1:ADD R3,R1,R0
JMP R3,LABEL2
ADD R4,R1,R2
JMP R4,LABEL2
SHL R0,01
JMP R2,LABEL2
SHL R0,08
NOT R0
JMP R1,LABEL1
LABEL2:HALT
```

（1）请用自然语言解释上述汇编程序。

（2）请将该汇编程序转换为 Vcomputer 的机器指令。

3.35　什么是机器语言？什么是汇编语言？

3.36　简述 CISC 和 RISC 的设计思想。

3.37　什么是虚拟机？引入“虚拟机”这一概念有何意义？

3.38　如何用虚拟机的观点来划分计算机的层次结构？

3.39　为什么说自然语言“创造性”过程的本质与计算过程的本质是一致的？

3.40　自然语言的计算机处理分为哪 4 个层次？

3.41　根据本章给出的自然语言形式化例子中的转换规则，给出句子“他教我学英语”的派生过程。

第 4 章　计算学科的核心概念

认知学科终究是通过概念来实现的，掌握和应用学科中的核心概念是成熟的计算机科学家和工程师的标志之一。本章首先介绍计算学科中一个最具有方法论性质的核心概念——算法，包括算法的历史、定义、表示方法以及算法的分析等内容。然后，介绍数据结构、程序、软件、硬件，以及计算机中的数据（含进位制数及其相互转换，原码、反码和补码及其转换，字符、字符串和汉字，图像数据的表示，声音数据的表示）等内容。最后，给出 CC1991 提取的 12 个核心概念，即绑定、大问题的复杂性、概念模型和形式模型、一致性和完备性、效率、演化、抽象层次、按空间排序、按时间排序、重用、安全性、折中和结论。

4.1　引言

学科中的核心概念是学科中最关键、最重要的概念，它涉及学科研究的内涵、对象、本质、核心要素等内容，其基本特征有以下 4 点。

（1）在学科中多处出现。

（2）在各分支领域及抽象、理论和设计的各个层面上都有很多示例。

（3）在技术上有高度的独立性。

（4）一般都会在数学、科学和工程中有所体现。

在计算学科的一般文献中，学科中的核心概念指的是 CC1991 报告给出的 12 个核心概念。为便于教学，本书将学科中最具有方法论性质的概念——算法，以及数据结构、程序、软件、硬件、数据的存储和表示等与 CC1991 报告提取的 12 个核心概念一起统称为学科中的核心概念。

4.2　算法

算法是计算学科中最具有方法论性质的核心概念，也被誉为计算学科的灵魂。算法设计的优劣决定着软件系统的性能，对算法进行研究能使我们深刻理解问题的本质以及可能的求解技术。

4.2.1　算法的历史简介

825 年，阿拉伯数学家阿尔-花拉子米（Al-Khowarizmi）撰写了著名的《波斯教科书》

（*Persian Textbook*），书中概括了进行四则算术运算的法则。“算法（algorithm）”一词就来源于这位数学家的名字。后来，《韦氏新世界词典》（*Webster's New World Dictionary*）将其定义为“解某种问题的任何专门的方法”。而据考古学家发现，古巴比伦人在求解代数方程时，就已经采用了“算法”的思想。

在算法的研究中，人们不可避免地要提到丢番图方程，戴维·希尔伯特（David Hilbert）著名的23个数学问题中的第十个问题就是关于“丢番图方程的可解性问题”。

古希腊数学家丢番图（Diophantus）对代数学的发展有极其重要的贡献，并被后人称为“代数学之父”。他在《算术》(*Arithmetica*)一书中提出了有关两个或多个变量整数系数方程的有理数解问题。对于具有整数系数的不定方程，若只考虑其整数解，这类方程就称为丢番图方程。

“丢番图方程可解性问题”的实质为：能否写出一个可以判定任意丢番图方程是否可解的算法？本书仅讨论线性丢番图方程，至于非线性丢番图方程，不在本书讨论范围之内。

对于只有一个未知数的线性丢番图方程而言，求解很简单，如 $ax=b$，只要 a 能整除 b，就可判定其有整数解，该整数解即为 b/a。

对于有两个未知数的线性丢番图方程，判定其是否有解的方法也很简单，如 $ax+by=c$，先求出 a 和 b 的最大公因子 d，若 d 能整除 c，则该方程有解（整数解）。

例 4.1 方程 $13x+26y=52$ 有无整数解？

13 和 26 的最大公因子是 13，13 又可整除 52，故该方程有整数解（如 $x=2$，$y=1$ 即为方程的解）。

例 4.2 方程 $2x+4y=15$ 有无整数解？

2 和 4 的最大公因子是 2，2 不能整除 15，故该方程无整数解。

因此可以看出，对于有两个未知数的线性丢番图方程来说，求解的关键就是求最大公因子。公元前 300 年左右，欧几里得在其著作《几何原本》（*Elements*）第七卷中阐述了关于求解两个数最大公因子的过程，这就是著名的欧几里得算法：给定两个正整数 m 和 n，求它们的最大公因子，即能同时整除 m 和 n 的最大正整数。

算法如下。

（1）以 n 除 m，并令所得余数为 r（r 必小于 n）。

（2）若 $r=0$，算法结束，输出结果 n；否则，继续步骤（3）。

（3）将 n 置换为 m，r 置换为 n，并返回步骤（1）继续进行。

例 4.3 设 $m=56$，$n=32$，求 m、n 的最大公因子。

算法的执行过程如下。

（1）32 除 56，余数为 24。

（2）24 除 32，余数为 8。

（3）8 除 24，余数为 0，算法结束，输出结果 8。

m、n 的最大公因子为 8。

欧几里得算法既表述了一个数的求解过程，同时，它又表述了一个判定过程，该过程可以判定“m 和 n 是互素的”（即除 1 以外，m 和 n 没有公因子）这个命题的真假。

4.2.2　算法的定义和特征

有关算法的定义不少，其内涵基本上是一致的，其中最为著名的是计算机科学家克努特在其经典巨著——《计算机程序设计的艺术》（*The Art of Computer Programming*）第一卷中对算法的定义和特性所做的有关描述。

1. 算法的非形式化定义

一个算法就是一个有穷规则的集合，其中的规则规定了一个解决某一特定类型问题的运算序列。

2. 算法的重要特性

（1）有穷性：一个算法在执行有穷步之后必须结束。也就是说，一个算法所包含的计算步骤是有限的。例如，在欧几里得算法中，由于 m 和 n 均为正整数，在步骤（1）之后，r 必小于 n，若 $r\neq0$，下一次执行步骤（1）时，n 的值已经减小，而正整数的递降序列最后必然要终止。因此，无论给定 m 和 n 的初值有多大，步骤（1）的执行都是有穷次。

（2）确定性：算法的每一个步骤必须有确切的定义，即算法中所有有待执行的动作必须严格地进行规定，不能有歧义性。例如，在欧几里得算法中，步骤（1）中明确规定“以 n 除 m”，而不能有类似“以 n 除 m 或以 m 除 n”这类有两种可能做法的规定。

（3）输入：算法有零个或多个输入，即在算法开始之前，最初给定的量。例如，在欧几里得算法中，有两个输入，即 m 和 n。

（4）输出：算法有一个或多个输出，即与输入有某种特定关系的量，简单地说就是算法的最终结果。例如，在欧几里得算法中只有一个输出，即步骤（2）中的 n。

（5）能行性：算法中有待执行的运算和操作必须是相当基本的，换言之，它们都是能够精确地进行的，算法执行者甚至不需要掌握算法的含义即可根据该算法的各步骤要求进行操作，并最终得出正确的结果。

3. 算法的形式化定义

算法的形式化定义：算法是一个四元组，即 (Q,I,Ω,F)。

其中，

（1）Q 是一个包含子集 I 和 Ω 的集合，它表示计算的状态；

（2）I 表示计算的输入集合；

（3）Ω 表示计算的输出集合；

（4）F 表示计算的规则，它是一个由 Q 到它自身的函数，且具有自反性，即对于任何一个元素 $q\in Q$，有 $F(q)=q$。

一个算法是对于所有的输入元素 x，都在有穷步骤内终止的一个计算方法。在算法的形式化定义中，对于任何一个元素 $x\in I$，x 均满足以下性质：

$$x_0=x,x_{k+1}=F(x_k),\quad k\geqslant0$$

该性质表示任何一个输入元素 x 均为一个计算序列，即 $x_0,x_1,x_2,\cdots,x_k$。对任何输入元素 x，该序列表示算法在第 k 步结束。

4.2.3　算法实例

下面再介绍几个简单的算法实例，以加深读者对算法思想的理解。

例 4.4 求 1+2+3+⋯+100。

设变量 X 表示加数，Y 表示被加数，用自然语言将算法描述如下。

（1）将 1 赋值给 X。

（2）将 2 赋值给 Y。

（3）将 X 与 Y 相加，结果存放在 X 中。

（4）将 Y 加 1，结果存放在 Y 中。

（5）若 Y 小于或等于 100，转到步骤（3）继续执行；否则，算法结束，结果为 X。

例 4.5 求解调和级数 H_n。

$$H_n=\frac{1}{1}+\frac{1}{2}+\frac{1}{3}+\cdots+\frac{1}{n}$$

调和级数在算法分析中有重要作用。直觉上，当 n 很大时，H_n 也未必会得到很大的值。其实不然，可以证明，尽管这个数列趋于无穷非常缓慢，但是 H_n 会随着 n 的增加而无限增大。这个例子与汉诺塔问题一样清晰地表明：在算法的研究中，不能只依靠人的直觉，而应依靠严密的数学方法。

下面给出求解调和级数的算法。

设变量 X 表示累加和，变量 I 表示循环的次数，自然语言描述算法如下。

（1）将 0 赋值给 X。

（2）将 1 赋值给 I。

（3）将 X 与 $1/I$ 相加，然后把结果存入 X。

（4）将 I 加 1。

（5）若 I 大于或等于 n，算法结束，结果为 X；否则转到步骤（3）继续执行。

例 4.6 求解斐波那契数。

$$0,1,1,2,3,5,8,13,21,34,\cdots \tag{4.1}$$

式（4.1）即著名的斐波那契数，它来源于 1202 年意大利数学家莱昂纳多·P. 斐波那契（Leonardo P. Fibonacci）在其《计算之书》（*Liber Abaci*）中提出的一个“兔子问题”：

假设一对刚出生的兔子一个月后就能长大，再过一个月就能生下一对兔子，并且此后每个月都能生一对兔子，且新生的兔子在第二个月后也是每个月生一对兔子。问：一对兔子一年内可繁殖出多少对兔子？

在式（4.1）中，每个数都是它的前两个数之和，F_n 表示这个数列的第 n 个数，该序列可以形式化地定义为：

$$F_0=0,F_1=1,F_{n+2}=F_{n+1}+F_n,n\geqslant 0$$

斐波那契数不仅包含着一个有趣的“兔子问题”，而且还是一个关于加法算法的典型实例。下面给出求解前 n 个斐波那契数的算法。

设变量 X 表示前一个数的值，即定义中的 F_n，变量 Y 表示当前数的值，即定义中的 F_{n+1}，变量 Z 表示后一个数的值，即定义中的 F_{n+2}。那么求解问题的自然语言描述（算法）如下。

（1）若 $n=0$，那么将 0 赋值给 Y，然后输出 Y，转步骤（11）算法结束。

（2）将 0 赋给 X，将 1 赋值给 Y。

（3）输出 X、Y。

（4）将 1 赋值给 I。

（5）若 I 大于 $n-1$，则转到步骤（11），否则继续执行。

（6）将 X 与 Y 的和赋值给 Z。

（7）将 Y 赋值给 X。

（8）将 Z 赋值给 Y。

（9）将 Y 输出。

（10）将 I 加 1，转步骤（5）继续执行。

（11）算法结束。

4.2.4　算法的表示方法

算法是对解题过程的精确描述，这种描述是建立在语言基础之上的，表示算法的语言主要有自然语言、流程图、伪代码、计算机程序设计语言等。

1. 自然语言

前面关于欧几里得算法以及算法实例的描述使用的都是自然语言，自然语言是人们日常所用的语言，如汉语、英语、德语等。使用这些语言不用专门训练，所描述的算法也通俗易懂。然而，其缺点也是明显的，如下所示。

（1）由于自然语言的歧义性，容易导致算法执行的不确定性。

（2）自然语言的语句一般太长，导致用自然语言描述的算法太长。

（3）由于自然语言表示的串行性，因此，当一个算法中循环和分支较多时很难清晰地表示出来。

（4）自然语言表示的算法不便翻译成计算机程序设计语言程序。

2. 流程图

流程图是描述算法的常用工具，它采用美国国家标准学会（American National Standard Institute，ANSI）规定的一组图形符号来表示算法。流程图可以很方便地表示顺序、选择和循环结构，而任何程序的逻辑结构都可以用顺序、选择和循环结构来表示，因此，流程图可以表示任何程序的逻辑结构。另外，用流程图表示的算法不依赖于任何具体的计算机和计算机程序设计语言，从而有利于在不同环境下进行程序设计。就算法的描述而言，流程图优于其他描述算法的语言。下面分别给出求解例 4.4、例 4.5 和例 4.6 的流程图算法描述。

（1）求解例 4.4 的算法流程图，如图 4.1 所示。

（2）求解例 4.5 的算法流程图，如图 4.2 所示。

（3）求解例 4.6 的算法流程图，如图 4.3 所示。

3. 伪代码

伪代码是用介于自然语言和计算机语言之间的文字和符号来描述算法的工具，第 2 章汉诺塔问题的算法求解就采用了伪代码。伪代码不用图形符号，书写方便，格式紧凑，易于理解，便于向计算机程序设计语言算法（程序）过渡。下面分别给出求解例 4.4、例 4.5 和例 4.6 的伪代码算法描述。

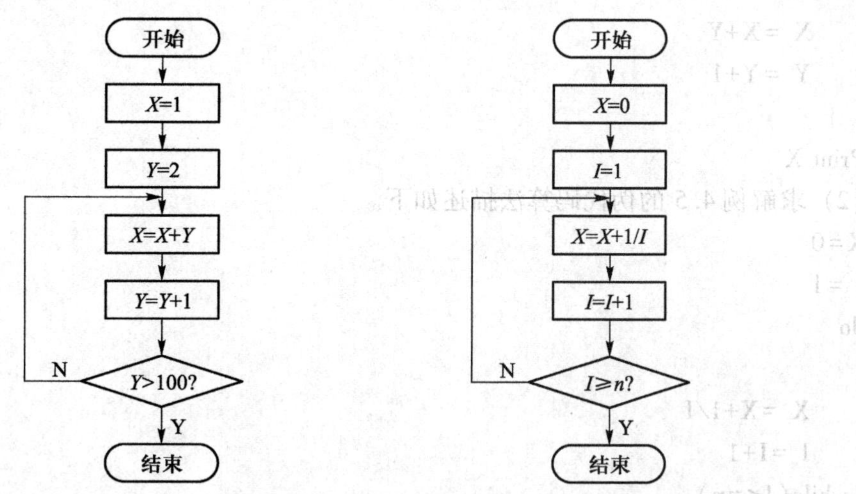

图 4.1　例 4.4 算法流程图　　　图 4.2　例 4.5 算法流程图

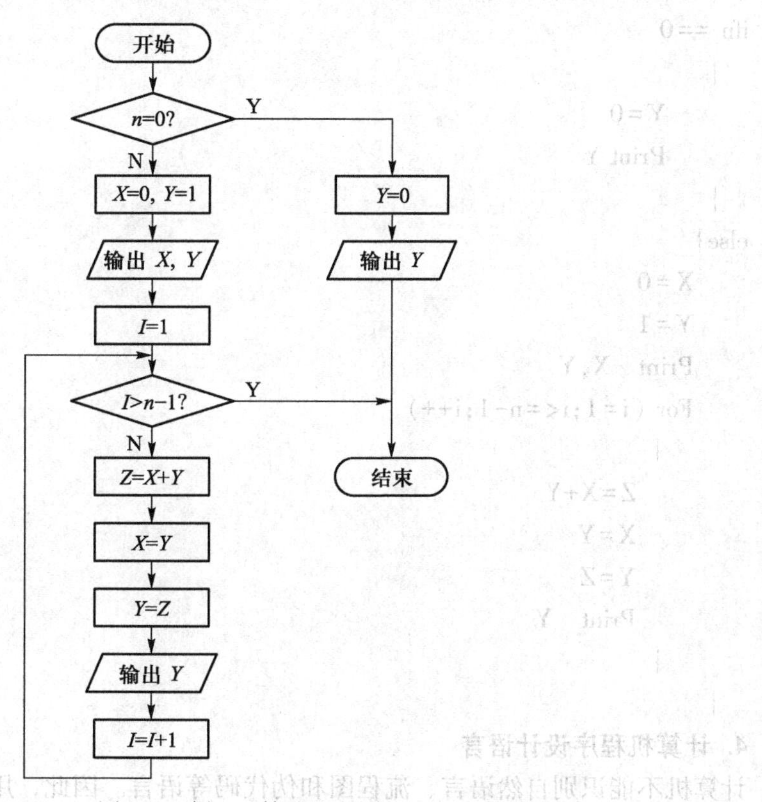

图 4.3　例 4.6 算法流程图

（1）求解例 4.4 的伪代码算法描述如下。

```
X = 1
Y = 2
while( Y< = 100)
    {
```

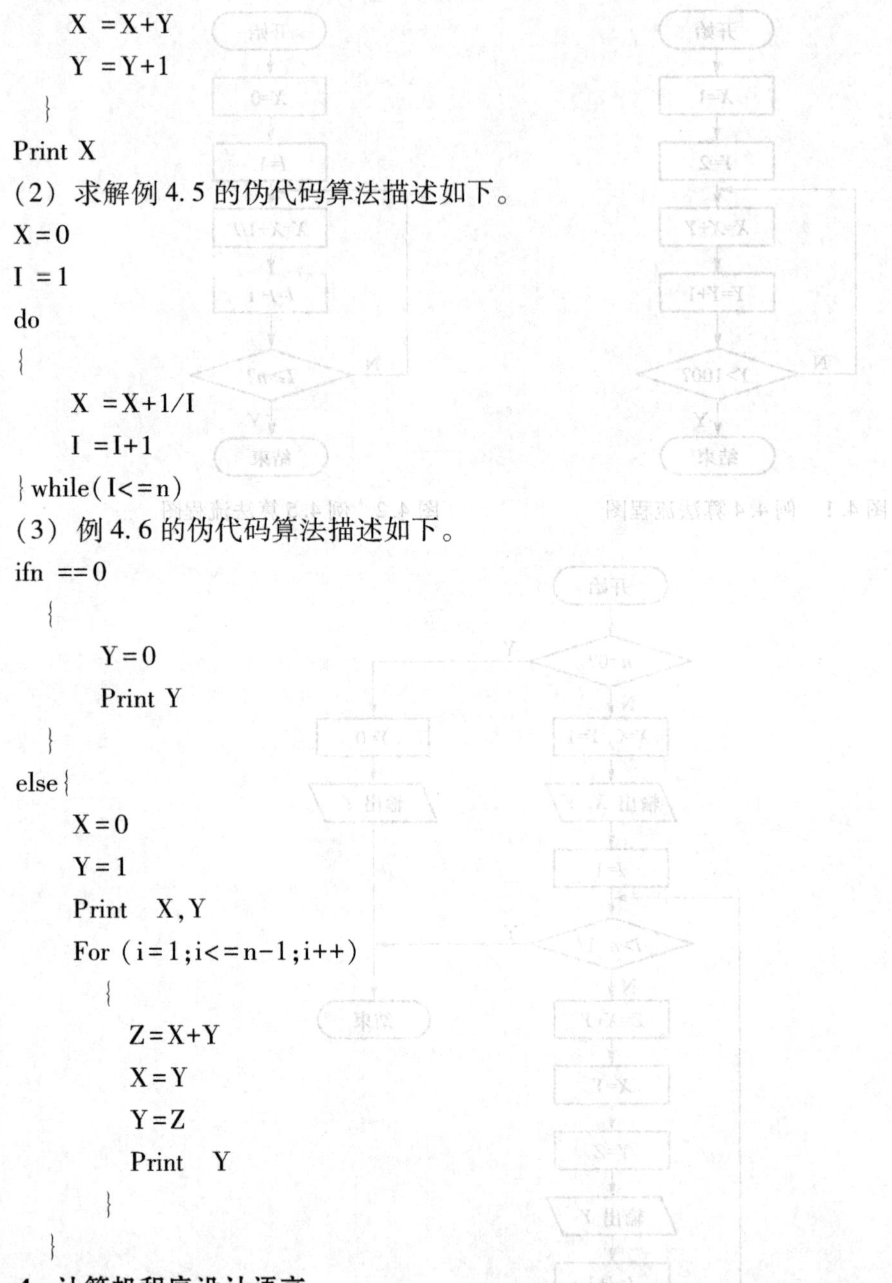

```
        X =X+Y
        Y =Y+1
    }
Print X
```

（2）求解例 4. 5 的伪代码算法描述如下。

```
X=0
I =1
do
{
    X =X+1/I
    I =I+1
}while(I<=n)
```

（3）例 4. 6 的伪代码算法描述如下。

```
ifn ==0
  {
      Y=0
      Print Y
  }
else{
    X=0
    Y=1
    Print  X,Y
    For (i=1;i<=n-1;i++)
      {
        Z=X+Y
        X=Y
        Y=Z
        Print  Y
      }
  }
```

4. 计算机程序设计语言

计算机不能识别自然语言、流程图和伪代码等语言。因此，用自然语言、流程图和伪代码等语言描述的算法最终还必须转换为用某种计算机程序设计语言描述的算法，即转换为具体的程序。

一般而言，计算机程序设计语言描述的算法（程序）是清晰的、简明的，最终也能由计算机处理的。然而，就使用计算机程序设计语言描述算法而言，它存在以下缺点。

（1）算法的基本逻辑流程难于遵循。与自然语言一样，程序设计语言也是基于串行设计的，当算法的逻辑流程较为复杂时，这个问题就变得更加严重了。

（2）用特定程序设计语言编写的算法限制了与他人的交流，不利于问题的解决。

（3）要花费大量的时间去熟悉和掌握某种特定的程序设计语言。

（4）要求描述计算步骤的细节，而忽视算法的本质。

下面分别给出求解例 4.4、例 4.5 和例 4.6 的计算机程序设计语言（C 语言）的算法描述。

（1）求解例 4.4 的计算机程序设计语言（C 语言）的算法描述如下。

```
main( )
{
    int X,Y;
    X=1;
    Y=2;
    while(Y<=100)
    {
      X=X+Y;
      Y=Y+1;
    };
    printf("%d",X);
}
```

（2）求解例 4.5 的计算机程序设计语言（C 语言）的算法描述如下。

```
main( )
{
    int   n;
    float X,I;
    printf("Please input n:");
    scanf("%d",&n);
    X=0;
    I=1;
    do
    {
      X=X+1/I;
      I=I+1;
    }while(I<=n);
      printf("\n%f",X);
}
```

（3）求解例 4.6 的计算机程序设计语言（C 语言）的算法描述如下。

```
main( )
{
    int   X,Y,Z,I,j,n;
```

```
printf("please input n:");
scanf("%d",&n);
printf("\n");
if (n==0)
  {
    Y=0;
    printf("%d   ", Y);
  }
else
  {
    X=0;
    Y=1;
    printf("%d   %d   ", X ,Y);
    for(I=1;I<=n-1;I++)
      {
      Z=X+Y;
      X=Y;
      Y=Z;
      printf("%d ", Y);
      }
    }
}
```

4.2.5　算法分析

求解一个问题往往有若干不同的算法，这些算法决定了根据该算法编写的程序的性能。在保证算法正确性的前提下，如何确定算法的优劣就是一个值得研究的课题。

在算法的分析中，一般应考虑以下三个问题。

（1）算法的时间复杂度。

（2）算法的空间复杂度。

（3）算法是否便于阅读、修改和测试。

算法时间复杂度是指算法中有关操作次数的多少，用 $T(n)$ 表示，T 为英文单词 time 的第一个字母，$T(n)$ 中的 n 表示问题规模。例如，在累加求和中，n 表示待加数的个数；在矩阵相加问题中，n 表示矩阵的阶数；在图中，n 表示顶点数等。

在算法的复杂度分析中，经常使用一个记号 O（读作“大 O”），该记号是保罗·巴克曼（Paul Bachmann）于 1892 年在《解析数论》（*Analytische Zahlentheorie*）一书引进的，是 order（数量级）的第一个字母，它允许使用“=”代替“≈”。例如，$n^2+n+1=O(n^2)$，该表达式表示当 n 足够大时表达式左边约等于 n^2。

设 $f(n)$ 是一个关于正整数 n 的函数，若存在一个正整数 n_0 和一个常数 c，当 $n\geqslant n_0$ 时，

$|T(n)| \leqslant |cf(n)|$均成立，则称$f(n)$为$T(n)$的同数量级的函数。于是，算法时间复杂度$T(n)$可表示为：$T(n)=O(f(n))$。

常见的时间复杂复函数表示形式如下。

(1) $O(1)$称为常数级。

(2) $O(\log n)$称为对数级。

(3) $O(n)$称为线性级。

(4) $O(n^c)$称为多项式级。

(5) $O(c^n)$称为指数级。

(6) $O(n!)$称为阶乘级。

常见的时间复杂度函数的增长比率见图 4.4 和图 4.5。

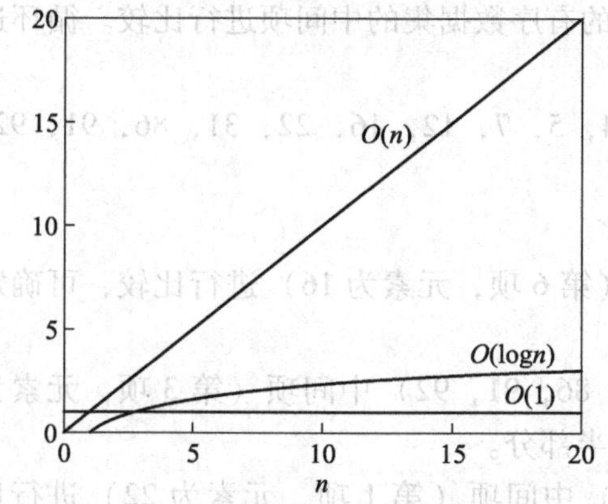

图 4.4 常数级、对数级、线性级时间复杂度函数

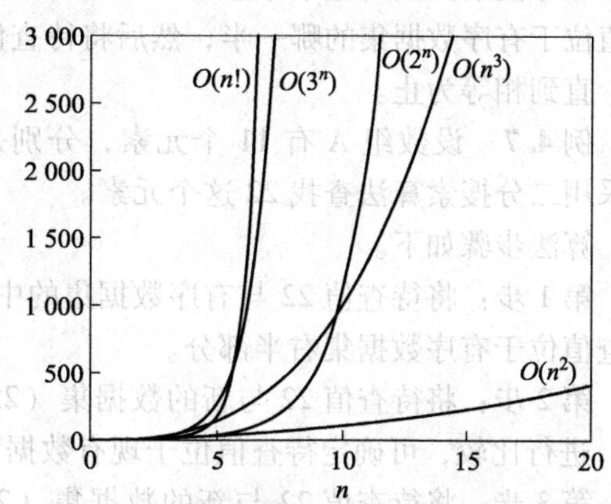

图 4.5 多项式级、指数级、阶乘级时间复杂度函数

在第 2 章的汉诺塔问题中，需要移动的盘子次数为$h(n)=2^n-1$，则该问题的算法时间复杂度表示为$O(2^n)$；例 4.4 的算法时间复杂度表示为$O(1)$；例 4.5 的算法时间复杂度表示为$O(n)$；例 4.6 的算法时间复杂度表示为$O(n)$等。

一般而言，对于较复杂的算法，应将它分成容易估算的几个部分，然后用时间复杂度函数的求解原则计算整个算法的时间复杂度，最好不要采用指数级和阶乘级的算法，而应尽可能选用多项式级或线性级等时间复杂度较小的算法。另外，还要在算法最好、平均和最坏的情况下考虑其执行效率。

在阶乘级的算法中，如果问题规模 n 为 10，则算法时间复杂度为 10！（3 628 800）。若要检验 10！种情况，设每种情况需要 1 ms 的计算时间，则整个计算将需 1 h 左右。一般来说，如果选用了阶乘级的算法，则当问题规模等于或者大于 10 时，就要认真考虑算法的适用性问题。

算法的空间复杂度是指算法在执行过程中所占存储空间的大小，一般用$S(n)$表示，S为英文单词 space 的第一个字母。与算法的时间复杂度相同，算法的空间复杂度$S(n)$也可表示为$S(n)=O(g(n))$。

4.2.6 常用的两类算法：搜索与排序

计算机最重要的一个功能就是存储信息，随着数字化技术的发展，需要存储的信息的容量越来越大，面对海量数据，如何快速地搜索到所需要的信息，就成为一个首先必须解决的问题。

1. 二分搜索与归并排序

1）二分搜索

在计算机中，使用频率最高的算法是搜索算法与排序算法。常用的搜索算法有二分搜索（binary search，也称折半搜索）和哈希搜索（hash search）算法。这里仅介绍其中的二分搜索算法。

二分搜索算法是一种在有序数据集中查找某一特定元素的搜索算法。二分搜索要求数据集中的结点按关键字值升序或降序排列。

二分搜索算法的基本原理是：首先将待查值与有序数据集的中间项进行比较，以确定待查值位于有序数据集的哪一半，然后将待查值与新的有序数据集的中间项进行比较。循环进行，直到相等为止。

例 4.7 设数组 A 有 11 个元素，分别是 1，4，5，7，12，16，22，31，86，91，92。请采用二分搜索算法查找 22 这个元素。

算法步骤如下。

第 1 步：将待查值 22 与有序数据集的中间项（第 6 项，元素为 16）进行比较，可确定待查值位于有序数据集右半部分。

第 2 步：将待查值 22 与新的数据集（22，31，86，91，92）中间项（第 3 项，元素为 86）进行比较，可确定待查值位于现有数据集的左半部分。

第 3 步：将待查值 22 与新的数据集（22，31）中间项（第 1 项，元素为 22）进行比较，即可查到该元素。

分析可知，二分搜索算法查找的次数是 $\log_2 n$，时间复杂度可表示为 $O(\log n)$。这个算法是介绍计算思维的一个典型案例，数列越大，越能显出这种方法的好处，如用该算法在一个有 10 000 件商品的超市中查找 1 件特定的商品，最多只需比较 14 次，而从一个拥有 2^{64} 的巨大有序数列中查找其中一个特定的元素，最多也只需要比较 64 次。

2）归并排序

搜索与排序是紧密联系的两类算法，二分搜索算法就是建立在排序的基础上的。在计算机中，几乎所有的序列都是已排序的。例如，文件名、电子邮件等。常用的排序有快速排序（quicksort）和归并排序（merge sort）。这里仅介绍其中的归并排序。

归并排序是一个采用“分治法”原理进行排序的算法。“分治法”的核心思想就是将一个大而复杂的问题分解成若干个子问题分而治之。即，先将一个待排序的数组随机地分成两组且两组数组的元素个数相等或接近相等（若为奇数，其中一个数组的元素多 1 个），继续对分组的数组进行分组，直到每个数组的元素个数为 1；最后，不断地将两个已排好序的相邻数组的元素归并起来，直到归并为一个包含所有元素的数组。归并两个已排序好的数组是容易的，只要不断地移出两组元素最前端较小的元素即可，在该过程中，需要开辟一块与原序列大小相同的空间以便进行归并操作。

例 4.8 设数组 A 有 7 个元素，分别是 49，32，66，97，78，11，27。请采用归并排序算法对该数组元素按升序进行排列。

算法步骤（分组和归并）如下。

第 1 次分组：[49，32，66，97]；[78，11，27]

第 2 次分组：[49，32]；[66，97]；[78，11]；[27]

第 3 次分组：[49]；[32]；[66]；[97]；[78]；[11]；[27]

第 1 次归并：[32，49]；[66，97]；[11，78]；[27]

第 2 次归并：[32，49，66，97]；[11，27，78]

第 3 次归并：[11，27，32，49，66，78，97]

分析可知，归并排序算法的时间复杂度为 $O(n\log n)$，所需辅助存储空间复杂度为 $O(n)$。该算法在单处理机上被公认为最佳算法。若想提高排序算法的效率，就要使用并行算法。并行算法采用多个处理机工作，可以让不同的处理机同时处理问题的不同部分，使问题解决的速度变得更快，目前常用的计算机一般都具有多个处理机。

2. 排序网络

排序网络（sorting network）是一种典型的并行算法，它可以同时采用多个处理机（比较器）快速地对一组数字序列进行排序。下面，举例说明。

设 $X,Y\in N$，$N=\{0,1,2,3,\cdots,n,\cdots\}$，两个数值大小的比较器如图 4.6 所示。

X　comp ↓　min(X,Y)
Y　　　　　max(X,Y)

(a) 2输入正排序网络(比较器)

X　comp ↑　min(X,Y)
Y　　　　　max(X,Y)

(b) 2输入倒排序网络(比较器)

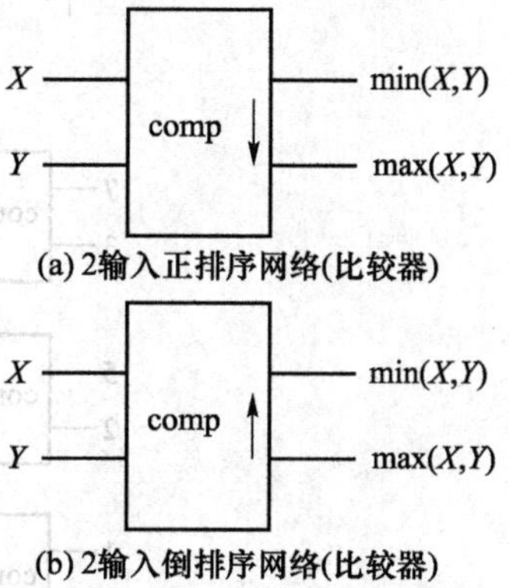

图 4.6　2 输入排序网络

按照以上约定完成以下题目。

例 4.9　给定一个 3 输入的正排序网络如图 4.7 所示，请解释其工作原理。

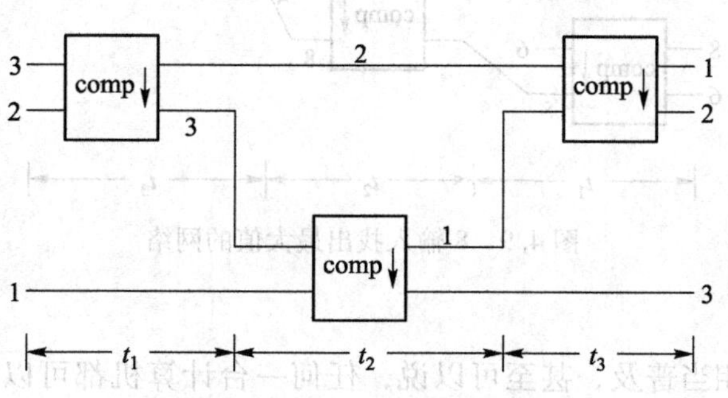

图 4.7　一个 3 输入正排序网络

答：此 3 输入正排序网络分为 3 个阶段，每一阶段 t_1、t_2、t_3 中都为一个 2 输入正排序网络工作，最后排序输出为 $\{1,2,3\}$。

例 4.10　给定 4 输入倒排序网络如图 4.8 所示，请解释其工作原理。

答：此 4 输入倒排序网络分为 3 个阶段，第一阶段 t_1 中两个 2 输入倒排序网络并行计算，第二阶段 t_2 中同样为两个 2 输入倒排序网络并行计算，第三阶段 t_3 中一个 2 输入倒排序网络工作，最后排序输出为 $\{3,2,1,0\}$。

例 4.11　从 8 个数中找出最大值的网络如图 4.9 所示，请解释其工作原理。

答：此 8 输入找出最大值的网络分为 3 个阶段，第一阶段 t_1 中 4 个 2 输入正排序网络并行计算，第二阶段 t_2 中两个 2 输入正排序网络并行计算，第三阶段 t_3 中一个 2 输入正排序网络工作，最后得到最大值 8。

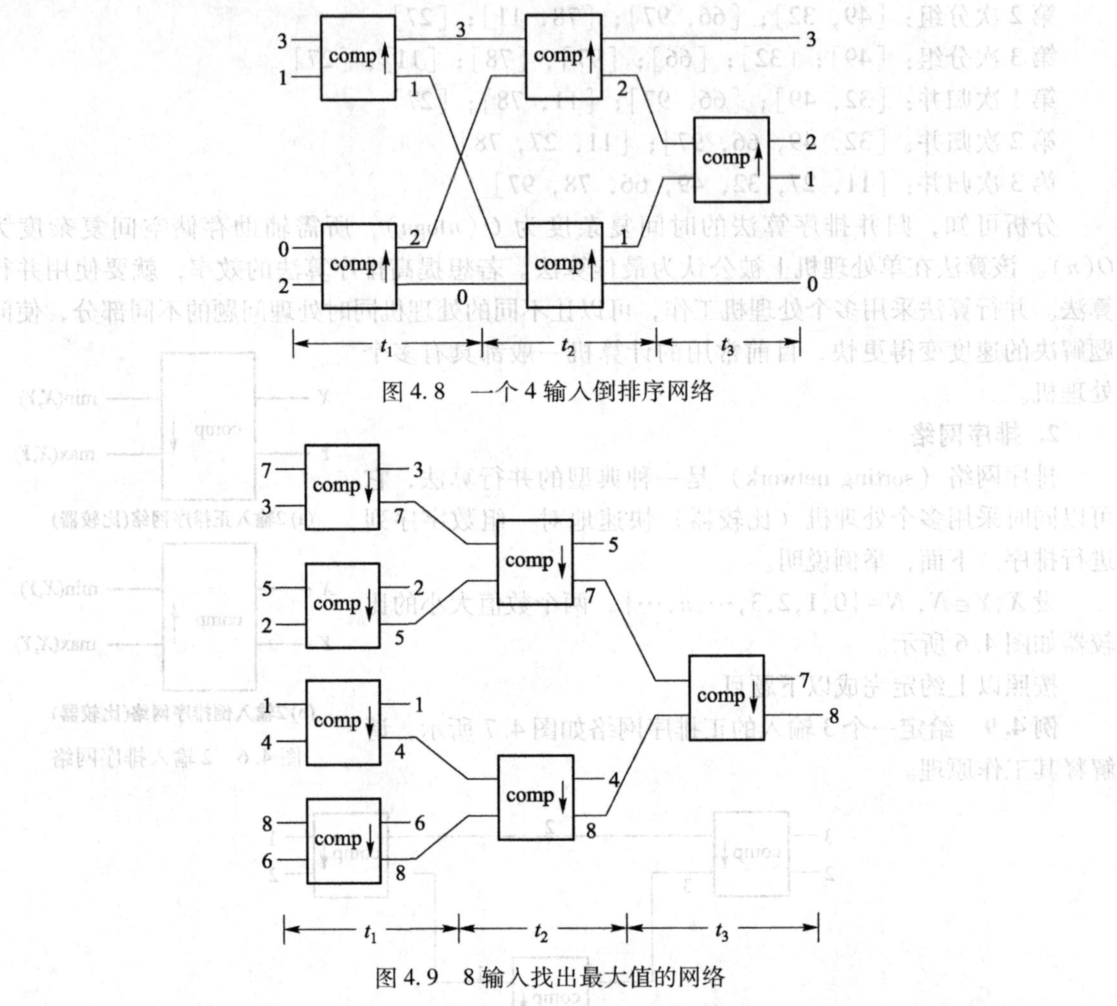

图 4.8　一个 4 输入倒排序网络

图 4.9　8 输入找出最大值的网络

3. 谷歌与云计算

当下互联网络已相当普及，甚至可以说，任何一台计算机都可以很方便地接入因特网。网上的信息也越来越多，要从海量的数据中快速地查找所需的信息，就要使用工具。网上信息搜索工具有很多，如谷歌、百度等，本书简要介绍谷歌搜索引擎，其他工具的资料请读者自己在网上查找。

1）谷歌搜索引擎

谷歌（Google）一词来自“Googol”，表示 1 后面有 100 个 0。

谷歌公司 1998 年创立，原采用 Googol 这个词是想表明公司有征服网上无尽资料的雄心。在创办的初期，由于投资人误将公司的名字拼写成“Google”，另外，还有版权以及 Googol. com 已被注册等实际考虑，这一错误的拼写被公司创办人接受，并成为现在的公司名。

谷歌公司的创始人是拉里·佩奇（Larry Page）和谢尔盖·布林（Sergey Brin）。他们1995年相识于斯坦福大学，并于1996年在斯坦福大学的学生宿舍内联合开发了全新的在线搜索引擎。目前，谷歌已被公认为是全球规模最大的搜索引擎，它提供了简单、易用的免费服务，用户可以使用多种语言查找信息，并在很短的时间内得到相关的搜索结果。

包含谷歌在内的一般网络搜索引擎都由两部分组成：一个是爬虫（crawler），另一个是查询处理程序（query processor）。爬虫访问Internet上的网站，找出网页并为该网页的内容建立一个索引。查询处理程序在索引中查找用户提交的关键词，并向爬虫报告在哪些网页中含有用户提交的关键词。

谷歌搜索引擎最具创新的概念是页面排序算法PageRank。谷歌认为，指向一个网页的链接越多，说明该网页就越重要，即该网页的级别就越高，当然，“重要”网站的指向“分量”会更重。谷歌将网页分为10个等级，并将其官网的等级（用PR值表示）定为10。一般来说，PR值为1，表明该网站不具有流行度；PR值为7~10，表明这个网站非常受欢迎。一般PR值达到4，就是一个不错的网站了。

2）云计算

云计算（cloud computing）这个概念来自谷歌公司，尽管PageRank是谷歌搜索引擎的核心，但真正让谷歌应用得以推广的是它的集群。这个集群具有超大规模、可扩展性、低成本、高可靠性等特点。为宣传这个产品，谷歌公司内部给出了“云计算”这个概念，并由谷歌行政总裁埃里克·施密特（Eric Schmidt）于2006年8月9日在“搜索引擎大会”（SES San Jose 2006）上首次对外公布，自此，谷歌等公司在全球极力推广这一概念。利用云计算，远端的服务供应商可以在数秒之内处理数以千万计甚至亿计的信息，具备和超级计算机同样的强大效能。

4. 网络挑战赛与人类的群体智能

1）美国DARPA的网络挑战赛

美国国防高级研究计划局（Defense Advanced Research Project Agency，DARPA）是隶属于美国国防部的机构，管理和指导了大量富有创新精神的技术研究与开发，今天的因特网就是出自DARPA当年的预研项目。

美国DARPA的网络挑战赛（DARPA Network Challenge，DNC）也被称为“红气球挑战赛”，该赛事是2009年10月29日在美国加利福尼亚大学洛杉矶分校举行的因特网诞生40周年纪念大会上，由时任美国DARPA主管的雷吉娜·E. 杜根（Regina E. Dugan）女士宣布的。杜根女士代表DARPA宣布将于2009年12月5日开展一项网络挑战赛，届时编过号的10个红气球将被同时分别放到美国大陆的若干地区，而首个发现所有气球各自地理位置的参赛选手或团队将获得4万美金的奖励。DARPA举办赛事的目的在于研究社交网络在完成跨地域任务时的速度和效率，DARPA将特别关注竞赛过程中出现的分散式社会动员策略，以及众包（crowdsourcing）在完成地域定位任务时的效率。

DNC赛事消息一经宣布，传统媒体（traditional media）和社交媒体（social media）就同时加入传播DNC赛事消息的队伍，也正因如此，该赛事的举办客观上搭建了一个可以让传统媒体和社交媒体同台竞技的舞台。

有百余支团队参与了该赛事。最终，由MIT媒体实验室人员组成的团队赢得了比赛，该团队并不仅仅是简单地利用各类社交网络，他们设计了恰当的激励机制来鼓励相互交流并最终找到气球。该团队向准确提供气球位置的人提供2 000美元的奖励，并向将该人介绍到比赛中的介绍人奖励1 000美元，向介绍了介绍人的人提供500美元奖励，以此类推。他们设计的机制迅速生根发芽，并且快速发展，形成了错综复杂的网络。在8小时52分钟后，这支MIT的参赛队就准确地给出了10个气球的位置，并如在承诺中所述的那样，在将所获奖金分给找到10个气球的贡献者后，还将剩余的奖金捐献给了慈善机构。2011年10月，他们在著名的*Science*杂志发表了学术论文“Time-critical social mobilization”，详细阐述了他们的激励机制。

在DNC赛事前后，网络动员的速度完全超出了人们的预期。根据赛后回访的结果分析，这次针对气球的社会网络的顺利组建，一是得益于奖金激励；另一个同样重要的原因是，不少参与者仅仅是感觉好玩。不过值得庆幸的是，当采用基于完全利他主义的激励策略或是基于公共利益的激励策略时，动员工作也是有可能实现的。

2）人类的群体智能

DNC赛事显然是一个人无法完成的任务，它需要不同地域的大量人员的参与，大家一起共事，共同解决个体无法完成的任务，这就是所谓的群体智能（swarm intelligence，CI）。一般认为，群体智能是人类社区通过变化、反馈与选择，分化、整合与转化，采用竞争与合作的创新机制，朝更高的秩序复杂性以及和谐方向演化的能力。群体智能也可认为是某种形式的网络化，即因特网。随着网络技术的发展，Web 2.0实现了人与网络的良好交互，用户可以随时在网上发布信息。群体智能凭借这一点来提高现有知识的社会共享程度。

2006年10月成立的麻省理工学院群体智能中心（MIT Center for Collective Intelligence，MIT CCI）是群体智能领域的一个标志性事件。该中心认为，人们谈论“群体智能”已经有几十年了，但只有今天出现的新式通信技术（尤其是因特网）才使之前人们翘首的全球团队合作模式变成可能。另外，谷歌模式和维基百科模式也预示了我们正迎来一个群体智能发挥巨大作用的时代。MIT CCI的使命是深入理解群体智能，以便创造和利用群体智能新的潜力，希望研究的成果可以使人们对各个学科有一个全新的认识，从而促进商业和社会取得实实在在的发展。该中心认为，“群体智能”的观点可以用来理解很多现象，比如，从群体智能的角度，可以重新认识组织的效率、公司的生产力、团队和领导等概念。以下是该中心从群体智能的角度对一些问题的解读。

（1）具备智能的团体意味着什么？假设有位智力超群的天才掌握了目前人类的全部知识而且可以动用诸如IBM、通用汽车级别的企业资源，那么他会做什么？会采用什么样的运营策略？在应对市场变化时反应速度有多快？厂房和资金的运作效率如何？企业的营业收益如何？更为重要的是，能否通过巧妙结合的人及组合体来创造这种魔幻般天才所具有的智能？

（2）受人类大脑组织方式的启发，是否可以找到使人类群体呈现出全新整体智能组织方式？或者说，受人类群体组织方式的启发，是否可以发现有助于进一步理解人类大脑的组织形式？

（3）在过去几十年的时间里，人工智能领域一直在尝试编写具备与人类同等级别智能的计算机程序。但现在，若采用新的人机结合方式所创造的智能比纯人类或纯计算机都高，那么人工智能领域研究的目标是否需要调整呢?

5. 本质上可以并行计算的大量问题

第 2 章介绍过阿姆达尔定律。根据该定律，在一个算法中只要存在必须串行操作的情况，其并行计算的加速能力将不可避免地受到很大的限制。不过，科学家们现在已经找到了大量完全可以并行计算的问题，如谷歌、维基百科、Linux 公司的操作系统以及其他开源软件所涉及的计算问题。据有关报道，2006 年，谷歌集群的规模已达到 45 万台机器，现有资料也显示，谷歌在全球设有 30 多个数据中心。谷歌公司的这些数据充分说明了“网上搜索”这类问题的本质特征是并行计算。找到这些问题，可以激发大量的科学发现与技术创新。目前，群体智能领域已成为一个跨学科的、非常活跃的重要领域。

在以上问题中，某一问题的解决方案可能有很多，那么如何判定一个问题是否有解决方案，或对解决方案的优劣进行对比，又成为一个问题。幸好，在第 2 章学过“证比求易算法”，判定和选择一个正确的或更好的结果，远比求这个答案容易得多。

4.3 数据结构

数学模型有定量模型和定性模型两类之分。定量模型是指可以用数值方程表示的模型，而定性模型则是指采用非数值性数据结构（如表、树和图等）及其运算表示的模型。

在计算机科学中，数据结构（data structure）指的是一类定性数学模型，它是算法设计的基础，在计算机科学中占有十分重要的地位。本节将介绍数据结构的基本概念和几种常用的数据结构（如线性表、数组、树、二叉树和图等）以及不同的数据结构在 Vcomputer 机器中的具体表示。

4.3.1 数据结构的基本概念

数据（data）是对所有输入计算机并能被计算机程序处理的符号的总称。数据元素（data element）是数据的基本单位，在计算机处理和程序设计中通常作为一个整体进行考虑和处理。一个数据元素可由若干数据项组成。数据对象（data object）是具有相同特征的数据元素的集合，是数据的一个子集。数据结构是数据元素的组织形式或数据元素之间存在的一种或多种特定关系的集合。

数据结构是一类定性的数学模型，如图 4.10 所示，它由数据的逻辑结构、数据的存储结构（或称物理结构）及其运算 3 部分组成。

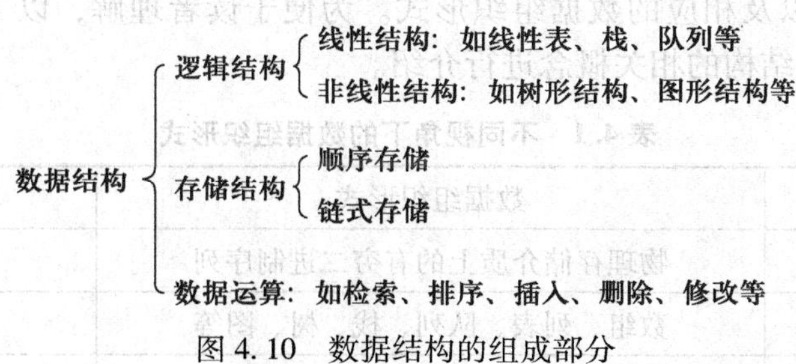

图 4.10 数据结构的组成部分

1. 数据的逻辑结构

为了使数据便于程序员分析和操作，一般高级语言都提供了相应的数据操作功能。这些操作中涉及的数据结构一般是数据的逻辑关系，而不是数据在计算机内部的存储实现。人们把这种数据结构称为数据的逻辑结构。若无特殊说明，在计算机科学中提到的“数据结构”均是指数据的逻辑结构。

数据逻辑结构的形式化定义为<*D*,*R*>，其中，*D* 表示数据的集合，*R* 表示数据 *D* 上关系的集合。

以上定义是从形式化的角度对数据的逻辑结构进行的数学描述。数据的逻辑结构可分为两类：一种是线性结构，另一种是非线性结构。其中，线性结构是指数据结构中数据元素间存在的一对一关系；非线性结构是指数据结构中数据元素间存在的一对多甚至多对多关系。

2. 数据的存储结构

数据的存储结构是指在反映数据逻辑关系的原则下，数据在存储器中的存储实现。数据存储结构的基本组织方式有两种，一种是顺序存储结构，另一种是链式存储结构。

（1）顺序存储结构：借助元素在存储器中的相对位置来表示数据元素的逻辑关系。

（2）链式存储结构：借助指针来表示数据元素之间的逻辑关系，通常在数据元素上增加一个或多个指针类型的属性来实现这种表示方式。

3. 数据结构的基本运算

（1）建立数据结构。

（2）清除数据结构。

（3）插入数据元素。

（4）删除数据元素。

（5）更新数据元素。

（6）查找数据元素。

（7）按序重新排列。

（8）判定某个数据结构是否为空，或是否已达到最大允许的容量。

（9）统计数据元素的个数。

4.3.2 基于 Vcomputer 机器的数据结构概述

数据结构包括数据的逻辑结构（如线性表、栈、队列、树、图等）和数据的存储结构（顺序存储和链式存储）。表 4.1 中列出了在计算机数据处理过程中，对于不同用户类型而言，数据的抽象层次以及相应的数据组织形式。为便于读者理解，以下基于第 3 章给出的 Vcomputer 机器对数据结构的相关概念进行介绍。

表 4.1 不同视角下的数据组织形式

抽象层次	数据组织形式	面向的用户类型
物理结构	物理存储介质上的有穷二进制序列	计算机
逻辑结构	数组、列表、队列、栈、树、图等	程序员
存储结构	顺序存储、链式存储等	程序员

在分析数据时，通常根据具体应用环境将数据以恰当的逻辑结构组织起来。如应用于图书馆的图书信息管理系统，由于需要频繁进行检索操作，为提高检索效率通常会把图书信息以二叉排序树的形式组织起来。再如应用于酒店的餐饮管理软件需要处理顾客点菜信息，在管理过程中应该优先为先点菜的顾客服务，显然可以采用队列的组织结构。

在选择数据逻辑结构时，需要考虑数据的存储结构。例如分析 9 名销售员每周的销售额数据，由于每周的天数和销售员的人数是固定的，因此可以使用一个 9 行 7 列的二维数组来组织数据。再如图书信息管理系统，通常某些图书的简介仅十几个字，而某些图书的简介有几十个字甚至更长，鉴于这一实际情况通常将每本书的信息以链表结构来组织。

在 Vcomputer 机器中，物理存储介质中的所有数据都以二进制数表示，不论其逻辑结构是栈还是队列，也不论其存储方式是链式方式还是顺序方式。

以图 4.11 为例，图 4.11（a）表示的是一个容量为 256 B，以字节（byte，B）为基本存储单位的内存空间，其中 A0~AB 地址空间中的数据为第 3 章如图 3.6 所示的一个实现加法运算的完整程序。若对 A0~AB 内存单元中的数据执行队列的相关操作，则该数据可理解为如图 4.11（b）所示的一个长度为 12 的队列；若对 A0~AB 内存单元中的数据执行栈的相关操作，则该数据可理解为如图 4.11（c）所示的一个长度为 12 的堆栈；若对 A0~AB 内存单元中的数据执行二维数组的相关操作，则该数据可理解为如图 4.11（d）所示的一个 3×4 的二维数组；若对 A0~AB 内存单元中的数列执行二叉树的相关操作，则该数据可以理解为如图 4.11（e）所示的一个具有顺序存储结构的完全二叉树。

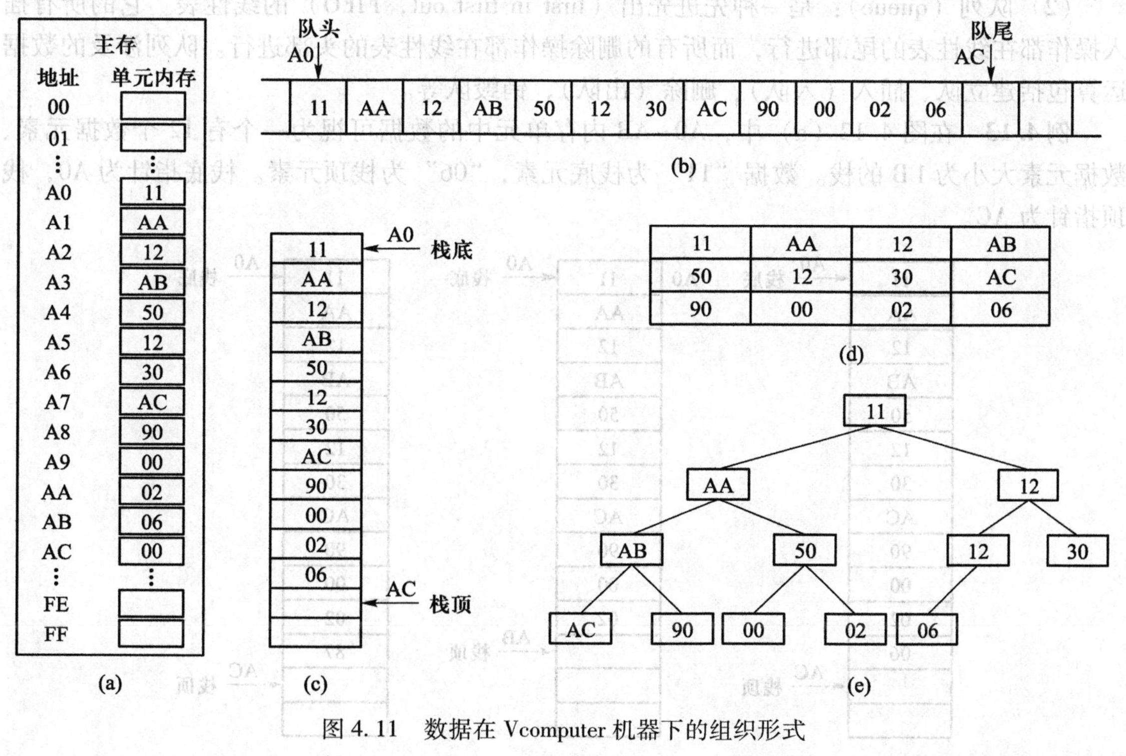

图 4.11 数据在 Vcomputer 机器下的组织形式

4.3.3 基于 Vcomputer 机器的数据逻辑结构

在计算机科学中，常用的数据逻辑结构有线性表、栈、队列、数组、树和图等。

1. 线性表、栈和队列

1）线性表

线性表（linear list）是 n 个数据元素的有限序列，即（X[1],X[2],X[3],…,X[i],…,X[n]）。在线性表中，有表头（head）、表尾（tail）、前驱元素、后继元素等概念。表中除表头和表尾处两个数据元素外，所有的数据元素均各自对应唯一的前驱元素和后继元素。线性表涉及的数据运算包括建立表、插入元素、修改元素、删除元素、查询元素、查询表的长度、遍历表、销毁表等。

例 4.12 在图 4.11（d）中，A0~AB 内存单元中的数据可视为一个含有 12 个数据元素且数据元素大小为 1 B 的线性表；表中第一个数据元素“11”称为表头元素，最后一个数据元素“06”称为表尾元素。

2）栈和队列

若对线性表的基本操作加一定限制，则形成下面两种特殊的线性表。

（1）栈（stack）：是一种后进先出（last in first out，LIFO）的线性表。它的所有插入、删除操作都在线性表的尾部进行。栈涉及的数据运算包括建立栈、入栈、出栈、销毁栈等。进栈、出栈操作只能在栈顶处进行。

（2）队列（queue）：是一种先进先出（first in first out，FIFO）的线性表。它的所有插入操作都在线性表的尾部进行，而所有的删除操作都在线性表的头部进行。队列涉及的数据运算包括建立队、插入（入队）、删除（出队）、销毁队等。

例 4.13 在图 4.12（a）中，A0~AB 内存单元中的数据可视为一个有 12 个数据元素、数据元素大小为 1 B 的栈。数据“11”为栈底元素，“06”为栈顶元素。栈底指针为 A0，栈顶指针为 AC。

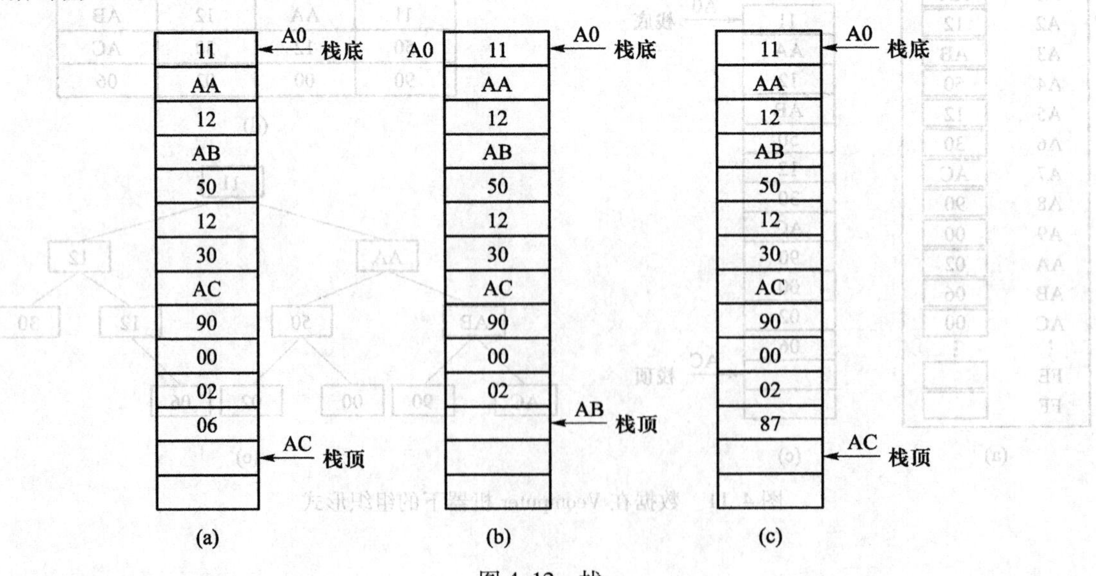

图 4.12 栈

例 4.14 对图 4.12（a）执行出栈操作（取出“06”），结果如图 4.12（b）所示。

例 4.15 对图 4.12（b）执行入栈操作（插入“87”），结果如图 4.12（c）所示。

例 4.16 对图 4.13（a）执行删除操作时，将取出“11”，结果如图 4.13（b）所示；将“87”插入图 4.13（b）队列，结果如图 4.13（c）所示。

比较图 4.13（a）和图 4.13（b）可以发现，队列随着插入和删除操作的执行，队列中的元素逐渐向队尾一侧移动。队尾一侧的存储空间可能会全部占满，新的数据无法插入，而靠近队头一侧的存储空间因执行删除操作更多地处于空闲状态。因此，需要对队列的存储进行管理，比如使用循环队列来管理。

例 4.17 若对图 4.13（c）中的队列连续执行 4 次出队操作，即依次取出 AA、12、AB、50，此时若需插入 D4、5E、80，当 D4 插入后，队尾一侧的空间被占用，但循环队列可以让 5E、80 顺利地存放到队头一侧的空闲存储单元，如图 4.13（d）所示。

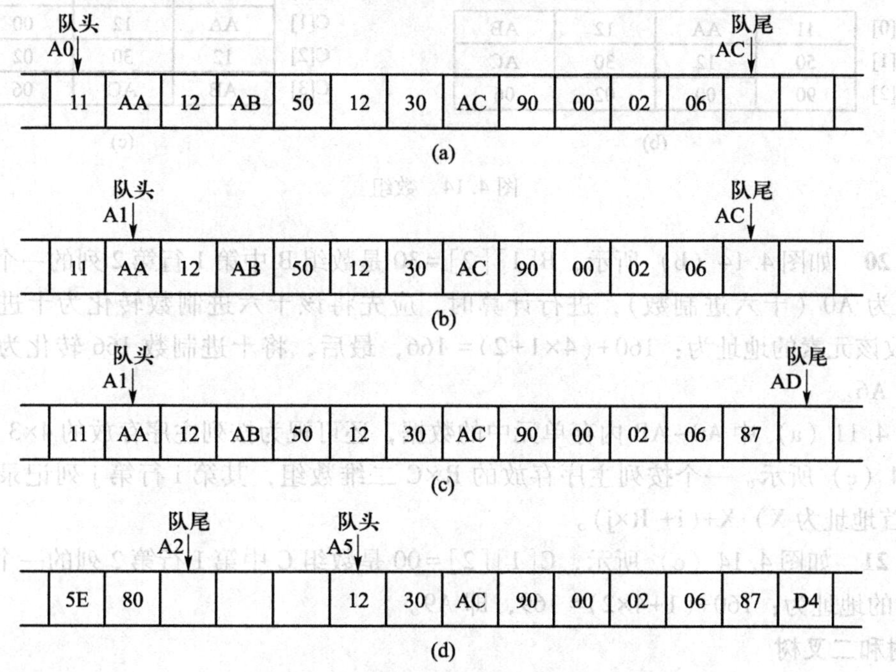

图 4.13 队列

2. 数组

数组（array）是线性表的推广形式之一。如在一个 m×n 的二维数组中，元素 A[i,j] 分别属于两个线性表，即（A[i,0],A[i,1],…,A[i,n−1]）和（A[0,j],A[1,j],…,A[m−1,j]）。

数组存储的是具有相同数据类型的元素，其特点是便于元素的插入、检索、删除。数组通常是预先分配的，也就是说，一旦定义了一个特定大小的数组，这个数组所占用的内存大小也就确定了，这种性质会产生不少问题。例如当数组作为一个栈变量时就会对应用程序性能产生负面影响，甚至可能导致系统停止工作。

例 4.18 以下 C 语言语句

```
int Example[3][4];
```

声明了一个整数类型的 3 行 4 列二维数组，数组名为 Example。

例 4.19　在图 4.11（a）中，A0～AB 内存单元中的数据可视为一个包含 12 条记录、每条记录大小为 1 B 的一维数组，如图 4.14（a）所示。其中，A0 为该数组的首地址，A[i] 表示第 i 个数据元素，如 A[4]＝50。

在图 4.11（a）中 A0～AB 内存单元中的数据也可视为按行主序存放的 3×4 的数组 B，如图 4.14（b）所示。一个按行主序存放的 R×C 二维数组，其第 i 行第 j 列记录的地址为（设数组首地址为 X）X+(C×i+j)。注意，这里行、列都从 0 开始编号，后面不再说明。

A[0]	A[1]	A[2]	A[3]	A[4]	A[5]	A[6]	A[7]	A[8]	A[9]	A[10]	A[11]
11	AA	12	AB	50	12	30	AC	90	00	02	06

(a)

B[0]	11	AA	12	AB
B[1]	50	12	30	AC
B[2]	90	00	02	06

(b)

C[0]	11	50	90
C[1]	AA	12	00
C[2]	12	30	02
C[3]	AB	AC	06

(c)

图 4.14　数组

例 4.20　如图 4.14（b）所示，B[1][2]＝30 是数组 B 中第 1 行第 2 列的一个元素，数组首地址为 A0（十六进制数），进行计算时，应先将该十六进制数转化为十进制数，即 160，存放该元素的地址为：160+(4×1+2)＝166，最后，将十进制数 166 转化为十六进制数，即为 A6。

如图 4.11（a）中 A0～AB 内存单元中的数据，还可视为按列主序存放的 4×3 的数组 C，如图 4.14（c）所示。一个按列主序存放的 R×C 二维数组，其第 i 行第 j 列记录的地址为（设数组首地址为 X）X+(i+ R×j)。

例 4.21　如图 4.14（c）所示，C[1][2]＝00 是数组 C 中第 1 行第 2 列的一个元素，存放该元素的地址为：160+(1+4×2)＝169，即 A9。

3. 树和二叉树

树形结构是一种具有层次关系的非线性结构，在计算机科学中有着广泛的应用，尤其以二叉树最为常用。

1）树

树（tree）是由 $n(n \geqslant 0)$ 个结点（node）组成的有限集合。若 $n=0$，则称为空树，任何一个非空树均满足以下两个条件。

（1）仅有一个称为根（root）的结点。

（2）当 $n>0$ 时，其余结点可分为 $m(m \geqslant 0)$ 个互不相交的有限集合，其中每个集合又是一棵树，并称为根的子树（也称分支）。

如图 4.15 所示的树有 12 个结点，A 是根结点，结点 K、F、G、H、L 和 J 分别为叶结点（也称终端结点）。从根结点 A 到叶结点的最长路径为 A–B–E–K、A–D–I–L，结点数为 4，通常称该树的深度为 4。以结点 I 为例，结点 A、D 为其祖先，结点 D 称为其父结点，结点 H、J 为其兄弟结点。结点 H、I、L 和 J 为结点 D 的后代，为其子结点。该树又可再分为若干不相交的子树，如 T1 = {B,E,F,K}，T2 = {C,G}，T3 = {D,H,I,J,L} 等。

2）二叉树

二叉树（binary tree）是由 $n(n\geqslant 0)$ 个结点组成的有限集合，它或是空集（$n=0$），或由一个根结点及两棵互不相交的子树组成，且两个子树有左、右之分，其次序不能颠倒。

例 4.22 如图 4.11（a）所示的 A0~AB 内存单元中的数据可视为一个顺序存储深度为 4，根结点为 11，叶结点为 AC、90、00、02、06 的二叉树，如图 4.16 所示。

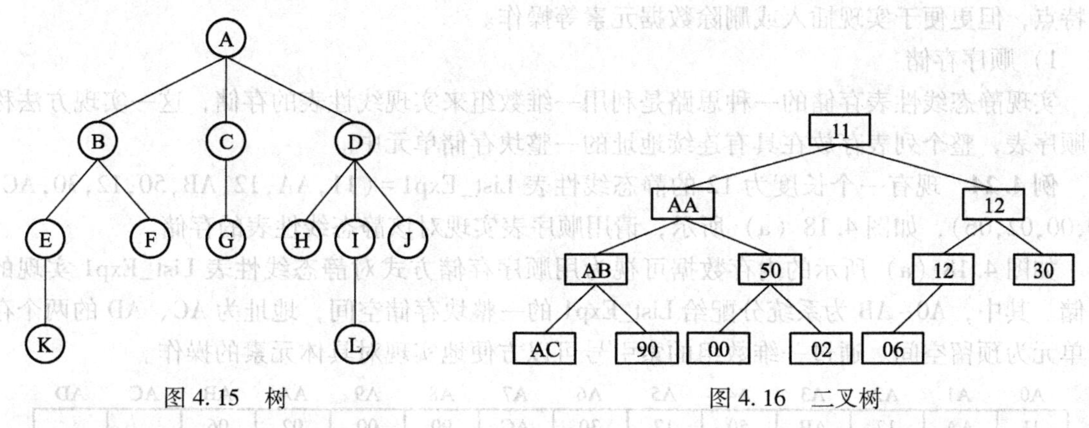

图 4.15 树　　　　图 4.16 二叉树

完全二叉树（complete binary tree）和满二叉树（full binary tree）是两种特殊形态的二叉树。一棵深度为 k 且有 2^k-1 个结点的二叉树称为满二叉树。这种树的特点是每一层上的结点数都是最大结点数。可以对满二叉树的结点进行连续编号，约定编号从根结点起，自上而下，自左而右。深度为 k，有 n 个结点的二叉树为完全二叉树当且仅当其每一个结点都与深度为 k 的满二叉树中编号从 1 至 n 的结点一一对应。其特点是叶结点只可能在层次最大的两层上出现；对任一结点，若其右分支下子孙的最大层次为 l，则其左分支下子孙的最大层次必为 l 或 $l+1$。

4. 图

在日常生产生活中，常把一个讨论范围内的同类事物抽象成由一系列点组成的集合，然后用点与点之间的连线表示事物之间存在的关系（例如“哥尼斯堡七桥问题”），这样构成的图形就是图论中的图。

图（graph）是由结点和连接这些结点的边所组成的集合。在图形结构中，结点之间的关系可以是任意的，图中任意两个数据元素之间都可能相关。图的形式化定义为

$$G=<V,E>$$

其中，V 是一个有穷非空结点的集合，E 是连接结点的边的集合。

例 4.23 如图 4.17 所示的图形结构，可以形式化地定义为 $G=<V,E>$，其中 $V=\{A,B,C,D\}$，$E=\{(A,B),(B,D),(B,C),(D,C),(A,D)\}$。

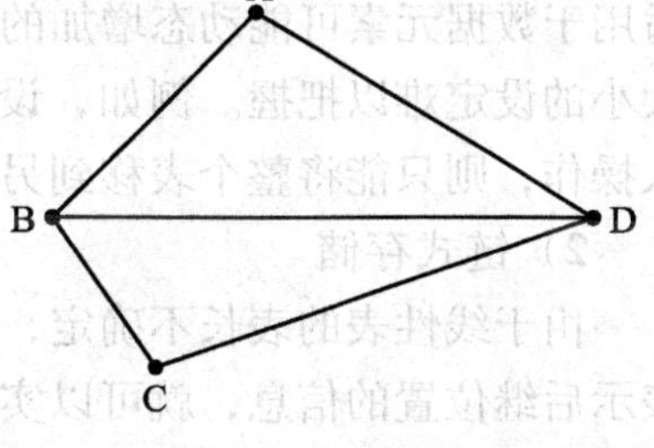

图 4.17 图结构

4.3.4　基于 Vcomputer 机器的数据存储结构

1. 线性表

线性表的存储结构可分为顺序表（顺序存储）和链表（链式存储）两类。前者使用一组地址连续的存储单元依次存储线性表的数据元素，逻辑关系上相邻的两个元素在物理位置上也相邻，可随机存取其中任意一个元素，但在插入或删除数据元素时需要移动大量数据元素；而后者不要求逻辑上相邻的数据元素在物理位置上也相邻，因此失去了顺序表随机存取的特点，但更便于实现插入或删除数据元素等操作。

1）顺序存储

实现静态线性表存储的一种思路是利用一维数组来实现线性表的存储，这一实现方法称为顺序表，整个列表存放在具有连续地址的一整块存储单元中。

例 4.24　现有一个长度为 12 的静态线性表 List_Exp1 = (11, AA, 12, AB, 50, 12, 30, AC, 90, 00, 02, 06)，如图 4.18（a）所示，请用顺序表实现对该静态线性表的存储。

如图 4.18（a）所示的内存数据可视为用顺序存储方式对静态线性表 List_Exp1 实现的存储。其中，A0～AB 为系统分配给 List_Exp1 的一整块存储空间，地址为 AC、AD 的两个存储单元为预留空间。通过一维数组的索引号可以方便地实现对具体元素的操作。

A0	A1	A2	A3	A4	A5	A6	A7	A8	A9	AA	AB	AC	AD
11	AA	12	AB	50	12	30	AC	90	00	02	06		

(a)

A0	A1	A2	A3	A4	A5	A6	A7	A8	A9	AA	AB	AC	AD
AA	12	AB	50	12	30	AC	90	00	02	06			

(b)

A0	A1	A2	A3	A4	A5	A6	A7	A8	A9	AA	AB	AC	AD
11	AA	12	AB	50	12	30	AC	90	00	02	06	87	AE

(c)

图 4.18　顺序存储

一般来说，顺序存储方式很适合实现线性表的存储，像查询、修改、遍历等操作实现起来也很方便。缺点是在线性表靠近表头部分执行插入、删除操作时，需要进行大量的数据移动操作。例如，若要删除图 4.18（a）中表头元素“11”，为保持各元素间的线性关系，需要额外移动删除操作本不涉及的其他 11 个元素，如图 4.18（b）所示。顺序存储方式还不适用于数据元素可能动态增加的线性表的存储，因为数据元素个数的不确定性使得预留空间大小的设定难以把握。例如，设在图 4.18（a）中的表尾先后插入 87、AE，若需再执行插入操作，则只能将整个表移到另外一块更大的连续存储区域。

2）链式存储

由于线性表的表长不确定，因此将动态表的数据元素存放到分散的存储区域，用指针来表示后继位置的信息，就可以实现线性表的链式存储。在存放数据元素的存储空间中记录两部分信息，一部分是数据值（数据域），另一部分是该数据的后继元素所处的存储地址（指针域），如图 4.19（a）所示。遵循这一思路可实现动态表的分散存储，这种存储结构称为链表。为方便找到链表的存储位置，在链表的第一个结点之前设一个结点，称为头指针，头指针存放第一个元素或结点的地址。

如图 4.19（b）所示链表中的数据源于图 4.11（a），该链表仅可通过结点中的地址（指针域）按 11、02、00 的顺序单向从表头到表尾遍历该线性表（假设 00、06 内存单元存放的数据均为 00），在数据结构中，常把这一组织结构称作单链表（也称单向链表）。为了能从当前结点直接访问其前驱结点，可使用另一种链式存储结构，即双链表。有时为便于直接由表尾结点访问到表头结点，可以利用这些指针域将链表扩展为循环链表。

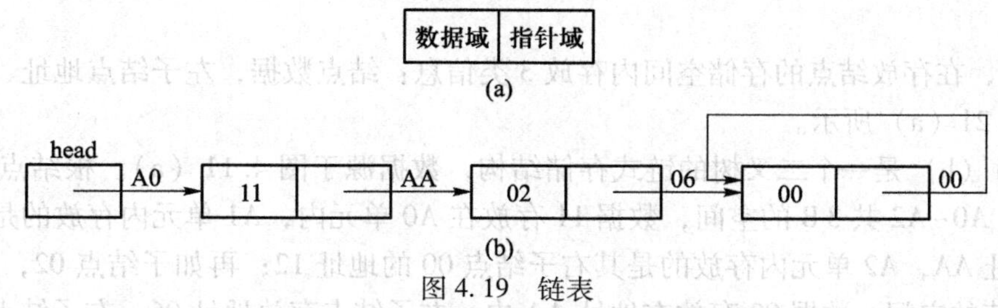

图 4.19 链表

对采用链表结构组织的线性表进行数据运算时，根据结点的前驱/后继地址（指针域）可以方便地实现查询、修改和遍历等操作；同顺序表相比，执行排序运算时也更为方便，只需调整各结点指针域的内容即可，无须移动各结点在存储器中的物理位置。但是，当需要执行插入、删除结点时，尽管不会像顺序表那样产生很多数据移动操作，但必须正确控制指针域，保证操作完成后各结点间的前驱和后继关系正确。

在算法设计中，链表应用非常广泛。前面介绍的栈、队列可以用链表形式来存储，树的存储也可以利用“链”的形式来组织。

2. 广义表

广义表是线性表的扩展形式。设长度为 n 的线性表 List_1 = $(a_1, a_2, \cdots, a_i, \cdots, a_n)$，按线性表的定义，项 a_i 只能是数据元素。设长度为 n 的广义表 Lists_1 = $(d_1, d_2, \cdots, d_i, \cdots, d_n)$，其项 d_i 既可是数据元素也可以是一个广义表，分别称为原子和子表，且子表的项也可以是一个广义表。广义表的第一项为表头，其余元素组成的表称为表尾。

广义表中项的结构不同（有的是原子，有的是子表），通常采用链式存储结构来组织广义表中的数据，每个数据元素用一个结点表示。

例 4.25 List_Exp = ((),(1C),((2A),(B1,2C,D3)))。该表由三个元素组成，第一个元素 d_1 为一个空表“()”，第二个元素 d_2 为长度为 1 的线性表，第三个元素 d_3 为一个长度为 2 的广义表，如图 4.20（a）所示。

在图 4.20（a）中，椭圆结点表示表结点，方框表示原子结点。广义表中的结点分成两类：一类是表结点，另一类是原子结点。表结点由三部分组成，分别为标志域、子表表头地址、子表表尾地址；原子结点由两部分组成，即标志域和数据域，如图 4.20（b）所示。一般约定：标志域为 1 表示表结点，0 表示原子结点。

3. 二叉树

1）链式存储

下面介绍一种类似于链表的链式二叉树存储技术。根据二叉树每个结点至多有两个子结

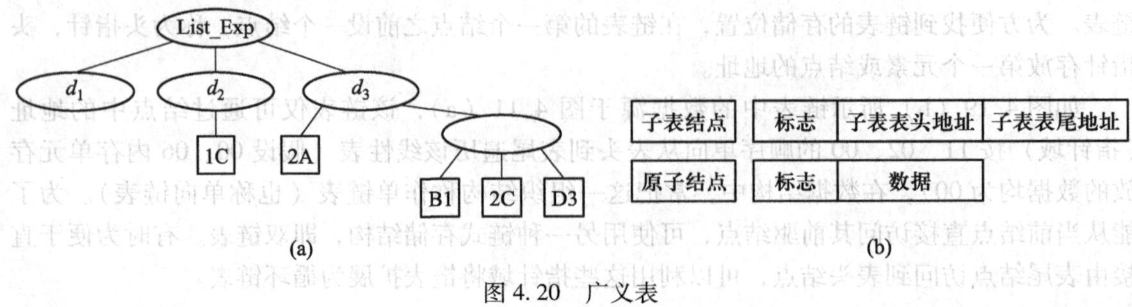

图 4.20 广义表

点这一特点，在存放结点的存储空间内存放 3 类信息：结点数据，左子结点地址、右子结点地址，图 4.21（a）所示。

图 4.21（b）是一个二叉树的链式存储结构，数据源于图 4.11（a）。根结点为 11，该结点占用了 A0~A2 共 3 B 的空间，数据 11 存放在 A0 单元内，A1 单元内存放的是其左子结点 02 的地址 AA，A2 单元内存放的是其右子结点 00 的地址 12；再如子结点 02，占用 AA~AC 共 3 字节的空间，数据 02 存放在地址 AA 内，左子结点存放地址 06，右子结点存放地址 00 处，06 和 00 处存放的数据均为 00。

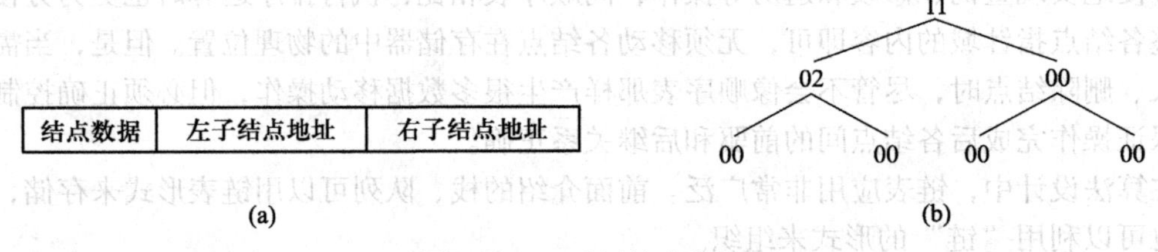

图 4.21 二叉树链式存储

若每个结点的数据值都大于其左子树中的所有结点的数据值，同时也都小于其右子树中的所有结点的数据值，则该二叉树也称二叉排序树，这类结构广泛应用于需要频繁执行查找操作的数据管理中。

2）顺序存储

相对二叉树的链式存储，顺序存储结构在查找某结点的父结点和兄弟结点时显得更为高效。在此约定，用一组地址连续的存储单元依次自上而下、从左至右存储完全二叉树上的结点元素。一般而言，在连续存储的单元中，第一个单元存放的是根结点；第 n 个单元中的结点的左、右子结点分别存放在第 $2n$ 个单元和第 $2n+1$ 个单元内。而且，第 n 个单元中的结点的父结点的位置可以这样确定：$n/2$ 的整数部分是其父结点的位置。而第 n 个单元中结点的兄弟结点的位置可以这样确定：若 n 为偶数，则该结点一定是其父结点的左子结点，其兄弟的位置为 $n+1$；若 n 为奇数，则该结点一定是其父结点的右子结点，其兄弟的位置为 $n-1$。

所有非叶结点均有两个子结点，且所有叶结点都处于同一层的二叉树称为满二叉树，相对二叉树的链式存储，采用顺序存储结构存放满二叉树或是接近满二叉树状态的二叉树时，对存储空间的利用更为有效。

4. 图

图的存储结构主要有数组表示法（也称邻接矩阵）和邻接表两类。另外，根据实际需要还有邻接多重表、十字链表等结构。下面介绍图的数组表示法，先讨论如图 4.17 所示的图结构的存储实现问题。

采用数组表示法实现图结构的存储时，分别需要两个数组。一个是一维数组，用来存放图中各结点的信息；另一个是二维数组，用来存放各结点间可能存在的联系。

例 4.26 对如图 4.17 所示的图结构，对应的数组表示为：

结点信息： Vertex_array = (A, B, C, D)

边信息：
$$\text{Arc\_array}=\begin{pmatrix}0 & 1 & 0 & 1\\ 1 & 0 & 1 & 1\\ 0 & 1 & 0 & 1\\ 1 & 1 & 1 & 0\end{pmatrix}$$

其中，数组 Vertex_array 中的元素记录是图中 4 个结点；而数据 Arc_array 中的元素用来记录图中各结点间存在的边信息，也称图的邻接矩阵（adjacency matrix）。如第 1 行第 2 列中的“1”表示第一个结点 A 和第二个结点 B 间存在一条边，而第 3 行第 1 列中的“0”表示第三个结点 C 和第一个结点 A 间没有边。显然，这样图的结构就可以用数组来表示，比如，用 Array[1,2] = 1 表示结点 A 和结点 B 的关系，用 Array[3,1] = 0 表示结点 C 和结点 A 的关系。

如图 4.17 所示的图也称为无向图，即边连接的两个结点没有始点和终点之分。对应的邻接矩阵称为对称矩阵，通常仅存储矩阵 Arc_array 的上三角（或下三角）元素即可。

4.4 程序、软件和硬件

4.4.1 程序

从广义上讲，“程序”可以认为是一种行动方案或工作步骤。在日常生活中，经常会碰到某个会议的日程安排、一条旅游路线的设计、手工小制作的说明书等程序。这些程序表示的都是在做一件事时按时间的顺序应先做什么、后做什么。

本书所指的程序特指计算机的程序，它也是一种处理事务的时间顺序和处理步骤。由于组成计算机程序的基本单位是指令，因此，计算机程序是按照工作步骤事先编排好的、具有特殊功能的指令序列。

一个程序具有一个单一的、不可分的结构，它规定了某个数据结构上的一个算法。瑞士著名计算机科学家尼克劳斯·沃思（Niklaus Wirth）在 1976 年曾提出一个公式

算法+数据结构=程序

由此看来，前面提到的算法和数据结构是计算机程序的两个最基本的概念。算法是程序的核心，它在程序编制、软件开发，乃至整个计算机科学中都占据重要地位。数据结构是加工的对象，一个程序要进行计算或处理总是以某些数据为对象的，而要设计一个好的程序就需将这些松散的数据按某种要求组成一种数据结构。然而，随着计算机科学的发展，人们现在已经认识到程序除了以上两个主要要素外，还应包括程序设计方法以及相应的语言工具和计算环境等内容。

4.4.2 软件

软件是与程序密切相关的一个概念，在计算机发展初期，硬件设计和生产是主要问题，那时的软件就是程序。后来，随着计算技术的发展，传统软件的生产方式无法满足相关需求，于是人们将工程学的基本原理和方法引入软件设计和生产中。现在计算机软件一般指计算机系统中的程序及其文档，也可以指在研究、开发、维护以及使用上述含义下的软件所涉及的理论、方法、技术所构成的分支学科。软件一般分为系统软件、支撑软件、应用软件3类。

（1）系统软件是计算机系统中最靠近硬件层次的软件，如操作系统、编译程序等。

（2）支撑软件是支撑其他软件的开发与维护的软件，如数据库管理系统、网络软件、各种接口软件和开发工具等。

（3）应用软件是特定应用领域中的专用软件，如商业会计软件、教学软件等。

4.4.3 硬件

计算机硬件是构成计算机系统的所有物理器件、部件、设备以及相应的工作原理与设计、制造、检测等技术的总称。广义的硬件包含硬件本身及其工程技术两部分。

计算机系统的物理器件包括集成电路、印制电路板以及其他磁性元件、电子元件等。

计算机系统的部件和设备包括控制器、运算器、存储器、输入输出设备、电源等。

硬件工程技术包括印制电路板制造、高密度组装、抗环境干扰、抗恶劣环境破坏等技术，还包括在设计和制造过程中为提高计算机性能所采取的措施等。

计算机是由计算机硬件和计算机软件组成的，硬件是计算机的“躯体”，软件是计算机的“灵魂”。

4.5 数据的存储和表示

计算机用位的形式来表示数据。位是存储在计算机中的最小数据单位，位表示二进制数字的0或1，8位表示1字节，即8b=1B。存储一位需要用一个有两种状态的设备。例如，电子开关就能表示并存储位，通常用“开”（合上）状态表示“1”，用“关”（断开）表示“0”。现代计算机使用各种各样的两态设备来存储数据。

在计算机中，数据和指令都是用二进制序列来表示的。二进制数的每一位只能是数字0或1，它只有形式的意义，对于不同的应用，可以赋予它不同的含义。因此，可以用它来表示数值、字符、图像甚至声音，对这些数据，需要进行相应的编码。在需要呈现给用户时，再对它们进行解码。

下面分别介绍进位制数及其转换方法，原码、反码和补码及其转换方法，字符、字符串和汉字，图像和声音等数据的表示。

4.5.1 进位制数及其相互转换

在计算机中，只能存储二进制数，因此，要保存一个十进制（decimal）的数，也就是保存其对应的二进制数。由于计算机很难确定在内存中一个值的结束位置和另一个值的起始位置，因此，大多数计算机和程序都采用固定宽度的方式来避免这个问题，即采用相同的位数来表示一个数，常用的有 16 位、32 位和 64 位。

在一个 16 位的计算机中，若一个十进制数转换为二进制数后不够 16 位，则在这个二进制数前加 0，直到满 16 位为止。比如，十进制数 2，其二进制数为 10，在 10 前加 14 个 0，即为 0000000000000010。

在实际的程序中，由于二进制数不直观。因此，在程序的输入和输出中一般仍采用十进制数，而在分析计算机内部的工作时，常用十六进制（hexadecimal）数，这样，就要进行相应的转换。下面，分别介绍十进制与二进制、二进制与八进制（octal）以及二进制与十六进制等几种常用的进位制数的表示及其相互转换。

1. 十进制数与二进制数之间的转换

在表示十进制数的时候，从右边起的第 1 个位置的位权是 1（$10^0=1$），第 2 个位置的位权是 10（$10^1=10$），第 3 个位置的位权是 100（$10^2=100$），第 4 个位置的位权是 1 000（$10^3=1\,000$），以此类推。如果要把十进制整数 3 254 展开，存在如下关系：$3\,254=3\times10^3+2\times10^2+5\times10^1+4\times10^0$。

这样的关系同样存在于二进制数中，只是这里的基数不是 10，而变成了 2。这时，从右边起的第 1 个数字就是 1（$2^0=1$），第 2 个数字就是 2（$2^1=2$），第 3 个数字是 4（$2^2=4$），第 4 个数字就是 8（$2^3=8$）。从这一点出发，很容易找到十进制和二进制相互转换的方法。

1）十进制数转换为二进制数

若 R 表示十进制整数，$K_{n-1},K_{n-2},K_{n-3},\cdots,K_1,K_0$ 表示二进制数的各位数，最低（右）端一位为 K_0，最高（左）端一位为 K_{n-1}。为了区分十进制数和二进制数，分别给十进制数和二进制数加下标 10 和 2，即有如下形式：

$$(R)_{10}=(K_{n-1}K_{n-2}K_{n-3}\cdots K_1K_0)_2 \tag{4.2}$$

与上面提到的十进制的展开类似，可以将上式写为

$$(K_{n-1}K_{n-2}K_{n-3}\cdots K_1K_0)_2=K_{n-1}\times2^{n-1}+K_{n-2}\times2^{n-2}+K_{n-3}\times2^{n-3}+\cdots+K_1\times2^1+K_0\times2^0 \tag{4.3}$$

显然，从等式右边看，除最后一项 K_0 以外，其余每项都包含 2 的因子，它们都能被 2 除尽。故 R 除以 2，它们的余数即为 K_0，商变为 $K_{n-1}\times2^{n-2}+K_{n-2}\times2^{n-3}+K_{n-3}\times2^{n-4}+K_1\times2^0$，将得到的商再除以 2，余数即为 K_1，商变为 $K_{n-1}\times2^{n-3}+K_{n-2}\times2^{n-4}+K_{n-3}\times2^{n-5}+\cdots+K_2\times2^0$，这样依次执行下去，分别得到 $K_2,K_3,K_4,\cdots,K_n$，最终得到二进制数的各位数，十进制数 126 的转换如下所示。

```
2 | 126            取余数
   2 | 63          余数 K0=0   (低位)
      2 | 31       余数 K1=1     ↑
         2 | 15    余数 K2=1     |
          2 | 7    余数 K3=1     |
           2 | 3   余数 K4=1     |
            2 | 1  余数 K5=1     |
                0  余数 K6=1   (高位)
```

因此，十进制数126可以用二进制数1111110表示（这里只讨论数之间的转换，没有涉及标准格式的存储，为了方便，如无特殊说明，不用0去补足计算机的实际位数），即

$$(126)_{10}=(1111110)_2$$

2）二进制数转换为十进制数

二进制数转换为十进制数比较简单，由式（4.2）和式（4.3）很容易得到

$$(R)_{10}=K_{n-1}\times2^{n-1}+K_{n-2}\times2^{n-2}+K_{n-3}\times2^{2n-3}+\cdots+K_1\times2^1+K_0\times2^0$$

只要简单地将每一位与其对应位的2的幂相乘，然后求和。比如$(1111110)_2=1\times2^6+1\times2^5+1\times2^4+1\times2^3+1\times2^2+1\times2^1+0\times2^0=64+32+16+8+4+2+0=(126)_{10}$。这样，就完成了从二进制数向十进制数的转换。以下是几个计算机中常用的二进制数和十进制数转换的例子。

$$(1\underbrace{00\cdots0}_{10})_2=2^{10}=(1\ 024)_{10}=1\text{ K}$$

$$(1\underbrace{00\cdots0}_{20})_2=2^{20}=(1\ 048\ 576)_{10}=1\text{ M}$$

$$(1\underbrace{00\cdots0}_{30})_2=2^{30}=(1\ 073\ 741\ 824)_{10}=1\text{ G}$$

$$(1\underbrace{00\cdots0}_{40})_2=2^{40}=(1\ 099\ 511\ 627\ 776)_{10}=1\text{ T}$$

3）“不插电的计算机科学”活动中的二进制与十进制数转换

在美国国家科学基金会（NSF）“大学计算教育振兴的途径”国家计划申报的指南中，将新西兰坎特伯雷大学（University of Canterbury）蒂姆·贝尔（Tim Bell）教授主持的“不插电的计算机科学”（Computer Science Unplugged）列为一个培养计算思维的、供参考的优秀案例。“不插电的计算机科学”有一系列用于理解计算机科学基础概念的活动。其中，第1个活动是关于二进制数表示的，该活动介绍了一个简单、易学的、用手指头对二进制数进行表示的方法，即手指头向上（张开）代表1、手指头向下（握紧）代表0。假设手心向外，右手的小拇指就可以表示二进制数的第1位，左手的小拇指表示第10位，根据手指的不同动作组合就可以分别表示00000 00000（0）~11111 11111（1 023）之间的1 024个数。

用手指表示二进制数的活动，一个10位二进制数（初值为00000 00000）与10个十进制数关系如下，然后进行转换。

512	256	128	64	32	16	8	4	2	1
0	0	0	0	0	0	0	0	0	0

比如要转换一个十进制数，假设为266，先判断266所在的位置，在512和256之间，于是将后一个数256对应的0替换为1；这样，余下来的数为10（266−256），10的位置在16和8之间，将8对应的0替换为1；以此类推，将余下来的数2（10−8）对应的0替换为1，转换的结果为01000 01010。反之，将二进制数转换为十进制数也可以用同样的方法，只不过，“替换”两字要变为“保留”两字，“保留”下来的值相加即为结果。

2. 八进制数与二进制数之间的转换

因为$2^3=8$，所以1位八进制数相当于3位二进制数。利用这一点，可以将每位八进制数用3位对应的二进制数来表示，完成八进制数向二进制数的转换；将二进制数每3位表示

成1位八进制数，完成二进制数向八进制数的转换。下面通过两个例子说明八进制和二进制之间的转换。

1）八进制数转换为二进制数

例如，八进制数 $(245)_8$ 要转换为二进制数，则将2、4、5分别用3位二进制表示。

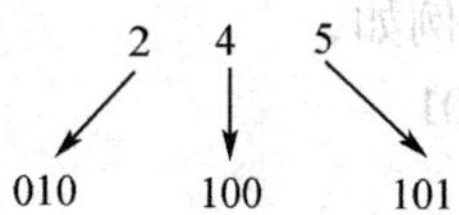

即 $(245)_8=(010\ 100\ 101)_2$。

2）二进制数转换为八进制数

例如，二进制数 $(11010010110)_2$ 要转换为八进制数，则将11010010110从最低端开始每3位写成一组，最高端不足3位的用0补足，再将每一组3位二进制数表示成八进制数。

011 010 010 110
3 2 2 6

即 $(11010010110)_2=(3226)_8$。

3. 十六进制数与二进制数之间的转换

根据八进制数与二进制数转换的原理，由于 $2^4=16$，所以1位十六进制数相当于4位二进制数。

1）十六进制数转换为二进制数

例如，$(5AC8)_{16}$ 可转换为

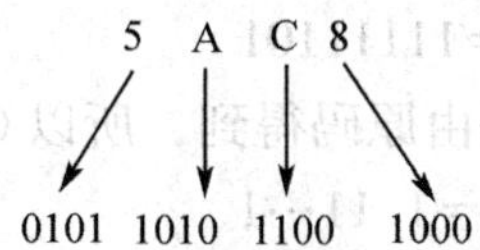

即 $(5AC8)_{16}=(0101101011001000)_2$。

2）二进制数转换为十六进制数

同样的道理，例如 $(100101000111001)_2$ 可转换为

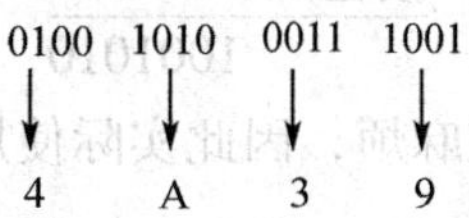

即 $(100101000111001)_2=(4A39)_{16}$。

计算机中的数据是以二进制数表示的，二进制数的每1位只能为0或1，由人来处理一长串的0和1是非常乏味且容易出错的。而采用十六进制可以有效地帮助我们，借助这种方法，一个16位的二进制数0100 1010 0011 1001可以用更简单的十六进制数4A39来表示。

*4.5.2 原码、反码、补码及其转换

前面介绍了进制数及其转换。现在介绍带符号数的编码表示方法。带符号数的编码与计

算机中最基本的一种运算，即“加法”有关。而计算机中的“减法”，则是通过“补数”法转化为“加法”来实现的。

1. 原码

原码是一种简单而又直观的编码方法。数的符号用一位数码表示，0 表示正号，1 表示负号，其余的数位与数值本身相同。例如，

$N_1=+1001101$　　　$N_2=-1001101$

其原码为：

$[N_1]_{原}=01001101$　　　$[N_2]_{原}=11001101$

需要注意数值 0 的表示问题。由于机器数受位数的限制，当计算中出现太小的数（即下溢出）时，机器将其作为 0 处理，于是就有+0 与-0 之分，即+0.00…0，-0.00…0，表示为原码，则有

$[+0]_{原}=0.00\cdots0$　　　$[-0]_{原}=1.00\cdots0$

原码表示简单，与真值间的转换很容易。但是由于只是简单地将符号数值化，而没有与数值统一编码，进行加减运算时很不方便。例如，两符号相反的数相加 1011+0010，即（-3+2），表面上是做加法，事实上由于两数异号，故实际上是做减法，即原码表示的数在做加法运算时，不仅要根据指令规定的操作性质（加或减），还要根据两数的符号，才能决定实际操作是加还是减。这些操作使控制线路复杂，运算速度降低。

2. 反码

反码是机器数的另一种编码表示法。它是一种正数与原码相同，负数将原码除符号位外其余各位求反的表示法。求反就是 0 变 1，1 变 0 的操作。例如，

$[2]_{原}=00000010$　　　$[2]_{反}=00000010$

$[-2]_{原}=10000010$　　　$[-2]_{反}=11111101$

由于 0 的原码存在两个，且反码由原码得到，所以 0 的反码也存在两个：

$[+0]_{反}=0.00\cdots0$　　　$[-0]_{反}=1.11\cdots1$

在计算机中得到反码非常方便，因为计算机中将一个二进制数变反是很容易的。通常只需要完成一个按位加（不进位）的操作便可。比如，0110101 求反，有

$$\begin{array}{r}0110101\\ \text{按位加}\ 1111111\\ \hline 1001010\end{array}$$

但是反码和原码一样，计算比较麻烦，因此实际使用不多，通常只是将反码作为求补码的中间形式。

3. 补码

为了弥补原码和反码在计算能力上的不足，在计算机中引入了补码的概念。先来看两个例子。

第一个例子是两个十进制数之间的运算：

8+7=15=10+5

8-3=5

如果运算器只能计算 1 位十进制数，那么在做加法 8+7 时，结果中的 10 超出该运算器

的表示范围，将会被自动舍去。运算器只能表示出结果为 5。在做减法 8-3 时，若用加法 8+7 代替，同样可以得到结果 5。

关于补码的另一个经典的例子就是调整时钟。如果现在时钟的时间是 9 点，要把时钟调到 2 点，很容易想到两种方法。一种方法是从 9 点开始逆时针拨 7 小时到 2 点，即减去 7；另一种方法是从 9 点开始顺时针拨 5 小时到 2 点，即加上 5。两种方法都能将时钟调到 2 点。

上面的两个例子，10 是第一个例子的模，12 是第二个例子的模，那么称 7 是以 10 为模的-3 的补数，5 是以 12 为模的-7 的补数。通过模和补数的概念，就可以将减法变成加法，将负数变成正数，这正是引入补码的目的。

由上面两个例子，可以归纳出求补数的方法：

$[-3]_{补}=(-3+10)=7$

$[-7]_{补}=(-7+12)=5$

即$[-X]_{补}=(-X+\text{MOD})$

补数的概念来自数学的“同余”概念。为了避免叙述上的混淆，采用“补码”这个名称。所谓补码，是指在计算机中用补数码表示数值。对于正数，补码即原码本身；而对于负数，补码是原码对模数的补数。换句话说，对负数而言，可以用负数加模的方法得到其补码。

“模”这个概念来自计量系统，是计量器产生“溢出”的量，它的值在计量器上表示不出来，计量器上只能表示模的余数。任何有模的计量器，均可化减法为加法运算。时钟这个计量系统的计数范围是 0~11，模为 12。时钟既是一种计量器，也是一种具有特定功能的计算机器。就 64 位的计算机来说，其计数范围是 $0\sim2^{64}-1$，模为 2^{64}。

下面介绍计算机中二进制数的补码表示。我们知道，计算机中数的表示受计算机字长的限制，其运算都是有模运算。模在机器中是表示不出来的，各运算结果超出能表示的数值范围，就会自动舍去溢出量（模），只保留小于模的部分。

设字长为 $n+1$ 位，对定点小数 $x_0.x_1x_2\cdots x_n$，其溢出量为$\left(10.\underbrace{00\cdots0}_{n}\right)_2$，即2，则以 2 为模。对定点整数 $x_0x_1x_2\cdots x_n$，其溢出量为$\left(1\,\underbrace{00\cdots0}_{n+1}\right)_2$，即 2^{n+1}，则以 2^{n+1} 为模。

在知道了二进制数的模后，根据上面的公式$[-X]_{补}=(-X+\text{MOD})$，可以求出二进制数的补码。

以定点小数说明。设有如下两个数：

$[+0.1011]_{原}=0.1011$　　$[-0.1011]_{原}=1.1011$

正数的补码就是它本身，即正数的补码与原码相同：

$[+0.1011]_{原}=0.1011$　　$[+0.1011]_{补}=0.1011$

下面求负数的补码：

$[-0.1011]_{原}=1.1011$　　$[-0.1011]_{补}=-0.1011+10=1.0101$

以定点整数进行说明，假设机器字长为 8 位。

$$\begin{aligned}[-2]_{补}&=(-2)_{10}+(2^8)_{10}\\&=(-2)_{10}+(256)_{10}\end{aligned}$$

$=(256-2)_{10}$

$=(254)_{10}$

$=(11111110)_2$

$[-35]_{补}=(-35)_{10}+(2^8)_{10}$

$=(-35)_{10}+(256)_{10}$

$=(255-35)_{10}+1$

$=(11111111-00100011+00000001)_2$

$=(11011100+00000001)_2$

$=(11011101)_2$

注意：在 8 位字长的机器中，11111111 减任何二进制数，其结果就是将该数逐位取反。

$[-80]_{补}=(-80)_{10}+(2^8)_{10}$

$=(-80)_{10}+(256)_{10}$

$=(255-80)_{10}+1$

$=(11111111-01010000+00000001)_2$

$=(10110000)_2$

4. 原码、反码和补码的转换

这里介绍一种二进制负数求补码更简单的方法：对于一个机器数原码来说，如果为正数，则其补码与原码相同；如果为负数，则除符号位不变外，其余各位按位求反，并在最低位上加 1 即得其补码。设有二进制数-0. 1011，它的原码为 1. 1011，对其除符号位外求反得 1. 0100，再加上 1 就得到了-0. 1011 的补码 1. 0101。

$$1.1011 \xrightarrow{求反} 1.0100$$
$$\begin{array}{r} 1.0100 \\ +\quad\quad 1 \\ \hline 1.0101 \end{array}$$

那么，如何将一个补码变回原码以得到其真值呢？对于正数，补码就是原码，不必变换。而对于负数，则再次“取反加 1”。求上例补码的原码，只需进行如下操作：

$$1.0101 \xrightarrow{求反} 1.1010$$
$$\begin{array}{r} 1.1010 \\ +\quad\quad 1 \\ \hline 1.1011 \end{array}$$

可以看到，得到的原码与上例中的原码是相同的。

对正数而言，原码、反码和补码的表示形式是相同的；对负数而言，原码与反码的互换，只需“除符号位不变外，按位求反”，原码与补码的互换，只需“除符号位不变外，按位求反再加 1”。

5. 补码表示法中的算术运算

为了对用补码表示的数据实施加法操作，需要把这些数看作无符号整数，换言之，符号位也是数值位。若最左边相加有进位，则将把它忽略。

例 4. 27　设机器的字长为 8 位，求 36 和 54 的二进制补码，并计算它们补码相加的结果。

解：$[36]_{补}=00100100$　　$[54]_{补}=00110110$

$$\begin{array}{r} 00100100 \\ +\quad 00110110 \\ \hline 01011010 \end{array}$$

所以，$[36]_{补}+[54]_{补}=01011010$，对应的十进制数为 90。

而对补码做减法运算时，通常是将其转化为补码加法运算来实现，即

$$[x-y]_{补}=[x]_{补}-[y]_{补}=[x]_{补}+[-y]_{补}$$

上式的证明过程在“计算机组成原理”等课程中有详细的介绍，本书不作讨论。

例 4.28　设机器的字长为 8 位，求 57 和 35 的二进制补码，并计算它们补码相减的结果。

解：$[57]_{补}=00111001$，$[35]_{补}=00100011$　　$[-35]_{补}=11011101$

$[57-35]_{补}=[57]_{补}-[35]_{补}=[57]_{补}+[-35]_{补}$

$$\begin{array}{r} 00111001 \\ +\quad 11011101 \\ \hline 00010110 \end{array}$$

所以，$[57-35]_{补}=00010110$，对应的十进制数为 22。

例 4.29　设机器的字长为 8 位，求 20 和 80 的二进制补码，并计算它们补码相减的结果。

解：$[20]_{补}=00010100$，$[80]_{补}=01000100$　　$[-80]_{补}=10110000$

$$\begin{array}{r} 00010100 \\ +\quad 10110000 \\ \hline 11000100 \end{array}$$

$[20-80]_{补}=11000100$，对应的是十进制数-60 的补码。

通常，给定 n 位补码所能表示的数的范围是 $-2^{n-1}\sim2^{n-1}-1$，若运算结果超出这个范围，就会造成溢出。

例 4.30　设机器的字长为 8 位，求 64 和 88 的二进制补码，并计算它们补码相加的结果。

解：$[64]_{补}=01000000$，$[88]_{补}=01011000$

$$\begin{array}{r} 01000000 \\ +\quad 01011000 \\ \hline \mathbf{1}0011000 \end{array}$$

↑

溢出

两个正数相加的结果成为负数，结果显然是错误的。进一步观察该结果可以发现该运算结果，超出了补码表示法中一个字节所能表示的范围。事实上 8 位所能表示的范围是 $-2^7\sim2^7-1$，即 $-128\sim127$。而上面相加和的十进制数值是 152。显然超出了 $-128\sim127$。

例 4.31　设机器的字长为 8 位，求-57 和-92 的二进制补码，并计算它们补码相加的结果。

解：$[-57]_{补}=11000111$，$[-92]_{补}=10100100$

$$\begin{array}{r} 11000111 \\ +\quad 10100100 \\ \hline \mathbf{0}1101011 \end{array}$$

↑

溢出

两个负数相加的结果成为正数，显然也是错误的。观察该结果可以发现，该运算结果“-149”不在补码表示法中一个字节所能表示的范围以内。

从上面例子可以看出，溢出是由于运算结果符号的不同造成的，也就是说，若操作数都为正，结果却为负，或操作数都为负，结果却为正，则溢出。

4.5.3　字符、字符串和汉字

在计算机中，除了能处理数值数据外，还能处理大量字符、图像及汉字等信息，这些信息在计算机中也必须用二进制形式表示。要想用计算机对这些信息进行处理，首先遇到的一个问题是如何用二进制数表示字符，即如何对字符进行编码。

1. 字符

目前被广泛采用的字符编码是由美国国家标准学会制定的美国标准信息交换码（American Standard Code for Information Interchange，ASCII），该编码被国际标准化组织（International Standards Organization，ISO）定为国际标准，称为 ISO 646 标准。

ASCII 码用 8 位二进制码来表示英文中的大小写字母、标点符号、数字 0~9 以及一些控制数据（如换行、回车和制表符等），最高位为 0。若将最高位设为 1，还可以将标准的 ASCII 进行适当的扩展（可增加 128 个字符）。

表 4.2 是常用的 ASCII 码对照表。

表 4.2　常用的 ASCII 码对照表

高位	低位							
	0000	0001	0010	0011	0100	0101	0110	0111
0010	空格	!	"	#	$	%	&	'
0011	0	1	2	3	4	5	6	7
0100	@	A	B	C	D	E	F	G
0101	P	Q	R	S	T	U	V	W
0110	`	a	b	c	d	e	f	g
0111	p	q	r	s	t	u	v	w

高位	低位							
	1000	1001	1010	1011	1100	1101	1110	1111
0010	(	)	*	+	,	–	.	/
0011	8	9	:	;	<	=	>	?
0100	H	I	J	K	L	M	N	O
0101	X	Y	Z	[	\	]	^	_
0110	h	i	j	k	l	m	n	o
0111	x	y	z	{	|	}	~	DEL

查 ASCII 码对照表，可知 A 的 ASCII 码是 0100 0001，a 的 ASCII 码是 0110 0001，字符就是用这样的二进制数表示的。

2. 字符串

字符串又是怎么表示的呢？字符串是由字符序列组成的，字符串可以表示成一系列字节，每个字节对应ASCII码中的一个特定字符。例如，字符串hello可以表示成如下形式：

h	e	l	l	o
0110 1000	0110 0101	0110 1100	0110 1100	0110 1111

3. 汉字

尽管8位ASCII码完全可以表示任何英文字符，但对中文来说，256个字符是远远不够的，那中文怎么表示呢？在ASCII码的基础上，可以对其进行扩展，以区分不同汉字。

汉字机内码是计算机内部存储和处理汉字的编码，常用2 B表示，每个字节的最高位都设置为1。

机内码是以汉字拼音的顺序排序的，第一个汉字是“啊”，它的机内码是B0A1，即第一个字节为1011 0000，后一个字节为1010 0001。

利用机内码，可以找到相对应的汉字字形信息，然后，再将它送到输出设备中。在屏幕上，可以用32 B的字形码表示16×16的汉字点阵信息。二进制的0表示点阵上的白色，1表示黑色。

图4.22是“啊”的点阵图，每一行用两个字节表示，第一行的二进制代码是00000000 00000100，第二行的二进制代码是00101111 01111110，第三行是11111001 00000100，以此类推。最终用16行，共32 B的字形码表示一个16×16的汉字点阵信息。

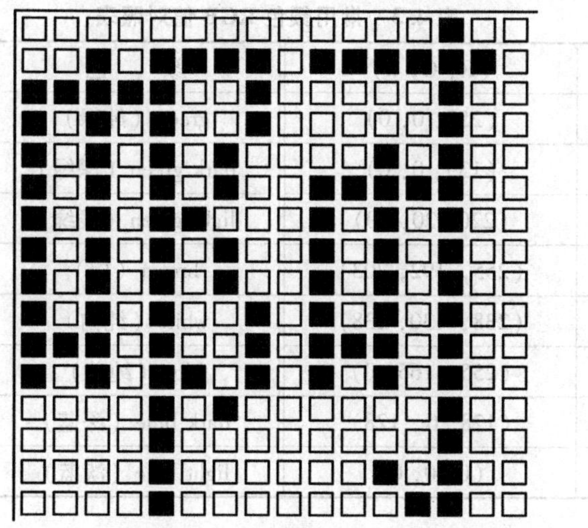

图4.22　“啊”的点阵图

通常，把所有字形码的集合称为字库，先把它存在计算机中，如以文件形式存放在硬盘中，在需要输出汉字时，根据汉字机内码找到相应的字形码，然后，再由字形码的1、0，控制输出设备输出显示汉字。

日文、韩文等都使用类似的方法来扩展本地字符集的定义。但是这个方法是有缺陷的，在上网时，可能会遇到这样的问题，在访问日文、韩文等网站时，会出现乱码。这是因为一个系统中只能有一种机内码，因此，必须进行相应的字符机内码转换。

为了支持不同国家的语言字符集，ASCII 码正在被 Unicode 码所代替，Unicode 是一个 16 位的编码系统。它用 16 位二进制来表示每一个符号，这样 Unicode 就有 2^{16}（65 536）种不同的二进制编码，足以将日语、韩语和中文等常用字都表示出来。为了简化 ASCII 与 Unicode 之间的转换，Unicode 的设计者还使其向后兼容 ASCII 码。原来能用 ASCII 码表示的字符，其 Unicode 码只是在原来的 ASCII 码前加上 8 个 0。比如，a 的 ASCII 码是 01100001，而它的 Unicode 码是 00000001100001。

4.5.4　图像

在计算机中表示图像的技术有两种：位图和矢量图。

1. 位图

在位图技术中，图像被看作是点的集合，每一个点称为一个像素。对黑白图像来说，每一个像素用 1 位二进制表示就足够了，1 表示黑色，0 表示白色。这与上面介绍的汉字的字形码表示是一样的。

在表示彩色图像时，每个像素用 1 位表示就不够了。最常用的系统是将每个像素用 24 位二进制来表示。为什么呢？这里引入一个术语 RGB，即像素的颜色可以由红色（red）、绿色（green）、蓝色（blue）这三基色根据不同的强度叠加而成。强度的范围规定为 0~255（从小到大颜色的强度值递增），因此红、绿、蓝每种颜色的强度用 8 位二进制表示，那么一个像素就是用 24 位二进制来表示了。表 4.3 是常用颜色 RGB 值的对照表。

表 4.3　常用颜色 RGB 值对照表

颜　色	（R，G，B）	颜　色	（R，G，B）
red（纯红）	（255，0，0）	green（纯绿）	（0，128，0）
dark red（深红）	（139，0，0）	dark green（深绿）	（0，100，0）
crimson（猩红）	（220，20，60）	light green（浅绿）	（144，238，144）
pink（粉红）	（255，192，203）	brown（棕）	（165，42，42）
violet（紫罗兰）	（238，130，238）	white（纯白）	（255，255，255）
orange（橙）	（255，165，0）	blue（纯蓝）	（0，0，255）
purple（紫）	（128，0，128）	dark blue（深蓝）	（0，0，139）
black（纯黑）	（0，0，0）	light blue（淡蓝）	（173，216，230）

例如，一个像素的颜色是橙色，由表 4.3 可以得到它的 RGB 值为（255，165，0），表示成二进制便是 11111111 10100101 00000000 。一个像素用 24 位存储，这就意味着，用位图技术存储一张 1 024×1 024 的图片需要 3 MB 的存储空间。

2. 矢量图

与位图不同，矢量图是以指令来描述图像的。它用指令来描述直线、曲线、矩形、圆形等图的形状、大小、材质等。它不需要像位图那样记录每个像素的信息，只需要记录描述图形的几个关键信息，然后用指令将这几个关键信息传送给最终产生图形的设备，将实现的细节留给这些设备去完成。

比如，用矢量技术表示一个圆，计算机所需的信息只有两个——圆心的坐标和半径，然后利用图形设备上相应的函数画出图形。

由于矢量技术不需要存储每一个像素量化的值，所以存储空间大大减小。但是由于矢量技术是用指令来描述图像的，如果涉及的图像十分复杂，那么指令数目将会很大，调用函数的次数也随之增大，因此对于复杂的图像，采用矢量图比位图耗时要长。

4.5.5 声音

文字、图像和声音的存储与计算学科中的记忆（recollection）这个重要原理有关。在人类漫长的历史中，为了将在生活中积累下来的智慧记录下来，让智慧得以传承，很早的时候，人类就在岩石、金属、兽骨等物体上记录文字和图像（如3 000余年前，中国就出现了甲骨文）。然而，声音的记录却用了漫长的时间，直到100多年前，爱迪生发明了留声机才实现了这一伟大梦想。下面，介绍声音的一点常识性知识。

1. 声音原理

声音是物体振动所产生的声波，是以波的形式振动传播的。汽笛声、喷气式飞机的轰鸣声是由于排气时气体振动产生的，敲鼓时的鼓声是由于鼓面的振动产生的，人讲话的声音是由于喉咙声带的振动产生的。声音通过中间媒介（如气体、液体和固体）传播出去，被人或动物的听觉器官所感知。声音在介质中传播的速度称为声速，受媒介弹性和密度的影响，声音在不同媒介中的传播速度不同：在液体和固体中的传播速度一般比在空气中传播快得多，例如在水中声速为1 450 m/s，而在铜中则为5 000 m/s。

在录音磁带和唱片中保存的声音以模拟方式存储，这些振动信息存储在磁脉冲或者轮廓凹槽中。由于振动最自然的形式可用正弦波表示，当把声音转换为电流时，可以用随时间振动的波形来表示。

正弦波包括振幅和频率两个参数，可以表示为位移与时间的关系$\chi=\alpha\sin(2\pi ft+\varphi)$，其中$f$为频率，表示音调；$\alpha$为振幅，它的大小决定了声音的强弱。一般人耳可感受的正弦波的范围是从20 Hz（每秒周期）的低频声音到20 000 Hz的高频声。人感受频率的能力与频率不是线性关系而是对数关系的，即人们感受20 Hz~40 Hz的频率变化与感受40 Hz~80 Hz的频率变化是一样的。在音乐中，八度音阶就是对这种加倍频率的定义。因此，人耳可感觉到大约10个八度音阶的声音。钢琴产生的音阶范围是27.5 Hz~4 186 Hz，范围略小于7个八度音阶。虽然正弦波代表了振动的大多数自然形式，但在现实生活中大多数声音都很复杂，纯正弦波很少单独出现，而且，纯正弦波并不悦耳。

2. 脉冲编码调制

脉冲编码调制（pulse code modulation，PCM）是一种不需要压缩数据就能够将声音与数字信号互相转换的机制，这样可以数值的方式直接存入计算机。PCM可用在光盘、数字式录音磁带以及Windows系统中。PCM包括采样频率和样本大小两个参数，其中，采样频率表示每秒内测量波形振幅的次数，样本大小表示用于存储振幅级的位数。

3. 采样频率

采样频率又称为取样频率，指的是每秒从连续信号中提取并组成离散信号的采样个数，它决定了声音可被数字化和存储的最高频率。根据奈奎斯特（Nyquist）定理，只有采样频率高于声音信号最高频率的两倍时，才能把数字信号表示的声音还原成为原来的声音。当正弦波采样频率过低时，合成的波形比最初的波形频率更低，信号失真。

人耳可听到最高 20 kHz 的声音，为了防止失真，采样频率要高于声音信号最高频率的两倍，则有 20 kHz×2＝40 kHz。然而，由于低通滤波器具有频率下滑效应，所以采样频率应该再高出大约 10%，这样采样频率就为 44 kHz。这时，为了记录影像、数字式声音信息，采样频率应为美国、欧洲电视显示格速率（分别为 30 Hz、25 Hz）的整数倍数。因此，既要分别是 30 Hz、25 Hz 的整数倍数，又要与 44 kHz 接近，于是将采样频率定为略大于 44 kHz 的 44.1 kHz。类似地，由于人眼的残影现象，当两帧画面切换的时间小于 1/24 s 时，人眼是分辨不出来的，对人来说，它就是连续的，这就是 24 帧的由来。一般人眼能够识别 30 帧，在游戏中若是 30 帧，可能就会有人感到闪烁、延迟等，若是 60 帧，则会令人满意。

4. 样本大小

样本大小又称为样本容量，指的是在一个样本中所包含的个体或单元数。脉冲编码调制的样本大小是按位计算的。可供录制和播放的最低音与最高音之间的区别是由样本大小决定的，这就是通常所说的动态范围。声音强度是波形振幅的平方（即每个正弦波一个周期中最大振幅的合成）。与频率一样，人对声音强度的感受也呈对数变化。在强度上区别不同声音的单位是分贝（dB），用电话发明人亚历山大 · G. 贝尔（Alexander G. Bell）的名字命名。人耳可感觉出的声音强度的最小变化是 1 dB，开始能听到的声音极限与让人感到疼痛的声音极限之间的声音强度相差大约是 100 dB。

Windows 操作系统同时支持 8 位和 16 位样本大小。可用声音的持续时间与采样频率的乘积来计算未压缩声音所需的存储空间，若用 16 位样本而不是 8 位样本，则将其加倍，若录制立体声则再加倍。例如，若每个立体声样本占 2 B，以每秒 44 100 个样本的速度，存储 1 h 的 CD 声音就需要约 635 MB，它的存储量接近一张 CD-ROM。

5. 正弦波音频的产生

声音正弦波样本的计算公式为

$$\mathrm{AMP}=\mathrm{WAVE\_MAX}\times \mathrm{amp\_mul}\times \sin(2\pi\times \mathrm{freq}\times t+\varphi)$$

其中，

（1）AMP：声音正弦波的样本数据；

（2）WAVE_MAX：声波样本的最大值，通常设为 16 位所能表示的最大数 32 767；

（3）$\mathrm{amp\_mul}\in(0,1]$：振幅倍率；

（4）$\mathrm{freq}\in\mathbf{R}$：频率（单位为 Hz）；

（5）$t\geqslant 0$：样本采样时间（单位为 s）；

（6）φ：正弦波的偏移量。

常用的采样频率一般为 11.025 kHz（每秒采集声音样本 11 025 次）、22.05 kHz 和 44.1 kHz。11.025 kHz 的采样率获得的声音称为电话音质，基本上可以分辨出通话人的声音；22.05 kHz 称为广播音质；44.1 kHz 称为 CD 音质。

例如，在采样频率 22.05 kHz（每秒采样 22 050 次）下，要产生一个频率为 500、最大振幅为 16 383、持续时间为 200/22 050 s 的无偏移正弦波，则

当 $t=0\times(1/22\,050)$ s 时，$\mathrm{AMP}=32\,767\times16\,383/32\,767\times\sin(2\pi\times500\times0\times1/22\,050)=0$；

当 $t=1\times(1/22\,050)$ s 时，AMP = 2326.2929；

当 $t=2\times(1/22\,050)$ s 时，AMP = 4605.4434；

…

当 $t=200\times(1/22\,050)$ s 时，AMP = -3588.6460。

得到这段时间的波形图如 4.23 所示，横坐标表示时间 t（单位：1/22 050 s），纵坐标表示振幅 A。

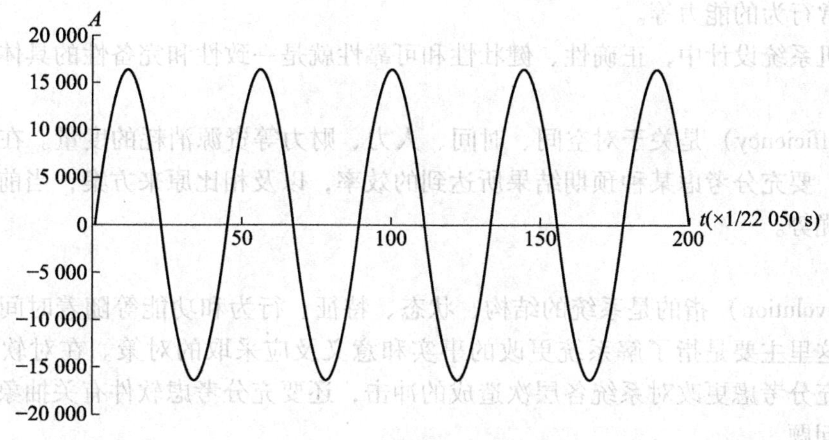

图 4.23 正弦波形示例图

4.6 CC1991 报告提取的核心概念

学科中的核心概念是 CC1991 报告首次提出的，包含具有普遍性、持久性的重要思想、原则和方法。报告认为，计算机科学家和工程师应该熟练掌握和应用这些核心概念。

1. 绑定

绑定（binding）指的是通过将一个对象（或事物）与其某种属性相联系，从而使抽象的概念具体化的过程。例如，将一个程序的执行过程与一个处理机联系起来，一个变量与其类型或值联系起来。

2. 大问题的复杂性

大问题的复杂性（complexity of large problems）是指随着问题规模的增大而使问题的复杂性呈非线性增加的效应。这种非线性增加的效应是区分和选择各种现有方法和技术的重要因素。例如，在软件工程中，随着问题规模的增大，系统的复杂性也在提高。每个新的信息项、功能或限制都可能影响整个系统的其他元素。因此，随着问题复杂性的增加，系统分析的任务将呈几何级数增长。在研制一个大系统时，显然，控制和降低系统的复杂性成为区分和选择现有方法和技术的重要因素。

3. 概念模型和形式模型

概念模型和形式模型（conceptual and format models）是对一个想法或问题进行形式化、特征化、可视化思维的方法。抽象数据类型、语义数据类型以及指定系统的图形语言，如数据流图和 E-R 图等都属于概念模型；而逻辑、开关理论和计算理论中的模型大都属于形式模型。概念模型和形式模型以及形式证明是将计算学科各分支统一起来的重要核心概念。

4. 一致性和完备性

一致性（consistency）包括用于形式说明的一组公理的一致性、事实和理论的一致性，以及一种语言或接口设计的内部一致性。完备性（completeness）包括给出的一组公理，使其能获得预期行为的充分性、软件和硬件系统功能的充分性，以及系统处于出错和非预期情况下保持正常行为的能力等。

在计算机系统设计中，正确性、健壮性和可靠性就是一致性和完备性的具体体现。

5. 效率

效率（efficiency）是关于对空间、时间、人力、财力等资源消耗的度量。在计算机软硬件的设计中，要充分考虑某种预期结果所达到的效率，以及相比原来方案，当前实施方案在效率方面的优势。

6. 演化

演化（evolution）指的是系统的结构、状态、特征、行为和功能等随着时间的推移而发生的更改。这里主要是指了解系统更改的事实和意义及应采取的对策。在对软件进行更改时，不仅要充分考虑更改对系统各层次造成的冲击，还要充分考虑软件有关抽象、技术和系统的适应性问题。

7. 抽象层次

抽象层次（level of abstraction）指的是通过对不同层次的细节和指标的抽象来描述一个系统或实体。在复杂系统的设计中，隐藏细节、对系统各层次进行描述（抽象），从而控制系统的复杂程度。例如，在软件工程中，从规格说明到编码各个阶段（层次）的详细说明、计算机系统的分层思想、计算机网络的分层思想等。

8. 按空间排序

按空间排序（ordering in space）指的是各种定位方式，如物理上的定位（如网络和存储中的定位），组织方式上的定位（如处理机进程、类型定义和有关操作的定位）以及概念上的定位（如软件的辖域、耦合、内聚等）。按空间排序是计算技术中一个局部性和相邻性的概念。

9. 按时间排序

按时间排序（ordering in time）指的是事件的执行对时间的依赖性。例如，在具有时态逻辑的系统中，要考虑与时间有关的时序问题；在分布式系统中，要考虑进程同步的时间问题；在依赖于时间的算法执行中，要考虑其基本的组成要素。

10. 重用

重用（reuse）指的是在新的环境下，系统中各类实体、技术、概念等可被再次使用的能力，如软件库和硬件部件的重用等。

11. 安全性

安全性（security）指的是计算机软硬件系统对合法用户的响应及对非法请求的抗拒，以保护自己不受外部影响和攻击的能力。例如，为防止数据的丢失、泄密而在数据库管理系统中提供的口令更换、操作员授权等功能。

12. 折中和结论

折中（tradeoff）指的是为满足系统的可实施性而对系统设计中的技术、方案所做出的一种合理的取舍。结论（consequence）是指折中的结论，即选择一种方案代替另一种方案所产生的技术、经济、文化及其他方面的影响。折中是存在于计算学科领域各层次上的基本事实。如在算法的研究中，要考虑空间和时间的折中；对于矛盾的设计目标，要考虑诸如易用性和完备性、灵活性和简单性、低成本和高可靠性等方面的折中等。

4.7 本章小结

算法是计算学科中最具方法论性质的核心概念，也被誉为计算学科的灵魂。一个算法就是一个有穷规则的集合，其中的规则规定了一个解决某一特定类型问题的运算序列。

算法的重要特性包括有穷性、确定性、输入、输出、能行性。

算法是对解题过程的精确描述，这种描述是建立在语言基础之上的，表示算法的语言主要有自然语言、流程图、伪代码、计算机程序设计语言等。

在算法的分析中，一般应考虑以下三个问题。

（1）算法的时间复杂度。

（2）算法的空间复杂度。

（3）算法是否便于阅读、修改和测试。

数据结构是一类定性的数学模型，是算法设计的基础，它由数据的逻辑结构、数据的存储结构及其运算三部分组成。常用的数据结构有线性表、数组、树和二叉树以及图等。

从广义上讲，“程序”一词可以认为是一种行动方案或工作步骤。而计算机程序就是按照工作步骤事先编排好的、具有特殊功能的指令序列。一个程序具有单一的、不可分的结构，它规定了某个数据结构上的一个算法。

软件一般指计算机系统中的程序及其文档，也可以指在研究、开发、维护以及使用上述含义下的软件所涉及的理论、方法、技术所构成的分支学科。软件一般分为系统软件、支撑软件和应用软件。

计算机硬件是构成计算机系统的所有物理器件、部件、设备以及相应的工作原理与设计、制造、检测等技术的总称。

在计算机中，二进制数的每一位只能是数字 0 或 1，它只有形式的意义，对于不同的应用，可以赋予它不同的含义。因此，可以用它来表示数值、字符、指令、图像甚至声音，对这些数据，需要进行相应的编码。

在实际的程序中，由于二进制数不直观，所以，在程序的输入和输出中一般采用十进制数，而在分析计算机内部工作时常用十六进制数，这样，就要进行相应的转换。常用的转换有十进制与二进制之间的转换以及十六进制与二进制之间的转换。为了表示带符号数，引入原码、反码、补码并介绍了它们的转换关系。

二进制不仅能表示数字，还能表示字符、图像以及声音等信息。而要用计算机对这些信息进行处理，就要对这些信息进行编码。

计算机的“真正”硬件是数字逻辑电路，而无论多么复杂的数字逻辑电路，从理论上说，都可以由“与”门、“或”门、“非”门三种最基本的逻辑电路单元组成。

在研究数字逻辑电路时，关心的是电路所完成的逻辑功能，而不是电的或机械的性能。因此，一般只考虑输入变量和输出变量之间的逻辑关系，并用数学方式来描述。这样，就可将具体的数字逻辑电路转换成抽象的数学表达式进行研究。这方面的内容在下一章介绍。

CC1991 给出了学科中具有方法论性质的 12 个核心概念，即绑定、大问题的复杂性、概念模型和形式模型、一致性和完备性、效率、演化、抽象层次、按空间排序、按时间排序、重用、安全性、折中和结论等。报告认为，掌握和应用学科中具有方法论性质的核心概念是成熟的计算机科学家和工程师的标志之一。

核心概念的基本特征如下。

（1）在学科中多处出现。

（2）在各分支领域及抽象、理论和设计的各个层面上都有很多示例。

（3）在技术上有高度的独立性。

（4）一般都会在数学、科学和工程中有所体现。

习题 4

4.1　什么是算法？算法有何特征？

4.2　表示算法的语言有哪几种？

4.3　判定方程 $3x+5y=2$ 是否有整数解。

4.4　用欧几里得算法分别求下列自然数的最大公因子。

（1）18，12

（2）21，9

（3）83，19

（4）201，81

（5）216，78

4.5　设 $e=1+\frac{1}{1!}+\frac{1}{2!}+\frac{1}{3!}+\frac{1}{4!}+\cdots$，试分别用自然语言、流程图和伪代码写出求解 e 的近似值的算法。

4.6　根据例 4.4、例 4.5、例 4.6 的流程图，分析它们所包含的基本结构（顺序、选择和循环）。

*4.7　分别用自然语言、流程图和伪代码写出找零问题的贪婪算法（提示：可以使用结构体的数据类型）。

4.8　就“兔子问题”而言，一对兔子 14 个月内可繁殖成多少对兔子？

*4.9　随着 N 的增大，斐波那契数的第 N 项和第 $N+1$ 项的比值将越来越接近一个著名的数值 0.618，即黄金分割数，该数具有极大的美学价值，试论黄金分割数与大学生（特别是理工科学生）审美能力的培养。

4.10　在算法分析中，一般要考虑哪几个问题？

4.11　采用折半搜索算法在一个有 10 000 件商品的超市中查找 1 件特定的商品，为什么最多只需 14 次？

4.12　设数组 A 有 9 个元素，分别是 13，42，25，106，87，102，91，49，17。请采用归并排序算法对该数组元素按升序进行排列。

4.13　给定 4 输入正排序网络如图 4.24 所示。

（1）试用具体自然数 **N** = {0,1,2,3,⋯,n,⋯} 验证之；

（2）试解释其工作原理。

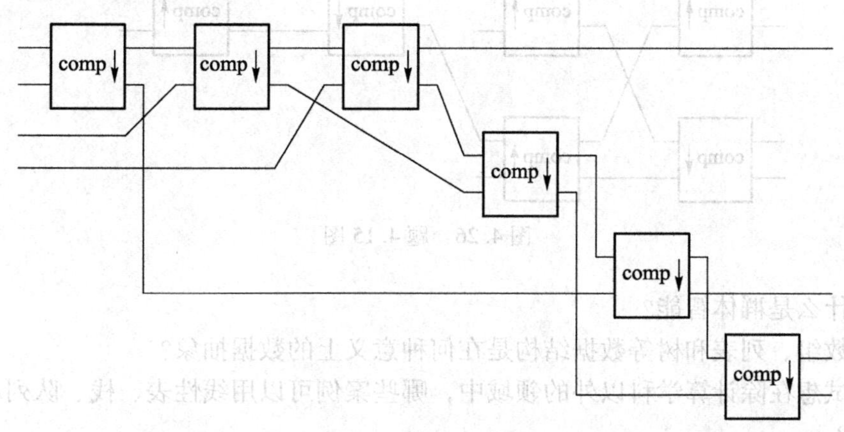

图 4.24　题 4.13 图

4.14　给定 4 输入倒排序网络如图 4.25 所示。

（1）试用具体自然数 **N** = {0,1,2,3,⋯,n,⋯} 验证之；

（2）试解释其工作原理。

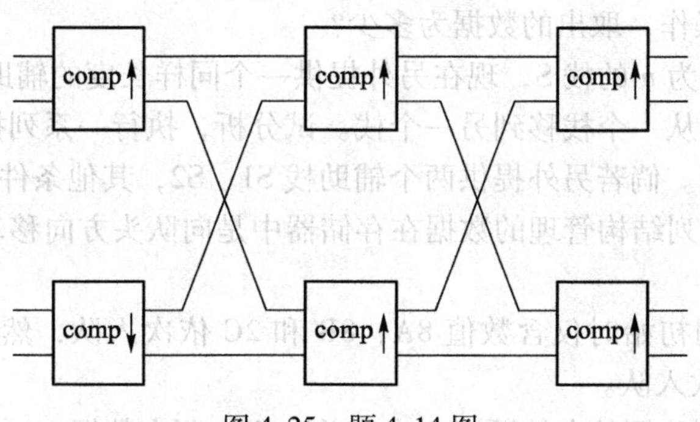

图 4.25　题 4.14 图

4.15　从 8 个数中找出最大的两个数的网络如图 4.26 所示。

（1）试用具体自然数 **N** = {0,1,2,3,⋯,n,⋯} 验证之；

（2）试解释其工作原理。

4.16　谷歌将网页划分为几个等级？谷歌公司官网的 PR 值定为多大？

4.17　“云计算”概念的来源是什么？

4.18　美国 DARPA 的网络挑战赛为何也被称为红气球挑战赛，DARPA 举办赛事的目的是什么？

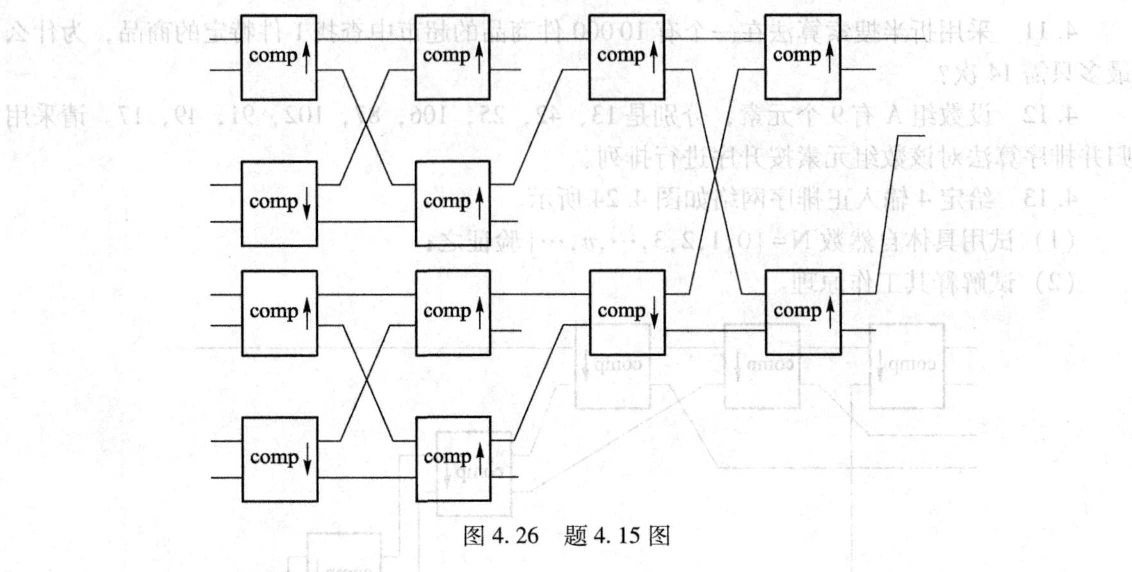

图 4.26　题 4.15 图

4.19　什么是群体智能？

4.20　数组、列表和树等数据结构是在何种意义上的数据抽象？

4.21　试想在除计算学科以外的领域中，哪些案例可以用线性表、栈、队列和树这样的概念来描述？

4.22　试归纳线性表、栈和队列三类数据结构各自数据运算规则之间的区别。

4.23　假设有一空栈，数值 3A 首先入栈，然后数值 2B、8C 依次入栈，随后执行一次出栈操作，最后数值 9D 和 8E 依次入栈。

（1）请按栈底到栈顶的存储顺序列出当前栈内所有数据。

（2）若执行出栈操作，取出的数据为多少？

4.24　有一个长度为 n 的栈 S，现在另外提供一个同样长度的辅助栈 S1，但仅允许通过入栈与出栈操作将数据从一个栈移到另一个栈。试分析，执行一系列操作后栈 S 中数据的排列顺序是否会发生变化。倘若另外提供两个辅助栈 S1、S2，其他条件不变，又会怎样？

4.25　采用循环队列结构管理的数据在存储器中是向队头方向移动，还是向队尾的方向移动？

4.26　假设某队列初始时仅含数值 8A，8B 和 2C 依次入队，然后执行一次出队操作，最后数据 7D 和 6E 依次入队。

（1）请按从队头到队尾的存储顺序列出当前队列中所有数据。

（2）若执行出队操作，取出的数据为多少？

4.27　假设要创建一个“队列”，特殊之处在于队列中的项都有相应的优先级，即新入队的项有可能需要放在优先级相对低的项之前。请描述一个实现这种“队列”的存储系统，并证明其正确性。

4.28　设某树形结构含 4 个结点，结点中的数据分别为 A3、3B、8C 和 D7。已知 A3 和 8C 为兄弟关系，而 D7 为 A3 的子结点。请问：该树中叶结点有哪些？根结点是哪个？

4.29　数组如图 4.27 所示，请列出分别按行主序、列主序的方式在主存中的存放顺序。

5E	6A	C5
8C	9B	B4
7E	B3	55

图 4.27　题 4.29 图

4.30　假设一个 6 行 8 列的数组按行主序存放，设起始地址为 14（十六进制）。如果数组中的每个项只需要一个存储单元，数组中的第 3 行第 4 列的项的存储地址是多少？如果每个项需要两个存储单元，那么第 3 行第 4 列的项的存储地址是多少？

4.31　若题 4.12 中的数组采用列主序存储，那结果又是多少？

4.32　在 FORTRAN、Matlab、VB 等程序设计语言中，数组的下标是从 1 开始的，例如 3×4 的数组 Array_Exp 中第 1 行第 4 列的项可用 Array_Exp[1][4]表示。在这种情况下采用行主序存储，Array_Exp[i][j]的地址多项式是什么（假设数组首地址为 X，记录均为 1 个存储单元大小）？

4.33　设有一个三维数组，按面（S）、行（R）、列（C）的次序顺序存放，每个项仅占一个存储单元，首地址为 X。试写出该数组第 i 面、第 j 行、第 k 列的项的地址多项式。

4.34　如果运用循环方式实现一个队列，以图 4.11（b）所示的队列为例，如何判断队列是满还是空？头指针和尾指针的关系如何？

4.35　试设计一种数据结构，使其适合记录中国象棋的棋局。

4.36　根据顺序存储和链式存储各自的优势，尝试在计算学科以外的领域中寻找一个可以应用顺序存储技术的案例，再找一个可以应用链式存储技术的案例。

4.37　数据的链式存储技术最重要的思想是通过存储单元的地址来访问数据，试在计算学科以外的领域找一个可以应用这一思想的案例。

4.38　若采用一维数组结构来实现动态表的存储，试分析可能会遇到哪些问题。

4.39　已知一个采用一维数组形式实现的队列 Q（每项占一个存储单元），当前队首地址为 11，队尾地址为 17。现在向队内插入一项，同时移走两项。问：当前队头地址和队尾地址分别为多少？

4.40　Vcomputer 机器内存中 71～78 存储单元为存储系统分配给一个循环队列的连续存储空间（Vcomputer 机器内存初始时内容都为 0），如图 4.28 所示，该队列当前的队头地址为 72，队尾地址为 77。

（1）若当前状态下插入 82、4C，然后执行 3 次出队操作，最后再插入 4D、9E，试分析上述操作完成后该循环队列队头地址和队尾地址分别为多少，并在下面的内存中标出各单元的内容。

（2）若（1）中未执行 3 次出队操作，而是连续插入 82、4C、4D、9E，试分析是否会出现异常。

4.41　试分析用高级语言编写程序时，如何用数组来实现队列。

4.42　什么条件表示单链表为空？

4.43　分析用高级语言编写程序时，如何用一维数组实现一个栈。

4.44　假设需要创建一个存放名字的栈，且其中名字的长度不同。这里有一个方案：把名字存放在分散的存储区域，再建立一个管理这些名字存储地址的栈即可。试分析这一方案的方便之处。

4.45　图 4.29 给出了 Vcomputer 机器内存的一部分，其中有些单元存储的是两位十六进制数值，而每个这样的单元后面都有一个空单元。请在这些空单元中填入适当的值，使其构成一个按数值从大到小顺序排列的单链表结构。

主存

地址	单元内存
70	00
71	00
72	2F
73	1A
74	23
75	36
76	3B
77	00
78	00
79	00
7A	00
7B	00
7C	00
7D	00
7E	00
7F	00

图 4.28　题 4.40 图

主存

地址	单元内存	地址	单元内存
70	00	80	00
71	78	81	00
72	00	82	00
73	68	83	00
74	00	84	00
75	57	85	00
76	00	86	00
77	45	87	00
78	00	88	00
79	98	89	00
7A	00	8A	00
7B	00	8B	36
7C	00	8C	00
7D	00	8D	00
7E	00	8E	79
7F	00	8F	00

图 4.29　题 4.45 图

4.46　图 4.30 为 Vcomputer 机器内存的一部分，其中地址 02 是某单链表的首地址，链

主存

地址	单元内存	地址	单元内存	地址	单元内存	地址	单元内存
00	00	C0	00	D0	00	F0	00
01	00	C1	00	D1	00	F1	00
02	F5	C2	00	D2	00	F2	00
03	08	C3	00	D3	00	F3	00
04	00	C4	00	D4	7C	F4	00
05	00	C5	00	D5	DB	F5	00
06	00	C6	00	D6	00	F6	00
07	68	C7	00	D7	00	F7	00
08	C8	C8	27	D8	00	F8	00
09	00	C9	D4	D9	00	F9	00
0A	00	CA	00	DA	8A	FA	00
0B	00	CB	00	DB	FB	FB	CD
0C	00	CC	00	DC	00	FC	00
0D	00	CD	00	DD	00	FD	00
0E	00	CE	00	DE	00	FE	00
0F	00	CF	00	DF	00	FF	00

图 4.30　题 4.46 图

表的存储结构与题 4.45 相同。尝试通过改变指针域的值使得该链表中的结点按数值从小到大的顺序排列，并给出此时该链表的首地址。

4.47 有时候一个单链表可以有两种不同的顺序，只要为每个结点附加两个后继指针域即可。以如图 4.31 所示 Vcomputer 机器内存的一部分为例（链表的存储结构与题 4.45 相同）。尝试向每个结点的空单元中填入适当的值，使得若按结点第二个单元中的地址开始遍历链表，结点按数值的增序排列；若按结点第三个单元中的地址开始遍历链表，结点按数值的降序排列，并且给出增序、降序各自的首地址。

地址	单元内存	地址	单元内存	地址	单元内存	地址	单元内存
00	00	B0	A0	C0	00	F0	00
01	A2	B1	00	C1	00	F1	00
02	00	B2	00	C2	00	F2	7A
03	00	B3	00	C3	00	F3	00
04	00	B4	00	C4	05	F4	00
05	00	B5	00	C5	00	F5	00
06	00	B6	00	C6	00	F6	00
07	B1	B7	00	C7	00	F7	00
08	00	B8	00	C8	00	F8	00
09	00	B9	00	C9	78	F9	00
0A	00	BA	00	CA	00	FA	00
0B	00	BB	9C	CB	00	FB	80
0C	00	BC	00	CC	00	FC	00
0D	D2	BD	00	CD	00	FD	00
0E	00	BE	00	CE	00	FE	00
0F	00	BF	00	CF	00	FF	00

图 4.31 题 4.47 图

4.48 图 4.32 为一个存放在 Vcomputer 机器连续存储单元中的栈，已知栈顶地址为 74，栈底地址为 71。试问：当前执行出栈操作取出的数值是多少？执行出栈操作后栈顶地址为多少？

地址	单元内存
70	00
71	78
72	68
73	57
74	45
75	98
76	00
77	00
78	00
79	00
7A	00
7B	00
7C	00
7D	00
7E	00
7F	00

图 4.32 题 4.48 图

4.49 如图 4.33 所示，Vcomputer 机器内存中存储了一棵首地址为 91 的二叉树，每个结点的第一个单元存放的是该结点的数据，第二个单元存放的是其左子结点的地址，第三个单元存放的是其右子结点的地址。请画出这棵树。

4.50 如图 4.34 所示，Vcomputer 机器内存中一些单元内已经存放了数据，而且这些单元后面都有两个空单元。填充这些空单元，第一个空单元存放左子结点的地址，第二个空单元存放右子结点的地址，使之表示为如图 4.35 所示的二叉树（空地址用 00 表示）。

4.51 图 4.36 给出了以二叉树结构组织的 5 个数据，若采用如图 4.21 所示的二叉树链式存储方案，尝试将这 5 个数据存放到 Vcomputer 机器内存的 E0~EF 中。

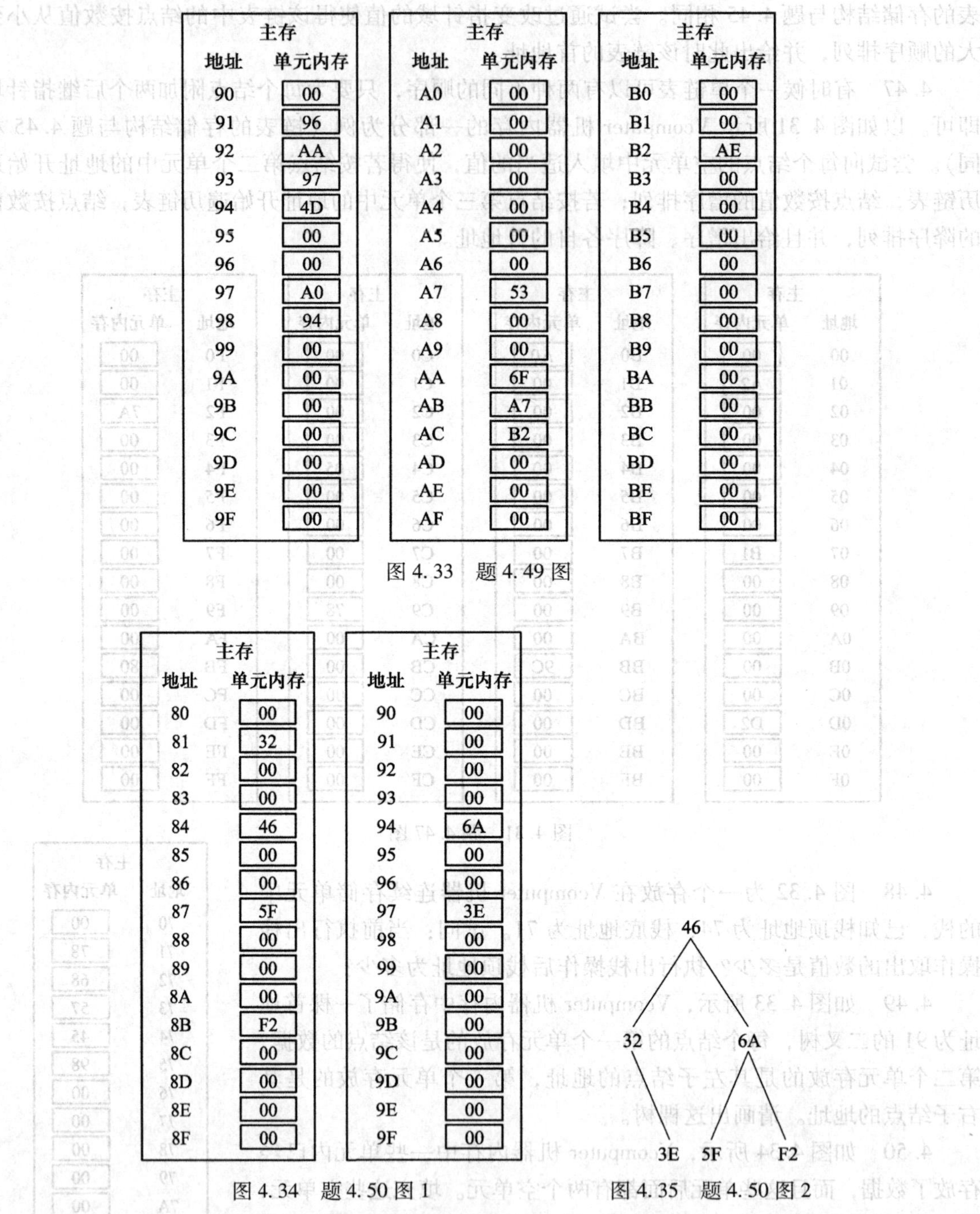

图 4.33　题 4.49 图

图 4.34　题 4.50 图 1

图 4.35　题 4.50 图 2

4.52　假设某连续内存中有一棵按顺序存储方式存放的二叉树，连续存放着 7 个数值（依序为 94、67、82、04、42、35、64）。请画出这棵树。

4.53　图 4.37 为一棵二叉树，倘若采用前面讲述的顺序存储方式存放，即存放在 Vcomputer 机器中一块连续的存储块内，请画出一种可能的存储方法。

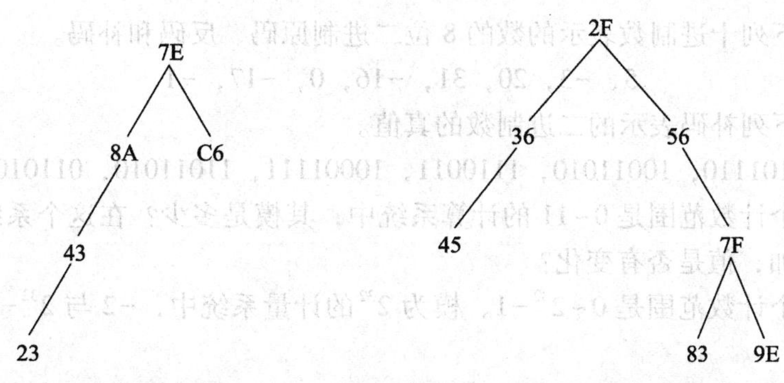

图4.36 题4.51图　　图4.37 题4.53图

4.54 什么是程序？程序包括哪些基本要素？

4.55 什么是软件？什么是硬件？

4.56 十进制、十六进制、八进制、二进制转换的关键是将十进制数拆分为若干以2为基数的位权（位置序号从0开始，第 n 个位置的位权为 2^n），请将十进制数138、345、511、1 562转换成对应的二进制、八进制和十六进制数的形式，二进制数填在表4.4中，八进制和十六进制数写在表后相应的位置。

表4.4 题4.56表

十进制数	位权										
	2^{10}	2^9	2^8	2^7	2^6	2^5	2^4	2^3	2^2	2^1	2^0
	1 024	512	256	128	64	32	16	8	4	2	1
18	0	0	0	0	0	0	1	0	0	1	0
138											
345											
511											
1 562											

4.57 灵活运用“不插电的计算机科学”活动中的二进制与十进制数转换，将下列十进制数快速地用10位二进制数表示。

0，511，254，129，56，42，32，16，12，1 023

4.58 灵活运用“不插电的计算机科学”活动中的二进制与十进制数转换，将下列二进制数快速地用十进制数表示。

1111111111，1000000001，0100000011，0001001010，0001001101，0000011111

4.59 将下列八进制数转化为二进制数。

23，74，17777，221，3467，654，1101，1011

4.60 将下列八进制数转化为十六进制数。

23，210，1110，7454，2141，41，42，2005

*4.61　写出下列十进制数表示的数的 8 位二进制原码、反码和补码。

5，-3，20，31，-16，0，-17，-1

*4.62　写出下列补码表示的二进制数的真值。

01101110，10011010，1110011，10001111，11011010，0110101

4.63　在一个计数范围是 0~11 的计算系统中，其模是多少？在这个系统中，任一正数或负数与其模相加，值是否有变化？

4.64　在一个计数范围是 $0\sim2^{32}-1$、模为 2^{32} 的计量系统中，-2 与 $2^{32}-2$ 指称的含义是否一样？

*4.65　设机器的字长为 8 位，求十进制数 18 和 26 的二进制补码，并计算它们补码相减的结果。

4.66　写出下列符号的 ASCII 码。

A，(，d，*，z，=，g，17

4.67　编码是一件很有趣的事，请用二进制数对自己班级的同学姓氏进行编码，然后分别写在若干张卡片上，若班上同学的不同姓氏小于 8，就写在 3 张卡片上；若班上不同的姓氏小于 16，就写在 4 张卡片上，以此类推。完成准备工作后，打乱同一张卡片上姓氏的顺序，开展猜姓氏的活动。

4.68　条形码是一种简单而又具有巨大应用价值的编码技术，是物联网发展的基础，条形码最后 1 位一般被设置为校验位。请在网上查找 13 位 ISBN 校验码的计算方法，并以本书为例，计算校验位的值。

4.69　奇偶校验是一种检验数据传输正确性的方法。根据被传输的一组二进制码的数位中“1”的个数是奇数或偶数来进行校验。采用奇数的称为奇校验，反之，称为偶校验。采用何种校验是事先规定好的，通常专门设置一个奇偶校验位，用它使这组代码中“1”的个数为奇数或偶数。图 4.38 给出了一组需要传输的数据，若用偶校验传输数据，请用“0”或“1”替换下表中的“×”，并分析传输的工作原理。

4.70　如图 4.39 所示，根据“计”的点阵图写出它的字形码。

1	0	0	0	1	0	1	×
0	1	1	1	0	0	1	×
0	0	1	1	1	0	0	×
1	1	0	0	1	1	0	×
0	1	0	0	0	0	1	×
1	1	1	0	0	0	1	×
0	1	1	1	0	1	1	×
×	×	×	×	×	×	×	×

图 4.38　题 4.69 图

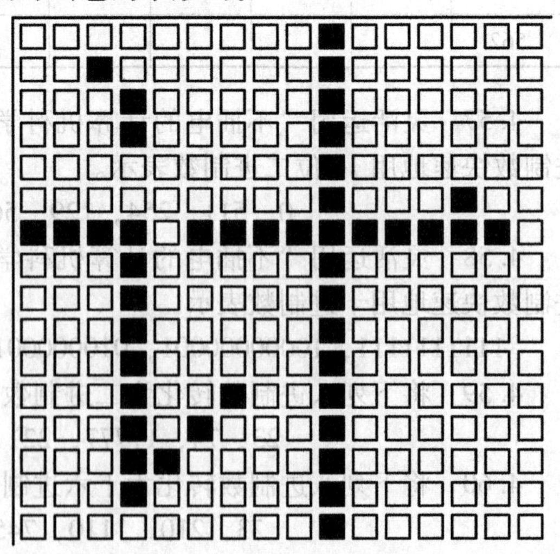

图 4.39　题 4.70 图

4.71　在一幅位图中，用来表示一个图像所使用的像素的数量同时影响了图像显示的清晰度和它所需的内存大小。这样的说法正确吗？为什么？

4.72　假如用位图技术存储一幅分辨率为 1 024×1 024 的彩色图片，需要多大的存储空间？

4.73　位图技术和矢量技术相比，各自的优点是什么？

4.74　在声音的存储中，为什么采样频率选定为 44.1 kHz？

4.75　请在网上分别下载一个汉字点阵编辑软件、一个图像色彩编辑软件、一个音频编辑软件，并进行简单应用。

4.76　二进制与编码技术与人类的记忆有关。在数码技术得到飞速发展的今天，人类不仅可以同时保存大量的文字、图片和声音，也可以进行任意的组合，请分析这种任意的组合带来的好处和危害。

4.77　为什么在分析计算机内部工作时，常用十六进制数？

4.78　在研究数字逻辑电路时，为什么计算机科学家和工程师关心的是电路所完成的逻辑功能，而不是电的或机械的性能？

4.79　CC1991 报告提取了计算学科中的哪些核心概念？

第5章　计算学科中的数学方法

在计算学科中，采用的数学方法主要是离散数学方法。本章首先简单介绍数学的基本特征及数学方法的作用。然后介绍计算学科中常用的数学概念和术语（包括集合，函数和关系，代数系统，字母表、字符串和语言，定义、定理和证明，必要条件和充分条件）、证明方法、递归和迭代、随机数与蒙特卡罗方法、公理化方法等内容。最后介绍计算学科中的形式化方法，包括形式系统的组成、基本特点和局限性，形式化方法的定义，以及形式化规格说明和形式验证等内容。

5.1　引言

数学有连续数学和离散数学之分，离散数学源于算术，连续数学源于几何。自牛顿和莱布尼茨创立微积分后，连续数学就以微积分为基础，用连续的观点对数学进行研究，对自然科学（如物理学等）的各种现象进行描述，成为人们认识客观世界的一个重要工具。

计算学科与物理等学科不同，它的根本问题是“能行性”问题。“能行性”这个根本问题决定了计算机本身的结构和它处理的对象都是离散型的，而连续型问题只有经过“离散化”处理后才能被计算机处理。因此，在计算学科中，采用的数学方法主要是离散数学的方法。理论上，凡是能用以离散数学为代表的构造性数学方法描述的问题，当该问题所涉及的论域为有穷或虽为无穷但存在有穷表示时，这个问题一定能用计算机来处理。由于计算机的软硬件都是形式化的产物，因此，很自然地还可以得到这样一个结论：凡是能被计算机处理的问题都可以转换为一个数学问题。

对于数学问题，计算机科学家与数学家的侧重点不一样：数学家关心的是“是什么（What is it）”的问题，重点放在数学本身的性质上；计算机科学家则不同，他们不仅要知道“是什么”的问题，更要解决“怎么做（How to do it）”的问题。

由于传统数学研究的对象过于抽象，导致对具体问题（特别是有关计算的本质，即字符串变换的具体过程）关注不够。因此，在计算领域，人们又创造了基于离散数学的、“具体”数学的大量概念和方法（如学科中的各种形式化方法）。

本章主要介绍数学的基本特征、数学方法的作用、计算学科中常用的数学概念和术语、证明方法、递归和迭代、随机数和蒙特卡罗方法、公理化方法以及形式化方法等内容。其中，常用的数学概念和术语包括集合，函数和关系，代数系统，字母表、字符串和语言，定义、定理和证明，必要条件和充分条件等。

5.2 数学的基本特征

数学是研究现实世界的空间形式和数量关系的一门科学。它具有以下三个基本特征。

1. 高度的抽象性

抽象是任何一门科学乃至全部人类思维都具有的特性，然而，数学的抽象程度大大超过自然科学中一般的抽象，它最大的特点在于抛开现实事物的物理、化学和生物学等特性，仅保留其量的关系和空间的形式。

2. 逻辑的严密性

数学高度的抽象性和逻辑的严密性是紧密相关的。若数学没有逻辑的严密性，则其自身理论会矛盾重重，漏洞百出，那么用数学方法对现实世界进行抽象就失去了意义。正是由于数学的逻辑严密性，人们在运用数学工具解决问题时，只有严格遵守形式逻辑的基本法则，充分保证逻辑的可靠性，才能保证结论的正确性。

3. 普遍的适用性

数学的高度抽象性决定了它的普遍适用性。数学广泛应用于其他科学与技术，甚至人们的日常生活之中。

5.3 数学方法的作用

数学方法是指解决数学问题的策略、途径和步骤。数学方法在现代科学技术的发展中已经成为一种必不可少的认识手段，它在科学技术方法论中的作用主要表现在以下三个方面。

1. 为科学技术研究提供简洁、精确的形式化语言

人类在日常交往中使用的语言称为自然语言，它是人与人之间进行交流和对现实世界进行描述的一般的语言工具。而随着科学技术的迅猛发展，对于微观和宏观世界中存在的复杂的自然规律，只有借助数学的形式化语言才能抽象地表达出来。许多自然科学定律，如牛顿的万有引力定律等，都是用简明的数学公式来表示的。数学模型就是运用数学的形式化语言在观测和实验的基础上建立起来的，它有助于人们认识和把握超出感性经验之外的客观世界。

2. 为科学技术研究提供定量分析和计算的方法

一门科学要从定性分析发展到定量分析，数学方法发挥了杠杆的作用。计算机的问世更为科学的定量分析和理论计算提供了必要条件，使一些过去无法解决的数学课题找到了解决的可能性。如原子能的研究和开发、空间技术的发展等都是借助精确的数值计算和理论分析进行的。

3. 为科学技术研究提供逻辑推理的工具

数学的逻辑严密性使它成为建立一种理论体系的手段，在这方面最有意义的就是公理化方法。数学逻辑用数学方法研究推理过程，把逻辑推理形式加以公理化、符号化，为建立和发展科学的理论体系提供有效的工具。

5.4 计算学科中常用的数学概念和术语

5.4.1 集合

1. 集合的概念

集合是数学的基本概念，它是构造性数学方法的基础。集合是一组无重复的对象的全体。集合中的对象称为集合的元素。例如，计算机专业学生全部必修课程可以组成一个集合，其中的每门课程就是这一集合中的元素。

2. 集合的描述方法

通常用大写字母表示集合，用小写字母表示元素，描述集合的方式主要有以下 3 种。

（1）枚举法：列出所有元素的表示方法。

例如，1~5 的整数集合可表示为 $A=\{1,2,3,4,5\}$。

（2）外延表示法：当集合中所列元素的一般形式很明显时，可只列出部分元素，其他则用省略号表示。

例如，斐波那契数可表示为 $\{0,1,1,2,3,5,8,13,21,34,\cdots\}$。

（3）谓词表示法：用谓词来概括集合中元素的属性。

例如，斐波那契数可表示为 $\{F_n \mid F_{n+2}=F_{n+1}+F_n,\ F_0=0,\ F_1=1,\ n\geqslant 0\}$。

3. 集合的运算

集合的基本运算有并、差、交、补和乘积等运算。

1）集合的并

设 A、B 为两个任意集合，由所有属于 A 或属于 B 的元素构成的集合 C 称为 A 和 B 的并集，可表示为 $C=A\cup B=\{x \mid x\in A \vee x\in B\}$。

求并集的运算称为并（运算）。

例 5.1 若 $A=\{a,b,c,d\}$，$B=\{b,d,e\}$，求集合 A 和 B 的并。

$A\cup B=\{a,b,c,d,e\}$。

2）集合的差

设 A、B 为两个任意集合，由所有属于 A 而不属于 B 的一切元素构成的集合 S 称为 A 和 B 的差集，可表示为 $S=A-B=\{x \mid x\in A \wedge x\notin B\}$。

求差集的运算称为差（运算）。

例 5.2 若 $A=\{a,b,c,d\}$，$B=\{b,d,e\}$，求集合 A 和 B 的差。

$A-B=\{a,c\}$。

3）集合的交

设 A、B 为两个任意集合，由 A 和 B 的所有相同元素构成的集合 C 称为 A 和 B 的交集，可表示为 $C=A\cap B=\{x \mid x\in A \wedge x\in B\}$。

求交集的运算称为交（运算）。

例 5.3 若 $A=\{x \mid x>-5\}$，$B=\{x \mid x<1\}$，求集合 A 和 B 的交。

$A\cap B=\{x \mid x>-5\}\cap\{x \mid x<1\}=\{x \mid -5<x<1\}$。

4）集合的补

设 I 为全集，A 为 I 的任意一个子集，则 $I-A$ 为 A 的补集，记为$\overline{A}$，可表示为$\overline{A}=I-A=\{x \mid x \in I \wedge x \notin A\}$。

求补集的运算称为补（运算）。

例 5.4 若 $I=\{x \mid -5<x<5\}$，$A=\{x \mid 0<x<1\}$，求$\overline{A}$。

$\overline{A}=I-A=\{x \mid -5<x<0 \vee 1<x<5\}$。

5）集合的乘积

集合 $A_1, A_2, \cdots, A_n$ 的乘积一般用法国数学家勒内·笛卡儿（René Descartes）的名字命名，即笛卡儿积。该乘积表示如下。

$$A_1 \times A_2 \times \cdots \times A_n=\{(a_1, a_2, \cdots, a_n) \mid a_i \in A_i,\quad i=1,2, \cdots, n\}$$

$A_1 \times A_2 \times \cdots \times A_n$ 的结果是一个有序 n 元组的集合。

例 5.5 若 $A=\{1,2,3\}$，$B=\{a, b\}$，求 $A \times B$。

$A \times B=\{(1, a),(1, b),(2, a),(2, b),(3, a),(3, b)\}$。

5.4.2 函数和关系

1. 函数

函数又称映射，是指把输入转变成输出的运算，该运算也可理解为从某一“定义域”的对象到某一“值域”的对象的映射。函数是程序设计的基础，程序定义了计算函数的算法，而定义函数的方法又影响着程序语言的设计，好的程序设计语言一般都便于函数的计算。

设 f 为一个函数，当输入值为 a 时输出值为 b，则记作 $f(a)=b$。

2. 关系

关系是一个谓词，其定义域为 k 元组的集合。通常的关系为二元关系，其定义域为有序对的集合，在这个集合中，称有序对的第一个元素和第二个元素有关系。例如，“学生选课”关系如图 5.1 所示。用关系的术语可以说，张三与文学以及哲学有选课关系，李四与数学及艺术有选课关系，王五与历史及文学有选课关系。

学生	课程	成绩
张三	文学	90
张三	哲学	95
李四	数学	80
李四	艺术	85
王五	历史	92
王五	文学	88

图 5.1 “学生选课”关系

3. 等价关系

在关系中，有一种特殊的关系，即等价关系，它满足以下三个条件。

(1) 自反性，即对集合中的每一个元素 a，都有 aRa。

(2) 对称性，即对集合中的任意元素 a，b，aRb 成立当且仅当 bRa 成立。

(3) 传递性，即对集合中的任意元素 a，b，c，若 aRb 和 bRc 成立，则 aRc 一定成立。

等价关系的一个重要性质是：集合 A 上的一个等价关系 R 可将 A 划分为若干个互不相交的子集，这些子集称为等价类。

例 5.6 证明自然数 $\mathbf{N}$ 上的模 3 的同余关系 R 为等价关系。

将该关系形式化地表示为：$R=\{(a, b) \mid a,\ b \in \mathbf{N}, a-b \in 3\mathbf{N}\}$。

① 自反性证明：对集合中的任何一个元素 $a \in \mathrm{N}$，都有 $a-a=0 \in 3\mathbf{N}$。

② 对称性证明：对集合中的任意元素 a，b，$n \in \mathbf{N}$，若 $a-b=3n \in 3\mathbf{N}$，则有 $b-a=3(-n) \in 3\mathbf{N}$。

③ 传递性证明：对集合中的任意元素 a，b，c，n，$m \in \mathbf{N}$，若 $a-b=3n$，$b-c=3m$，两等式左右两边分别相加，则有 $(a-b)+(b-c)=3n+3m$，即 $a-c=3(n+m) \in 3\mathbf{N}$。

综上所述，该关系满足自反性、对称性和传递性，因此该关系为等价关系。

例 5.7 假设某人在唱歌（事件 e_1）的同时，还可以开车（事件 e_2）或者步行（事件 e_3），但一个人不能同时开车和步行。以上反映的并发现象用关系来表示时是否是等价关系？

以上反映的是一种并发现象，如果用关系（co）来表示，则这种并发关系具有自反性和对称性，即可表示为：e_1 co e_1，e_2 co e_2，e_3 co e_3；以及 e_1 co e_2（或 e_2 co e_1），e_1 co e_3（或 e_3 co e_1），但不满足传递性，即（e_2 co e_1）∧（e_1 co e_3）不能推出 e_2 co e_3，即不能在开车的同时步行。因此，以上并发关系不是等价关系。

另外，常见的等价关系还有相似关系、平行关系、相关系等；而小于或等于关系、朋友关系、同学关系等则不是等价关系。

5.4.3 代数系统

集合是数学中最基本的概念，从集合出发可以派生出“映射”的概念。进一步，对于一个非空集合 A，可以定义，任意一个由 $A \times A$ 到 A 的映射称为集合 A 上的一个二元运算，从 A^n 到 A 的映射则称为集合 A 上的一个 n 元运算。

由集合 A 以及连同若干定义在该集合上的运算 $f_1, f_2, \cdots, f_n$ 组成的系统称为代数系统，该系统可以形式化地描述为 $<A, f_1, f_2, \cdots, f_n>$。

群、环、格、布尔代数是 4 种最基本的代数系统，本节主要介绍群和布尔代数。在此之前，先介绍与代数系统有关的基础知识——运算及其性质。

1. 运算及其性质

定义 5.1 设 A，B，C 为三个集合，映射 f: $A \times B \to C$ 称为从笛卡儿积 $A \times B$ 到集合 C 的代数运算。二元运算的性质如下。

（1）封闭性。设 $*$ 是定义在集合 A 上的二元运算，若对于任意的 x，$y \in A$，都有 $x * y \in A$，则称二元运算 $*$ 在 A 上是封闭的。

（2）可交换性。设 $*$ 是定义在集合 A 上的二元运算，若对于任意的 x，$y \in A$，都有 $x * y = y * x$，则称该二元运算 $*$ 是可交换的。

（3）可结合性。设 $*$ 是定义在集合 A 上的二元运算，若对于任意的 x，y，$z \in A$，都有 $(x * y) * z = x * (y * z)$，则称该二元运算 $*$ 是可结合的。

（4）可分配性。设 $*$、$\Diamond$ 是定义在集合 A 上的两个二元运算，若对于任意的 x，y，z，都有 $x * (y \Diamond z) = (x * y) \Diamond (x * z)$ 且 $(x \Diamond y) * z = (x * z) \Diamond (y * z)$，则称运算 $*$ 对于运算 $\Diamond$ 是可分配的。

（5）幺元。设 $*$ 是集合 A 上的一个二元运算，若存在一个元素 $e_l \in A$，对于任意的元素 $a \in A$，都有 $e_l * a = a$，称 e_l 是 A 上关于运算 $*$ 的左幺元；若存在一个元素 $e_r \in A$ 使得对于所有的 $a * e_r = a$，称 e_r 是 A 上关于运算 $*$ 的右幺元；若存在元素 $e \in A$，它既是左幺元，又是右幺元，称 e 为幺元。这时对于任意的 $a \in A$ 有 $e * a=a * e=a$。

（6）零元。设 $*$ 是集合 A 上的二元运算，若存在一个元素 $\theta_l \in A$，使得对于所有的 $a \in A$，有 $\theta_l * a=\theta_l$，称 θ_l 是 A 上关于运算 $*$ 的左零元；若存在一个元素 $\theta_r \in A$，使得对于所有的 $a \in A$，有 $a * \theta_r=\theta_r$，称 θ_r 是 A 上关于运算 $*$ 的右零元。若存在元素 $\theta \in A$，它既是左零元，又是右零元，则称 θ_r 为零元。这时对于所有的 $a \in A$，有 $\theta * a=a * \theta=\theta$。

（7）逆元。设 $*$ 是集合 A 上的具有单位元 e 的二元运算，对于元素 $a \in A$，若存在元素 $a_l^{-1} \in A$，使得 $a_l^{-1} * a=e$，称元素 a_l^{-1} 对于运算 $*$ 是左可逆的，而 a_l^{-1} 称为 a 的左逆元；若存在元素 $a_r^{-1} \in A$，使得 $a * a_r^{-1}=e$，称元素 a_r^{-1} 对于运算 $*$ 是右可逆的，而 a_r^{-1} 称为 a 的右逆元。

2. 群

群论（关于群的理论）起源于求解代数方程的通解，即用方程的系数经过加、减、乘、除和适当的开方运算来求解。据史料记载，古巴比伦人很早就知道了如何求解二次方程，文艺复兴时期的数学家也成功地找到了三次和四次方程式的通解。于是人们自然希望找到五次、六次和更高次代数方程式的通解，然而遇到了困难。

19 世纪初，包括法国数学家 E. 伽罗瓦（E. Galois）在内的不少数学家都致力于这个问题的研究。在其他人还在努力寻求通解的时候，伽罗瓦却开始怀疑通解是否存在。于是，他转向把问题抽象化，研究方程式及其解的一般性质，从而有了“群”的概念。群的研究证实了伽罗瓦的怀疑，即五次及更高次的代数方程式的一般代数解并不存在。

以伽罗瓦开创的群论为标志，代数学（近世代数或抽象代数）作为研究各种代数系统的科学，在计算领域得到了广泛的应用，如算法理论、网络与通信理论、程序理论、密码学、数字逻辑电路等。

定义 5.2 一个代数系统 $<S, *>$，其中 S 是非空集合，$*$ 是 S 上的一个二元运算，若运算 $*$ 是封闭的，则称代数系统 $<S, *>$ 为广群。

定义 5.3 一个代数系统 $<S, *>$，其中 S 是非空集合，$*$ 是 S 上的一个二元运算，若

（1）运算 $*$ 是封闭的，

（2）运算 $*$ 是可结合的，

则称代数系统 $<S, *>$ 为半群。

定义 5.4 设 $<G, *>$ 是一个代数系统，其中 G 是非空集合，$*$ 是 G 上一个二元运算，若

（1）运算 $*$ 是封闭的；

（2）运算 $*$ 是可结合的；

（3）存在幺元 e；

（4）对于任一个元素 $x \in G$，存在它的逆元 x^{-1}；

则称 $<G, *>$ 是一个群。

不难发现，半群是可结合的广群，群是一个存在幺元且每一个元素都存在逆元的半群，群、半群、广群的关系如图 5.2 所示。

3. 环

前面介绍的广群、半群、群都是关于“一个”二元运算的代数系统。可以用这类系统解形如 $ax=b$ 的一元一次代数方程式的根（只需在等式的两边分别乘以 $1/a$）；而无法解形

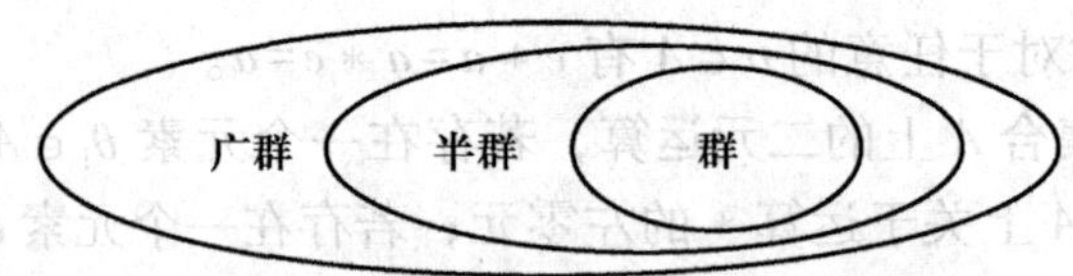

图 5.2 群、半群、广群的关系

如 $ax+b=c$ 的一元一次代数方程式的根，这样就得在系统中再引入一个减运算（在等式两边分别减 b，然后在等式的两边再分别乘以 $1/a$）。显然，从实数 **R**（不含零）的角度来看，前一种代数系统是群，其形式化定义为 $<\mathbf{R}, *>$；而后一种系统有"两个"二元运算，是一种称为环的代数系统，其形式化定义为 $<\mathbf{R}, *, ->$。当然，环还要满足一定的运算性质，这些内容不在此讨论，在"离散数学"等课程中有相关介绍。

4. 格

格与群和环相比，多了一个在格中具有重要意义的次序关系。

定义 5.5 设 $<A, \leqslant>$ 是一个偏序集，若 A 中任意两个元素都有最小上界和最小下界，则称 $<A, \leqslant>$ 为格。

5. 布尔代数

布尔代数是一种特殊的格，它由以 0 和 1 组成的集合以及定义在其上的"三个运算"构成。

定义 5.6 给定 $<A, *, \Diamond, '>$，其中 $*$ 和 $\Diamond$ 是集合 A 上的二元运算，$'$ 是 A 上的一元运算。$0, 1 \in A$，对于任意的 x，y，$z \in A$，若以下定律成立

（1）$x*y=y*x$，$x\Diamond y=y\Diamond x$（交换律）

（2）$x*(y\Diamond z)=(x*y)\Diamond(x*z)$，$x\Diamond(y*z)=(x\Diamond y)*(x\Diamond z)$（分配律）

（3）$x*0=x$，$x\Diamond 1=x$（泛界律）

（4）$x*x'=1$，$x\Diamond x'=0$（互补律）

（5）$x*(y*z)=(x*y)*z$，$x\Diamond(y\Diamond z)=(x\Diamond y)\Diamond z$（结合律）

则 $<A, *, \Diamond, '>$ 称为布尔代数，其中 $*$、$\Diamond$ 和 $'$ 分别为并运算、交运算和补运算。0 和 1 分别为零元和幺元。

布尔代数是英国数学家和逻辑学家 G. 布尔（G. Boole）于 1847 年创立的、最初用来研究逻辑思维的法则。

1938 年，当时就读于麻省理工学院的香农在他的硕士论文《继电器和开关电路的符号分析》（"A Symbolic Analysis of Relay and Switching Circuits"）一文中分析并指出：布尔代数可以用电路来实现，并可指导电路的设计。

香农的分析源于继电器的使用，与传统开关不同，继电器用电来控制开关的闭合，输出的电压是由输入的电压决定的，若设通电为 1，断电为 0，就能与布尔代数的两个值联系起来。为了实现布尔代数的"与""或""非"三种运算，人们研制和生产出了与之相应的三种门（"与"门、"或"门、"非"门）电路。

在电路的设计和分析中，一般用符号"·"表示逻辑"与"运算（在不引起混淆的情况下，"·"可省略），用符号"+"表示逻辑"或"运算，用符号"ˉ"表示逻辑"非"运算。布尔代数的三个基本逻辑运算的定义如表 5.1 所示。

表 5.1　布尔代数三个基本的逻辑运算

A	B	$A \cdot B$	$A+B$	$\overline{A}$
0	0	0	0	1
0	1	0	1	1
1	0	0	1	0
1	1	1	1	0

计算机的“真正”硬件就是数字逻辑电路，而无论多么复杂的数字逻辑电路，如组合逻辑电路、时序逻辑电路，甚至由它们构成的寄存器、计数器、存储器的存储单元电路等，从理论上来说，都可以由“与”门、“或”门、“非”门三种最基本的逻辑电路组成。

实际的逻辑关系是千变万化的，但它们都是“与”“或”“非”三种运算组合而成的。这三种基本运算反映了逻辑电路中三种最基本的逻辑关系，其他逻辑运算都是通过这三种基本运算来实现的。

研究数字逻辑电路，我们关心的是电路所完成的逻辑功能，一般只考虑输入变量和输出变量之间的逻辑关系，并用数学的方式来描述。若输入为布尔变量 $A,B,C,\cdots$，输出则为布尔函数 F，有 $F=f\ (A,\ B,\ C,\ \cdots)$。

这种代数表达式是以理想的形式来表示实际的数字逻辑电路，它反映了逻辑电路的特征和功能。因此，可以将一个具体的数字逻辑转换成抽象的代数表达式而加以分析和研究。三个最基本的门电路图以及相应的布尔代数表达式如表 5.2 所示。

表 5.2　“与”“或”“非”门电路图及相应的布尔代数表达式

名　称	门 电 路 图	布尔代数表达式
“与”门	&	$F=AB$
“或”门	≥1	$F=A+B$
“非”门	1	$F=\overline{A}$

随着数字逻辑电路的发展，现在实际使用的门电路除了“与”“或”“非”门外，还有“与非”“或非”“异或”“同或”“与或非”门等，它们都是由“与”“或”“非”逻辑导出的，它们的出现大大降低了逻辑电路设计的复杂性。

在数字逻辑电路设计中，还存在一个如何用最简单的组合电路实现给定逻辑功能的问题，这就是组合电路的化简问题。由于组合电路都可以用布尔代数来表示。因此，组合电路的化简也就可以转化为布尔代数表达式的化简，这方面的内容可以在“数字逻辑”等课程中学习，本书不再讨论。

***6. 一位加法器的设计**

数字计算机的运算建立在算术四则运算的基础上。在四则运算中，加法是最基本的一种运算。若想建造一台计算机，那么首先必须知道如何构造一台能进行加法运算的机器。由于减法、乘法、除法，甚至乘方、开方等运算都可以用加法来实现。因此，若能构造实现加法运算的机器，就一定可以构造出能实现其他运算的机器。

完成加法运算的机器称为加法器。加法器是对以数字形式表示的两个或多个 n 位数求和的一种逻辑运算电路，它是计算机中实现算术运算功能的核心部件。下面介绍一位加法器的设计。

首先，给出一位加法器的真值表；然后，根据真值表导出对应的布尔代数表达式，对表达式化简；最后，用门电路实现加法器。

不考虑高低进位，只考虑两个加数本身的加法器称为半加器。考虑高低进位的加法器称为全加器。先设计半加器，给出真值表，参见表 5.3，X、Y 表示两个加数，F_n 表示输出。

表 5.3　半加器的真值表

输　入		输　出
X_n	Y_n	F_n
0	0	0
0	1	1
1	0	1
1	1	0

根据真值表，得相应的布尔代数表达式（本书不讨论转换的细节）：

$$F_n = X_n\overline{Y}_n + \overline{X}_n Y_n$$

化简表达式（已最简），选用化简后的表达式，使用 3 种基本门电路实现半加器，设计数字逻辑电路图，如图 5.3 所示。

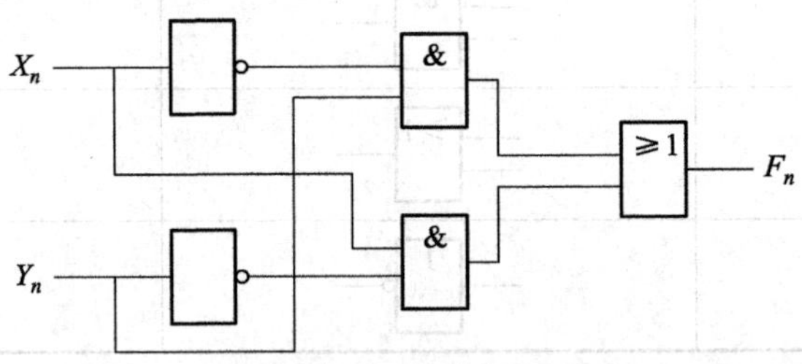

图 5.3　半加器逻辑电路图

在设计全加器时，要考虑进位，用 C_{n-1}、C_n 分别表示低位的进位和高位的进位。设计全加器时，先给出真值表（如表 5.4 所示）。

表 5.4　全加器的真值表

输　入			输　出	
X_n	Y_n	C_{n-1}	F_n	C_n
0	0	0	0	0
0	0	1	1	0

续表

输入			输出	
X_n	Y_n	C_{n-1}	F_n	C_n
0	1	0	1	0
0	1	1	0	1
1	0	0	1	0
1	0	1	0	1
1	1	0	0	1
1	1	1	1	1

根据真值表，得相应的布尔代数表达式：

$$F_n=\overline{X}_n\overline{Y}_nC_{n-1}+X_n\overline{Y}_n\overline{C}_{n-1}+\overline{X}_nY_n\overline{C}_{n-1}+X_nY_nC_{n-1}$$

$$C_n=\overline{X}_nY_nC_{n-1}+X_n\overline{Y}_nC_{n-1}+X_nY_n\overline{C}_{n-1}+X_nY_nC_{n-1}$$

对 C_n 的表达式进行化简，结果为：

$$C_n=X_nY_n+X_nC_{n-1}+Y_nC_{n-1}$$

设计全加器逻辑电路图，实现全加器，如图 5.4 所示。

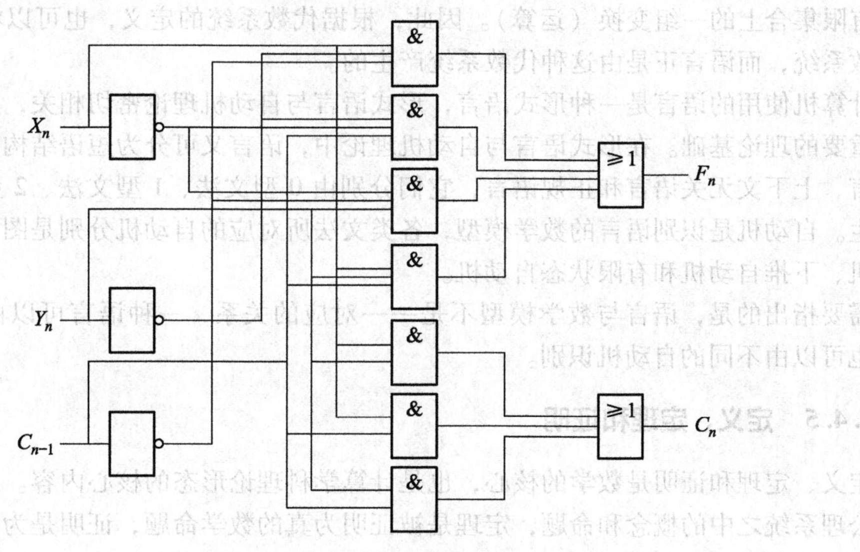

图 5.4 全加器的逻辑电路图

5.4.4 字母表、字符串和语言

所有的计算机程序设计语言都是形式语言，其构成基础同一般自然语言一样，也是符号或字母。常用的符号有数字（0~9）、大小写字母（A~Z，a~z）、括号、运算符（+，-，*，/）等。

有限字母表指的是由有限个任意符号组成的非空集合，简称为字母表，用 Σ 表示。字母表上的元素称作字符或符号，用小写字母或数字表示，如 a，b，c，1，2，3 等。

字母表可以理解为计算机输入键盘上符号的集合。字母可以理解为键盘上的每一个英文字母、数字、标点符号、运算符号等。

字符串也称为符号串，指的是由字符组成的有限序列，常用小写希腊字母表示。字母表 Σ 上的字符串以下列方式生成：

（1）ε 为 Σ 上的一个特殊串，称为空串，对任何 $a\in\Sigma$，$a\varepsilon=\varepsilon a=a$；

（2）若 υ 是 Σ 上的字符串，且 $a\in\Sigma$，则 υa 是 Σ 上的字符串；

（3）若 α 是 Σ 上的字符串，当且仅当它由（1）和（2）导出。

直观来说，Σ 上的字符串是由其上的符号以任意次序拼接起来构成的，任何符号都可以在串中重复出现。ε 作为一个特殊的串，由零个符号组成。应当指出的是，空串 ε 不同于计算机键盘上的空格键。

语言指的是给定字母表 Σ 上的字符串的集合。例如，当 $\Sigma=\{a,b\}$，则 $\{ab,aabb,abab,bba\}$，$\{\varepsilon\}$，$\{a^nb^n \mid n\geqslant 1\}$ 都是 Σ 上的语言。不包含任何字符串的语言称作空语言，用 Φ 表示。Φ 不同于 $\{\varepsilon\}$，前者表示空语言，后者表示由空串组成的语言。

语言是字符串的集合，因此，传统的集合运算（如并、交、差、补、笛卡儿积）对语言都适用。除此之外，语言还有一种重要的专门运算，即闭包运算。

语言、文法以及自动机有着密切的关系。语言由文法产生，文法是一种数学模型，是建立在有限集合上的一组变换（运算）。因此，根据代数系统的定义，也可以将文法看作是一种代数系统，而语言正是由这种代数系统产生的。

计算机使用的语言是一种形式语言，形式语言与自动机理论密切相关，并构成了计算机科学重要的理论基础。在形式语言与自动机理论中，语言又可分为短语结构语言、上下文有关语言、上下文无关语言和正规语言，它们分别由 0 型文法、1 型文法、2 型文法和 3 型文法产生。自动机是识别语言的数学模型，各类文法所对应的自动机分别是图灵机、线性有界自动机、下推自动机和有限状态自动机。

需要指出的是，语言与数学模型不是一一对应的关系，一种语言可以由不同的文法产生，也可以由不同的自动机识别。

5.4.5　定义、定理和证明

定义、定理和证明是数学的核心，也是计算学科理论形态的核心内容。其中，定义是蕴含在公理系统之中的概念和命题，定理是被证明为真的数学命题，证明是为使人们确信一个命题为真而做的一种逻辑论证。

数学家们认为，定义是数学的灵魂，定理和证明是数学的精髓。对一个问题来说，给出一个精确的定义是不容易的，甚至有人认为，若能像图灵给出“计算”的形式化定义那样给出“智能”的定义，那么，“智能”的本质将被揭示，“智能”领域也将产生一个质的飞跃。

例 5.8　定义。

定义是对一种事物的本质特征或一个概念的内涵与外延确切而简要的说明。陈波在其著作《逻辑学是什么》一书中，从定义的作用、规则等多方面对定义做了系统的论述。

（1）定义的作用。

① 综合作用：人们可以通过定义，对事物已有的认识进行总结，用文字的形式固定下来，并成为人们进行新的认识和实践活动的基础。

② 分析作用：人们可以通过定义，分析某个语词、概念、命题的使用是否合适，是否存在逻辑方面的错误。

③ 交流作用：人们可以通过定义，在理性的交谈、对话、写作、阅读中，对所使用的语词、概念、命题有一个共同的理解，从而避免因误解、误读而产生的无谓争论，提高成功交流的可能性。

（2）定义的规则。

① 定义必须揭示被定义对象的区别性特征。

② 定义项和被定义项的外延必须相等。

③ 定义不能恶性循环。

④ 定义不可用含混、隐晦或比喻性词语来表示。

下面给出几个例子，以便加深对定义这个概念的理解。

例 5.9 抽象。

在常用词典中，抽象一般有两个解释。一个是从许多事物中舍弃个别的、非本质的属性，抽出共同的、本质的属性，称为抽象。另一个是不具体的、笼统的、空洞的称为抽象。

例 5.10 科学。

科学是反映自然、社会、思维等的客观规律的分科的知识体系。

该定义从三方面规定了“科学是什么”，首先，科学是一种知识，而知识的本义则是对实践经验的真实陈述；其次，科学不是单个真实陈述的杂乱堆积，而是有序地组织起来的一个体系；第三，该陈述体系中的每一个陈述均可直接或间接加以证明。

例 5.11 人。

人是能制造工具并使用工具进行劳动的高等动物。

该定义采用的是属加种差的定义，这是一种常见的内涵定义形式。该定义确定了“人”属于一种“动物”；其次，确定了人与动物种类的区别。

例 5.12 哺乳动物。

哺乳动物是最高等的脊椎动物，基本特点是靠母体的乳腺分泌乳汁哺育初生幼体。除最低等的单孔类是卵生的以外，其他哺乳动物全是胎生的。

5.4.6 必要条件和充分条件

必要条件（necessary condition）和充分条件（sufficient condition）不仅是数学的两个基本概念，而且也是社会学中的两个重要概念。然而，要真正地理解并掌握这两个概念却不是一件容易的事。

一般地，若命题 p 蕴涵命题 q，即 $p\Rightarrow q$，则我们说，p 是 q 的充分条件，q 是 p 的必要条件。若两个命题相互蕴涵，即 $p\Leftrightarrow q$，我们说，p 和 q 互为充要条件。

从集合论的角度出发，借助于文氏图，有助于对必要条件和充分条件进行判定。

若 $p \Rightarrow q$，则 p 是 q 的充分条件，q 是 p 的必要条件。

假设 $A=\{x \mid p\}$，$B=\{x \mid q\}$，若 $A \subseteq B$，设 x 为 A 中的任一元素，即 $x \in A$，则 $x \in B$。因此，可以判定，A 是 B 的充分条件，即 $p \Rightarrow q$，如图 5.5（a）所示。

若 $p \Leftrightarrow q$，则 p 和 q 互为充要条件，即 $A=B$，如图 5.5（b）所示。

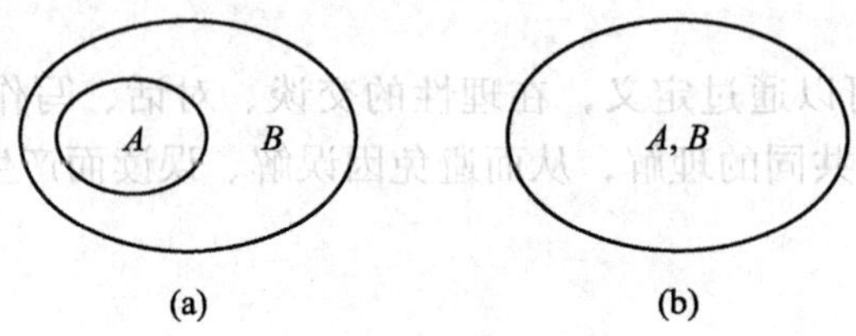

图 5.5　集合 A 和 B 相互关系的文氏图

例 5.13　人是哺乳动物。在这一命题中，“人”是“哺乳动物”的充分条件，“哺乳动物”是“人”的必要条件。

例 5.14　正方形是长方形。在这一命题中，“正方形”是“长方形”的充分条件，“长方形”是“正方形”的必要条件。

例 5.15　$x>0$ 是 $x>100$ 的必要条件。

例 5.16　$x=2$ 是 $x^2=4$ 的充分条件。

在现实生活中，必要条件和充分条件常被误用。如找人才，本来是找必要条件，但人们往往会用充分条件去找。相反，要用充分条件时，却错误地采用必要条件，如草率地启动一个涉及面很广的项目。

“必要条件”和“充分条件”是两个非常容易混淆的概念，所对应的集合也容易搞错。对于充分条件，约束的条件自然就会多一些，若应用于人们的日常生活中，找充分条件的人往往就是俗话说的“小心眼”。对于必要条件，由于约束的条件少，人往往会变得大度，大度的人与“小心眼”的人相比，会将注意力集中在很少的却又起关键作用的必要条件上（或者说，必要条件就是找不到一个反例的条件）。

5.5　证明方法

5.5.1　直接证明法和间接证明法

1. 直接证明

假定 p 为真，通过使用公理或已证明的定理以及正确的推理规则证明 q 也为真，以此证明蕴涵式 $p \rightarrow q$ 为真。这种证明方法为直接证明法。

例 5.17　用直接证明法证明“若 p 是偶数，则 p^2 是偶数”。

证明：假定 p 是偶数为真，设 $p=2k$（k 为整数）。由此可得，$p^2=2(2k^2)$。因此，p^2 是偶数（它是一个整数的 2 倍）。

2. 间接证明

因为蕴涵式 $p \rightarrow q$ 与其逆否命题 $\neg q \rightarrow \neg p$ 等价，因此可以通过证明 $\neg q \rightarrow \neg p$ 来证明蕴涵

式 $p \to q$ 为真。这种证明方法为间接证明法。

例 5.18 用间接证明法证明“若 p^2 是偶数，则 p 是偶数”。

证明：假定此蕴涵式后件为假，即假定 p 是奇数。则对某个整数 k 来说有 $p=2k+1$。由此可得 $p^2=4k^2+4k+1=2(2k^2+2k)+1$，因此，$p^2$ 是奇数（它是一个整数的 2 倍加 1）。因为对这个蕴涵式后件的否定蕴涵着前件为假，因此该蕴涵式为真。

5.5.2 反证法

首先假定一个与原命题相反的命题成立，然后通过正确的推理得出与已知（或假设）条件、公理、已证过的定理等相互矛盾或自相矛盾的结果，以此来证明原命题的正确。这种证明方法就是反证法，也称归谬法，是一种常用的数学证明方法。

例 5.19 证明 $\sqrt{2}$ 是无理数。

$\sqrt{2}$ 作为无理数的发现是数学史上的一个重要事件，约公元前 500 年，毕达哥拉斯（Pythagoras）学派提出了“万物皆数”的命题，把数归结为整数或整数之比。而 $\sqrt{2}$ 的发现使当时人们的认识产生了混乱，并导致了第一次数学危机。

传说毕氏学派的希帕索斯（Hippasus）因最先发现了 $\sqrt{2}$ 为不可公约数，而被该学派投入大海。鉴于该学派迫害数学人才的“无理行为”，15 世纪的莱昂纳多·达·芬奇（Leonardo da Vinci）将不可公约数（即无限不循环小数）称为无理数。

本例是数学反证法的一个典型实例，下面证明之。

证明：

假设 $\sqrt{2}$ 是有理数，则 $\sqrt{2}=\dfrac{q}{p}$（p、q 为正整数，且 p、q 无公因子）。

两边同时平方：

$$(\sqrt{2})^2=\left(\frac{q}{p}\right)^2$$

$$2=\frac{q^2}{p^2}$$

$$q^2=2p^2 \tag{5.1}$$

因为 q^2 为偶数，故 q 一定为偶数，对某个整数 m 来说则有

$$q=2m \tag{5.2}$$

将式（5.2）代入式（5.1），可得 $(2m)^2=2p^2$

$$p^2=2m^2$$

p^2 为偶数，则 p 也为偶数，p 和 q 均为偶数与原假设 p 和 q 无公因子相矛盾。因此，$\sqrt{2}$ 是无理数为真。

5.5.3 归纳法

1. 归纳法的定义

所谓归纳法，是指从特殊推理出一般的一种证明方法。归纳法可分为不完全归纳法、完全归纳法和数学归纳法。

2. 不完全归纳法

不完全归纳法是根据部分特殊情况做出推理的一种方法，该方法多用于无穷对象的论证，然而，论证的结果不一定正确。因此，不完全归纳法不能作为严格的证明方法。

3. 完全归纳法

完全归纳法也称穷举法，它是对命题中存在的所有特殊情况进行考虑的一种方法，用该方法论证的结果是正确的，然而，它只能用于“有限”对象的论证。

4. 数学归纳法

1）数学归纳法的概念

数学归纳法是一种用于证明与自然数 n 有关的命题正确性的证明方法，该方法能用“有限”的步骤解决无穷对象的论证问题。数学归纳法广泛地应用于计算理论研究之中，如算法的正确性证明、图与树的定理证明等方面。

2）数学归纳法的基本原理

数学归纳法由归纳基础和归纳步骤两个部分组成，基本原理如下。

假定对一切正整数 n，有一个命题 $P(n)$，若以下证明成立，则 $P(n)$ 为真。

（1）归纳基础：证明 $P(1)$ 为真。

（2）归纳步骤：证明对任意的 $i \geqslant 1$，若 $P(i)$ 为真，则 $P(i+1)$ 为真。

3）数学归纳法的形式化定义

根据数学归纳法的原理，可以对数学归纳法形式化地定义为

$$P(1) \wedge (\forall n)(P(n) \to P(n+1)) \to \forall n P(n)$$

4）实例

例 5.20 求证命题 $P(n)$：从 1 开始连续 n 个奇数之和是 n 的平方，即公式 $1+3+5+\cdots+(2n-1)=n^2$ 成立。

证明：

（1）归纳基础：当 $n=1$ 时，等式成立，即 $1=1^2$。

（2）归纳步骤：

设对任意 $k \geqslant 1$，$P(k)$ 成立，即

$$1+3+5+\cdots+(2k-1)=k^2$$

而

$$1+3+5+\cdots+(2k-1)+(2(k+1)-1)=k^2+2k+1=(k+1)^2$$

即当 $P(k)$ 成立时，$P(k+1)$ 也成立，根据数学归纳法，该命题得证。

5.5.4 构造性证明

1. 存在性证明

存在一个 x 使命题 $P(x)$ 成立，可表示为 $\exists x P(x)$。对形如 $\exists x P(x)$ 的命题的证明称为存在性证明。

2. 构造性证明

一般而言，在证明“存在某一个事物”时，人们常常会对条件和结论进行分析，构造一个符合结论要求的事实来进行证明，这就是构造性证明。或者说，构造性证明方法就是通

过找出一个使命题 $P(a)$ 为真的元素 a，从而完成该函数值的存在性证明方法。

构造性证明方法是计算机科学中广泛使用的一种证明方法，对于要解决的问题，不仅要证明该问题解的存在，还要给出解决该问题的具体步骤，这种步骤往往就是对解题算法的描述。

5.6 递归和迭代

构造性是计算机软硬件系统的最根本特征，而递归和迭代是最具有代表性的构造性数学方法，它们广泛地应用于计算学科各个领域，理解递归和迭代的基本思想有助于今后的学习。

递归和迭代密切相关，实现递归和迭代的基础基于以下事实。

不少序列项常常可以用这样的方式得到：由 a_{n-1} 得到 a_n，按这样的规则，可以从一个已知的首项开始，有限次地重复做下去，最后产生一个序列。该序列是递归和迭代运算的基础。

5.6.1 递归

1. 递归及其有关概念

递归不仅是数学中的一个重要概念，也是计算技术中重要的概念之一。20 世纪 30 年代，可计算的递归函数理论与图灵机、λ 演算和 POST 规范系统等理论一起为计算理论的建立奠定了基础。

在计算技术中，与递归有关的概念有递归关系、递归数列、递归过程、递归算法、递归程序、递归方法。

（1）递归关系指的是一个数列的若干连续项之间的关系。

（2）递归数列指的是由递归关系所确定的数列。

（3）递归过程指的是调用“自身”的过程。

（4）递归算法指的是包含递归过程的算法。

（5）递归程序指的是直接或间接调用“自身”的程序。

（6）递归方法（也称递推法）是一种在“有限”步骤内，根据特定的法则或公式对一个或多个前面的元素进行运算，以确定一系列元素（如数或函数）的方法。

在以上有关递归概念的定义中，“自身”两个字加了引号。若不加引号，就会出现循环定义的问题。事实上，递归定义从来不是以某一事物自身来定义的，而是以比自身简单一些的说法来定义的。在计算中，这种比自身简单的说法就是要在计算结构相同的情况下，使计算的规模小于自身。

2. 递归与数学归纳法

递归是一个重要的概念，然而，对于初学者来说，理解起来却有一定的困难，为了更好地理解递归思想，下面先给出一个简单的例子。

例 5.21 计算 5×6。

计算方法之一：6，6+6=12，12+6=18，18+6=24，24+6=30。

计算方法之二：5×6，4×6，3×6，2×6，1×6；$1\times6+6=12$，$12+6=18$，$18+6=24$，$24+6=30$。

方法之二从 5×6 开始计算，假设一个刚学乘法的小学生计算不出这个数，那么，这个小学生一般会先计算 4×6，然后再加 6 就可以了，若仍计算不出，则会再追溯到 3×6，直到 1×6，然后，再依次加 6，最后得到 30。这种计算方法其实就反映了一种递归的思想，这个例子还可以用更一般的递归关系表示为

$$a_n=Ca_{n-1}+g(n),\quad n=2,3,4,\cdots$$

其中，C 是已知常数，$\{g(n)\}$ 是一个已知数列，如果已知 a_{n-1} 就可以确定 a_n。从数学归纳法的角度来看，这相当于数学归纳法中归纳步骤的内容。但仅有这个关系还不能确定这个数列，要使它完全确定下来，还应给出这个数列的初值 a_1，相当于数学归纳法中归纳基础的内容。

与数学归纳法相对应，递归由递归基础和递归步骤两部分组成。数学归纳法是一种论证方法，递归是算法和程序设计的一种实现技术，涉及递归定义的证明通常采用数学归纳法。

3. 递归的定义功能

递归不仅应用于算法和程序设计之中，还广泛地应用于定义序列、函数和集合等各个方面。下面举例说明。

1）定义序列

例 5.22 现有序列：$2,5,11,23,\cdots,a_n=2a_{n-1}+1,\cdots$。给出其递归定义。

该序列的递归定义如下：

$a_1=2$ 递归基础

$a_n=2a_{n-1}+1,n=2,3,4,\cdots$ 递归步骤

2）定义函数

例 5.23 给出阶乘 $F(n)=n!$的递归定义。

阶乘 $F(n)=n!$的递归定义如下：

$F(0)=1$ 递归基础

$F(n)=n\times F(n-1),n=1,2,3,\cdots$ 递归步骤

3）定义集合

例 5.24 现有文法 G 的生成式如下：

$S\rightarrow 0A1$ S 是文法 G 的开始符号

$A\rightarrow 01$ 递归基础

$A\rightarrow 0A1$ 递归步骤

以上这个文法的生成式采用了递归方法，该文法其实定义了这样一个集合：$L(G)=\{0^n1^n\mid n\geqslant1\}$，这是一个由相同个数的“0”和“1”组成的字符串的集合，即一种特殊的语言。在后续相关课程中可以看到该语言可以由多种文法产生（如 0 型文法、2 型文法等），而图灵机与 0 型文法相对应，因此，图灵机可以识别该语言。

4. 阿克曼函数

在有关递归函数论和涉及集合的并的某些算法的复杂性研究中，有一个重要的递归函数——阿克曼函数（Ackermann function），该函数是由希尔伯特的学生、德国著名数学家威

廉·阿克曼（Wilhelm Ackermann）于1928年发现的。这是一个图灵机可计算的，但不是原始递归的函数。下面介绍这个经典的递归函数，并给出相应的计算过程。

阿克曼函数：

$$A(m,n)=\begin{cases}n+1, m=0\\A((m-1),1), n=0\\A(m-1,A(m,n-1)), m,n>0\end{cases}$$

解阿克曼函数的递归算法的伪代码如下所示。

```
int Ackermann(int m, int n)
{
    if (m == 0) return n + 1;
    if (n == 0) return Ackermann(m - 1, 1);
    return Ackermann(m - 1, Ackermann(m, n - 1));
}
```

例 5.25 计算 A（1，2）。

$$\begin{aligned}A(1,2)&=A(0,A(1,1))\\&=A(0,A(0,A(1,0)))\\&=A(0,A(0,A(0,1)))\\&=A(0,A(0,2))\\&=A(0,3)\\&=4\end{aligned}$$

5.6.2 迭代

“迭”是屡次和反复的意思，“代”是替换的意思，合起来，“迭代”就是反复替换的意思。在程序设计中，为了处理重复性计算问题，最常用的方法就是迭代方法，主要是循环迭代。

迭代与递归有着密切的联系，甚至，一类如 $X_0=a$，$X_{n+1}=f(n)$ 的递归关系也可以看作是数列的一个迭代关系。可以证明，迭代程序都可以转换为与它等价的递归程序，反之，则不然。就效率而言，递归程序的实现要比迭代程序的实现耗费更多的时间和空间。因此，在具体实现时，又希望尽可能将递归程序转化为等价的迭代程序。

第4章曾给出了一个斐波那契数的迭代算法，显然，就斐波那契数的求解算法而言，可以使用迭代方法或递归方法来解决。

5.7 随机数和蒙特卡罗方法

前面介绍了递归和迭代，它们解决的是数列的有序问题。而在实际应用中，很多数列是无序的，这就要引入“概率”这个数学概念。在计算机科学中，与“概率”相关的最基础的两个概念是随机数与蒙特卡罗方法。随机数最重要的特性是：它生成的数与前面的数毫无关系。而蒙特卡罗方法则是一种计算机随机模拟方法，是一种基于“随机数”的计算方法，它广泛地应用在原子能、应用物理、固体物理、化学、生态学、社会学以及经济行为等领域。

5.7.1 随机数

在连续型随机变量的分布中，最简单而且最基本的分布是标准均匀分布。由该分布抽取的简单采样称为随机序列，其中每一个体称为随机数。

标准均匀分布也称为［0,1］上的均匀分布，其分布密度函数为：

$$f(x)=\begin{cases}1, & 0\leqslant x\leqslant 1\\ 0, & \text{其他}\end{cases}$$

分布函数为：

$$f(x)=\begin{cases}0, & x<0\\ x, & 0\leqslant x\leqslant 1\\ 1, & x>1\end{cases}$$

随机数可分为两类。

（1）真随机数：由随机物理过程产生的随机数，例如放射性衰变、电子设备的热噪声、宇宙射线的触发时间等。

（2）伪随机数：由计算机按递推公式产生的随机数。

使用计算机进行模拟时需要大样本均匀分布的随机序列，该数列由给定的公式计算产生，以下介绍产生伪随机数的数学方法。

随机数的常见产生方法有乘同余法、加同余法、乘加同余法、取中方法等，其中最常用的是线性同余法，该方法选择 4 个数：模数 m，乘数 a，增量 c 和种子 x_0，使得 $2\leqslant a<m$，$0\leqslant c<m$ 以及 $0\leqslant x_0<m$。生成一个伪随机序列 $\{x_n\}$ 使得对所有 n，$0\leqslant x_n<m$。使用以下逐次同余公式来产生伪随机序列：

$$x_{n+1}=(ax_n+c)\bmod m$$

不少计算机实验都要求产生 0~1 的伪随机数。要得到这样的数，可以用线性同余法生成的数除以模数，即使用 x_n/m。

例如，选取 $m=9$，$a=7$，$c=4$ 和 $x_0=3$，产生的伪随机序列如下：

$$x_1=(7x_0+4)\bmod 9=(7\times3+4)\bmod 9=25\bmod 9=7$$
$$x_2=(7x_1+4)\bmod 9=(7\times7+4)\bmod 9=53\bmod 9=8$$
$$x_3=(7x_2+4)\bmod 9=(7\times8+4)\bmod 9=60\bmod 9=6$$
$$x_4=(7x_3+4)\bmod 9=(7\times6+4)\bmod 9=46\bmod 9=1$$
$$x_5=(7x_4+4)\bmod 9=(7\times1+4)\bmod 9=11\bmod 9=2$$
$$x_6=(7x_5+4)\bmod 9=(7\times2+4)\bmod 9=18\bmod 9=0$$
$$x_7=(7x_6+4)\bmod 9=(7\times0+4)\bmod 9=4\bmod 9=4$$
$$x_8=(7x_7+4)\bmod 9=(7\times4+4)\bmod 9=32\bmod 9=5$$
$$x_9=(7x_8+4)\bmod 9=(7\times5+4)\bmod 9=39\bmod 9=3$$

由于 $x_9=x_0$ 且每一项只依赖于前面的一项，所以产生的序列（尚未除以模数）如下：

3,7,8,6,1,2,0,4,5,…

这个序列含 9 个不同的数，重复循环。

大部分计算机使用线性同余法生成伪随机数。常用的线性同余发生器的增量 $c=0$。这样的发生器称为纯乘式发生器。例如以 $2^{31}-1$ 为模，以 $7^5=16\,807$ 为乘数的纯乘式发生器就广为采用，以这些值计算可以产生 $2^{31}-2$ 个数的序列。

在 Raptor 中，random 函数可以产生[0,1)之内的伪随机数。例如，图 5.6 给出了产生一个[0,1)随机数的流程图。

如果需要产生[-6,15)的随机数，可以使用 random＊21-6 这样的表达式。

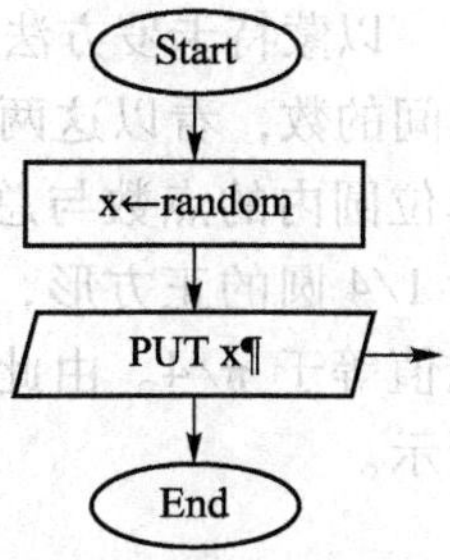

在 C 语言中，rand()函数可以产生 0~RAND_MAX 的伪随机数，其中 RAND_MAX 定义在 stdlib.h 中。例如，使用以下程序可以产生一个 0~32 767之间的随机数：

```
#include<stdlib.h>
#include<stdio.h>
main()
{
printf("%d\n",rand());
}
```

Start → x←random → PUT x¶ → End

图 5.6 产生[0,1)随机数的流程图

试着多次运行以上代码，会发现这段程序只能输出某一个固定值，这是由于 rand()函数使用的是默认值的随机数种子，只能产生固定的随机数。为了产生不可预见的随机序列，可以使用 srand()函数，利用系统时间作为随机数种子产生随机数，这样就保证了每次生成伪随机数时的种子值都是不同的。以下代码随机可产生 10 个伪随机数。

```
#include <stdio.h>
#include <stdlib.h>
#include <time.h>
main()
{
inti;
srand((unsigned) time(NULL));
for(i=0;i<=10;i++)
    printf("%d\n",rand());
}
```

5.7.2 蒙特卡罗方法

蒙特卡罗方法的基本思想很早以前就被人们所发现和利用。早在 17 世纪，人们使用事件发生的“频率”来近似表示事件的“概率”。1777 年法国科学家布丰（Buffon）提出的投针问题就是蒙特卡罗方法的一种尝试，布丰进行了大量的投针试验来计算圆周率 π。20 世纪 40 年代，冯·诺依曼、斯坦尼斯瓦夫·乌拉姆（Stanislaw Ulam）和尼古拉斯·梅特罗波

利斯（Nicholas Metropolis）在美国洛斯阿拉莫斯国家实验室参加“曼哈顿计算”的原子弹研制工作时，正式提出了蒙特卡罗方法。有文献介绍，乌拉姆的叔叔经常在蒙特卡罗赌场赌钱，而该方法正是以概率为基础的随机模拟方法，因此，冯·诺依曼就将此方法命名为蒙特卡罗方法。

通常蒙特卡罗方法通过构造符合一定规则的随机数来解决数学上的各种问题。对于那些由于计算过于复杂而难以得到解析解或者根本没有解析解的问题，蒙特卡罗方法是一种有效的求出数值解的方法。蒙特卡罗方法在数学中最常见的应用就是蒙特卡罗积分以及计算圆周率 π。

以蒙特卡罗方法近似计算圆周率为例，具体过程如下。让计算机每次随机生成两个 0~1 之间的数，看以这两个实数为横、纵坐标的点是否在单位圆内。生成一系列随机点，统计单位圆内的点数与总点数。随机点取得越多，圆周率的值就越精确。图 5.7 显示了一个包含 1/4 圆的正方形，落在 1/4 单位圆内的随机点数量与总的落在正方形上的随机点数量的比值等于 π/4。由此，可以计算出 π 的值，相应的蒙特卡罗方法计算 π 的流程图如图 5.8 所示。

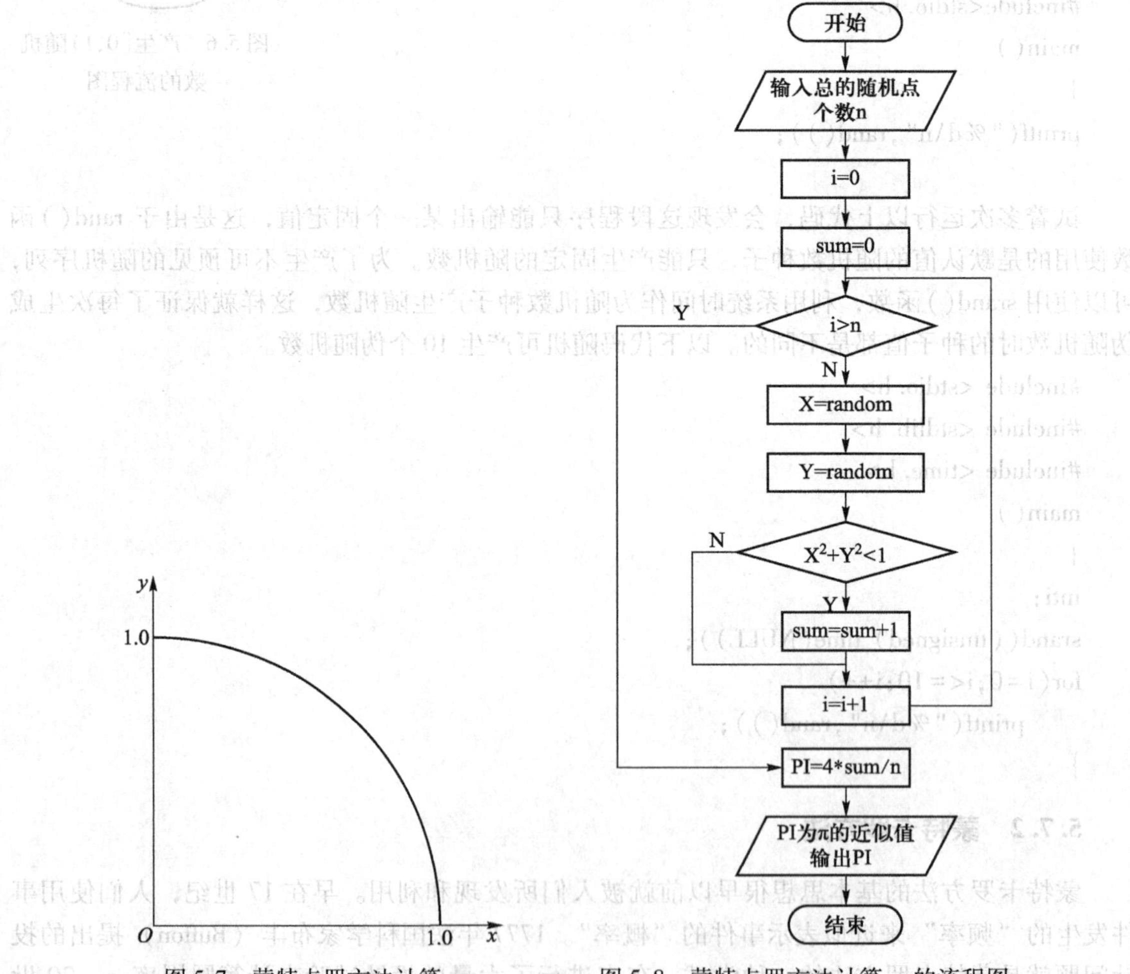

图 5.7 蒙特卡罗方法计算 π　　图 5.8 蒙特卡罗方法计算 π 的流程图

5.8 公理化方法

本节主要介绍理论体系的公理化构建、公理化方法的基本概念及实例。

5.8.1 理论体系

1. 什么是理论

从数学的角度来说，理论是基本概念、基本原理或定律（联系这些概念的判断）以及由这些概念与原理逻辑推理出来的结论组成的集合，该概念可以形式化地定义为 $T=<C,P,S>$，其中，

（1）T 表示理论，

（2）C 表示基本概念的集合，

（3）P 表示基本原理或定律的集合，

（4）S 表示由这些概念与原理逻辑推理出来的结论组成的集合。

2. 构建理论体系的常用方法

每一种理论都由一组特定的概念和一组特定的命题组成。在一种理论中，基本概念（原始概念）和基本命题（原始命题）必须是明确的，否则就会出现“循环定义”和“循环论证”的严重问题。因此，构建一个理论体系必须采用科学的方法。公理化方法就是一种构建理论体系的常用方法。

要分析一个理论体系存在的合理性及其意义，就要采用逻辑和历史相统一的方式。逻辑和历史相统一是历史唯物主义的思想方式。这种方式不是形式逻辑的那种非此即彼的判断方式，而是探究每一个逻辑链环存在的合理性的思维方式，它既要求人们从历史的角度去探索每种理论体系（含存在问题的理论体系）产生的背景，又要求肯定该理论体系是对这个领域历史发展过程的一个总结，是一个不可或缺的逻辑链环。

本书不再对逻辑和历史相统一的方法做进一步介绍，而是将重点放在与计算学科密切相关的公理化方法上，这种思想方法深刻地影响着现代科技的发展。

3. 采用公理化方法构建理论体系的一个成功案例——牛顿成功的基石

有资料显示，当年在剑桥大学就读的艾萨克·牛顿（Isaac Newton）在不具备欧氏几何学基础知识的情况下，就能读懂晦涩的、通篇繁杂公式的笛卡儿几何学，受到剑桥大学艾萨克·巴罗（Isaac Barrow）教授的赏识。在巴罗教授的指点下，以公理化思想为核心的欧氏几何学对牛顿的一生影响非常大，正是简单、易学的欧氏几何学，使他掌握了建立一套公理完备的科学体系的基本方法——公理化思想方法。

加强了“理论思维”的牛顿抽空又把笛卡儿几何学从头至尾看了一遍，发现了其中存在的一些错误，公理化思想方法成为以后牛顿取得大量革命性成果的基本研究范式。在牛顿以后撰写的著作中都采用了公理化的思想方法，如《自然哲学的数学原理》一书。在该书中，他模仿欧氏几何的公理化体系，综合前人的经验和自己的创新，提出了经典物理学的基础——牛顿三定律。此书出版之后的几百年，牛顿的崇高地位也无人能够撼动，直到20世纪又爆发了新的革命。

5.8.2　公理化方法的基本概念

1. 什么是公理化方法

公理化方法是一种构造理论体系的演绎方法，它是从尽可能少的基本概念、公理出发，运用演绎推理规则，推出一系列命题，从而建立整个理论体系的思想方法。

2. 公理系统的三个条件

用公理化构建的理论体系称为公理系统，该公理系统需要满足无矛盾性、独立性和完备性的条件。

（1）无矛盾性。这是公理系统的科学性要求，它不允许在一个公理系统中出现相互矛盾的命题，否则这个公理系统就没有任何实际的价值。

（2）独立性。公理系统中所有公理都必须是独立的，即任何一个公理都不能从其他公理推导出来。

（3）完备性。公理系统必须是完备的，即从公理系统出发，能推出（或判定）该领域所有的命题。

为了保证公理系统的无矛盾性和独立性，一般要尽可能使公理系统简单化。简单化将使无矛盾性和独立性的证明成为可能，简单化是科学研究追求的目标之一。一般而言，正确的一定是简单的（注意，这句话是单向的，反之不一定成立）。

关于公理系统的完备性要求，自哥德尔发表关于形式系统的“不完备性定理”的论文以后，数学家们对公理系统的完备性要求大大放宽了。也就是说，能完备更好，即使不完备，同样也具有重要的价值。

3. 几个简单实例

在计算学科各分支领域，如形式语义学、关系数据库理论、分布式代数系统等领域都采用了公理化方法。下一节给出使用公理化方法的几个简单实例。

5.8.3　实例

例 5.26　正整数的公理化概括。

原始概念：1。

原始命题（公理）：任何正整数 n 或者等于 1，或者可以从 1 开始，重复地“加 1”来得到它。

例 5.27 平面几何的公理化概括（欧氏几何）。

在欧几里得的《几何原本》中，欧几里得用公理化方法对当时的数学知识（平面几何）做了系统化、理论化的总结。在该书中，他以点、线、面为原始概念，以 5 条公设和 5 条公理为原始命题，给出了平面几何中的 119 个定义、465 条命题及其证明，构建了历史上第一个数学公理体系。

原始概念：点、线、面。

原始命题（公设和公理）如下。

公设 1：两点之间可做一条直线。

公设 2：一条有限直线可不断延长。

公设3：以任意中心和直径可以画圆。

公设4：凡直角都彼此相等。

公设5：在平面上，过给定直线之外的一点，存在且仅存在一条平行线，即所谓的“平行公设（公理）”。

公理1：等于同量的量彼此相等。

公理2：等量加等量，和相等。

公理3：等量减等量，差相等。

公理4：彼此重合的图形全等。

公理5：整体大于部分。

*5.9 形式化方法

形式化与公理化不同，形式化不一定会产生公理化，公理系统也不一定是形式系统。如欧氏几何公理系统就不是形式系统。然而，在近代数学中，形式系统大多都是形式化的公理系统。

形式化在计算领域中的应用主要是以“形式系统”的形式存在的。前面在第3章介绍过，计算机的软硬件系统都是形式化的产物，形式化方法现已广泛应用于计算学科各个领域，包括电路设计、人工智能、安全保密、微处理器验证、形式化规格说明和程序验证等方面。

下面先介绍形式系统的组成、基本特点和局限性。然后，对形式化方法做简单概述，最后介绍形式化规格说明和形式验证方面的内容。

5.9.1 形式系统的组成、基本特点和局限性

1. 形式系统的组成

形式系统由下面几个部分组成。

（1）初始符号：初始符号不具有任何意义。

（2）形式规则：形式规则规定一种程序，借以判定哪些字符串是本系统中的公式，哪些不是。

（3）公理：在本系统的公式中，确定不加推导就可以断定的公式集。

（4）变形规则：也称演绎规则或推导规则。变形规则规定了从已被断定的公式如何得出新的被断定公式。被断定的公式又称为系统中的定理。

在以上四个组成部分中，前两部分定义了一个形式语言，后两部分在该形式语言上定义了一个演绎结构。形式系统由形式语言和定义于其上的演绎结构组成。

在计算机系统中，软硬件都是一种形式系统，它们的结构也可以用形式化方法来描述，程序设计语言更是不折不扣的形式语言系统。

2. 形式系统的基本特点

（1）严格性。在形式系统中，初始符号和形式规则都要进行严格的定义，不允许出现在有限步内无法判定的公式。形式系统采用的是一种纯形式化的机械方法，它的严格性高于

一般的数学推导。

（2）抽象性。抽象性不是形式系统的专利，抽象是人们认识客观世界的基本方法，只不过形式系统具有更强的抽象性。

形式系统的抽象性表现在它自身仅仅是一个符号系统，除了表示符号间的关系（字符串的变换）外，不表示任何其他意义。

3. 形式系统的局限性

一个形式系统如果是无矛盾的，那么，它就具有下面两个局限性。

（1）不完备性。1931 年，哥德尔提出的关于形式系统的“不完备性定理”指出：如果一个形式的数学理论是足够复杂的（复杂到所有的递归函数在其中都能够表示出来），而且它是无矛盾的，那么在这一理论中存在一个语句，而这一语句在这一理论中是既不能证明也不能否证的。

（2）不可判定性。如果对一类语句 C 而言，存在一个算法 AL，使得对 C 中任一语句 S，可以利用算法 AL 来判定其是否成立，则称 C 为可判定的，否则，称为不可判定的。

著名的“停机问题”就是一个不可判定问题。该问题是指一个任意给定的图灵机，对于一个任意给定的输入而言能否停机的问题。图灵证明这类问题是不可判定的。

需要指出的是，计算机系统就是一种形式系统，因此，计算机系统一样也具有形式系统的局限性。

5.9.2 形式化方法概述

1. 形式化方法的简单定义

形式化方法是基于严密的、数学上的形式机制的开发方法，它包括形式化规格说明以及支持规格说明语言的语法检查和规格属性证明的方法和工具。

从计算学科来说，形式化方法起源于 20 世纪 60 年代艾兹格 · W. 迪杰斯特拉（Edsger W. Dijkstra）和 C. 霍尔（C. Hoare）等人在程序验证方面的工作以及达纳 · S. 斯科特（Dana S. Scott）等人在程序语义学方面的工作。现在，形式化方法已成为计算学科中的一个重要的研究领域，其作用相当于传统工程设计，如计算流体动力学在航空设计中的作用。

2. 系统构建的关键：系统的形式化规格说明

形式化规格说明是系统构建的关键，包括客户需求的定义、程序实施、结果测试和程序文档等内容。形式化规格说明有助于系统参与方各自的意见达成一致。

形式化规格说明描述了系统“做什么（What to do）”，而不是“如何做（How to do）”的问题。形式化规格说明是以数学语言写成的，由于数学语言的精确性，从而避免了用自然语言编写规格说明带来的歧义性。

通过逐步求精，使规格说明越来越具体，并接近于实际的实现。若初始规格说明正确，且每步求精都是有效的，那么，就可以以非常高的可信度断定所研制的软件的正确性。

需求是构建系统的基石，需求确认的目标是证明需求不仅正确，而且还是客户的实际需求。形式化方法可以用于需求建模，使用模型检测工具来验证系统的属性是否满足给定的要求。

证明系统的某个属性是否满足要求是一项非常重要的工作，尤其在安全至上和保密至上的应用系统中。系统的属性是需求定义的逻辑结果，若需要，还可以对系统的属性进行适当的调整。因此，就某种意义而言，形式化方法可用于系统需求的调试。

3. 形式化方法的主要优点和面临的冲击

形式化方法的主要优点是数学模型对研究系统的属性非常有用，使用形式化方法可以得到更为稳健的软件，从而提高软件的可信度。而对不少软件人员来说，由于缺乏严格的形式化方法的训练，形式化规格说明和数学技术的使用很可能会对他们带来一些认知层面上的冲击。

4. 为什么使用形式化方法

（1）高质量软件生产的要求。软件中存在的缺陷会引起很多问题，如给客户的业务造成损失，甚至危及生命。因此，人们希望采用更为有效的方法，使他们的软件生产过程变得更为成熟。研究表明，形式化方法有助于将软件产品的缺陷减到最低程度。

（2）节约成本的需要。有证据表明，形式化方法的使用减少了软件开发项目的成本。例如，对 IBM 的大型 CICS 事务处理项目的独立审核表明，在节省的成本中有 9%要归功于形式化方法的使用。而对 T800 型变换计算机的 Inmos 浮点单元的独立审核也证明，由于采用形式化方法，估计节省了 12 个月左右的测试时间。

（3）安全至上软件开发中的强制使用。在某些环境中，形式化方法的使用是强制性的。英国国防部在 20 世纪 90 年代颁布了两个在软件开发生命周期中使用形式化方法的有关防卫标准。

第一个防卫标准编号是 0055，即 Def Stan 00-55。该标准要求在选购安全至上的软件时，要求开发商在开发过程中强制使用形式化方法，并要求使用形式数学的方法证明程序中关键任务的正确性。

另一个防卫标准编号是 0056，即 Def Stan 00-56。该标准提供了一种指南，以便确定哪一个系统或系统中的哪一部分是安全至上的，若是，则要求在这些系统的开发过程中使用形式化方法。

5.9.3 形式化规格说明

规格说明就是有关系统或者对象及其期望的特性或者行为的描述。规格说明所要描述的内容包括功能特性、行为特性、结构特性、时间特性。功能特性侧重于系统的功能方面，即做什么；行为特性侧重于系统的具体行为演化，即如何做；结构特性侧重于系统的组成，各个组成部分或者子系统间的联系和复合；时间特性则是时间相关的系统特性。

形式化规格说明通过具有明确数学定义的文法和语义的语言实现以上描述。与形式化规格说明相关的技术可分为操作类、描述类和双重类。

1. 操作类规格说明技术

操作类规格说明技术利用可执行模型来描述系统，即模型本身能够采用静态分析和执行模型得到验证。尽管操作类规格说明技术于 20 世纪 70 年代末就已被提出，但是还是在扎韦（Zave）将操作类方法引入程序设计语言 PAISley 之后才引起研究人员的重视。操作类规格说明技术侧重于系统行为的特性描述，主要包括有限状态机及其扩展技术和佩特里网技术等。

2. 描述类规格说明技术

描述类规格说明技术的数学基础是代数或者逻辑。此类技术具有数学上的严密性和高度抽象性，并通过做什么的方式进行系统性能规格说明。

基于不同的数学基础，描述类规格说明技术可进一步分为基于代数的描述技术和基于逻辑的描述技术。

(1) 基于代数的描述技术。基于代数的描述技术以抽象数据类型（ADT）概念为基础，可以对系统进行由粗到细的多层次抽象。在此类方法中，系统本身视为一个 ADT，规格说明是对其文法和语义的描述。文法定义给出 ADT 中算子域的描述。语义则通过数学表达式给出这些算子的执行，这些数学表达式的形式是用程序设计语言书写的一组公理。复杂 ADT 由简单 ADT 定义，进而完成整个系统的规格说明，这样也就给后期的验证带来了方便。验证可以在各个层次的规格说明上进行，复杂 ADT 的特性可通过简单 ADT 特性的验证而得以验证。基于代数的描述技术主要有 Z、LOTOS、VDM 和 Larch 等。

(2) 基于逻辑的描述技术。基于逻辑的描述技术通过逻辑规则对系统的演化做规格说明，与操作类规格说明技术不同的是，这里规格说明所描述的系统状态空间是抽象和无限的。逻辑规则一般是一阶霍尔子句或者高阶逻辑公式。这类技术不能对系统的结构特性进行描述。时态逻辑是从命题逻辑基础上演变而来的，并通过引入时态算子来实现有关断言随时间变化的描述和解释。典型的时态算子包括 always、sometimes、henceforth 和 eventually 等。基于时态逻辑的描述技术主要有计算树逻辑 CTL、实时区间逻辑 RTIL、赋时计算树逻辑 TCTL 和赋时命题时态逻辑 TPTL 等。

3. 双重类规格说明技术

理想的形式化规格说明技术应该是既具有操作类规格说明技术的可执行性和可视性，又具有描述类规格说明技术的形式可验证性。双重类规格说明技术则是在此方面的努力，现有的此类规格说明技术包括 ESM/RTTL、TRIO+和 TROL 等。

5.9.4　形式验证

形式验证就是基于已建立的形式化规格说明，对系统的相关特性进行分析和验证，以评判系统是否满足期望的特性。形式验证不能完全确保系统性质的正确无误，但可以最大限度地分析系统，并尽可能发现其中的不一致性、模糊性、不完备性等错误。形式验证的主要技术包括模型检验、定理证明以及模型检验与定理证明相结合。

1. 模型检验

模型检验方法是针对有穷状态系统的一种自动验证方法。其基本思想是在一个模型 M 中证明性质 f 是否保持 $M \vdash f$。

其中，M 代表模型，f 是这个模型需要满足的性质，用时态逻辑如 CTL 或 LTL 进行描述。模型检验技术对模型的所有可能状态进行遍历，考察状态是否满足所需的性质，这种遍历通常是自动并且高效的。为了保证搜索能够终结，搜索的状态空间必须有限。对于状态空间比较大的系统，模型检验工具面临着状态搜索空间爆炸的问题。

模型检验方法有两个主要的优势：能够自动验证协议是否满足其需要的性质；当性质不满足时，模型检测工具能提供产生该结果的事件序列，即反例，从而为漏洞定位和改进提供方便。

模型检验的主要局限性在于可能出现状态组合爆炸的问题，而有序布尔决策图 OBDD 是表述状态迁移系统的一种高效的方法，它的应用使较大规模系统的验证成为可能。

2. 定理证明

定理证明的问题是证明公式 f 有效性的问题，即 f 应该在所有模型中被保持。为了使用定理证明的方法，需要把要证明的问题转换到定理证明的领域中。这需要将模型和规格说明（通常是时态的）的描述添加到定理证明的逻辑中。由于定理证明需要大量专业知识和大量人工指导，这使定理证明使用起来非常困难。

定理证明实质上是从系统公理中寻找特性证明的过程。证明采用公理或者规则，且可能推演出定义和引理。在定理证明中，我们将问题本身转换为一个序列（比如 $\vdash f$ 就是最简单的序列）。一个序列的证明过程实质上是一棵推演树的形成过程。通常，生成推演树的方法是从根结点到叶结点逐步实施的。它的根是要被证明的命题（在定理证明中，通常称为“定理”），孩子是由旧序列运用推演规则生成的新序列。当推演树中的每一个序列都关联了推演规则时，证明则完成。可以很容易地想到，当证明完成时，树的叶结点关联的肯定是公理。也可以说，自底向上的证明是从定理到公理推演的过程。证明开始时，定理被看作是当前的子目标，然后将推演规则运用到当前子目标上，产生新的子目标，也就是说，规则的结论与当前的子目标匹配，规则的前提就变成了推演树中新的子目标（新序列），继续实施这样的过程，直到与公理匹配。

同样地，定理证明的实施也需要定理证明器的支持。现有的定理证明器包括用户导引自动推演工具、证明检验器和复合证明器。用户导引自动推演工具有 ACL2、Eves、LP、Nqthm、Reve 和 RRL，这些工具由引理或者定义序列导引，每一个定理采用已建立的推演、引理驱动重写和简化启发式来实施自动证明；证明检验器有 Coq、HOL、LEGO、LCF 和 Nuprl；复合证明器 Analytica 将定理证明和符号代数系统 Mathematica 结合起来，PVS 和 Step 将决策过程、模型检验和交互式证明结合起来。

3. 模型检验与定理证明相结合

通过以上对模型检验和定理证明的阐述，可以看出模型检验和定理证明的优缺点是互补的。模型检验是自动的，而定理证明不是。定理证明能够处理状态空间很大的系统、带参数的系统，甚至是状态空间无限的系统，而模型检验只能处理状态空间相对较小的系统。定理证明对用户的专业知识要求很高，而模型检验只需用户懂得如何描述系统和性质即可。由于模型检验是自动运行的，所以效率比较高，而定理证明需要大量的人工干预，所以效率相对较低。模型检验和定理证明特点的比较如表 5.5 所示。

表 5.5 模型检验和定理证明特点比较

对 比 项	定 理 证 明	模 型 检 验
自动程度	低	高
系统要求	有限或无限系统	有限系统且状态空间小
检验效率	不高	高
用户要求	高	不高

随着计算机领域的不断扩大和发展，涉及的系统也越来越复杂，仅使用模型检验技术已无法处理日益复杂的系统，而只使用定理证明技术，效率和成本（这里把验证人员的专业要求也视为成本之一）也是无法接受的。由于模型检验和定理证明特点的互补性，将模型检验和定理证明相结合，可以很好地弥补各自的缺陷。

模型检验技术与定理证明技术的结合主要有两种，一种是以定理证明技术为主导，即在定理证明中加入模型检验。这种方法主要是将模型检验作为定理证明中的一条推演规则或决策程序使用，利用模型检验验证由定理证明规则产生的子目标。通过这种方式整合的工具或系统主要有 HOL-Voss、VossProver、PVS、STeP 等。另一种结合方式是以模型检验为主导，即在模型检验前使用定理证明来化简系统规格说明。这种方法是将定理证明作为辅助方法用于模型检验中。用定理证明提供的规则将验证目标分解为可用模型检验的子目标。通过这种方式整合的工具或系统主要有 Cadence SMV、CVC 等。

5.10　本章小结

《计算作为一门学科》报告要求，计算机科学的第一门课程不仅要介绍算法、数据结构、程序设计等各分支领域的基本概念等内容，还应在课程的教学中介绍与学科有关的数学和其他理论的基本概念及思想方法。

本书设计的结构符合《计算作为一门学科》报告对计算机科学第一门课程的要求，很自然地将与学科有关的数学（含形式化方法）和其他理论（含系统化方法）的基本概念及思想方法融入教材，为学生后续课程的学习做铺垫。

数学分为离散数学与连续数学两大类，它们分别以离散型变量和连续型变量为研究对象。离散型就是变量的变化是可数的（含无穷集，如自然数 0,1,2,3 等），与之对应的是连续型，其变量是不可数的（如函数的连续性）。正是两种不同数学思维方式的辩证发展，造就了丰富多彩的数学世界，并成为人们描述和刻画现实世界的重要工具。

从人类历史的发展过程来看，人们最早了解的数学就是离散数学。随着人类社会的发展、人们对自然现象认识的逐步深入，连续性概念被提出来了。我们知道，函数的连续性是微积分的基础，连续是函数可导、可积的必要条件。自微积分创立后，随着应用的推广，以微积分为基础的连续数学占据了数学的主导地位。随着现代科学技术的发展，特别是计算技术的兴起，离散数学又重新找到了它的地位。

“能行性”这个根本问题决定了计算机本身的结构和它处理的对象都是离散型的，而连续型问题只有经过“离散化”处理后才能被计算机处理。因此，离散数学得到了越来越多的关注，并成为计算学科以及其他相关学科（如电子、通信等）使用的主要数学方法。甚至有学者呼吁，在非数学专业，以离散数学取代以“微积分”为代表的连续数学，作为大学一年级的基础数学课程。

由于传统数学的侧重点放在数学性质的研究上，缺乏对计算这个庞大的应用领域的本质内容即字符串变换过程的具体表述。为此，克努特在麻省理工学院提出了“具体数学”的概念。

克努特认为，计算机科学家与数学家的共同点主要体现在对抽象的运用以及对公式的理解上。不同点在于，数学家侧重于强烈的几何推理和关于无限问题的推理，计算机科学家侧重于对变化的动态过程（不连续过程）状态的把握。另一个显著的不同是，计算机科学家倾向于将问题分解成若干状态，并精确地定义事物处理的每一个步骤。数学家则从本能上倾向于用一个单纯的公式来描述一切事物所有的状态。

计算机软硬件系统都是形式化的产物，都可以用形式化的数学方法进行描述。为了获得高质量的软硬件系统，人们希望在开发前端就使用形式化方法。

形式化方法的意义在于它有助于发现其他方法不容易发现的系统描述上的不一致或不完备性，从而有助于增强软件开发人员对系统的理解。因此，可以说，形式化方法是提高软件系统，特别是安全至上的软件系统的安全性与可靠性的重要手段。

现在，在计算机硬件以及安全协议等领域，形式化方法已取得了很大的成功。然而，就一般软件的开发而言，形式化方法的应用目前还存在不少问题。形式化方法研究的目的就是希望能够提供更好的理论、方法和工具，最终扩大形式化方法的应用范围和使用价值。

随着形式化方法在理论研究和实际应用方面取得的进展，计算机界对形式化方法的教育也越来越重视。2004 年 8 月，IEEE CS 和 ACM 联合任务组提交的 SE2004 最终报告将软件工程的形式化方法（含形式化规格说明、形式验证、程序变换的原理与应用等内容）列为专业教学计划中的一门核心课程。

习题 5

5.1　在计算学科中，采用的数学方法主要是离散数学方法还是连续数学方法，为什么？

5.2　在对待数学的问题上，计算机科学家与数学家各自的侧重点是什么？

5.3　数学有哪些基本特征？

5.4　数学方法有什么作用？

5.5　什么是集合？集合的基本运算有哪几种？

5.6　什么是函数？

5.7　什么是关系？等价关系要满足哪些条件？

5.8　血缘关系是不是等价关系？

5.9　一般来说，若能分别给出满足某个概念正反两个方面的 3 个例子，我们就说，这个概念被真正地掌握了。等价关系是学科中一个非常重要的概念，是人们对现实世界进行“划分”并降低问题复杂性的一个强有力工具，分别给出 3 个满足等价关系和 3 个不满足等价关系的例子。

5.10　并发关系是否是等价关系？试举例说明。

5.11　什么是代数系统？

5.12　简述二元运算的性质。

5.13　什么是群？什么是环？

5.14　什么是格？什么是布尔代数？

5.15　为什么说可以将一个具体的数字逻辑转换成抽象的代数表达式而加以分析和研究？

5.16　为什么说若能构造实现加法运算的机器，就一定可以构造出能实现其他运算的机器？

5.17　什么是字符串？什么是语言？语言、文法与自动机有何关系？

5.18　什么是定义？其作用和规则是什么？

*5.19　查资料，分别给出并分析违反定义规则的 3 个实例。

5.20　分别给出本书关于抽象、科学和人的定义。

5.21　“科学”目前还没有一个严格的统一定义，查资料，分析进化论的奠基人、英国博物学家达尔文给出的科学定义。

5.22　查资料，分析 17 世纪法国哲学家、物理学家、数学家笛卡儿在其著作《谈谈方法》一书中关于“智慧”的定义。

5.23　用文氏图画一个至少有 6 种哺乳动物（含人和老虎）的集合，并从充分条件和必要条件两个方面判定人与哺乳动物之间的关系。

5.24　判定下列句子，哪些句子涉及必要条件、充分条件，或充要条件，或既不是充分条件也不是必要条件。

（1）欧拉对任一连通无向图是否存在“欧拉回路”的判定。

（2）兼容并包。

（3）新上项目的讨论。

（4）让爱包容。

（5）海纳百川。

（6）不拘一格降人才。

（7）宽以待人。

（8）有容乃大。

（9）抓大放小。

（10）宽容。

（11）俗话说的大气。

5.25　为什么说必要条件是一种决不能少的条件，也就是一种找不到一个反例的条件？

*5.26　试结合实例，用魔术的最根本理论“人不能同时注意两件事”（唯一公理），论述为什么约束条件多了（条件越充分），少数必要的条件就越容易被忽视。

5.27　数学方法中有哪几种主要的证明方法？

5.28　尽管计算机科学植根于数学、实验科学以及工程，但是它毕竟与这些领域不同。比如，数学侧重的是定义，定理和证明等有关事物性质方面的内容，计算机科学则不同，它不仅要知道“是什么的问题”，更要解决“怎么做的问题”。本章例 5.19 证明$\sqrt{2}$是无理数就是一个典型的数学问题。计算机科学则不同，它需要找出求解平方根的一般算法，请查阅有关资料，找出一个求解平方根的算法，并根据算法求解$\sqrt{2}$（提示：可参考“海伦公式”）。

5.29　用伪代码给出求解斐波那契数的递归算法。

5.30　求下列阿克曼函数值。

（1）$A(0,1)$

（2）$A(1,0)$

(3) $A(1,1)$

(4) $A(2,1)$

(5) $A(2,2)$

5.31　什么是递归和迭代？二者有何联系？

5.32　在本书有关递归概念的定义中，为什么要对调用自身中的“自身”两个字加引号？

5.33　使用 Raptor 工具编写一个程序，要求产生 10 个［-6,100)上的随机数。

5.34　在 Raptor 中，随机函数 random 的默认值范围是[0,1)，现要表示[a,b)内的随机数，请给出相应的表达式。

5.35　现有一个星形线方程：$x^{\frac{2}{3}}+y^{\frac{2}{3}}=a^{\frac{2}{3}}$（本题设 $a=1$），请用蒙特卡罗方法，基于 Raptor 编写一个程序，计算在 $0 \leqslant x \leqslant 0.618$，$0 \leqslant y \leqslant 1$ 区间内，该星形线内（如图 5.9 阴影部分）的近似面积。

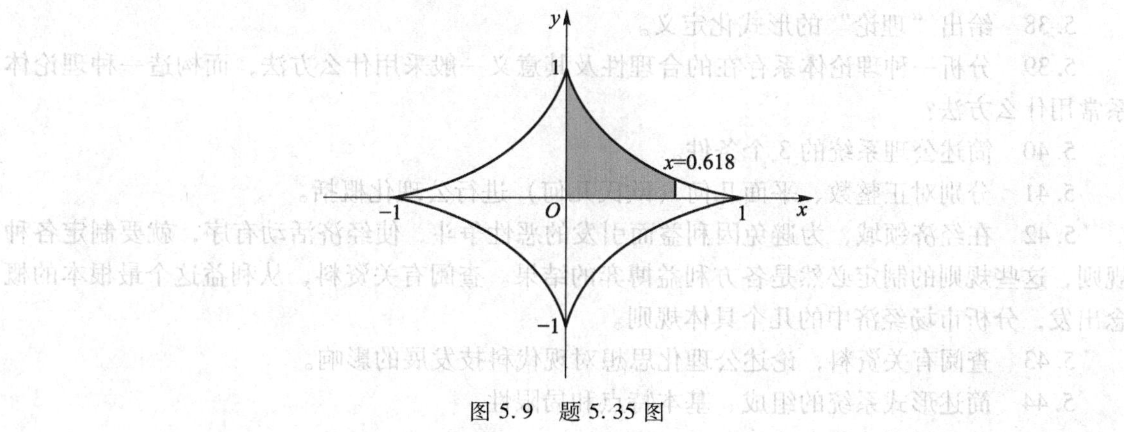

图 5.9　题 5.35 图

5.36　现有一个箕舌线方程：$y=\dfrac{a^3}{x^2+a^2}$（本题设 $a=2$），请用蒙特卡罗方法，基于 Raptor 编写一个程序，计算在 $0 \leqslant x \leqslant 0.618$，$0 \leqslant y \leqslant 2$ 区间内，该箕舌线内（如图 5.10 阴影部分）的近似面积。

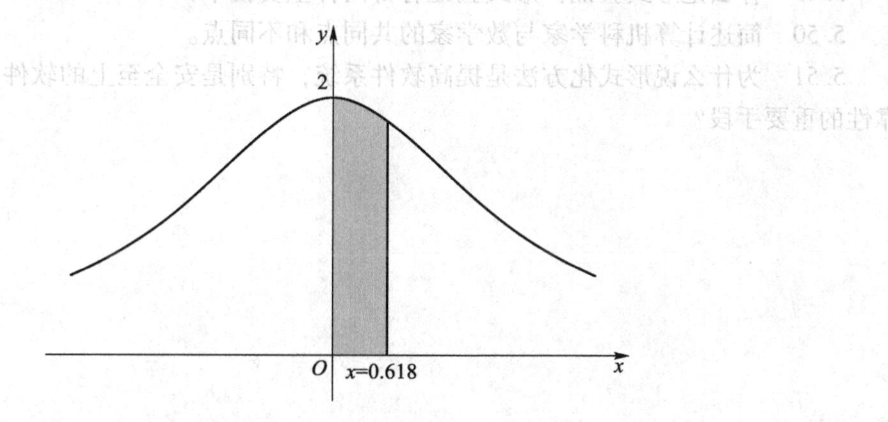

图 5.10　题 5.36 图

5.37　现有一个心形曲线方程：$x^2+(y-\sqrt[3]{x^2})^2=1$，请用蒙特卡罗方法，计算在心形曲线内部（如图 5.11 所示）的近似面积，给出相应的 Raptor 程序。

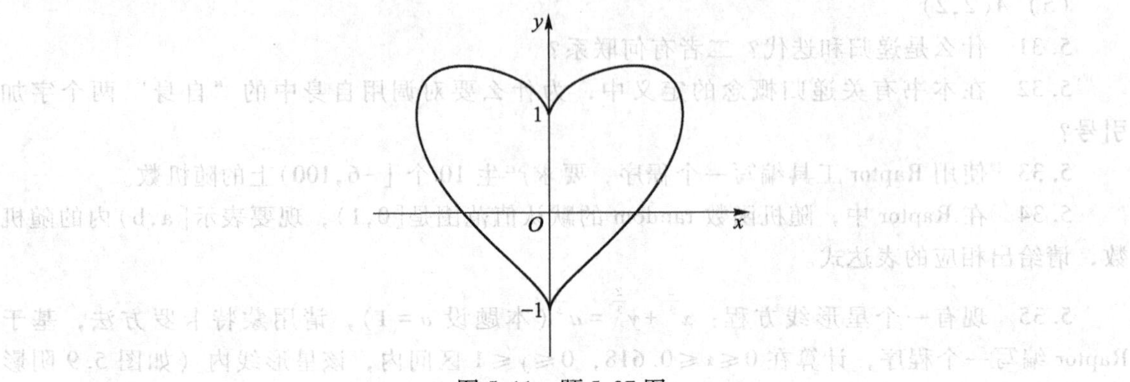

图 5.11　题 5.37 图

5.38　给出“理论”的形式化定义。

5.39　分析一种理论体系存在的合理性及其意义一般采用什么方法，而构造一种理论体系常用什么方法？

5.40　简述公理系统的 3 个条件。

5.41　分别对正整数、平面几何（欧氏几何）进行公理化概括。

*5.42　在经济领域，为避免因利益而引发的恶性争斗，使经济活动有序，就要制定各种规则，这些规则的制定必然是各方利益博弈的结果。查阅有关资料，从利益这个最根本的概念出发，分析市场经济中的几个具体规则。

*5.43　查阅有关资料，论述公理化思想对现代科技发展的影响。

5.44　简述形式系统的组成、基本特点和局限性。

5.45　什么是形式化方法？

5.46　软件系统构建的关键是什么？

5.47　形式式规格说明描述的是什么？

5.48　使用形式化方法的原因是什么？

5.49　什么是形式验证？形式验证有哪两种主要技术？

5.50　简述计算机科学家与数学家的共同点和不同点。

5.51　为什么说形式化方法是提高软件系统，特别是安全至上的软件系统的安全性与可靠性的重要手段？

第6章 计算学科中的统计学方法

数据驱动的人工智能，与统计学一样，建立在概率公理体系之上，是对不确定的客观世界的一种描述。不确定并不等于没有规律可循，它是人们看待世界和处理问题的一种新思路，它的规律可以用概率公理模型来描述。本章主要介绍计算机科学领域，特别是人工智能与大数据领域中常用的统计学的基础概念和方法，包括不确定性描述的数学基础、朴素贝叶斯分类器、偏导数基础、回归与最小二乘法、最大梯度下降法、感知器与BP神经网络等。

6.1 引言

统计学是收集、分析、表述和解释数据的科学。统计可以分为描述统计和推断统计两大类。

描述统计是整个统计学的基础，通过图表或数学方法，对数据的分布状态、数字特征和随机变量之间关系进行估计和描述。若在研究中始终利用全部资料（称为总体），那么描述性统计就足够了。

推断统计是现代统计学的主要内容，推断统计是通过总体的一部分（称为样本）来推断总体的统计方法。

与传统数学的确定性研究不同，统计学研究的是不确定性问题，其研究建立在概率论的基础上，探索数据内在的数量规律。

统计学与计算机科学有着紧密的联系，统计与计算机科学中的数据挖掘和机器学习三者都关注收集和分析数据。一般认为，统计理论具有更广泛的普遍性，而适应性强的机器学习和数据挖掘有更好的预见性。

在数据驱动的知识发现方面，人们常对一些相同的事情使用不同的术语。比如，统计学中的估计（预测）对应计算机科学中的学习（表示+评价+优化），模型（拟合函数、参数）对应计算机科学中的网络（图、权值）；而计算机科学中的监督学习（有指导学习）和无监督学习（无指导学习）分别对应统计学中的分类和聚类。

6.2 不确定性描述的数学基础

概率模型是对不确定现象的数学描述，是关于不确定性的正式术语。每一个概率模型都关联着一个试验，每个试验都将产生一个试验结果。试验的所有可能结果构成一个样本空间，用符号 Ω 表示。样本空间的子集，即某些试验结果的集合，称为事件。事件 A 的概率用符号 $P(A)$ 表示，它满足以下 3 条公理。

概率公理 6.1：非负性，对于任何一个事件 A，$P(A) \geqslant 0$。

概率公理 6.2：可加性，若 A 和 B 为两个互不相容的事件，则 $P(A \cup B)=P(A)+P(B)$。更一般地，若 A_1，A_2，…是互不相容的事件序列，则它们的并运算满足 $P(A_1 \cup A_2 \cup \cdots)=P(A_1)+P(A_2)+\cdots$。

概率公理 6.3：归一化，整个样本空间 Ω 的概率为 1，即 $P(\Omega)=1$。

根据以上公理，可以派生出概率论的一系列重要性质。下面，介绍概率论中的几个重要概念。

先验概率：指根据以往经验和分析得到的概率。如，抛掷一个有 6 个面的骰子，出现每一个面的概率都为 1/6。

穷举事件：指包含所有可能发生的事件的集合。如，掷骰子，获得点数为 1，2，3，4，5，6 的事件的集合是穷举事件。

概率计算中的加法原理：若 A 和 B 相容，则 $P(A \cup B)=P(A)+P(B)-P(A \cap B)$。若 A 和 B 不相容，则有 $P(A \cup B)=P(A)+P(B)$。如，掷一次骰子，获得 5 以上点数事件的概率为 2/6。加法原理只涉及一颗骰子或一次抽签事件，若涉及两个同时发生或者接连发生的事件 A 和 B，就要用到乘法原理。

概率计算中的乘法原理：分 3 种情况。若 A 和 B 互斥，则 $P(A \cap B)=0$。若 A 和 B 相互独立，则 $P(A \cap B)=P(A)P(B)$。如，掷两颗骰子，要求一个为 2 点，另一个为 6 点，则概率为 $\frac{1}{6} \times \frac{1}{6}$。

还有一种情况：两事件相关，这就涉及条件概率，这是学习分类的基础。

条件概率：指事件 A 在另一事件 B 已经发生的条件下发生的概率。条件概率表示为 $P(A \mid B)$，读作“在条件 B 下 A 发生的概率”。如，已知掷骰子事件 B 的结果为偶数(2,4,6)，事件 A 的结果为 2，则在条件 B 下，A 发生的概率为 1/3。若整个样本空间 Ω 只有事件 A 和 B，则

$$P(A \mid B)=\frac{P(A \cap B)}{P(B)} \tag{6.1}$$

注意，在式（6.1）中，若用 B 替换 A，则有 $P(B)=1$，即 $P(B)=P(\Omega)$。因此，在条件概率中，可以将 B 看成是一个完整的样本空间。在这个样本空间中，可以证明，条件概率满足概率的 3 条公理，即非负性、可加性和归一化。以上是两个事件的情形，推广到多个事件，也是很方便的。

全概率定理：设 $A_1, A_2, \cdots, A_n$ 是一组互不相容的事件，形成了样本空间的一个分割，即 $A_1+A_2+\cdots+A_n=\Omega$，则对该样本空间中的任何事件 B，有

$$\begin{aligned} P(B) &= P(B \cap A_1)+P(B \cap A_2)+\cdots+P(B \cap A_n) \\ &= P(A_1)P(B \mid A_1)+\cdots+P(A_n)P(B \mid A_n) \end{aligned}$$

全概率定理应用的关键是找到合适的分割 $A_1, A_2, \cdots, A_n$，而一个适合的分割又与实际问题的应用背景相关的，这就要具体问题具体分析了。

为了理解以上概念，下面举几个例子。

例 6.1 从一副扑克牌（54 张）中一次抽到一张纸牌 3 或红桃的概率，请用概率计算中的加法原理求解。

解：设事件 A = 抽到纸牌 3，事件 B = 抽到红桃，则 $P(A)=\frac{4}{54}$，$P(B)=\frac{13}{54}$，事件 A 和 B 同时发生的概率为$\frac{1}{54}$；根据加法原理，由于 A 和 B 相容，则 $P(A\cup B)=P(A)+P(B)-P(A\cap B)$，即 $P(A\cup B)=\frac{16}{54}=\frac{8}{27}$。

例 6.2 在某网络中，如图 6.1 所示。A 和 F 两个结点通过中间结点 B、C、D、E 相互连接，边上的数字表示一个结点到另一个结点之间给定的连接概率，求 A 到 F 之间相互连接的概率，也即 A 到 F 的可靠性。

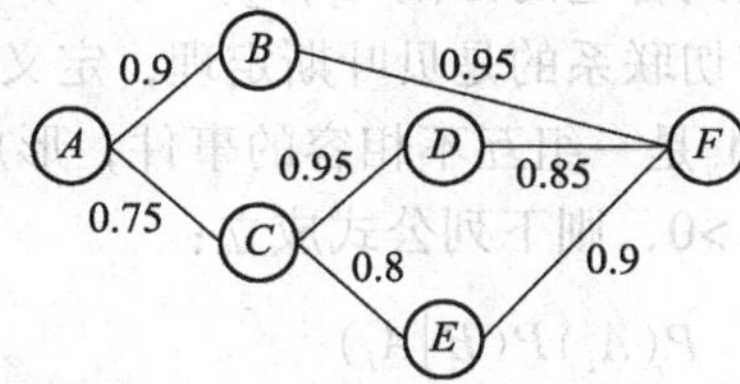

图 6.1 连线旁边的数字表示相应结点之间元件的有效概率

解：这是一个典型的系统可靠性评估问题。系统由多个元件组合而成，各元件有效与否是相互独立的，这些系统通常能够分解成若干子系统。而每个子系统又由若干元件组成，这些元件可以以串联或并联的方式相互连接。

设系统由元件 $1,2,\cdots,m$ 组成，令 p_i 为元件 i 有效运行的概率，串联系统只有在所有元件均有效的情况下才是有效的。即

$$P(\text{串联系统有效})=p_1p_2\cdots p_m$$

在并联系统中只需诸元件中一个元件有效，系统就有效，即

$$P(\text{并联系统有效})=1-P(\text{并联系统失效})=1-(1-p_1)(1-p_2)\cdots(1-p_m)$$

现在回到本例的计算，用 $X\to Y$ 表示"由 X 到 Y 是连通的"这一随机事件，则有

$$\begin{aligned}P(C\to F)&=1-(1-P(C\to D\text{ 且 }D\to F))(1-P(C\to E\text{ 且 }E\to F))\\&=1-(1-p_{CD}p_{DF})(1-p_{CE}p_{EF})=1-(1-0.95\times0.85)(1-0.80\times0.90)\approx0.95\end{aligned}$$

$$P(A\to C\text{ 且 }C\to F)=P(A\to C)P(C\to F)=0.75\times0.95\approx0.71$$

$$P(A\to B\text{ 且 }B\to F)=P(A\to B)P(B\to F)=0.90\times0.95\approx0.86$$

最后，所需的概率

$$\begin{aligned}P(A\to F)&=1-(1-P(A\to C\text{ 且 }C\to F))(1-P(A\to B\text{ 且 }B\to F))\\&=1-(1-0.71)(1-0.86)\approx0.96\end{aligned}$$

例 6.3 抛掷一个有 6 面的骰子，若得到的点数 5 或者 6，就可以再掷一次，否则就停止。请用全概率定理回答：掷到的点数总和至少为 10 的概率是多少？

解：记 A_i 为第一次抛掷一颗骰子后得到点数为 i 的事件，则 $P(A_i)=1/6$。记 B 为抛掷得

到的总点数至少为 10 的事件。在 A_5发生的情况下，只要第二次抛掷的点数为 5 或 6，总点数才能至少为 10，这样，事件 B 的条件概率为 2/6，即 $P(B|A_5)=\frac{1}{6}+\frac{1}{6}=\frac{2}{6}$。同理分析可得，在 A_6发生的情况下，只要第二次抛掷的点数为 4 或 5 或 6，总点数才能至少为 10，这样，事件 B 的条件概率为 3/6，即 $P(B|A_6)=\frac{1}{6}+\frac{1}{6}+\frac{1}{6}=\frac{3}{6}$。否则 A_1，A_2，A_3，A_4任一个事件发生，都不许抛掷第二次，因此得不到所要求的结果，即 $P(B|A_1)=P(B|A_2)=P(B|A_3)=P(B|A_4)=0$。利用全概率定理，可得

$$P(B)=P(A_1)P(B|A_1)+\cdots+P(A_5)P(B|A_5)+P(A_6)P(B|A_6)$$
$$=\frac{1}{6}\times0+\cdots+\frac{1}{6}\times\frac{2}{6}+\frac{1}{6}\times\frac{3}{6}=\frac{5}{36}$$

应用全概率定理的关键是找到合适的分割 $A_1,A_2,\cdots,An$，而穷举不相容事件是样本空间分割的基础。与全概率定理有密切联系的是贝叶斯定理，定义如下。

贝叶斯定理：设 $A_1,A_2,\cdots,A_n$是一组互不相容的事件，形成了样本空间的一个分割，且对任一个 i，$P(A_i)>0$。若 $P(B)>0$，则下列公式成立：

$$P(A_i|B)=\frac{P(A_i)P(B|A_i)}{P(B)}$$
$$=\frac{P(A_i)P(B|A_i)}{P(A_1)P(B|A_1)+\cdots+P(A_n)P(B|A_n)}$$

贝叶斯定理的一个重要应用是朴素贝叶斯分类器，将在下节介绍。

6.3　朴素贝叶斯分类器

朴素贝叶斯分类器是基于贝叶斯定理与特征属性条件独立假设的分类方法，即假设特征属性之间互相独立且所有特征属性同等重要。对分类任务来说，在所有相关概率都已知的理想情况下，对一个给定的样本，计算该样本属于所有特定类别的概率，进而最终选择概率最大的类别予以标记。

为便于描述，将事件 A 表示为一个给定样本的特征属性 $X(x_1,x_2,\cdots,x_n)$，将事件 B 表示为全体类标的属性 $Y(y_1,y_2,\cdots,y_m)$，则朴素贝叶斯分类问题可以描述为：对于一个给定测试样本的特征属性 $X(x_1,x_2,\cdots,x_n)$，计算这个样本在每一个类标 $y_i(i=1,2,\cdots,m)$的概率，最终选取最大值进行类别标记。基于贝叶斯定理可得以下公式：

$$P(y_i|X)=\frac{P(y_i)P(X|y_i)}{P(X)} \tag{6.2}$$

根据式（6.2），对于不同的类别，分母 $P(X)$都是相同的。对于这个分类问题，目标是找到其中最大的分类概率，因此可以将分母 $P(X)$省略，只需求得条件概率的相对值，即 $P(y_i)P(X|y_i)$。

例 6.4　现有一个有关“发票”的数据集（见表 6.1），含两个类标（标签）、4 个训练

样本、1个测试样本。现要求将测试样本划分到两个类标之中的某一个。

表6.1 垃圾邮件的分类

序号	训练样本	类标（标签）
1	优惠/向外/代开/发票	垃圾邮件
2	我/公司/有/多余/发票/可以/向外/代开	垃圾邮件
3	我/公司/可以/办理/正规/发票	垃圾邮件
4	整理/好/发票/明天/到/账务处/报账	正常邮件
5	测试样本：将/本月/发票/统一/装订/好	?

解：考察这个数据集，测试样本显然不在训练样本之中，因此无法立即将它归类。这时可以将问题变一下，根据贝叶斯定理，假定句子中的每个单词都与其他单词无关，这样就可以不看整个句子，只看单词。于是可以把P(将本月发票统一装订好)表示成P(将)×P(本月)×P(发票)×P(统一)×P(装订)×P(好)。

现在，原来要比较的两个式子：P(将本月发票统一装订好|垃圾邮件)×P(垃圾邮件)、P(将本月发票统一装订好|正常邮件)×P(正常邮件)就变成了以下两个式子：

$$P(将|垃圾邮件)\times P(本月|垃圾邮件)\times P(发票|垃圾邮件)\times P(统一|垃圾邮件)\times P(装订|垃圾邮件)\times P(好|垃圾邮件)\times P(垃圾邮件) \quad (6.3)$$

$$P(将|正常邮件)\times P(本月|正常邮件)\times P(发票|正常邮件)\times P(统一|正常邮件)\times P(装订|正常邮件)\times P(好|正常邮件)\times P(正常邮件) \quad (6.4)$$

根据题意，在本例的数据集中：P(垃圾邮件)= 3/4，P(正常邮件)= 1/4，两类别中单词的总数为17（不含重复的单词）。

在“垃圾邮件”类别中，有18个单词，其中，“发票”出现3次，因此，P(发票|垃圾邮件)= 3/18。类似地，P(优惠|垃圾邮件)= 1/18，P(向外|垃圾邮件)= 2/18，P(代开|垃圾邮件)= 2/18，P(我|垃圾邮件)= 2/18，P(公司|垃圾邮件)= 2/18，P(有|垃圾邮件)= 1/18，P(多余|垃圾邮件)= 1/18，P(可以|垃圾邮件)= 2/18，P(办理|垃圾邮件)= 1/18，P(正规|垃圾邮件)= 1/18。

在“正常邮件”类别中，有7个单词，P(整理|正常邮件)= 1/7，P(好|正常邮件)= 1/7，P(发票|正常邮件)= 1/7，P(明天|正常邮件)= 1/7，P(到|正常邮件)= 1/7，P(账务处|正常邮件)= 1/7，P(报账|正常邮件)= 1/7。

根据以上两个分类的条件概率，分别计算测试样本“将/本月/发票/统一/装订/好”的对应概率。

注意，以上测试样本中的单词“将”“本月”“统一”“装订”在两个分类中的条件概率均为0，直接相乘后结果均为0，就没有办法比较了。由此，引入一种称之为“拉普拉斯平滑”的方法，将每个单词的计数加1。为了平衡，同时，还将单词的总数加到除数上（表6.2所示），因此所计算的概率永远都不会大于1。

表 6.2　测试样本中出现单词在两个分类中的条件概率

单　　词	P(单词 | 垃圾邮件)	P(单词 | 正常邮件)
将	$\frac{0+1}{18+17}$	$\frac{0+1}{7+17}$
本月	$\frac{0+1}{18+17}$	$\frac{0+1}{7+17}$
发票	$\frac{3+1}{18+17}$	$\frac{1+1}{7+17}$
统一	$\frac{0+1}{18+17}$	$\frac{0+1}{7+17}$
装订	$\frac{0+1}{18+17}$	$\frac{0+1}{7+17}$
好	$\frac{0+1}{18+17}$	$\frac{1+1}{7+17}$

在以上概率的计算中，将所有的分子加 1，分母加 17，将其值代入式（6.3）和式（6.4）中，比较大小。即

$$P(\text{将本月发票统一装订好} \mid \text{垃圾邮件}) \times P(\text{垃圾邮件}) =$$

$$\frac{0+1}{18+17}\times\frac{0+1}{18+17}\times\frac{3+1}{18+17}\times\frac{0+1}{18+17}\times\frac{0+1}{18+17}\times\frac{0+1}{18+17}\times 3/4=\frac{3}{35^6}$$

$$P(\text{将本月发票统一装订好} \mid \text{正常邮件}) \times P(\text{正常邮件}) =$$

$$\frac{0+1}{7+17}\times\frac{0+1}{7+17}\times\frac{1+1}{7+17}\times\frac{0+1}{7+17}\times\frac{0+1}{7+17}\times\frac{1+1}{7+17}\times 1/4=\frac{1}{24^6}$$

比较计算结果：$\frac{3}{35^6}<\frac{1}{24^6}$，于是可以将测试样本“将/本月/发票/统一/装订/好”划分为正常邮件。

6.4　偏导数基础

在学习偏导数之前，先复习一下高中数学中的求导法则，如表 6.3 所示。

表 6.3　求导法的运算法则与常用的导数公式

运 算 法 则	常用的导数公式	
和导：$(u+v)'=u'+v'$	（1）$(C)'=0$（C 为常数）	（2）$(x^n)'=nx^{n-1}$
差导：$(u-v)'=u'-v'$	（3）$\left(\frac{1}{x^n}\right)'=-\frac{n}{x^{n+1}}$	（4）$(\sqrt[n]{x})'=\frac{x^{-\frac{n-1}{n}}}{n}$
积导：$(uv)'=u'v+uv'$	（5）$(\sin x)'=\cos x$	（6）$(\cos x)'=-\sin x$

续表

运算法则	常用的导数公式	
商导：$(u/v)'=(u'v-uv')/v^2$	(7) $(\tan x)'=\sec^2 x$	(8) $(\cot x)'=-\csc^2 x$
复导：设 $y=f(u),u=\varphi(x)$ 则 $y'_x=y'_u\cdot u'_x$	(9) $(\sec x)'=\sec x\tan x$	(10) $(\csc x)'=-\csc x\cot x$
	(11) $(a^x)'=a^x\ln a(a>0,a\neq 1)$	(12) $(e^x)'=e^x$
	(13) $(\log_a x)'=\dfrac{1}{x\ln a}(a>0,a\neq 1)$	(14) $(\ln x)'=\dfrac{1}{x}$

在数学中，一个多变量函数的偏导数（partial derivative），就是它关于其中一个变量的导数，而保持其他变量恒定。在这个意义上，关于某个特定变量的导数就称为偏导数。例如，考虑有两个变量 x，y 的函数 $z=f(x,y)$，只看变量 x，将 y 看作常数来求导，以此求得的导数称为“z 关于 x 的偏导数”。偏导数定义如下。

设函数 $z=f(x,y)$ 在点 (x_0,y_0) 的某一领域内有定义，当 y 固定在 y_0，而 x 在 x_0 处有增量 Δx 时，相应的函数有增量 $f(x_0+\Delta x,y_0)-f(x_0,y_0)$，如果 $\lim\limits_{\Delta x\to 0}\dfrac{f(x_0+\Delta x,y_0)-f(x_0,y_0)}{\Delta x}$ 存在，则称此极限为函数 $z=f(x,y)$ 在点 (x_0,y_0) 处对 x 的偏导数，记 $\left.\dfrac{\partial z}{\partial x}\right|_{(x_0,y_0)}$ 或 $\left.\dfrac{\partial f}{\partial x}\right|_{(x_0,y_0)}$，即

$$\left.\frac{\partial z}{\partial x}\right|_{(x_0,y_0)}=\left.\frac{\partial f(x,y)}{\partial x}\right|_{(x_0,y_0)}=\lim_{\Delta x\to 0}\frac{f(x_0+\Delta x,y_0)-f(x_0,y_0)}{\Delta x}=\frac{\mathrm{d}}{\mathrm{d}x}f(x,y_0)\Big|_{x=x_0}$$

同理，可定义函数 $z=f(x,y)$ 在点 (x_0,y_0) 处对 y 的偏导数为

$$\left.\frac{\partial z}{\partial y}\right|_{(x_0,y_0)}=\left.\frac{\partial f(x,y)}{\partial y}\right|_{(x_0,y_0)}=\lim_{\Delta y\to 0}\frac{f(x_0,y_0+\Delta y)-f(x_0,y_0)}{\Delta y}=\frac{\mathrm{d}}{\mathrm{d}y}f(x_0,y)\Big|_{y=y_0}$$

如果函数 $z=f(x,y)$ 在区域 D 内任意一点 (x,y) 处对 x 的偏导数都存在，那么这个偏导数就是 x 的函数，称为函数 $z=f(x,y)$ 对自变量 x 的偏导数，记作 $\dfrac{\partial z}{\partial x}$ 或 $\dfrac{\partial f}{\partial x}$，同理可以定义函数 $z=f(x,y)$ 对自变量 y 的偏导数，记作 $\dfrac{\partial z}{\partial y}$ 或 $\dfrac{\partial f}{\partial y}$。

例 6.5 求 $z=x^2+3xy+y^2$ 在点 $(1,2)$ 处的偏导数。

解：(1) 求函数 z 在点 $(1,2)$ 处对 x 的偏导数。

当 y 固定在 2 时，即 $z|_{(y=2)}=x^2+6x+4$，

$$\left.\frac{\partial z}{\partial x}\right|_{(1,2)}=\lim_{\Delta x\to 0}\frac{[(x+\Delta x)^2+6(x+\Delta x)+4]-(x^2+6x+4)}{\Delta x}=\lim_{\Delta x\to 0}\frac{(2x+\Delta x+6)\Delta x}{\Delta x}$$

$$=\lim_{\Delta x\to 0}(2x+\Delta x+6)=(2x+6)\big|_{x=1}=8$$

(2) 求函数 z 在点 $(1,2)$ 处对 y 的偏导数。

当 x 固定在 1 时，即 $z|_{(x=1)}=1+3y+y^2$，

$$\left.\frac{\partial z}{\partial y}\right|_{(1,2)}=\lim_{\Delta y\to 0}\frac{[1+3(y+\Delta y)+(y+\Delta y)^2]-(1+3y+y^2)}{\Delta y}=\lim_{\Delta y\to 0}\frac{(2y+\Delta y+3)\Delta y}{\Delta y}$$

$$=\lim_{\Delta y\to 0}(2y+\Delta y+3)=(2y+3)\big|_{y=2}=7$$

例 6.6　求函数 $z=\sin(xy)+\cos^2(xy)$ 的偏导数$\frac{\partial z}{\partial x}$、$\frac{\partial z}{\partial y}$。

解：根据函数求导的链式法则，已知函数 $z=f(u)$，当 $u=g(x)$ 时，则复合函数 $z=f(g(x))$ 在点 x 的导函数为：$\frac{dz}{dx}=f'(u)\cdot g'(x)=\frac{dz}{du}\cdot\frac{du}{dx}$，由此求解如下。

（1）将 y 看作常数，求$\frac{\partial z}{\partial x}$。

因为$\frac{\partial z}{\partial x}=\cos(xy)\cdot y+2\cdot\cos(xy)\cdot(-\sin(xy))\cdot y$，

所以$\frac{\partial z}{\partial x}=\cos(xy)\cdot y-2\cdot\cos(xy)\cdot\sin(xy)\cdot y=y\cos(xy)(1-2\sin(xy))$。

（2）将 x 看作常数，求$\frac{\partial z}{\partial y}$。

因为$\frac{\partial z}{\partial y}=\cos(xy)\cdot x+2\cdot\cos(xy)\cdot(-\sin(xy))\cdot x$，

所以$\frac{\partial z}{\partial x}=\cos(xy)\cdot x-2\cdot\cos(xy)\cdot\sin(xy)\cdot x=x\cos(xy)(1-2\sin(xy))$。

例 6.7　求 $f(x)=x^4-4x^3-20x^2$ 的最小值。

解：首先求出导函数：$f'(x)=4x^3-12x^2-40x=4x(x-5)(x+2)$。函数取得极小值的必要条件是 $f'(x)=0$，则当 $f'(x)=0$ 时，解得 $x=0$，$x=5$，$x=-2$。把这三个点代进去，可以得出，$f(x)$ 在点 $x=5$ 处取得最小值-375，如图 6.2 所示。

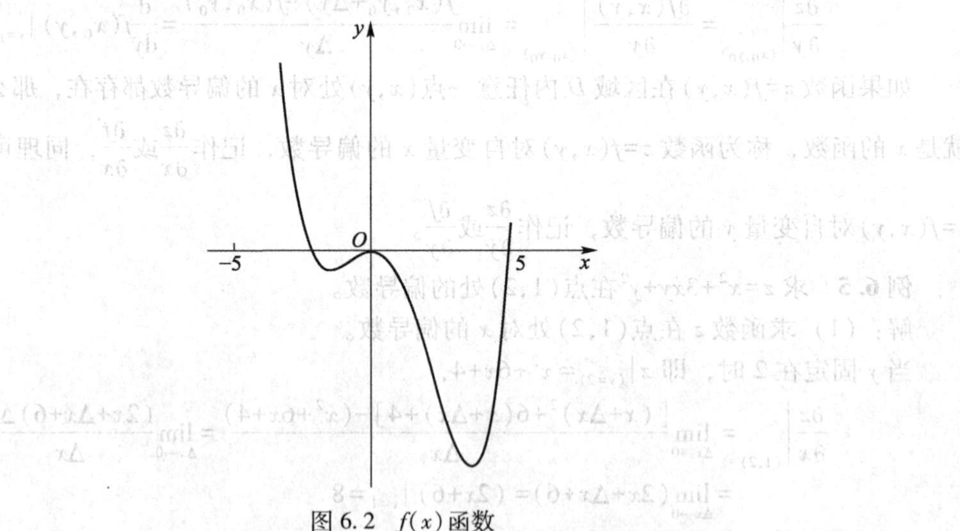

图 6.2　$f(x)$ 函数

激活函数在深度学习领域扮演着至关重要的角色，它们的导数特性决定了模型在训练过程中的收敛速度和稳定性。通过巧妙地选择具有适当导数特性的激活函数，可以有效地优化神经网络的性能。常用激活函数如表 6.4 所示。

表 6.4 常用激活函数

激活函数	定义	图形
单位阶跃函数	$u(x)=\begin{cases}0, & x<0\\1, & x\geqslant 0\end{cases}$	
Sigmoid 函数	$\sigma(x)=\dfrac{1}{1+\mathrm{e}^{-x}}=\dfrac{1}{1+\exp(-x)}$	
Tanh 函数	$f(x)=\dfrac{\mathrm{e}^{x}-\mathrm{e}^{-x}}{\mathrm{e}^{x}+\mathrm{e}^{-x}}$	
ReLU 函数	$f(x)=\max(0,x)$	

例 6.8　求 Sigmoid 函数 $\sigma(x)=\dfrac{1}{1+e^{-x}}$的导数。

解：令 $f(x)=1+e^{-x}$，即 Sigmoid 函数 $\sigma(x)=\dfrac{1}{1+e^{-x}}=\dfrac{1}{f(x)}$。

当$f(x)\neq0$，由分数函数的求导公式得：$\left\{\dfrac{1}{f(x)}\right\}'=-\dfrac{f'(x)}{\{f(x)\}^2}$，将 $1+e^{-x}$代入分数函数求导公式的$f(x)$中，利用指数函数的导数公式$(e^{-x})'=-e^{-x}$，可得

$$\sigma'(x)=-\frac{(1+e^{-x})'}{(1+e^{-x})^2}=\frac{e^{-x}}{(1+e^{-x})^2}$$

上式变形为

$$\sigma'(x)=\frac{e^{-x}+1-1}{(1+e^{-x})^2}=\frac{1}{1+e^{-x}}-\frac{1}{(1+e^{-x})^2}=\sigma(x)-\sigma^2(x)=\sigma(x)(1-\sigma(x))$$

Sigmoid 导数的图形如图 6.3 所示。

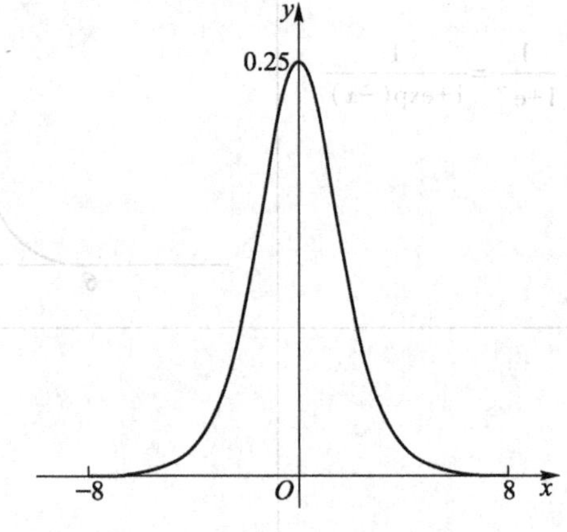

图 6.3　Sigmoid 导数的图形

例 6.9　在单位阶跃函数 $u(x)$中，求 $u(-1)$和 $u(2)$的函数值。

解：由单位阶跃函数的定义可知，

$$u(x)=\begin{cases}0, & x<0\\1, & x\geqslant0\end{cases}$$

因为$-1<0$，所以 $u(-1)=0$。因为 $2>0$，所以 $u(2)=1$。

例 6.10　在 Tanh 函数$f(x)$中，求$f(-1)$、$f(0)$和$f(1)$的函数值。

解：由 Tanh 函数的定义可知$f(x)=\dfrac{e^x-e^{-x}}{e^x+e^{-x}}$。

取 e=2.7 作为近似值，则

$$f(-1)=\frac{e^{-1}-e^1}{e^{-1}+e^1}\approx-0.76$$

$$f(0)=\frac{e^0-e^0}{e^0+e^0}=0$$

$$f(1)=\frac{e^{1}-e^{-1}}{e^{1}+e^{-1}}\approx 0.76$$

例 6.11 在 ReLU 函数 $f(x)$ 中，求 $f(4)$ 和 $f(-2)$ 的函数值。

解：由 ReLU 函数的定义可知，$f(x)=\max(0,x)$，则 $f(4)=4$，$f(-2)=0$。

6.5 回归与最小二乘法

根据训练数据是否有标签，机器学习可分为监督学习、半监督学习和无监督学习。目前，在产业中最实用的是监督学习，本书也只介绍监督学习。在监督学习中，若预测的变量是离散的且取值限定于预先给定的几个类别中，这样的任务称为分类。比如，上一节介绍的“垃圾邮件的分类”实例，以及著名的 ImageNet 项目（含 1 400 多万个图像的手工标注，2 万多个类别）均属分类问题。若预测的变量是连续的，这样的任务称为回归，回归分析的结果要用数学方程形式表示出来。在回归分析中，如果只包括一个自变量和一个因变量，且二者的关系可用一条直线近似表示，这种回归分析可称为一元线性回归分析，相应的方程称为一元线性回归方程。类似地，还有多元线性回归分析和非线性回归分析。

回归与相关有密切联系，都涉及变量之间的关系，它是一种根据两个或多个变量之间的相互关系进行预测的统计学方法。若变量之间完全相关，那就是确定性问题。比如，圆的面积 $S=\pi r^2$。回归是统计学中的重要问题，研究的是不确定性问题，也就是变量之间不一定有因果关系。将回归方程（模型）应用于人们的实际工作中，其目的是预测，可接受的预测应该是有价值的。比如，数据挖掘中的一个经典案例指出，在超市中，啤酒和尿不湿放在一起可以提高两者的销量。

回归线是指用于预测的最佳拟合线，从数学的角度来说，回归问题就是最优化问题。回归线代表给定 X 值时对 Y 的最佳估计，当 X 和 Y 之间的关系不是完全相关时，Y 就不会都落在回归线上，这必然产生预测误差。若误差较小，就可以考虑采用该预测，并做出相应的决定。在统计学中，找回归线，即求回归方程，最常用的方法是最小二乘法。

最小二乘法（又称最小平方法）是对所有观测数据点的误差求平方和，通过数学求导的方式来确定回归方程的系数，使回归方程在预测中提供最好的整体精确度。有学者认为，最小二乘法在统计学中的地位相当于 18 世纪微积分在数学中的地位，它是 19 世纪统计学的“主题曲”。

最小二乘法及其各种变形的拟合方法包括一元线性最小二乘法拟合、多元线性拟合、非线性拟合。最小二乘法能从实验得到的一大堆看上去杂乱无章的数据中找出一定规律，拟合成一条回归线来反映所给数据点的总趋势，以消除其局部的波动。它为科研工作者提供了一种非常方便、实效良好的数据处理方法。随着计算技术的发展，这个经典方法显示出其强大的生命力。

有了数据集后，是拟合成直线还是曲线，往往需要依据经验和数据的分布给出假设。一旦假设确定，不管是直线还是曲线，都可以通过最小二乘法求解，所不同的是求解参数的个数。拟合成直线时需两个参数，拟合成二次曲线时需三个参数，以此类推。求参数时，一般采用求偏导的方法，即对某个参数求导，再将其他参数视为常量，实现对该参数的求解。下面给出一个通用的例子，介绍一元线性最小二乘法的拟合。

例 6.12 现有以下一元线性关系（直线）的数据集，如表 6.5 所示，试给出其回归方程。

表 6.5 数 据 集

序号 i	x_i	y_i	预 测 值
1	x_1	y_1	ax_1+b
2	x_2	y_2	ax_2+b
3	x_3	y_3	ax_3+b
…	…	…	…
m	x_m	y_m	ax_m+b

解：一元线性关系的一般形式可以表示为 $y=ax+b$，其中，a，b 为回归分析模型（方程）的系数。

其中，数据 x_i 和 y_i 已知，$(ax_i+b)-y_i$ 等于第 i 个观测数据点的误差，误差的总和为 $\sum|ax_i+b-y_i|$，根据题意，就是要遍历所有的数据，找出使误差总和最小的 a 和 b。要使误差最小，可以证明，就是使所有误差的平方和最小，即 $\sum(ax_i+b-y_i)^2$ 的值最小，求解这个问题，一般采用最小二乘法，这种方法可以省去绝对值，还可以用求导方式解决，它不仅在回归分析中有用，在神经网络的计算中也可直接使用。

在数学中，用模型参数表示的总体误差函数可以称为误差函数（error function）、损失函数（loss function）或者代价函数（cost function），本书采用“损失函数”这个名字。从数据的角度来看，回归方程 x 和 y 是变量，从损失函数的角度来看，a 和 b 是变量。在本例中，将平方误差的总和当作损失函数 L（用大写形式）。这样，问题就变成了在损失函数 L 最小的情况下，求解变量 a 和 b。

在数学中，一个包含变量 a 和 b 的损失函数 L 取得最小值的必要条件是 $\frac{\partial L}{\partial a}=0$，$\frac{\partial L}{\partial b}=0$，则

$$L=\sum(ax_i+b-y_i)^2=(ax_1+b-y_1)^2+(ax_2+b-y_2)^2+\cdots+(ax_m+b-y_m)^2$$

为方便求解，往往将损失函数 L 修改为

$$L=\frac{1}{2m}\sum_{i=1}^{m}(ax_i+b-y_i)^2$$

其中，m 是数据集中点的总数，$\frac{1}{2}$ 是一个常量，这是为了在求偏导时，做乘方运算后结果与 $\frac{1}{2}$ 抵消，消除多余的常数系数。另外，人们往往在分母中还增加一个 m，是为了方便后续的计算，对结果并不产生影响。

现在对 L 求偏导，并令其偏导为 0，则

$$\frac{\partial L}{\partial a}=\frac{1}{m}(ax_1+b-y_1)x_1+\frac{1}{m}(ax_2+b-y_2)x_2+\cdots+\frac{1}{m}(ax_m+b-y_m)x_m=0 \tag{6.5}$$

$$\frac{\partial L}{\partial b}=\frac{1}{m}(ax_1+b-y_1)+\frac{1}{m}(ax_2+b-y_2)+\cdots+\frac{1}{m}(ax_m+b-y_m)=0 \tag{6.6}$$

将数据集中的全部数据代入式（6.5）和式（6.6），可直接求解方程组，即可求得变量 a 和 b 的值，即一元回归方程的两个参数。

例 6.13 现有以下一组某大学一年级女生的身高 x_i 和体重 y_i 的数据集，如表 6.6 所示，其中 a，b 是未知量，试给出其回归方程。

表 6.6 身高和体重的数据集

序号 i	x_i/cm	y_i/kg	预测值
1	155.40	47.60	$155.40a+b$
2	156.80	49.80	$156.80a+b$
3	159.80	54.00	$159.80a+b$
4	162.20	55.60	$162.20a+b$
5	168.40	57.20	$168.40a+b$

解：将以上数据代入式（6.5）和式（6.6），可得

$$\frac{\partial L}{\partial a}=\frac{1}{m}(128938.84a+802.60b-42485.68)=0 \tag{6.7}$$

$$\frac{\partial L}{\partial b}=\frac{1}{m}(802.60a+5.00b-264.20)=0 \tag{6.8}$$

数据集中有 5 个点的数据，即 $m=5$，将该值代入式（6.7）和式（6.8），得

$$25787.77a+160.52b-8497.14=0$$
$$160.52a+b-52.84=0$$

解这个联立方程，可得 $a=0.72$，$b=-62.73$，从而求得目标回归方程：$y=0.72x-62.73$。

6.6 最大梯度下降法

最小二乘法的最后一步是求解方程组。多元方程组的求解方法，又分为解析法和数值法两类。解析法就是用严格的数学公式来求解方程组，比如，一元二次方程的通解。但是，一些方程是无解析解的，比如，五次及以上的代数方程，这时只能采用数值方法求近似解。在统计学和机器学习中，求解方程组数值解的一种常用方法是梯度下降法。这种方法可以看作是一种更简单的、最小二乘法最后一步解方程的方法，即利用梯度信息，通过不断地迭代、调整参数来寻找合适的解，这种方法特别适合采用计算机来求解问题。

在介绍最大梯度下降法之前，先介绍原始数据的预处理。预处理的第一步是数据归一化。在数据处理的过程中，不同的评价指标往往具有不同的量纲或单位，这会影响数据分析的结果。为了消除指标量纲之间的影响，需要进行数据标准化处理，使数据指标具有可比

性。原始数据经过数据标准化处理后，各指标处于同一数量级，才适合进行综合评价。

数据的标准化是将数据按比例缩放，使之落入一个小的特定区间内，比如[-1,1]或[0,1]。数据标准化可以加快梯度下降求最优解的速度，同时也有可能提高求解的精度。目前数据标准化的方法有不少，本书采用均值标准化方法，其公式如下：

$$x_i' = \frac{x_i - \text{mean}(x_i)}{\max(x_i) - \min(x_i)}$$

其中，$\text{mean}(x_i)$表示所有样本的均值，$\max(x_i)$表示所有样本中的最大值，$\min(x_i)$表示所有样本中的最小值。

最大梯度下降法（算法）过程如下。

（1）确定损失函数，设计学习率（步长）η，随机初始化所有需要求解的参数，设定优化的起点。

（2）将所有的样本代入损失函数（模型），计算总体的损失值。

（3）利用损失值对损失函数（模型）的所有参数求偏导，得到相应的梯度变化量。

（4）基于梯度变化量，调整参数，得到迭代之后的参数。

（5）重复第（3）步和第（4）步的工作，直到达到停止条件。

例 6.14　根据例 6.13 中的数据，请用最大梯度下降法确定其参数，并给出其回归方程。

解：首先采用均值标准化对数据进行处理，得到表 6.7 第一行的值：

$$x_1' = \frac{x_1 - \text{mean}(x_i)}{\max(x_i) - \min(x_i)} = \frac{155.40 - 160.52}{168.40 - 155.40} = -0.39$$

$$y_1' = \frac{y_1 - \text{mean}(y_i)}{\max(y_i) - \min(y_i)} = \frac{47.60 - 52.84}{57.20 - 47.60} = -0.55$$

依次类推，可得到标准化后的数据如表 6.7 所示。

表 6.7　身高和体重的标准化数据

序号 i	x_i'/cm	y_j'/kg
1	-0.39	-0.55
2	-0.29	-0.32
3	-0.06	0.12
4	0.13	0.29
5	0.61	0.45

数据的标准化后，采用最大梯度下降法，计算过程如下所示。

（1）根据题意，设损失函数为

$$L = \frac{1}{2m} \sum_{i=1}^{m} (ax_i + b - y_i)^2$$

设学习率 $\eta = 0.50$，参数随机取 $a = 0.50$，$b = 0.50$。

（2）将样本数据代入损失函数，得到总体的损失值

$$L=\frac{1}{2m}(ax_1+b-y_1)^2+\frac{1}{2m}(ax_2+b-y_2)^2+\cdots+\frac{1}{2m}(ax_m+b-y_m)^2$$

$$=\frac{1}{10}(0.50\times-0.39+0.50+0.55)^2+\frac{1}{10}(0.50\times-0.29+0.50+0.32)^2$$

$$+\frac{1}{10}(0.50\times-0.06+0.50-0.12)^2+\frac{1}{10}(0.50\times0.13+0.50-0.29)^2$$

$$+\frac{1}{10}(0.50\times0.61+0.50-0.45)^2=0.15$$

（3）对损失函数（模型）的所有参数求偏导，得到相应的梯度变化量如下。

$$\frac{\partial L}{\partial a}=\frac{1}{m}(ax_1+b-y_1)x_1+\frac{1}{m}(ax_2+b-y_2)x_2+\cdots+\frac{1}{m}(ax_m+b-y_m)x_m$$

$$=\frac{1}{5}(0.50\times-0.39+0.50+0.55)\times-0.39+$$

$$\frac{1}{5}(0.50\times-0.29+0.50+0.32)\times-0.29+$$

$$\frac{1}{5}(0.50\times-0.06+0.50-0.12)\times-0.06+$$

$$\frac{1}{5}(0.50\times0.13+0.50-0.29)\times0.13+$$

$$\frac{1}{5}(0.50\times0.61+0.50-0.45)\times0.61=-0.06$$

$$\frac{\partial L}{\partial b}=\frac{1}{m}(ax_1+b-y_1)+\frac{1}{m}(ax_2+b-y_2)+\cdots+\frac{1}{m}(ax_m+b-y_m)$$

$$=\frac{1}{5}(0.50\times-0.39+0.50+0.55)+\frac{1}{5}(0.50\times-0.29+0.50+0.32)+$$

$$\frac{1}{5}(0.50\times-0.06+0.50-0.12)+\frac{1}{5}(0.50\times0.13+0.50-0.29)+$$

$$\frac{1}{5}(0.50\times0.61+0.50-0.45)=0.50$$

（4）根据得到梯度变化量，调整参数：

$$(a,b)=(a+\Delta a,b+\Delta b)$$

$$(\Delta a,\Delta b)=-\eta\left(\frac{\partial L}{\partial a},\frac{\partial L}{\partial b}\right)$$

则，下一个参数值可表示为

$$(a,b)=\left(a-\eta\frac{\partial L}{\partial a},b-\eta\frac{\partial L}{\partial b}\right)=(0.50-0.50\times-0.06,0.5-0.5\times0.50)=(0.53,0.25)$$

（5）迭代 5 次，参数调整的过程如表 6.8 所示。

表 6.8 参数调整过程

次数	a	b	L	$\frac{\partial L}{\partial a}$	$\frac{\partial L}{\partial b}$	Δa	Δb
1	0.50	0.50	0.15	−0.06	0.50	0.03	−0.25
2	0.53	0.25	0.05	−0.06	0.25	0.03	−0.13
3	0.56	0.12	0.03	−0.05	0.13	0.03	−0.06
4	0.58	0.06	0.02	−0.05	0.06	0.02	−0.03
5	0.61	0.03	0.02	−0.05	0.03	0.02	−0.02
6	0.63	0.01	0.02				

经过 5 次迭代后，得到回归方程

$$y'=0.63x'+0.01 \tag{6.9}$$

将均值标准化公式代入式（6.9），有

$$\frac{y-\mathrm{mean}(y_i)}{\max(y_i)-\min(y_i)}=0.63\times\frac{x-\mathrm{mean}(x_i)}{\max(x_i)-\min(x_i)}+0.01$$

$$\frac{y-52.84}{57.20-47.60}=0.63\times\frac{x-160.52}{168.40-155.40}+0.01$$

可得原始数据的回归方程

$$y=0.46x-21.03$$

由例 6.13 和例 6.14 的结果，可以得到一个结论，即使是相同的数据集，采用的方法不同，得到的回归方程也可能不同。另外，回归结果也未必是数据样本本来的模型。

6.7 感知器与 BP 神经网络

感知器（也称为感知机）是弗兰克·罗森布拉特（Frank Rosenblatt）在 1957 年发明的一种人工神经网络。感知器也称为单层人工神经网络，以区别于较复杂的多层感知器。感知器的结构简单，仅有一个神经元，所以只能用来处理线性可分的两类模式识别问题。BP（back-propagation）算法是保罗·沃波斯（Paul Werbos）于 1974 年发明的一个设置神经网络参数的算法，即反向传播算法。有学者认为，沃波斯的反向传播算法拯救了神经元网络，从此之后才有了 2018 年获图灵奖的杰弗里·欣顿（Geoffrey Hinton）等人的工作以及人工智能中的深度学习。BP 网络是多层感知器网络的一种，BP 网络侧重算法，而多层感知器侧重结构。可以认为，BP 神经网络=多层感知器+BP 算法。

6.7.1 单层感知器

单层感知器能够实现逻辑与运算、逻辑或运算和逻辑非运算，不能实现逻辑异或运算。单层感知器如图 6.4 所示，其形式模型为

$$SLP=<x_i^j,\bar{y}^j,w_i,b,\eta,y^j,L>$$

各参数说明如下。

（1）x_i^j：第 j 组数据的第 i 个输入值。为方便计算，第一个结点的输入值恒为 1，此时第一个结点的权重即为偏置值。

（2）$\overline{y}^j$：第 j 组数据的输出值。

（3）w_i：第 i 个输入值的权重。

（4）b：偏置值。

（5）η：学习率。

（6）y^j：第 j 组数据的输出值对应的真值。

（7）L：损失函数，采用误差平方损失函数

$$L=\frac{(\overline{y}^j-y^j)^2}{2}$$

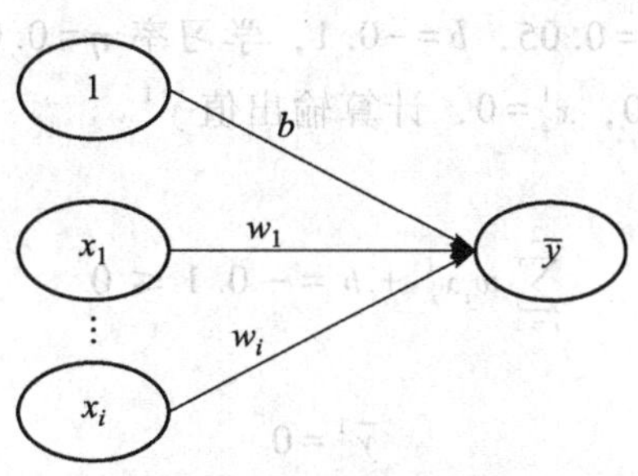

图 6.4 单层感知器

对于以上模型各参数，调整方法如下。

（1）随机初始化权重 w_i 和偏置值 b，预设学习率 η。

（2）输入第一组输入值 x_i^j，计算输出值 $\overline{y}^j$。

$$\overline{y}^j=\begin{cases}1, & \sum_{i=1}^{n} w_i x_i^j+b>0 \\ 0, & \sum_{i=1}^{n} w_i x_i^j+b \leqslant 0\end{cases}$$

（3）采用梯度下降算法更新权重 w_i。

$$\frac{\partial L}{\partial w_i}=\frac{\partial L}{\partial \overline{y}^j}\frac{\partial \overline{y}^j}{\partial w_i}=(\overline{y}^j-y^j)x_i^j$$

$$w_i=w_i-\eta\frac{\partial L}{\partial w_i}$$

（4）采用梯度下降算法更新偏置值 b。

$$\frac{\partial L}{\partial b}=\frac{\partial L}{\partial \overline{y}^j}\frac{\partial \overline{y}^j}{\partial b}=(\overline{y}^j-y^j)$$

$$b=b-\eta\frac{\partial L}{\partial b}$$

（5）依次输入第 j 组的输入值 x_i^j，重复第（2）步和第（3）步，迭代直到权重和偏置

值收敛（如最后一组数据计算完还未收敛，则下次迭代从第一组数据开始）。

例 6.15　初始化 $w_1=0.05$，$w_2=0.05$，$b=-0.1$，学习率 $\eta=0.02$，采用单层感知器（见图 6.4），数据如表 6.9 所示，求逻辑“或”运算的计算公式。

表 6.9　逻辑“或”运算真值表

x_1	x_2	y
0	0	0
0	1	1
1	0	1
1	1	1

解：第 1 次迭代如下。

（1）初始化 $w_1=0.05$，$w_2=0.05$，$b=-0.1$，学习率 $\eta=0.02$。

（2）第 1 次迭代输入 $x_1^1=0$，$x_2^1=0$，计算输出值 $\bar{y}^1$。

因为

$$\sum_{i=1}^{2} w_i x_i^1 + b = -0.1 \leqslant 0$$

所以

$$\bar{y}^1 = 0$$

（3）采用梯度下降算法更新权重 w_i。

$$\frac{\partial L}{\partial w_1} = (\bar{y}^1 - y^1)x_1^1 = 0$$

$$\frac{\partial L}{\partial w_2} = (\bar{y}^1 - y^1)x_2^1 = 0$$

$$w_1 = w_1 - \eta\frac{\partial L}{\partial w_1} = 0.05$$

$$w_2 = w_2 - \eta\frac{\partial L}{\partial w_2} = 0.05$$

（4）采用梯度下降算法更新偏置值 b。

$$\frac{\partial L}{\partial b} = (\bar{y}^1 - y^1) = 0$$

$$b = b - \eta\frac{\partial L}{\partial b} = -0.1$$

可得 $w_1=0.05$，$w_2=0.05$，$b=-0.1$。

第 2 次迭代如下。

重复第（2）步：输入 $x_1^2=0$，$x_2^2=1$，计算输出值 $\bar{y}^2$。

因为

$$\sum_{i=1}^{2} w_i x_i^2 + b = -0.05 \leqslant 0$$

所以

$$\overline{y}^2=0$$

重复第（3）步：采用梯度下降算法更新权重 w_i。

$$\frac{\partial L}{\partial w_1}=(\overline{y}^2-y^2)x_1^2=0$$

$$\frac{\partial L}{\partial w_2}=(\overline{y}^2-y^2)x_2^2=-1$$

$$w_1=w_1-\eta\frac{\partial L}{\partial w_1}=0.05$$

$$w_2=w_2-\eta\frac{\partial L}{\partial w_2}=0.07$$

（4）采用梯度下降算法更新偏置值 b。

$$\frac{\partial L}{\partial b}=(\overline{y}^2-y^2)=-1$$

$$b=b-\eta\frac{\partial L}{\partial b}=-0.08$$

可得 $w_1=0.05$，$w_2=0.07$，$b=-0.08$。

第 3 次迭代如下。

重复第（2）步，输入 $x_1^3=1$，$x_2^3=0$，计算输出值$\overline{y}^3$。

因为

$$\sum_{i=1}^{2}w_ix_i^3+b=-0.03\leqslant 0$$

所以

$$\overline{y}^3=0$$

重复第（3）步，采用梯度下降算法更新权重 w_i。

$$\frac{\partial L}{\partial w_1}=(\overline{y}^3-y^3)x_1^3=-1$$

$$\frac{\partial L}{\partial w_2}=(\overline{y}^3-y^3)x_2^3=0$$

$$w_1=w_1-\eta\frac{\partial L}{\partial w_1}=0.07$$

$$w_2=w_2-\eta\frac{\partial L}{\partial w_2}=0.07$$

（4）采用梯度下降算法更新偏置值 b。

$$\frac{\partial L}{\partial b}=(\overline{y}^3-y^3)=-1$$

$$b=b-\eta\frac{\partial L}{\partial b}=-0.06$$

可得 $w_1=0.07$，$w_2=0.07$，$b=-0.06$。

同理，有：

第 4 次迭代输入 $x_1^4=1$，$x_2^4=1$，可得 $w_1=0.07$，$w_2=0.07$，$b=-0.06$；

第 5 次迭代输入 $x_1^1=0$，$x_2^1=0$，可得 $w_1=0.07$，$w_2=0.07$，$b=-0.06$；

第 6 次迭代输入 $x_1^2=0$，$x_2^2=1$，可得 $w_1=0.07$，$w_2=0.07$，$b=-0.06$。

权重和偏置值收敛，停止计算，最终得到逻辑“与”运算的计算公式为

$$\bar{y}=\begin{cases}1, & 0.07x_1+0.07x_2-0.06>0\\0, & 0.07x_1+0.07x_2-0.06\leqslant 0\end{cases}$$

例 6.16　初始化 $w_1=0.05$，$w_2=0.05$，$b=0$，学习率 $\eta=0.02$，采用单层感知器（见图 6.4），数据如表 6.10 所示，求逻辑“与”运算的计算公式。

表 6.10　逻辑“与”运算真值表

x_1	x_2	y
0	0	0
0	1	0
1	0	0
1	1	1

解：第 1 次迭代如下。

（1）初始化 $w_1=0.05$，$w_2=0.05$，$b=0$，学习率 $\eta=0.02$。

（2）输入第一组输入值 $x_1^1=0$，$x_2^1=0$，计算输出值 $\bar{y}^1$。

因为

$$\sum_{i=1}^{2} w_i x_i^1 + b = 0 \leqslant 0$$

所以

$$\bar{y}^1=0$$

（3）采用梯度下降算法更新权重 w_i。

$$\frac{\partial L}{\partial w_1}=(\bar{y}^1-y^1)x_1^1=0$$

$$\frac{\partial L}{\partial w_2}=(\bar{y}^1-y^1)x_2^1=0$$

$$w_1=w_1-\eta\frac{\partial L}{\partial w_1}=0.05$$

$$w_2=w_2-\eta\frac{\partial L}{\partial w_2}=0.05$$

（4）采用梯度下降算法更新偏置值 b。

$$\frac{\partial L}{\partial b}=(\bar{y}^1-y^1)=0$$

$$b=b-\eta\frac{\partial L}{\partial b}=0$$

同理，

有：第 2 次迭代输入 $x_1^2=0$，$x_2^2=1$，可得 $w_1=0.05$，$w_2=0.03$，$b=-0.02$；

第 3 次迭代输入 $x_1^3=1$，$x_2^3=0$，可得 $w_1=0.03$，$w_2=0.03$，$b=-0.04$；

第 4 次迭代输入 $x_1^4=1$，$x_2^4=1$，可得 $w_1=0.03$，$w_2=0.03$，$b=-0.04$；

第 5 次迭代输入 $x_1^1=0$，$x_2^1=0$，可得 $w_1=0.03$，$w_2=0.03$，$b=-0.04$；

第 6 次迭代输入 $x_1^2=0$，$x_2^2=1$，可得 $w_1=0.03$，$w_2=0.03$，$b=-0.04$。

权重和偏置值收敛，停止计算，最终得到逻辑“与”运算的计算公式为

$$\bar{y}=\begin{cases}1, & 0.03x_1+0.03x_2-0.04>0\\0, & 0.03x_1+0.03x_2-0.04\leqslant 0\end{cases}$$

6.7.2 BP 神经网络

受生物学的影响，人们构造了神经网络。这种构造已产生了质的飞跃，完全进入了数学的世界。在这种网络世界里，人们可以大胆地构思各种结构，建立大量端对端的网络系统。基于两端已知的数据，采用各种方法，调整网络的参数，找到尽可能优化的拟合函数，实现对输入数据的分类判定。下面，先介绍神经元的模型图和神经元的形式模型，如图 6.5 所示。

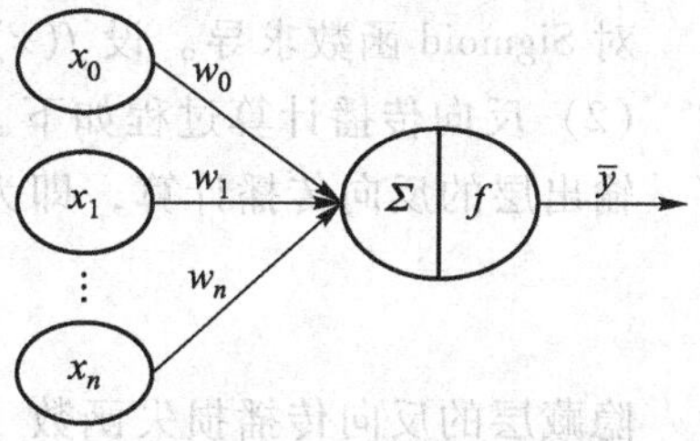

图 6.5　神经元模型图

神经元的形式模型为

$$NEU=<x_i,w_i,f,\bar{y},y>$$

各参数说明如下。

（1）x_i：神经元模型的第 i 个输入值。为简化计算，第一个输入一般设为 1。

（2）w_i：神经元模型的第 i 个输入值的权重。当第一个输入为 1 时，第一个输入的权重为模型的偏置值。

（3）f：神经元模型的激活函数。

（4）$\bar{y}$：神经元模型的输出值，$\bar{y}=f\left(\sum_{i=0}^{n}w_ix_i\right)$。

（5）y：输入值对应的真实输出值。

例 6.17　利用多层感知器，求逻辑“异或”运算（见表 6.11）的计算公式。多层感知器包含输入层、隐藏层和输出层，隐藏层包含两个神经元，输出层包含一个神经元，神经元使用 Sigmoid 激活函数，利用均方误差损失函数和 BP 算法更新模型的权重。模型结构如图 6.6 所示。

表 6.11　逻辑“异或”运算的真值表

x_1	x_2	y
0	0	0
0	1	1
1	0	1
1	1	0

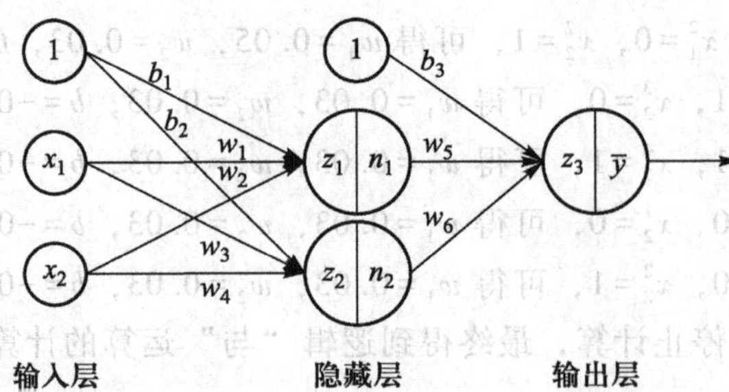

图 6.6　包含一个隐藏层的 BP 神经网络

解：(1) Sigmoid 激活函数计算公式为

$$\mathrm{Sigmoid}(x)=\frac{1}{1+\mathrm{e}^{-x}}$$

对 Sigmoid 函数求导。设 $f(x)=\mathrm{Sigmoid}(x)$，有 $f'(x)=f(x)(1-f(x))$。

(2) 反向传播计算过程如下。

输出层的反向传播计算，即为计算平方误差损失函数

$$L=\frac{1}{2}(y-\bar{y})^2$$

隐藏层的反向传播损失函数

$$L=\frac{1}{2}(y-\bar{y})^2=\frac{1}{2}\Big(y-f\Big(\sum_{i=0}^{n}w_i n_i\Big)\Big)^2$$

输入层的反向传播损失函数

$$L=\frac{1}{2}(y-\bar{y})^2=\frac{1}{2}\Big(y-f\Big(\sum_{i=0}^{n}w_i n_i\Big)\Big)^2=\frac{1}{2}\Big(y-f\Big(\sum_{i=0}^{n}w_i f\Big(\sum_{j=0}^{n}w_j x_j\Big)\Big)\Big)^2$$

具体计算过程如下。

(1) 初始化 $w_1=w_2=w_3=w_4=w_5=w_6=0.05$，$b_1=b_2=b_3=0$，设学习率 $\eta=0.1$。

(2) 第一组输入值 $x_1=0$，$x_2=0$，进行前向传播计算。

隐藏层：

$$z_1=w_1x_1+w_2x_2+b_1=0$$
$$n_1=\mathrm{Sigmoid}(z_1)=0.5$$
$$z_2=w_3x_1+w_4x_2+b_2=0$$
$$n_2=\mathrm{Sigmoid}(z_2)=0.5$$

输出层：

$$z_3=w_5n_1+w_6n_2+b_3=0.05$$
$$\bar{y}=\mathrm{Sigmoid}(z_3)=0.51$$

(3) 进行反向传播计算。

计算损失函数，代入 $y=0$，有

$$L=\frac{(y-\bar{y})^2}{2}=0.13$$

更新隐藏层到输出层的权重与偏置值。

由

$$\frac{\partial L}{\partial w_5}=\frac{\partial L}{\partial \bar{y}}\frac{\partial \bar{y}}{\partial z_3}\frac{\partial z_3}{\partial w_5}$$

$$\frac{\partial L}{\partial \bar{y}}=(\bar{y}-y)$$

$$\frac{\partial \bar{y}}{\partial z_3}=\bar{y}(1-\bar{y})$$

$$\frac{\partial z_3}{\partial w_5}=n_1$$

得

$$\frac{\partial L}{\partial w_5}=(\bar{y}-y)\bar{y}(1-\bar{y})n_1=0.064$$

$$w_5=w_5-\eta\frac{\partial L}{\partial w_5}=0.044$$

同理可得

$$\frac{\partial L}{\partial w_6}=\frac{\partial L}{\partial \bar{y}}\frac{\partial \bar{y}}{\partial z_3}\frac{\partial z_3}{\partial w_6}=(\bar{y}-y)\bar{y}(1-\bar{y})n_2=0.064$$

$$w_6=w_6-\eta\frac{\partial L}{\partial w_6}=0.044$$

$$\frac{\partial L}{\partial b_3}=\frac{\partial L}{\partial \bar{y}}\frac{\partial \bar{y}}{\partial z_3}\frac{\partial z_3}{\partial b_3}=(\bar{y}-y)\bar{y}(1-\bar{y})=0.127$$

$$b_3=b_3-\eta\frac{\partial L}{\partial b_3}=-0.013$$

更新隐藏层到输入层的权重与偏置值。

由

$$\frac{\partial L}{\partial w_1}=\frac{\partial L}{\partial \bar{y}}\frac{\partial \bar{y}}{\partial z_3}\frac{\partial z_3}{\partial n_1}\frac{\partial n_1}{\partial z_1}\frac{\partial z_1}{\partial w_1}$$

$$\frac{\partial z_3}{\partial n_1}=w_5$$

$$\frac{\partial n_1}{\partial z_1}=n_1(1-n_1)$$

$$\frac{\partial z_1}{\partial w_1}=x_1$$

得

$$\frac{\partial L}{\partial w_1}=(\bar{y}-y)\bar{y}(1-\bar{y})w_5n_1(1-n_1)x_1=0$$

$$w_1=w_1-\eta\frac{\partial L}{\partial w_1}=0.05$$

同理可得

$$\frac{\partial L}{\partial w_2}=\frac{\partial L}{\partial \bar{y}}\frac{\partial \bar{y}}{\partial z_3}\frac{\partial z_3}{\partial n_2}\frac{\partial n_1}{\partial z_1}\frac{\partial z_1}{\partial w_2}=(\bar{y}-y)\bar{y}(1-\bar{y})w_5n_1(1-n_1)x_2=0$$

$$w_2=w_2-\eta\frac{\partial L}{\partial w_2}=0.05$$

$$\frac{\partial L}{\partial w_3}=\frac{\partial L}{\partial \bar{y}}\frac{\partial \bar{y}}{\partial z_3}\frac{\partial z_3}{\partial n_2}\frac{\partial n_2}{\partial z_2}\frac{\partial z_2}{\partial w_3}=(\bar{y}-y)\bar{y}(1-\bar{y})w_6n_2(1-n_2)x_1=0$$

$$w_3=w_3-\eta\frac{\partial L}{\partial w_3}=0.05$$

$$\frac{\partial L}{\partial w_4}=\frac{\partial L}{\partial \bar{y}}\frac{\partial \bar{y}}{\partial z_3}\frac{\partial z_3}{\partial n_2}\frac{\partial n_2}{\partial z_2}\frac{\partial z_2}{\partial w_4}=(\bar{y}-y)\bar{y}(1-\bar{y})w_6n_2(1-n_2)x_2=0$$

$$w_4=w_4-\eta\frac{\partial L}{\partial w_4}=0.05$$

$$\frac{\partial L}{\partial b_1}=\frac{\partial L}{\partial \bar{y}}\frac{\partial \bar{y}}{\partial z_3}\frac{\partial z_3}{\partial n_1}\frac{\partial n_1}{\partial z_1}\frac{\partial z_1}{\partial b_1}=(\bar{y}-y)\bar{y}(1-\bar{y})w_5n_1(1-n_1)=0.0014$$

$$b_1=b_1-\eta\frac{\partial L}{\partial b_1}=-0.00014$$

$$\frac{\partial L}{\partial b_2}=\frac{\partial L}{\partial \bar{y}}\frac{\partial \bar{y}}{\partial z_3}\frac{\partial z_3}{\partial n_2}\frac{\partial n_2}{\partial z_2}\frac{\partial z_2}{\partial b_2}=(\bar{y}-y)\bar{y}(1-\bar{y})w_6n_2(1-n_2)=0.0014$$

$$b_2=b_2-\eta\frac{\partial L}{\partial b_2}=-0.00014$$

（4）以上为迭代一次的计算结果。如需得到最终结果，还需要用多组数据反复迭代，余下的计算请读者自行完成。

6.8　本章小结

在传统的数学中，定义、定理和证明是其核心内容。但这些内容往往针对的是确定性问题，而统计学针对的是不确定性问题，这是两种不同的思维方式。统计学建立在现实世界的数据之上，从数据到知识，涉及机器学习相关问题。有学者认为，20 世纪 90 年代最令人惊讶的一件事是统计学算法在分类和数据识别方面取得的巨大成功。本书期望从统计学的基础概念和方法出发，介绍机器学习的相关内容，为未来学习人工智能打下基础。

公理系统是本书特别强调的内容。本章第一小节介绍的就是由非负性、可加性和归一化 3 条概率公理构成的概率公理系统，由这个系统可以派生出概率的一系列重要性质。条件概率、全概率定理、贝叶斯定理是概率论的基础概念，而通过实例掌握朴素贝叶斯分类器则有助于理解这些重要概念。

利用最小二乘法可以简便地求得未知的数据，使得这些求得的数据与实际数据之间误差的平方和为最小。最小二乘法的最后一步是求解方程组，在统计学和机器学习中，求解方程组常用的方法是梯度下降法。这种方法利用梯度信息，通过不断地迭代调整参数来寻找合适的解，适用于计算机求解问题。

感知器与 BP 神经网络是机器学习的基础内容，无论是感知器还是深度学习系统，其实都是一种端对端的系统。正如 2018 年图灵奖获得者，卷积神经网络的发明者杨立昆（Yann LeCun）认为的那样，在神经网络学习领域、人们从神经科学中获得了灵感，但还有相当多的部分与神经科学毫不相干。相反，它们来源于理论、直觉和经验探索。杨立昆认为，我们并不期望把我们的模型变成大脑的模型，我们也没有宣称它与神经科学有相关性，但也不讳言卷积网络的灵感来源于一些关于视觉皮质的基础知识。

习题 6

6.1 概率模型可以形式化地表示为（Ω，A，P），请解释其含义。

6.2 概率的公理系统是研究概率理论的基础，从理论上说，根据概率的公理系统，可以派生出概率理论的一系列重要性质。请给出构成概率公理系统的 3 个公理。

6.3 概率是对不确定性问题的描述，香农在概率公理系统的基础上，引入了“熵”的概念，给出了“信息”的度量公式，即信息熵的概念，其定义为 $H=\sum_{i}^{n} p_i \log_2 \frac{1}{p_i}$。

（1）求掷骰子得到点数为 5 的信息量$\left(用 \log_2 \frac{1}{p_i} 表示\right)$。

（2）求掷骰子得到点数为 7 的信息量（注：不可能发生用∞表示）。

（3）求掷骰子得到点数为 5 的信息熵。

（4）求掷骰子得到点数大于或等于 1、小于或等于 6 的信息熵。

（5）假设抛掷硬币得到正面结果的概率为 1/3，得到反面结果的概率为 2/3，试求抛掷硬币结果的信息熵。

6.4 已知 $P(A)=0.2$，$P(B)=0.3$，$P(A\cap B)=0.15$，求 $P(A|B)$和 $P(B|A)$。

6.5 掷两颗骰子，已知两颗骰子点数之和为 7，求其中一颗为 3 的概率。

6.6 已知男生中有 50%是近视患者，女生中有 25%是近视患者。从男女人数相等的学生中随机挑选一人，恰好是近视患者，问：此人是男性的概率是多少？

6.7 某人下午 5 点下班回家，他可以选择乘地铁或乘公交车回家。乘地铁 6 点前到家的概率是 60%，6 点后到家的概率是 40%。乘公交车 6 点前到家的概率是 50%，6 点后到家的概率是 50%。某日他抛一枚硬币决定乘地铁还是乘公交车，结果他 6 点前到家，试求他乘地铁回家的概率。

6.8 在如图 6.7 所示的计算机网络中，A 和 D 两个结点通过中间结点 B、C 相互连接，图中边上的数字表示一个结点到另一个结点之间给定的连接概率，求从 A 到 D 之间相互连接的概率，即从 A 到 D 的可靠性。

6.9 在如图 6.7 所示的计算机网络中，A 和 E 两个结点通过中间结点 B、C、D 相互连接，图中边上的数字表示一个结点到另一个结点之间给定的连接概率，求从 A 到 E 之间相互连接的概率，即从 A 到 E 的可靠性。

A
B
C
D
E
0.85
0.6
0.7
0.55
0.4

图 6.7 题 6.8 图

6.10　下面的案例来自网络，是 Bruno Stecanella 在其“A practical explanation of a Naive Bayes classifier”一文中给出的一个关于“句子分类”的数据集（见表 6.12），含 2 个类标（标签），5 个训练样本，1 个测试样本。现要求用朴素贝叶斯分类器将测试样本划分到两个类标（标签）之中。在本题的文本分类中，冠词和系动词对分类的影响较小，要求在计算中，忽略单词“a”“the”和“was”。

表 6.12　题 6.10 表

序　号	训 练 样 本	类标（标签）
1	A great game	Sports
2	The election was over	Not sports
3	Very clean match	Sports
4	A clean but forgettable game	Sports
5	It was a close election	Not sports
6	测试样本：A very close game	?

6.11　函数 $f(x)=-x^2+2x-1$ 图像如图 6.8 所示，求 $f(x)$ 的最大值。

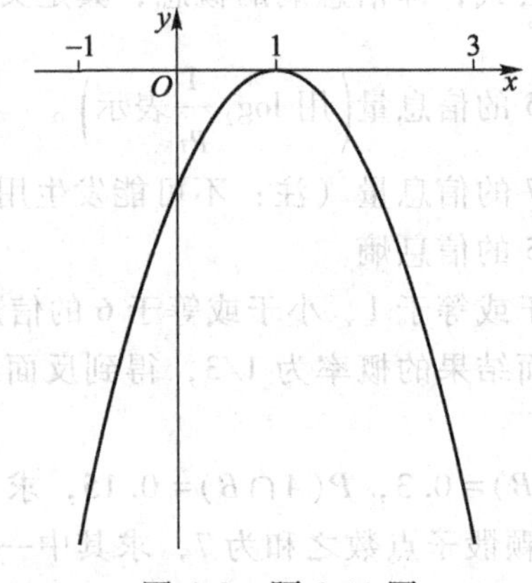

图 6.8　题 6.11 图

6.12　求 $f(x)=x^4-4x^3+4x^2$ 的最小值。

6.13　当 $z=\sum_{i=1}^{2} w_i x_i + b$ 时，求关于 w_1，w_2，b 的偏导数。

6.14　设 $f(x,y)=x^2+3xy+y-1$，求 $\frac{\partial f}{\partial x}$ 和 $\frac{\partial f}{\partial y}$ 在点 $(4,3)$ 的值。

6.15　函数 $z=2x^2+2y^2-1$，求关于 x、y 的偏导数。

6.16　在 Sigmoid 函数 $\sigma(x)$ 中，求 $\sigma(-2)$、$\sigma(0)$ 和 $\sigma(1)$ 函数值的近似值。

6.17　已知 Sigmoid 函数 $\sigma(x)=\frac{1}{1+\mathrm{e}^{-x}}$，求 $\sigma'(-1)$ 和求 $\sigma'(0)$ 的值。

6.18　Sigmoid 函数是神经网络应用领域常用的激活函数，其定义为 $S(x)=\frac{1}{1+\mathrm{e}^{-x}}$，它可以将任何神经元的输入非线性地映射到 $(0,1)$ 范围内。请回答下列与 Sigmoid 函数相关的问题。

（1）求 Sigmoid 函数的导数 $S'(x)$，并证明 $S'(x)=S(x)[1-S(x)]$。

（2）某神经网络的隐藏层到输出层传播通过 Sigmoid 函数激发。假设其输入为 $z=w_1n_1+w_2n_2+b$，其中 n_1，n_2 为已知量，输出为 $y=S(z)$ 。损失函数为 $L=\frac{1}{2}(y-y_0)^2$，其中 y_0 为已知的真实输出值。试求 L 关于模型参数 w_1，w_2 的偏导数 $\frac{\partial L}{\partial w_1}$，$\frac{\partial L}{\partial w_2}$。

6.19　函数 $z=2x^2+2y^2-1$ 图像如图 6.9 所示，求 z 取得最小值时 x、y 的值。

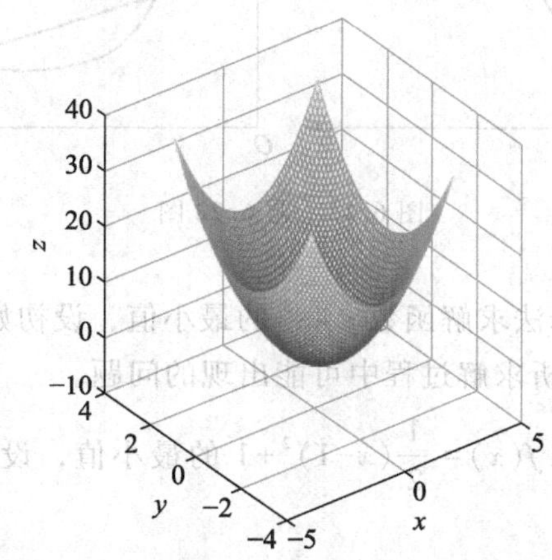

图 6.9　题 6.19 图

6.20　现有一个三元线性问题，回归方程为 $y=w_1x_1+w_2x_2+w_3x_3$，只有 1 个数据点的数据集（如表 6.13 所示），初始时设学习率 $\eta=1/35$，参数随机取 $w_1=50$，$w_2=50$，$w_3=50$，请用最大梯度下降法确定其参数，并给出其回归方程。

表 6.13　题 6.20 表

序　号	x_1	x_2	x_3	y
1	2	5	3	850

6.21　图 6.10（b）相较于图 6.10（a），表示模型在训练中出现了什么问题？应该怎么解决？

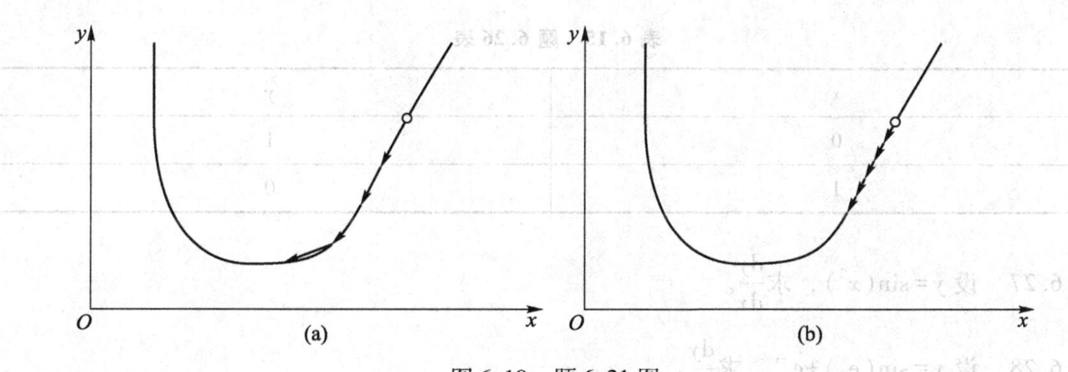

图 6.10　题 6.21 图

6.22　图 6.11（b）相较于图 6.11（a），表示模型在训练中出现了什么问题？应该怎么解决？

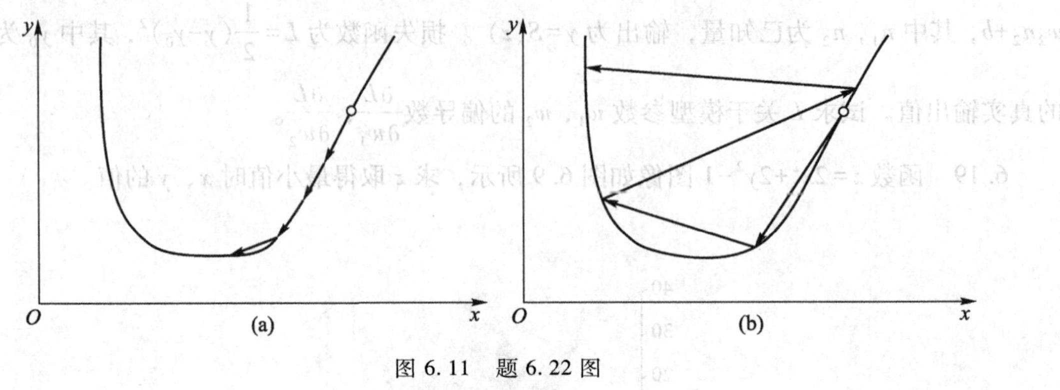

图 6.11　题 6.22 图

6.23　利用最大梯度下降法求解函数 $y=x^2$ 的最小值，设初始时 $x_0=5$，学习率 η 分别设置为 1.0、0.8、0.5、0.3，分析求解过程中可能出现的问题。

6.24　利用梯度下降法求 $f(x)=\dfrac{1}{2}(x-1)^2+1$ 的最小值，设初始点为（0，2），当学习率为 2 时，会出现什么问题？

6.25　现有一个包含两个样本的一元线性问题，回归方程为 $y=w_1x_1$，利用梯度下降法求回归方程，初始化 $w_1=0$，当学习率为 0.8 时，会出现什么问题？当学习率为 0.4 时，情况又如何？样本如表 6.14 所示。

表 6.14　题 6.25 表

x	y
1	1
2	2

6.26　初始化 $w_1=0.05$，$w_2=0$，$b=0.05$，学习率 $\eta=0.03$，用单层感知器（见图 6.4），求逻辑“非”运算的计算公式。逻辑“非”运算真值表如表 6.15 所示。

表 6.15　题 6.26 表

x	y
0	1
1	0

6.27　设 $y=\sin(x^2)$，求 $\dfrac{\mathrm{d}y}{\mathrm{d}x}$。

6.28　设 $y=\sin(\mathrm{e}^x)+\mathrm{e}^{-x}$，求 $\dfrac{\mathrm{d}y}{\mathrm{d}x}$。

6.29　已知 $y=\ln x+\sin x$，其计算图的正向传播如图 6.12 所示，通过反向传播算法求$\frac{\mathrm{d}y}{\mathrm{d}x}$。

6.30　已知 $z=t^2$，$t=xy$，其计算图的正向传播如图 6.13 所示，通过反向传播算法求$\frac{\mathrm{d}z}{\mathrm{d}x}$。

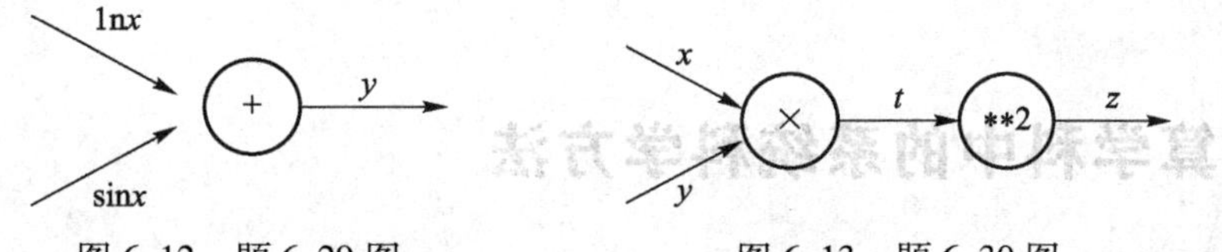

图 6.12　题 6.29 图　　　　图 6.13　题 6.30 图

6.31　买一本书需 50 元，买 2 本书可以打 8 折，现要买 2 本书。其计算图如图 6.14 所示。通过正向传播，计算买书需要多少钱；通过反向传播，计算书本价格的上涨会在多大程度上影响最终支付金额，即求支付金额关于书本价格的导数。

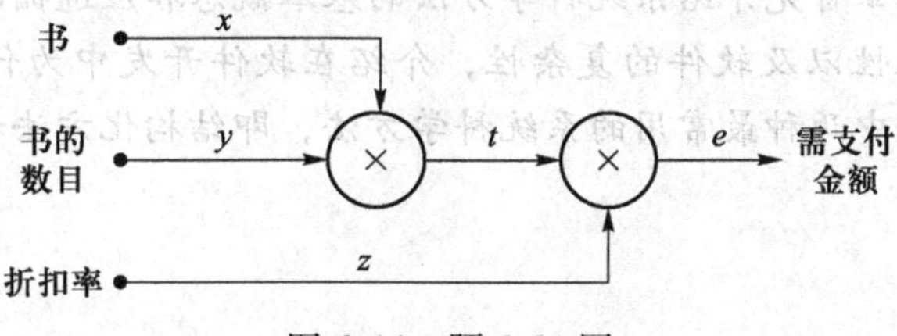

图 6.14　题 6.31 图

6.32　欧盟人脑计划（Human Brain Project）希望建造一种模拟神经元功能的芯片，然后将芯片用于建造超级计算机，当人们用一些学习规则来开启它时，人工智能就出现了。但杨立昆有不同意见，他于 2015 年 2 月在 *IEEE Spectrum* 上发表了“Facebook AI Director Yann LeCun on His Quest to Unleash Deep Learning and Make Machines Smarter”一文。请查相关资料，分析杨立昆的观点。

第 7 章　计算学科中的系统科学方法

系统科学方法广泛地应用于社会、经济和科学技术等各个领域。在计算学科中，采用的系统科学方法主要是模型方法，包括建模、验证和实现。建模属于学科抽象方面的内容，模型的验证属于学科理论方面的内容，模型的实现属于学科设计形态方面的内容。为理解学科中的系统科学方法，本章首先介绍系统科学方法的基本概念和应遵循的一般原则等内容；然后针对人所固有的局限性以及软件的复杂性，介绍在软件开发中为什么要引入系统科学方法；最后介绍计算学科中两种最常用的系统科学方法，即结构化方法和面向对象方法。

7.1　引言

系统科学方法是指用系统的观点来认识和处理问题的各种方法的总称，它是一般科学方法论中的重要内容。系统科学方法为现代科学技术的研究带来了革命性的变化，并在社会、经济和科学技术等各个方面都得到了广泛的应用。

模型方法是系统科学的基本方法，研究某一系统具体来说就是研究它的模型。模型是对系统原型的抽象，是科学认识的基础和决定性环节。

模型与实现是认识与实践的一种具体体现，在计算学科中，它反映了抽象、理论和设计三个过程的基本内容。模型与实现包括建模、验证和实现三方面的内容。其中，建模主要涉学科抽象形态方面的内容，模型的验证主要涉及学科理论形态方面的内容，而模型的实现则主要涉及学科设计形态方面的内容。

本章主要介绍学科中有关系统建模（抽象）和实现（设计）两方面的内容，至于模型的验证（理论），已在第 5 章介绍过了。

7.2　系统科学与系统科学方法

系统科学起源于人们对传统数学、物理学和天文学的研究，诞生于 20 世纪 40 年代。系统科学的崛起被认为是 20 世纪现代科学的两个重大突破性成就之一。

建立在系统科学基础之上的系统科学方法开辟了探索科学技术的新思路，它是认识、调控、改造和创造复杂系统的有效手段，它为系统形式化模型的构建提供了有效的中间过渡模式。现代计算机普遍采用的组织结构，即冯·诺依曼体系结构就是系统科学在计算技术领域所取得的应用成果之一。随着计算技术的迅猛发展，计算机软硬件系统变得越来越复杂。因此，系统科学方法在计算学科中的作用也越来越大。

7.2.1 系统科学的基本概念

系统科学探索系统的存在方式和运动变化规律，是对系统本质的理性认识，是人们认识客观世界的一个知识体系。计算学科中一些重要的系统方法，如结构化方法、面向对象方法都沿用了系统科学的思想方法。如何更好地借鉴系统科学的思想方法是计算科学界应引起重视的问题，而了解系统科学的基本概念和方法是我们自觉运用系统科学方法的基础。

1. 系统和子系统

系统（system）是指由相互联系、相互作用的若干元素构成的，具有特定功能的统一整体。系统可以形式化地定义为

$$S=<A,R>$$

其中，A 表示系统 S 中所有元素的集合，R 表示系统 S 中所有元素之间关系的集合。

一个大的系统往往是复杂的，它通常可以划分为一系列较小的系统，这些系统称为子系统（subsystem）。子系统可以形式化地定义为

$$S_i=<A_i, R_i>$$

其中，$S_i \subset S$，$A_i \subset A$，$R_i \subset R$。

2. 结构和结构分析

结构（structure）是指系统内各组成部分（元素和子系统）之间相互联系、相互作用的框架。

结构分析（structural analysis）的重要内容就是划分子系统，并研究各子系统的结构以及各子系统之间的相互关系。

3. 层次和层次分析

层次（hierarchy）是划分系统结构的一个重要工具，也是结构分析的主要方式。系统的结构可以表示为各级子系统和系统要素的层次结构形式。一般来说，在系统中，高层次包含和支配低层次，低层次隶属于且支撑高层次。明确所研究的问题处在哪一个层次上，可以避免因混淆层次而造成的概念混乱。

层次分析（hierarchical analysis）的主要内容包括系统是否划分了层次、划分了哪些层次、各层次的内容、层次之间的关系以及层次划分的原则等。

4. 环境、行为和功能

系统的环境（environment）是指由一个系统之外的一切与它有联系的事物组成的集合。系统要发挥它应有的作用、实现预定的目标，系统自身一定要适应环境的要求。

系统的行为（behavior）是指系统相对于它的环境所表现出来的一切变化。行为属于系统自身的变化，同时又反映环境对系统的影响和作用。

系统的功能（function）是指系统行为所引起的、有利于环境中某些事物乃至整个环境存在与发展的作用。

5. 状态、演化和过程

状态（state）是系统科学的基本概念之一，它是指系统中可以观察和识别的形态特征。状态一般可以用系统的定量特征（如温度 T、体积 V 等）来表示。

演化（evolution）是指系统的结构、状态、特征、行为和功能等随时间推移而发生的变化。系统的演化性是系统的基本特性。

过程（process）是指系统的演化所经过的发展阶段，它由若干子过程组成。过程的最基本元素是动作，动作不能再分。

6. 系统同构

系统同构（system isomorphism）是指不同系统数学模型之间存在的同构关系，它是系统科学的理论依据。从数学角度看，同构有以下两个重要特征。

（1）两个不同的代数系统，它们的元素基数相同，并能建立一一对应的关系。

（2）两个代数系统运算的定义也对应相同。也就是说，一个代数系统中的两个元素经过某种运算后得到的结果与另一个代数系统中对应的两个元素经相应的运算后得到的结果互相对应；还可以说，一个代数系统中的元素若被其对应代数系统的元素替换后，可得另一代数系统的运算表。

系统同构是数学同构概念的拓展。根据系统同构的性质，可以用一种性质和结构相同的系统来研究另一种系统。甚至，针对不同学科领域和不同现实系统之间存在的系统同构的事实，还可以对各学科进行横向、综合的研究。

根据同构的特征可知，布尔代数与数字逻辑电路同构。因此，可以用数字逻辑电路来表示布尔代数，也可以用布尔代数来研究数字逻辑电路。

提到同构，还会涉及同态的概念。不同系统间的数学同态关系具有自反性和传递性，但不具有对称性。因此，数学同态一般用于模型的简化，不能用来划分等价类。

7.2.2　系统科学遵循的一般原则

1. 整体性原则

整体性原则要求人们在研究系统时应从整体出发，立足于整体来分析其部分以及部分之间的关系，进而实现对系统整体更深刻的理解。

在讲到系统的整体性时，必然要谈到“涌现性质”（emergent property）一词。系统科学把整体具有而部分不具有的东西（即新质的涌现）称为“涌现性质”。从层次结构的角度看，涌现性质是指那些高层次具有而还原到低层次就不复存在的属性、特征、行为和功能。

简单地借用亚里士多德的名言“整体大于部分之和”来表述整体涌现性质是不够的。在某些特殊情况下，当部分构成整体时，出现了原本部分不具有的某些性质，同时又可能丧失了组成部分单独存在时所具有的某些性质，这个规律称为“整体不等于各个孤立部分的总和”原理，也称为“贝塔朗菲定律”。系统的整体功能是否大于或小于部分功能之和关键取决于系统内部诸要素相互联系、相互综合的方式。

2. 动态原则

动态原则是指系统总是动态变化的，永远处于运动发展之中。人们在科学研究中经常采用理想的“孤立系统”或“闭合系统”的抽象，但在实际中，无论是系统内部各要素之间，还是内部环境与外部环境之间，都存在着物质、能量及信息的交换和流通。因此，实际系统都是活系统，而非静态的死系统、死结构。在研究系统时，应从动态的角度去研究系统发展的各个阶段，以准确把握其发展过程及未来趋势。

3. 最优化原则

最优化原则亦称整体优化原则，就是运用各种有效方法从系统多种目标或多种可能的途径中选择最优系统、最优方案、最优功能、最优运动状态，以实现整体优化的目的。

4. 模型化原则

模型化原则就是根据系统模型说明的原因和真实系统提供的依据，提出以模型代替真实系统进行模拟实验，以认识真实系统特性和规律性的方法。模型化方法是系统科学的基本方法。

系统科学建模时主要采用的是符号模型而非实物模型。符号模型包括概念模型、逻辑模型、数学模型，其中最重要的是数学模型。数学模型是指描述元素之间、子系统之间、层次之间以及系统与环境之间相互作用的数学表达式，如树、图、代数结构等。数学模型是系统定性和定量分析的工具。研究系统的模型化方法通常是指通过建立和分析系统的数学模型来解决问题的方法和程序。

用计算机程序定义的模型称为基于计算机的模型（computer-based model）。所有数学模型均可转化为基于计算机的模型，并通过计算来研究系统。而一些复杂的、无法建立数学模型的系统，如生物、社会和行为过程等，也可建立基于计算机的模型。计算实验对一些无法用真实实验来检验的系统是唯一可行的检验手段。

7.2.3 常用的几种系统科学方法

1. 系统分析法

系统分析法是以运筹学和计算机为主要工具，通过对系统中各种要素、过程和关系的考察，来确定系统的组成、结构、功能、效用的方法。系统分析法广泛应用于计算机硬件的研制和软件的开发、技术产品的革新、环境科学和生态系统的研究以及城市管理规划等方面。

2. 信息方法

信息方法是以信息论为基础，通过信息的获取、传递、加工、处理、利用来认识和改造对象的方法。

3. 功能模拟方法

功能模拟方法是以控制论为基础，根据两个系统功能的相同或相似性，应用模型来模拟原型功能的方法。

4. 黑箱方法

黑箱是指内部要素和结构尚不清楚的系统。黑箱方法就是通过研究黑箱的输入和输出的动态系统，对可供选择的黑箱模型进行检验和筛选，最后推测出系统内部结构和运动规律的方法。

5. 整体优化方法

整体优化方法是指从系统的总体出发，运用自然选择或人工技术等手段，从系统多种目标或多种可能的途径中选择最优系统、最优方案、最优功能、最优运动状态，使系统达到最优化的方法。

7.2.4 实例

为便于理解系统的基本概念，下面举几个例子进行说明。

例 7.1　科学的分类。

根据科学知识本质特征的不同，我国著名科学家钱学森将科学划分为工程技术、技术科学、基础科学和哲学 4 个层次。

4 个科学层次是相互联系、相互作用的。其中，工程技术泛指一切应用和技术领域；技术科学是为工程技术提供工程理论的科学；基础科学是揭示客观世界运动规则和本质关系的科学；哲学是对科学知识的概括，是最高一层的科学。

例 7.2　生命系统。

美国心理学家詹姆斯 · G. 米勒（James G. Miller）把生物圈看作是一个生命系统，他认为一切活着的具体系统都是“生命系统”，并将生命系统划分为 7 个层次，即细胞、器官、生物体、群体、组织、社会和超国家系统，以及 19 个关键的子系统。20 世纪 50 年代，米勒创立了一般生命系统理论，该理论对解决生命世界的统一性问题有十分重要的意义。

例 7.3　化学元素周期表。

进入 19 世纪后，由于化学分析方法的改进，到 1869 年，人们已经发现了 63 种化学元素。随着新元素不断被发现以及对这些元素性质的更多了解，人们反而对眼前纷繁复杂的化学世界产生了一种迷惑：难道世界上的化学物质就是这样杂乱无章地凑到一起的吗？

为了寻找化学元素之间的内在联系，许多科学家开始致力于这方面的探索。1869 年 3 月，俄国化学家门捷列夫发表了《元素属性和原子量的关系》的论文，首创了化学元素周期表，揭示了化学元素性质呈周期性变化的内在规律，并指明了发现新元素的方向。化学元素周期表的建立使化学科学走上了系统化的道路，成为化学发展的主要基石之一。

例 7.4　整数。

当把整数看作是一个系统时，根据等价关系，可以将整数划分为若干互不相交的子集。例如，可以将整数划分为奇数和偶数。再比如，若以 3 为模，可将非负整数 S 划分为下面 3 类具有同余关系（同余关系是一种等价关系）的集合 S_1、S_2和 S_3：

若余数为 0，则具有同余关系的数据构成第一个集合：$S_1=\{0,3,6,\cdots,3n,\cdots\}$；

若余数为 1，则具有同余关系的数据构成第二个集合：$S_2=\{1,4,7,\cdots,3n+1,\cdots\}$；

若余数为 2，则具有同余关系的数据构成第三个集合：$S_3=\{2,5,8,\cdots,3n+2,\cdots\}$。

以上对整数的划分体现了集合论中等价关系（满足自反性、对称性和传递性的关系）的一个重要性质，当将“整数”推广为更一般性的“元素”时，只要元素之间的关系为等价关系，就可将由这些元素组成的集合划分为若干互不相交的子集。等价关系的这种性质具有重要的理论和应用价值。

例 7.5　计算机网络。

计算机网络是计算机系统中一个有代表性的复杂系统，需要高度协调地工作才能保证系统的正常运行。为此，必须精确定义网络中数据交换的所有规则（网络协议），然而由这些规则组成的集合却相当庞大和复杂。

为了解决复杂网络协议的设计问题，国际标准化组织（ISO）采用系统科学的思想，定义了现在被广泛使用的开放系统互连（open system interconnection，OSI）模型，该模型将整个网络协议划分为 7 个层次，即物理层、数据链路层、网络层、运输层、会话层、表示层和应用层，从而有效地降低了网络协议的复杂性，促进了网络技术的发展。

7.3 在软件开发中使用系统科学方法的原因

系统科学方法针对的是复杂性问题，而复杂性又是相对于人的能力而言的。为了更好地理解软件开发的复杂性，本节先介绍人固有能力的局限性，以及使用工具后产生的力量；然后介绍复杂性的定义以及软件系统开发的主要困难和软件系统的复杂性；最后给出控制和降低软件系统复杂性的系统化方法，以及使用这种方法应遵循的基本原则。

7.3.1 人固有能力的局限性以及使用工具后产生的力量

人类的劳动总的来说可以分为两种：一种是体力劳动，另一种是脑力劳动。相应地，人的能力总的来说也可以分为两种：一种是人体活动时所能付出的力量，即体力；另一种是人的记忆、理解、想象等的能力，即脑力。

人的体力和脑力都是相当有限的。就体力而言，例如，目前男子室外跳高的世界纪录是 2.45 m（1993 年由古巴运动员哈维尔·索托马约尔创造），而对一个普通的成年人来说，要想跳过 1 m 的高度并不困难。对于这个跳高高度的问题，如果借鉴算法复杂度的表示方法，那么，显然，世界冠军与一般成年人相比，其体力处在同一个数量级。

就脑力而言，要说人的能力处在同一个数量级更是让人难以接受。然而，如果能像体育运动那样明确比赛规则，就不得不接受人固有的脑力也处在同一个数量级的事实。比如，$1+2+3+\cdots+N$，规定必须一步一步相加，当 N 确定时，正常情况下人们所花费的时间不会相差太多，更一般地，当用同一个算法解决同一个问题时，不同的人所花费的时间大致在一个数量级上。换言之，在这种意义上，人的脑力处于同一个数量级。

既然人的体力和脑力极其有限，人固有的体力和脑力又处在同一个数量级上，如何解释人类在认知和改造客观世界中所产生的巨大力量呢？答案在于，依靠工具，人既能够创造工具又能够使用工具。

尽管人还未能跳过 2.45 m 的高度，计算的速度也不快，但若使用有形的工具，如飞机，人就可以飞得很高；使用无形的工具，如数学理论，就可以在较短的时间内解决一些复杂的计算问题。

7.3.2 复杂性

由前面第 2 章可知，复杂性用复杂度来衡量。根据信息论的观点，复杂度可以定义为系统表明自身方式数目的对数，或是系统可能状态数目的对数 $K=\log N$，其中 K 是复杂度，N 是不同的可能状态数。一般来说，一个系统越复杂，它所携带的信息越多。若两个系统各自有 M 个和 N 个可能状态，那么，组合系统的状态数目是两者之积 MN，其复杂度为 $K=\log(MN)$。克拉默在其经典著作《混沌与秩序——生物系统的复杂结构》（*Chaos and Order: The Complex Structure of Living Systems*）一书中给了几个简单的例子，用于分析相应程序的复杂性。

例 7.6 序列 *aaaaaaa*⋯。

这是一个亚（准）复杂性系统，相应的程序为：在每一个 *a* 后续写 *a*。这个短程序使序列可以随意复制，并不限制其长度。

例 7.7　序列 *aabaabaabaab*…。

与例 7.6 相比，该例要复杂一些，但仍可以很容易地写出程序：在两个 *a* 后续写 *b*，并重复这一操作。

例 7.8　*aabaababbaabaababb*…。

这个例子与例 7.7 相似，也可以用很短的程序来描述：在两个 *a* 后续写 *b* 并重复。每当第三次重写 *b* 时，将第一个 *a* 替换为 *b*。这样的序列具有可定义的结构，可用相应的程序来表示。

例 7.9　*aababbababbbabaaababbab*…。

这个例子无结构，若想编程，则必须将字符串全部列出。结论：一旦一个程序的大小与试图描述的系统相提并论时，则无法编程。或者说，当系统的结构不能被描述，或描述它的最小算法与系统本身具有相同的信息数时，则称该系统为根本复杂系统。在达到根本复杂之前，人们仍可以编写出能够执行的程序，否则，做不到。

7.3.3　软件系统的复杂性

人固有的能力极其有限，但是，这种有限的能力可以用来创造工具和使用工具，最后产生巨大的力量。一个典型的使用工具的案例就是阿基米德给出的一个利用杠杆原理的案例：给我一个支点，我就能撬起整个地球。

谈到力学、物理学，就不得不提到一个近代科学的巨人，那就是牛顿。牛顿给出过一个著名的定律——万有引力定律。利用它，可以解决复杂的行星轨迹问题。杰拉尔德·温伯格（Gerald Weinberg）在其著作《系统化思维导论》（*An Introduction to General Systems Thinking*）一书中对牛顿的贡献进行了分析。他认为，牛顿是一个天才，但他的才能并不在于他的大脑计算能力特别突出，而在于懂得如何对问题做合理的简化和理想化，从而把复杂的问题转化为普通人大脑可以处理的、相对简单的问题。牛顿是这样，爱因斯坦也是这样。

温伯格的判断是有道理的，然而，相对于物理学科，计算学科却没有那么幸运，计算机的软硬件系统存在大量不能化简的状态，这就使得构思、描述和测试计算机系统不能依靠像物理学那样简单的定律来完成，而必须另外寻找能够控制和降低复杂性的方法。

1. 软件的复杂性

在计算机中，软件系统的状态比硬件系统的状态往往要多若干数量级。另外，由于软件系统中实体的扩展不像硬件系统那样由相同元素重复添加来实现，从而使计算机中软件的复杂度呈非线性增长趋势。因此，找到控制和降低软件复杂性的方法也就找到了控制和降低计算机系统复杂性最根本的方法。于是，可以将问题的焦点放在计算机软件上。

关于软件的复杂性，1999 年图灵奖获得者弗雷德里克·P. 布鲁克斯（Frederick P. Brooks）在其著作《人月神话》（*The Mythical Man-Month*）一书中从复杂性、一致性、可变性、不可见性等方面做了系统的分析，揭示了软件所固有的困难。下面简述之。

（1）复杂性。布鲁克斯认为，没有两个软件部分是相同的（至少在语句级别上），若有相同的，人们会把它们合并成一个可供调用的子函数，因此，复杂是软件的根本属性。

软件开发面对的是客观世界模型的构建问题，相对于物理学，物理学家可以忽视大量实体内容的描述，仅仅关注诸如力、时间、质量和速度等非常有限的内容，从而大大降低了问题的复杂性，而软件工程师却不能这样做。

在描述软件实体及其关系时引发的软件复杂性不仅增加了学习和理解上的负担，而且随着软件规模的增长，团队成员之间的沟通以及管理会变得越来越困难，从而使软件的开发逐渐演变成一场灾难。要避免这场灾难，或者说，要顺利地完成一个软件系统的开发，其关键就在于控制和降低该软件系统的复杂性。

（2）一致性。在大型软件开发中，为保持各子系统之间的一致性，软件必须随接口的不同、时间的推移而变化。这些变化是无法被抽象出来的，因此，这又增加了软件的复杂性。

（3）可变性。与计算机硬件、建筑、汽车等实体相比，软件实体经常会面对持续变化的压力。人们一般认为，已购买的计算机硬件、建筑、汽车等实体修改起来成本太高，于是打消了修改这些产品的念头。而对软件实体，人们却不这样认为，因为它是一个思维活动的产物，可以无限扩展。

软件处于用户、法律、计算机硬件及其应用领域等各种因素融合而成的文化环境之中。该环境中的因素持续不断地变化着，这些变化要求软件也随之变化。

（4）不可见性。软件是看不见的，当利用图示方法来描述软件结构时，也无法充分表现其结构，从而使软件的复杂性大大超过具有电路图表示的计算机硬件的复杂性，使人们之间的沟通面临极大的困难。

2. 软件系统开发的难点：概念结构的规格说明、设计和测试

布鲁克斯指出软件复杂性是软件生产的主要困难，不仅如此，他还分析了在软件领域人们所取得的进展，并且认为，这些进展只是解决了软件复杂性的一些次要方面的问题，如果说有重大进展，那就是从汇编语言到高级语言的进展，其他的进展只能算是一种渐进。

的确如此，高级语言抽象掉了汇编语言所关心的寄存器、位、磁盘等概念，使软件开发的生产率提高了若干倍，同时，软件的可靠性、简洁性也大为提高，相对于汇编语言，高级语言有效地降低了软件的复杂性。

布鲁克斯认为，对于一个软件系统的开发来说，最为困难的是对其概念结构（概念模型）的规格说明、设计和测试，而不是对概念结构的实现，以及对这种实现的测试。当然，他也承认，在实现的过程中会出现语法错误，但是，相对于概念结构方面的错误，其危害要小得多。

软件系统开发的难点是软件系统概念结构的规格说明、设计和测试。因此，应将重点尽可能放在软件开发的前端，而不是编码阶段。

在软件开发的前期，要对用户的需求进行分析，然后将这种需求抽象为一种信息结构，这种结构被称为概念结构。其主要特点如下。

（1）能真实、充分地反映现实世界，包括事物和事物之间的联系，能满足用户对数据的处理要求。

（2）易于理解，从而可以用它和不熟悉计算机的用户交换意见。

（3）易于更改，当应用环境和应用要求改变时，能容易地对概念结构进行修改和扩充。

（4）易于转换为计算机支持的数据结构。

软件概念结构的特点决定了这种结构的设计在很多情况下很难采用形式化的方法，而采用非形式化的系统化方法（如结构化方法、面向对象方法等）则可以有效地控制和降低概念结构设计的复杂性。最后，完成编码，实现软件形式化。

系统化方法早已是“软件工程”等课程的主要内容，而使用系统化方法的真正原因却被人们忽视了，这样做会使人们过高地估计自己有限的能力，从而削弱了人们自觉应用系统化方法去控制和降低软件开发复杂性的巨大力量。

7.3.4　软件开发的系统化方法需要遵循的基本原则

在软件中存在大量不能简化的实体，这些实体称为元素。软件系统就是由这些相互联系、相互作用的若干元素组成的且具有特定功能的统一整体。软件系统的概念结构则是指系统内各组成部分（元素和子系统）之间相互联系、相互作用的框架。

在系统科学中，一个系统指的就是一个集合，或者说，指的是一个事物的集合。因此，可以用集合的思想来讨论系统的复杂性。根据笛卡儿积，由两个具有相互作用的元素构成的系统会有 4 种不同的状态，而由 10 个元素组成的系统存在 $2^{10}=1\,024$ 个状态，由 64 个元素组成的系统存在 2^{64} 个状态，即 18 446 744 073 709 551 616（比搬迁著名的汉诺塔的次数多 1）。随着元素的不断增加，系统必将出现“组合爆炸”问题。对于这种“组合爆炸”问题，不要说人所固有的极其有限的计算能力，就是计算机也无法处理。

由以上讨论可知，笛卡儿积具有重要的理论价值，可以说，事物之间所有的关联都在笛卡儿积之中。然而，人与机器对笛卡儿积产生的“组合爆炸”问题是无法处理的。因此，从计算思维的视角来看，尽管笛卡儿积“完美无缺”，但却无任何实际的应用价值。在实际工作中，还要充分运用与集合相关的函数、关系、定义等数学工具，将注意力放在事物之间具有实质性关联的方面，最终控制和降低系统的复杂性。

可以从系统的角度或从集合的角度来对软件进行分析。因此，控制和降低软件复杂性的问题就可以转化为降低系统的复杂性，或更为基础地降低集合复杂性的问题了。

要使一个集合的复杂性下降，就要想办法使它有序；而要使一个集合有序，最好的办法就是对它按等价类进行分割。类似地，要使一个软件系统的复杂性下降，无非也是分割，通俗一点讲，就是将一个大系统划分为若干小的子系统，最终，使人们易于理解和交流。下面给出软件开发的系统化方法需要遵循的基本原则。

（1）抽象第一原则。所谓抽象，就是对实际事物进行人为处理，抽取所关心的、共同的、反映本质特征的属性，并对这些事物及其特征属性进行描述。由于抽取的是共同的、反映本质特征的属性，从而大大降低了系统元素的绝对数量。

（2）层次划分原则。如果一个系统过于复杂，以至很难处理，那么，就得先将其分解为若干子系统。如何进行分解，什么样的分解是一个好的分解方案呢？

我们知道，一个系统就是一个集合。那么，一个系统的分解也就是一个集合的分解。在集合分解中，有一个称为等价类的重要概念，使用满足等价关系的三个条件（自反性、对称性和传递性）就可以将一个集合划分为若干互不相交的子集（等价类）。这种划分具有非常重要的意义，它可以使我们将注意力集中于子集中那些具有共同性质的属性以及子集之间实质性的关联，从而使无序变为有序，最终大大地降低系统的复杂性。

在计算机系统中，人们希望在层次的划分中遵循等价类划分的三个基本原则。另外，为便于记忆，还希望划分后的层次数目控制在心理学中有关短时记忆最大容量7±2的范围之内，像计算机网络的层次结构、计算机的体系结构等均遵循这样的原则。

(3) 模块化原则。在系统科学研究中强调的是将大型、复杂的系统划分为若干个相对独立但又相互关联的模块或组件。每个模块具有特定的功能，并且设计时要尽量减少模块间的耦合度，以提高系统的可维护性、可扩展性和可重用性。模块化不仅简化了系统的复杂性，还有助于实现并行开发，提高开发效率。

针对软件，在考虑模块化时还要充分考虑伯特兰·迈耶（Bertrand Meyer）给出的以下5个原则。

(1) 模块可分解性。要控制和降低系统的复杂性，就必须有一套相应的、将问题分解成子问题的系统化机制，这种机制是形成模块化设计方案的关键。

(2) 模块可组装性。要充分利用现存的（可复用的）设计构件来组装新系统，要尽可能避免一切从头开始的模块化设计方案。

(3) 模块可理解性。要使系统中的模块能够作为一个独立的单位（不用参考其他模型）被理解，从而使系统中的模块易于构造和修改。

(4) 模块连续性。在对系统进行小的修改时，要尽可能只涉及单独模块的修改，而不要涉及整个系统，从而尽量减小修改后的副作用。

(5) 模块保护。在模块出现问题时，要将其影响尽可能控制在该模块的内部，要使错误引起的副作用最小化。

7.4 软件开发管理中的敏捷方法

软件的开发需要完成一系列活动，包括需求、设计、构造、测试、运行和维护等。软件开发管理的对象就是软件开发的过程，管理的直接目标就是让软件开发过程在开发任务的完成、完成的效率和质量等方面都有更好的性能绩效。常用的软件开发管理方法有瀑布模型（waterfall model）和敏捷方法（agile method）两种。瀑布模型是软件开发中最早出现的模型之一，早期主要用于开发大型软件系统，该模型采用线性进程，任务按照系统需求、系统设计、实现、测试和维护五个阶段依次完成，每个阶段都在前一阶段基础上进行，即在前一阶段完成后才能进入下一阶段。然而，如何评估一个待开发的软件系统却不是一件容易的事，过低的成本评估会导致企业产品质量下降，将来存在返工的可能，而且会增加项目失败的风险；过高的产品评估又有可能降低项目的生产力，拉长项目的完成时间，用户也难以接受。有研究认为，在项目开始前，暂时先不给出项目的全面评估，而是在项目的实施过程中不断评估、调整，这样可能会更安全。敏捷方法就是规避早期评估潜在弊端的一种有效方法。

7.4.1 传统软件开发管理存在的问题

传统软件工程的过度监管来自对软件项目早期评估的不当期待和信任，例如，相信可以得到一个准确性评估，相信一个项目的规模依赖于最终系统的规模、功能点或代码，相信如果有足够的时间，一定能够创造一个无缺陷的系统等。

针对软件工程过度监管等重量级方法存在的问题，不少轻量级方法得到发展，其中包括快速应用开发（rapid application development，RAD）、极限编程（extreme programming，XP）、Scrum 和 Crystal Clear 等方法。2001 年 2 月 11 日至 13 日，肯特·贝克（Kent Beck）等 17 位软件开发领域的方法论专家一起讨论了轻量级的开发方法，发布了“敏捷软件开发宣言（Manifesto for Agile Software Development）”。至此，“敏捷”一词所代表的开发方式被正式归类定义。

7.4.2　敏捷方法中的 4 个价值观和 12 条原则

“敏捷软件开发宣言”声称，我们通过身体力行来帮助他人探寻更好的软件开发方法，由此形成这样的价值观：一是个体和互动高于流程和工具，二是工作的软件高于详尽的文档，三是客户合作高于合同谈判，四是响应变化高于遵循计划。

“敏捷软件开发宣言”还给出了采用敏捷方法应遵循的 12 条原则。

（1）最高优先级是通过尽早和持续交付有价值的软件来使客户满意。

（2）即使是在开发的后期，也要欣然面对不断变化的需求。

（3）频繁交付可工作的软件，交付周期越短越好。

（4）在整个项目期间，业务人员和开发人员必须密切合作。

（5）围绕积极进取的个人开展项目，给予他们所需的环境和支持，并相信他们能够完成任务。

（6）向开发团队以及开发团队内部传递信息的最有效的方法是面对面交谈。

（7）可工作的软件是衡量进展的主要标准。

（8）可持续地向前推进，保持稳定的节奏和步伐。

（9）对卓越技术和良好设计的持续关注可提高灵活性。

（10）简化——最大限度地减少不必要的工作至关重要。

（11）最佳的架构、需求和设计来自于自组织型团队。

（12）团队定期反思如何变得更为有效，并据此进行相应的调整。

7.4.3　敏捷方法中的团队管理

敏捷方法是一种以“敏捷软件开发宣言”的价值观和原则为基础来解决问题的思维方式，这些价值观和原则为创造和应对变化，以及如何应对不确定性提供了指导。通过这种思维方式，敏捷方法采取了一系列在软件开发过程中简化开发流程和提高开发团队沟通效率的措施。这些措施不仅涉及开发流程，还包括团队分工、团队管理以及团队纪律等。

1. 敏捷环境创建的思考

在敏捷方法框架下，实施敏捷方法的实践流程首先需要创建一个敏捷的环境。创建一个敏捷的环境就需要用敏捷思维去思考以下问题。

① 团队如何以敏捷的方式行动？

② 团队可以快速交付何种完成度的产品并尽早获得反馈，以便进入下一个交付周期？

③ 团队成员如何能够透明地从事工作？

④ 为了专注于更高优先级的项目，可以忽略哪些工作？

⑤ 为什么说仆人式领导方法有利于团队目标的实现？

2. 团队的分工

一个敏捷团队至少应有团队促进者、产品负责人、跨职能团队成员三种角色。

1）团队促进者

团队促进者也可以称为项目经理、团队教练，在 Scrum 中也称为 Scrum Master。这个角色在敏捷团队中担任仆人式领导角色，所谓仆人式领导就是通过服务团队来引领实践，重点关注和解决团队成员的需求和发展，以实现尽可能高的团队绩效。仆人式领导按以下顺序处理项目工作。

（1）目的：与团队合作确定项目的目标，以便团队成员能够参与并围绕项目目标进行工作整合，使整个团队在项目级别而不是人员级别进行优化。

（2）人：一旦目标确立，团队促进者需要鼓励团队创造一个每个人都能成功完成目标的环境，要求每个团队成员在项目工作中做出贡献。

（3）进展：不需要计划完美地遵循敏捷流程，而是应确认每个阶段的成果。当跨职能团队经常交付阶段性成果并反思产品和流程时，团队就会变得更加敏捷。相对而言，团队如何称呼其流程不重要。

仆人式领导需要在团队内部进行沟通和协调，以消除团队的障碍并促进团队尽可能简化流程。另外，仆人式领导需要根据开发进展情况随机应变地去决定下一步敏捷流程，以促使自己和团队成员去学习在敏捷开发过程中有用的新技能。

2）产品负责人

产品负责人需要指导项目产品的方向。产品负责人每天都要与团队合作，提供产品评审反馈并为下一个要开发或交付的功能设定方向，当然这个产品方向需要产品负责人与赞助商、客户和团队共同协商确定。

3）跨职能团队成员

跨职能团队成员是由具有项目产品生产所需的所有技能的团队成员组成，通常包括设计人员、开发人员、测试人员等，一般跨职能团队成员需要有丰富的专业技能，需要在项目经理和产品负责人的带领下迭代式地按期交付具有一定功能的产品，是敏捷方法的主要执行者。

敏捷团队的基本分工大致如此，但是根据具体的敏捷方法会有所增加或减少，它只是提供一种思路而不是必须严格遵守的标准。

3. 敏捷实践

除了团队分工以外，敏捷方法还有几个重要的敏捷实践（agile practice），也称敏捷活动，这是敏捷方法中的重要流程。敏捷实践迭代进行，先将客户需求分析成一个故事（story），然后在每次迭代中把故事再分化为多个更小的故事，也就是把客户需求再细分成不同的功能。

1）待办事项准备

待办事项是一个团队的所有工作的有序列表，以卡片或者故事的形式呈现。在这个实践中，不需要把整个项目都划分成迭代阶段，只需要确定第一次迭代开发的内容以确保有足够多的项目为下一次迭代开发做准备即可。

2）待办事项细化

由于敏捷方法中一个重要思想是迭代，因此对于每次迭代的持续时间以及迭代之间的故事内容的联系需要进行细化讨论。一般由产品负责人主持这项工作，产品负责人需要确保迭代的持续时间能够为团队提供充足的产品反馈，也能保证每次迭代的故事内容保持连贯性，即每次迭代需要完成的产品功能和对客户需求的分化保持连贯性，便于下一次迭代的进行。

3）每日站立会议

每日站立会议指每天花费 15~20 分钟在团队中召开一个简短的会议，站立的意思就是会议时间不能太长。这个会议不需要一个严肃、庄重的氛围，只需要团队成员简短地说一下以下三个问题：

（1）自从上次站立会议以来我完成了什么？

（2）从现在到下次站立会，我计划完成什么？

（3）我的工作阻碍或问题是什么？

站立会议并不是每日汇报，也不需要项目经理或产品负责人下达命令或指示，只是团队成员间单纯的一次聊天和共享项目开发进度。

4）演示/评审

在每次迭代结束后，需要团队进行一次产品演示，产品负责人在演示之后进行评审。每次迭代都是以用户故事（用户需求）的形式进行的，产品负责人需要对团队展示的已完成工作进行判断，以决定接受/拒绝这个故事，也就是评审。然后判断下一次迭代的任务、价值增量和下一次迭代的周期，一般时间为两周，具体周期需要由相关团队分析后决定。频繁地交付工作产品、展示用户故事是一个团队变得敏捷的重要因素。

5）回顾

回顾是敏捷方法中最重要的实践，因为通过回顾，一个团队可以及时了解、改进和调整流程。回顾的意思就是反思，这也体现了敏捷原则，即团队应定期反思如何提高效率，并相应地调整自己的行为。

以上团队的管理是基于敏捷联盟（Agile Alliance）发布的“敏捷实践指南”（Agile Practice Guide）内容进行整理的，供读者参考。

7.4.4　敏捷方法的应用

敏捷联盟曾多次强调，敏捷方法并不要求开发团队严格执行敏捷流程，而是在“敏捷软件开发宣言”下进行的一系列敏捷实践，是一种开发框架。针对小团队敏捷方法的应用，阿利斯泰尔·科伯恩（Alistair Cockburn）创建的 Crystal Clear（透明的水晶方法）更是给出了7个更具体的要求，并认为这是取得软件项目开发成功的关键：① 经常交付，② 反思改进，③ 渗透式交流，④ 个人安全（指出困扰自己的问题时，不必担心受到打击报复），⑤ 焦点，⑥ 与专家用户建立方便的联系，⑦ 配有自动测试、配置管理和功能集成的技术环境。

乔治·斯特帕尼克（George Stepanek）在其所著《项目管理之殇：为什么你的软件项目会失败》（*Software Project Secrets: Why Software Projects Fail*）一书以 Acme 公司（一家中型的

玩具厂商）为例，给出一个“计费”软件系统开发的案例，介绍了传统软件开发项目的隐含假设，以及避免这些隐含假设带来问题的敏捷方法。书中写道，用传统方式开发这个“计费”软件系统的预算是30万美元，6个月完工。然而在开发进行5个月后，项目费用已超出预算的30%，并且至少还需要增加60%经费才能完成，公司高层于是决定取消这个项目。而采用敏捷方法，经过8次迭代，每次迭代的成本（主要是开发人员、项目经理的费用）为33 200美元，共计265 600美元，4个月完成交付验收，大多数用户都对新系统感到满意，公司高层也很满意，并对该开发团队给予了奖励。

腾讯公司采用敏捷方法创立了腾讯一站式敏捷开发协作云平台（Tencent Agile Product Development，TAPD），TAPD开发管理实践吸收了XP+Scrum+FDD三种轻量级开发方法的特点，创新使用了并行迭代开发模式，形成了独特的迭代过程。一个软件的开发流程包括概念、设计、开发、测试和发布。在概念阶段，腾讯采用功能驱动开发（FDD）方法中一些实践活动，以需求和产品特性为导向进行概念建模；在设计阶段会做产品原型设计并在小范围内进行体验。在开发和测试阶段，采用极限编程（XP）中的实践活动，包括编码规范、结对编程和持续集成等，通过全员测试的方式来保证产品的质量。在发布阶段，采用灰度发布，让客户中的一部分抢先体验新功能、新特性，然后通过用户的反馈及时调整和改进，降低正式发布的风险。整个过程运用Scrum模式来管理并进行迭代。基于这种敏捷理念，腾讯公司于2011年1月21日推出了一个为智能终端提供即时通信服务的免费应用程序——微信（WeChat），这个软件就是一个利用敏捷开发不断迭代的例子。

微信的迭代周期为一个月，每次迭代提前确定迭代目标，新需求统一延后到下个迭代同期进行发布。这就是微信自己的待办事项准备实践。

微信的需求来自方方面面，不仅需要满足自身的功能需求，满足合作方的需求，如微信支付、游戏等，还要处理客户的反馈等。面对复杂需求，微信利用了TAPD建立了需求池，即待办事项列表。这就是微信的待办事项细化实践。

微信团队保证每周两次沟通，用来同步迭代进度并可能存在的风险。但并不限于一种形式的站立会议，后来有多种形式，如轮流主持会议等。这是微信及腾讯的每日站立会议实践。

在每个迭代的最后一周，微信会进行灰度发布以验证相应版本，收集体验用户的反馈，项目经理带领团队进行IPM会议，根据实际情况和用户价值分析进行评估。这是微信的演示/评审实践。

每个版本结束后，团队会统计分析各类数据，回顾迭代中存在的问题，以便下次迭代时进行调整和改进。这就是微信的回顾实践。

通过微信软件开发的例子，可以感受到，敏捷方法并不是一种固定、死板的标准，而是一个根据不同团队软件开发能力而随机应变的框架。其4个核心价值观和12条原则，降低了软件开发过程管理上的复杂性，使开发团队在面临不断变化的需求和挑战时，依然能够有效地交付高质量的软件产品。

*7.5 结构化方法

结构化方法（structured method）是计算学科的一种典型的系统开发方法，它采用了系统科学的思想方法，从层次的角度自顶向下地分析和设计系统。结构化方法包括结构化分析（structured analysis，SA）、结构化设计（structured design，SD）和结构化程序设计（structured programming，SP）3部分内容。其中，SA和SD主要属于学科抽象形态的内容，SP则主要属于学科设计形态方面的内容。

在结构化方法中，有两大类典型方法，一类是以爱德华·尤登（Edward Yourdon）的结构化设计、甘恩-萨森（Gane/Sarson）结构化分析以及德马科（DeMarco）结构化分析与设计方法为代表的面向过程（面向数据流）的方法；另一类是以Jackson方法和Warnier方法为代表的面向数据结构的方法。

结构化方法是其他系统开发方法（如面向对象方法）的基础，不了解传统的结构化方法不利于真正掌握其他系统开发的方法。为此，下面先介绍结构化方法，再介绍面向对象的系统开发方法。

7.5.1 结构化方法的产生和发展

1. 结构化程序设计方法的形成

结构化方法起源于结构化程序设计语言。在使用结构化程序设计方法之前，程序员都是按照各自的习惯和思路来编写程序，没有统一的标准，这样编写的程序可读性差，更为严重的是程序的可维护性极差，经过研究发现，造成这一现象的根本原因是程序的结构问题。

1966年，C. 博姆和G. 亚科皮尼提出了关于“程序结构”的理论，并给出了任何程序的逻辑结构都可以用顺序结构、选择结构和循环结构来表示的证明。在程序结构理论的基础上，1968年，迪杰斯特拉提出了“GOTO语句是有害的”问题，并引起普遍重视。结构化程序设计方法逐渐形成，并成为计算机软件领域的重要方法，对计算机软件的发展具有重要的意义。伴随着结构化程序设计方法的形成，相继出现了Modula 2、C以及Ada等结构化程序设计语言。

2. 结构化设计方法的形成

采用结构化方法进行程序设计时需要事先设计每一个具体的功能模块，然后将这些设计好的模块组装成一个软件系统。接下来的问题是如何设计模块。

源于结构化程序设计思想的结构化设计方法就是要解决模块的构建问题。1974年，W. 史蒂文斯（W. Stevens）、G. 迈尔斯（G. Myers）和L. 康斯坦丁（L. Constantine）等人在《IBM系统》（*IBM System*）杂志上发表了《结构化设计》（“Structured Design”）论文，为结构化设计方法奠定了思想基础。此后这一思想不断发展，最终成为一种流行的系统开发方法。

3. 结构化分析方法的形成

结构化设计方法建立在系统需求明确的基础上。如何明确系统的需求就是结构化分析所要解决的问题。结构化分析方法产生于20世纪70年代中期，最初的倡导者有德马科和尤登等人。结构化分析在20世纪80年代又得到了进一步的发展，并随着尤登于1989年所著的《现代结构化分析》（*Modern Structured Analysis*）的出版而流行开来。现代结构化分析更强调建模的重要性。

7.5.2 结构化方法遵循的基本原则

结构化方法的基本思想就是将待解决的问题看作一个系统，用系统科学的思想方法来分析和解决问题。结构化方法遵循以下基本原则。

（1）抽象原则。抽象原则是一切系统科学方法都必须遵循的基本原则，注重把握系统的本质内容，而忽略与系统当前目标无关的内容。它是一种基本的认知过程和思维方式。

（2）分解原则。分解原则是结构化方法中最基本的原则，是一种先总体、后局部的思想原则。在构造信息系统模型时，一段采用自顶向下、分层解决的方法。

（3）模块化原则。模块化是分解原则的具体应用，它主要出现在结构化设计阶段中，其目标是将系统分解成具有特定功能的若干模块，从而完成系统指定的各项功能。

7.5.3 结构化方法的核心问题

模型问题是结构化方法的核心问题。建立模型（简称建模）是为了更好地理解要模拟的现实世界。建模通常是从系统的需求分析开始，使用结构化分析方法构建系统的环境模型；然后使用结构化设计方法确定系统的行为和功能模型；最后使用结构化程序设计方法进行系统的设计，并确定用户的实现模型。

1. 环境模型

结构化分析的主要任务是完成系统的需求分析，并构建现实世界的环境模型。在结构化方法中，环境模型包括需求分析、环境图和事件列表等内容。

（1）需求分析。需求分析是系统分析的第一步，它的主要任务是明确用户的各种需求，并对系统要做什么给出一个清晰、简洁和无二义性的文档说明。

需求分析阶段的用户一般是高级主管、人事主管和执行主管，且基本上都不直接参与系统的开发。

（2）环境图。环境图是数据流图的一种特殊形式。环境图模拟系统的一个大致边界，并展示系统和外部的接口、数据的输入和输出以及数据的存储等。

（3）事件列表。事件列表是发生在外部世界，但系统必须响应的叙述性列表。事件列表是对环境图的一个补充。

2. 行为和功能模型

结构化设计的主要任务是在系统环境模型的基础上建立系统的行为和功能模型，完成对系统内部行为的描述。实现系统行为和功能模型的主要工具有数据字典、数据流图、状态变迁图和实体关系模型等。

（1）数据字典。数据字典是一个包含所有系统数据元素定义的仓库。数据元素的定义必须是精确的、严格的和明确的。一个实体一般应包括名字、别名、用途、内容描述、备注信息等内容。

（2）数据流图。数据流图是结构化分析和结构化设计的核心技术，采用面向处理过程的思想来描述系统，是一种描述信息流和数据从输入到输出变换的技术。

（3）状态变迁图。状态变迁图描述对象的状态，着重关注系统的时间依赖行为。状态变迁图源于对实时系统的建模，并广泛应用于商业信息处理领域中。

状态变迁图看起来非常像数据流图，然而，它们之间却存在着本质的不同。数据流图着重于数据流和数据的转换过程，而状态变迁图则着重于状态的描述，如激励发生时的开始状态和系统执行响应后的结果状态。状态变迁图的条件和一个过程的输入数据流相对应，同时，还与控制流的流出信息相对应。

（4）实体关系模型。实体关系模型用来模拟系统数据部件之间的相互关系。实体关系模型独立于当前的系统状态，并与具体的计算机程序设计语言无关。

3. 实现模型

结构化程序设计的主要任务是在系统行为和功能模型的基础上建立系统的实现模型。实现该模型的主要工具有处理器模型、任务模型以及结构图等。

（1）处理器模型。在多处理器系统和网络环境中，需要将处理器分成不同的组，以便确定操作在哪个处理器上完成。

（2）任务模型。任务模型建立在处理器模型的基础之上，将所有过程划分成操作系统的任务。

（3）结构图。结构图是使用图形符号来描述系统过程和结构的工具。结构图常由数据流图转换而来，它展示了模块的划分、层次和组织结构以及模块间的通信接口，有助于设计和程序开发人员进行系统设计。

在结构图中，通常有一个主模块位于最高层，由该主模块启动程序并协调所有模块的工作。低级模块则包含更详细的功能设计与实现。

4. 模块设计

在结构化方法中，结构化程序设计阶段的目标就是将系统分解成更容易实现和维护的模块。结构化程序设计方法要求每个模块执行单一的功能，而且不同模块间的依赖性要尽可能低。

5. 实现阶段

实现阶段包括系统的编码、测试和安装。这一阶段的产物主要是能够模拟现实世界的软件系统。除此之外，软件文档和帮助用户熟悉系统的客户培训计划也是这一阶段的产物。

7.5.4　实例：高等学校信息管理系统

在信息系统的结构化设计中，一般采用自顶向下、逐步细化的分解原则。首先将系统分解为若干子系统；然后，将子系统继续分解，一直到每一个子系统都足够基础，不需要再分为止。这样就可以将一个复杂的大系统划分为若干具有特定功能的子系统，从而使系统的复杂性下降，同时，又使待解决的问题具体化。

结构化方法要求结构清晰、层次分明。这种方法与我们日常生活中常用的方法（如撰写论文大纲）相似。下面，以高等学校信息管理系统为例，介绍结构化设计的部分内容。

任一所高等学校都需要实施人事管理、财务管理、教务管理、科研管理以及图书管理等。为便于讨论，本节只对其中的教务管理系统进行适当的分解，如图 7.1 所示。

图 7.1 给出的结构其实是采用结构化方法构建的系统实现模型的一种结构图，至于系统的环境模型、行为和功能模型以及实现模型的其他内容将在后续课程（如软件工程）中介绍，本节不再讨论。

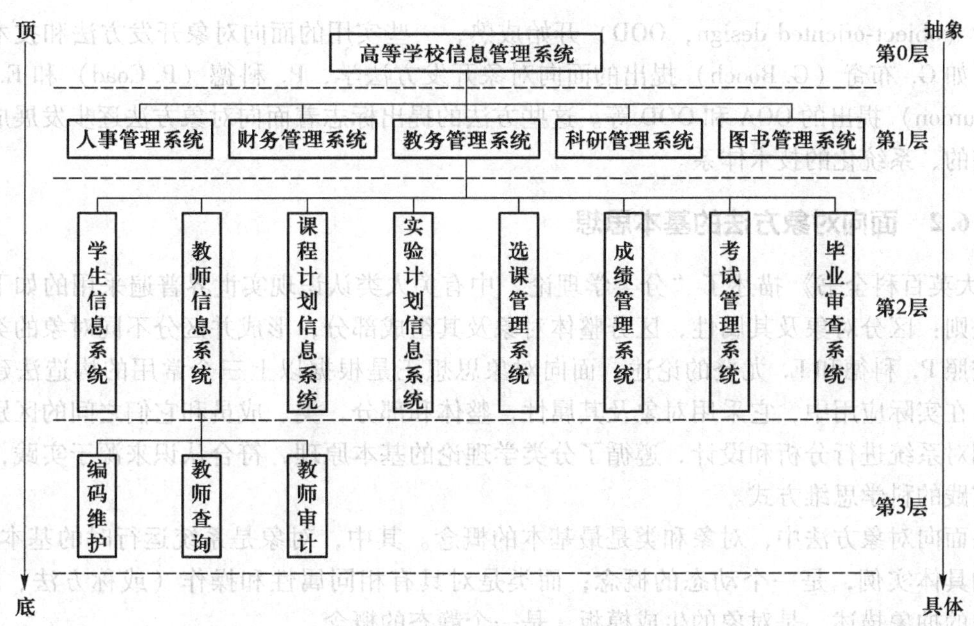

图 7.1　高等学校信息管理系统结构图（主要显示教务管理系统部分内容）

*7.6　面向对象方法

面向对象（object-oriented，OO）方法是以面向对象思想为指导进行系统开发的一类方法的总称。这类方法以对象为中心，以类和继承为构造机制对现实世界进行抽象，并构建相应的软件系统。

7.6.1　面向对象方法的产生和发展

1. 面向对象程序设计语言的形成

与结构化方法一样，面向对象方法也起源于面向对象程序设计语言（object-oriented programming language，OOPL）。面向对象程序设计语言开始于 20 世纪 60 年代后期，第一个 OOPL 是挪威计算中心的克里斯滕·尼高（Kristen Nygaard）和奥利-约翰·达尔（Ole-Johan Dahl）于 1967 年研制的 Simula 语言，该语言引入了许多面向对象的概念，如类和继承性等。

受 Simula 语言的影响，1972 年，艾伦·凯（Alan Kay）在 Xerox 公司研制成功了 Smalltalk 语言，并对面向对象的一些概念做了更精确的定义。1980 年，Xerox 公司推出的 Smalltalk-80 语言标志着 OOPL 进入实用化阶段。

20 世纪 80 年代，OOPL 得到了极大的发展，相继出现了一大批实用的面向对象语言，如 Objective-C、C++、Self、Eiffel 和 Flavors 等。

2. 面向对象设计和面向对象分析的形成

20 世纪 80 年代中期，随着 OOPL 的推广使用，面向对象技术很快被应用到系统分析和系统设计之中。20 世纪 90 年代，面向对象分析（object-oriented analysis，OOA）和面向对象设计（object-oriented design，OOD）开始成熟，一些实用的面向对象开发方法和技术相继出现，如 G. 布奇（G. Booch）提出的面向对象开发方法学，P. 科德（P. Coad）和 E. 尤登（E. Yourdon）提出的 OOA 和 OOD 等。这些方法的提出标志着面向对象方法逐步发展成为一类完整的、系统化的技术体系。

7.6.2　面向对象方法的基本思想

《大英百科全书》描述了"分类学理论"中有关人类认识现实世界普遍采用的如下三个构造法则：区分对象及其属性，区分整体对象及其组成部分，形成并区分不同对象的类。

按照 P. 科德和 E. 尤登的论述，面向对象思想正是根据以上三个常用的构造法建立起来的。在实际应用中，它采用对象及其属性，整体和部分，类、成员和它们之间的区别等三个法则对系统进行分析和设计，遵循了分类学理论的基本原理，符合认识来源于实践，又服务于实践的科学思维方式。

在面向对象方法中，对象和类是最基本的概念。其中，对象是系统运行时的基本单位，是类的具体实例，是一个动态的概念；而类是对具有相同属性和操作（或称方法、服务）的对象的抽象描述，是对象的生成模板，是一个静态的概念。

类可以形式化地定义为：

$$\text{Class}=\langle \text{ID},\ \text{INH},\ \text{ATT},\ \text{OPE},\ \text{ITF}\rangle$$

其中，ID 为类名，INH 为类的继承性集，ATT 为属性集，OPE 为操作集，ITF 为接口消息集。

类是数理哲学和逻辑哲学中的根本问题，类理论是逻辑方法学、数学方法论和哲学方法论的本体论基础。对"类"的进一步认知，如对类的构成原则、基本特征、种类以及类的关系与类的运算等的认知，有助于理解面向对象方法的实质，感兴趣的读者可参阅赵总宽等人编著的《现代逻辑方法论》一书。

1. 面向对象模型及其特性

面向对象模型是一个可见的、可复审的和可管理的层次模型集，一般认为面向对象模型应包括下面几个特性。

（1）身份、状态、行为。

① 身份是某一对象区别于其他对象的属性。所有的对象都有一个可以相互区别的身份。对象与对象之间的区别是通过它们固有的、独立的个体存在，而不是通过它们的属性来区分的，相同的属性不等于相同的身份（例如两个苹果，尽管有相同的形状、颜色或质地，但仍是两个独立的苹果）。

② 状态是指对象所有属性被赋值后所形成的一种情形。

③ 行为是指对象在其状态变化和消息传递过程中的作用及反应，状态可以定义为行为的累积结果，而行为则可改变对象的状态。

（2）分类。分类意味着由具有相同数据结构（属性和状态）和行为的对象组成一个类，每个类构成一个集合。类中每个对象都是它所在类的一个实例，实例的每个属性都有它自己的值，但是和类的其他实例共享相同的属性名和操作。

（3）继承。继承是指在类中基于层次关系共享的属性和操作。一个类可以被细化为子类，每个子类继承父类的所有属性，并可以增加它独有的属性。

（4）多态。多态是指相同的操作在不同的类上可以有不同行为的特性。

2. 面向对象模型遵循的基本原则

面向对象模型遵循的基本原则有抽象、封装、模块化以及层次等原则。

（1）抽象。抽象是处理现实世界复杂性的最基本方式，在面向对象方法中，它强调一个对象和其他对象相区别的本质特性。对于一个给定的域，确定合理的抽象集是面向对象建模的关键问题之一。

（2）封装。封装是对抽象元素的划分过程，抽象由结构和行为组成，封装用来分离抽象的原始接口及其执行。

封装也称为信息隐藏（information hiding），它将一个对象的外部特征和内部的执行细节分隔开，并将后者对其他对象隐藏起来。

（3）模块化。模块化是指将系统分解为多个相互独立又可通过接口相互连接的模块的设计方法。对于一个给定的问题，确定正确的模块集几乎与确定正确的抽象集一样困难。通常，每个模块应该足够简单，以便能够被完整地理解。

（4）层次。抽象集通常形成一个层次。层次是对抽象的归类和排序。在复杂的现实世界中有两种非常重要的层次，一个是类型层次，另一个是结构性层次。

确定抽象的层次，有助于在对象的继承中发现抽象对象间的关系，知道问题所在，理解问题的本质。

7.6.3 面向对象方法的核心问题

面向对象方法与结构化方法一样，其核心问题也是模型问题。面向对象模型主要由面向对象分析模型、面向对象设计模型组成。其中，面向对象分析主要属于学科抽象形态方面的内容，面向对象设计主要属于学科设计形态方面的内容。

1. 面向对象分析模型

面向对象分析关心的是构建现实世界的模型问题。如何解决现实世界的建模问题呢？根据系统科学的思想，首先需要对复杂的系统进行分解，最常用的分解方法就是分层。

面向对象分析模型的分层方法有不少，本书采用科德和尤登的分层方法。该方法将面向对象分析模型划分为5个层次，即主题层、对象层、结构层、属性层和服务层。面向对象分析的主要任务就是要在问题域上构建具有这5个层次内容的面向对象分析模型。

（1）主题层。主题给出面向对象分析模型中各图的概况，为分析人员和用户提供了一个交流的机制，有助于人们理解复杂系统的模型结构。

（2）对象层。对象是属性及其服务的一个封装体，是对问题域中人、事和物等客观实体进行的抽象描述。对象由类创建，类是对一个或多个对象的一种描述，这些对象能用一组同样的属性和服务来刻画。

（3）结构层。在面向对象方法中，组装结构和分类结构是两种重要的结构类型，它们分别刻画“整体与部分”关系以及“一般与特殊”关系。

组装结构（即整体与部分）遵循了人类思维普遍采用的第二个法则，即区分整体对象及其组成部分。

分类结构（即一般与特殊）遵循了人类思维普遍采用的第三个法则，即形成并区分不同对象的类。

（4）属性层。属性是描述对象或分类结构实例的数据单元，类中的每个对象都具有它自己的属性值，属性值就是一些状态的数据信息。

（5）服务层。一个服务就是收到一条信息后所执行的处理（操作）。服务是对模型化的现实世界的进一步抽象。

2. 面向对象设计模型

面向对象分析与面向对象设计不存在转换的问题。面向对象设计根据设计的需要，仅对面向对象分析在问题域上建立的 5 个抽象层次进行必要的增补和调整。同时，面向对象设计还必须对人机交互、任务管理和数据管理 3 个部分的内容进行抽象，最后建立完整的面向对象设计模型。该模型的主要内容可以用表 7.1 所示的形式来概括。

表 7.1　OOD 模型

主要内容	抽象层次				
	主题层	对象层	结构层	属性层	服务层
问题域					
人机交互					
任务管理					
数据管理					

在面向对象分析模型中，对象强调问题域，用问题域中的意义来表示事物或概念。在面向对象设计中，当对象含有问题域中指明的意义时，对象被称为语义对象。除了分析以外，面向对象设计不仅强调系统的静态结构，还强调系统行为的动态结构。

3. 支持面向对象分析和面向对象设计模型的实现问题

使用程序设计语言来实现面向对象分析和面向对象设计模型相对来说比较容易，因为面向对象程序设计语言的构造与面向对象分析和面向对象设计模型的构造是相似的，面向对象程序设计语言支持对象、多态和继承等概念。使用非面向对象语言则需要特别注意和规定保留程序的面向对象结构。面向对象概念可以映射到非面向对象语言结构中，这只是表达方式上的不同，不涉及语言能力方面的问题，因为高级语言最终要转换为机器语言，对面向对象模型而言，使用面向对象程序设计语言效果更好一些。

7.6.4　实例：图书管理系统

本节以图书管理系统为例，先给出一个用面向对象方法得到的图书管理系统类图，然后介绍面向对象方法中的若干概念。

在图书管理系统中，借阅者可以查阅图书馆所藏图书、杂志、光盘，以及个人借阅情况；图书管理员可以对借阅者借书和还书的请求进行相应操作，对书刊进行管理和维护。

观察图 7.2，可以了解面向对象方法中的类、封装、继承、聚合关系、关联、属性及服务等重要概念。

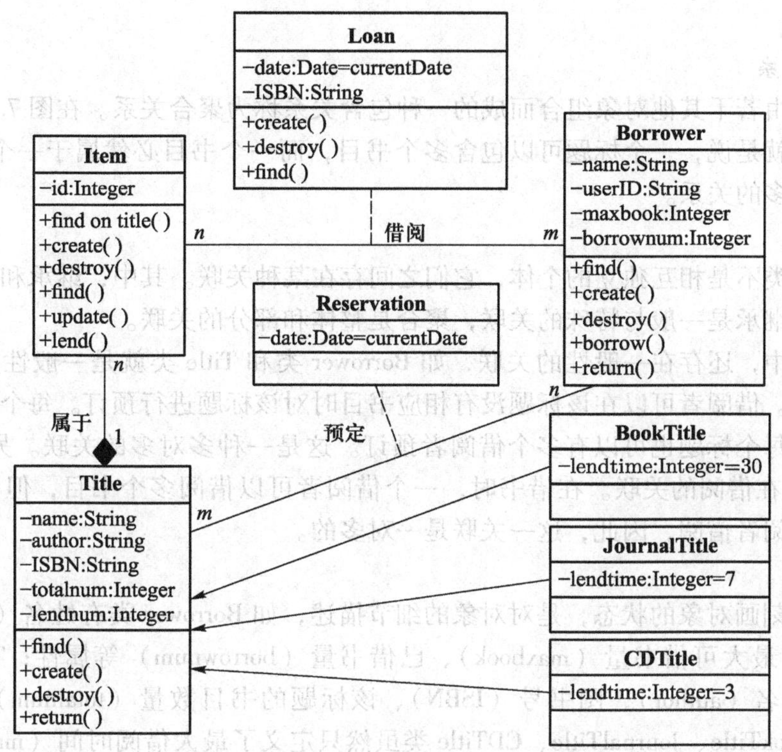

图 7.2　图书管理系统类图

1. 类

面向对象方法中最重要的一个概念就是类。在图 7.2 中，有 8 个类：Item（书目）、Title（标题）、BookTitle（图书）、JournalTitle（期刊）、CDTitle（CD 光盘）、Reservation（预订信息）、Borrower（借阅者信息）、Loan（借阅信息）。

2. 封装

在图 7.2 中，一个矩形框对应一个类。矩形将类名、属性、操作封装在一起。对外界而言，类就是一个黑盒子，封装技术将类实现的细节隐藏起来，使设计者能够将精力放在更高层的设计上，从而提高软件系统开发的效率。

设想一下，若设计者知道底层的细节，从心理学的角度来讲，设计者很难摆脱这样的事实：不以这些细节为基础来设计模块的算法。由于细节是很可能变化的，因此，一旦细节变了，整个模块都得重写。

3. 继承

继承是面向对象方法中的一个重要特征，它使某类对象可以继承另外一类对象的属性和行为，并可扩展新的能力。

在本例中，由于图书、期刊和光盘都是图书馆藏品中的一种，它们都包含标题、作者等信息和查找等操作。因此，可以提取图书、期刊和光盘的共同特征，构造 Title 类，将 Title 作为父类，BookTitle、JournalTitle、CDTitle 作为 Title 的子类，把共同的属性和操作放在父类 Title 中，而将各自不同的属性和操作放在 BookTitle、JournalTitle、CDTitle 等子类中。

4. 聚合关系

一个对象由若干其他对象组合而成的一种包含关系称为聚合关系。在图7.2中，Title包含了Item。也就是说，一个标题可以包含多个书目，而一个书目必然属于一个标题。显然，这是一种一对多的关系。

5. 关联

系统中的类不是相互独立的个体，它们之间存在某种关联。其中，继承和聚合就是关联的特殊形式。继承是一般与特殊的关联，聚合是整体和部分的关联。

在图7.2中，还存在一般性的关联，如Borrower类和Title类就是一般性关联，即它们间的预订关系。借阅者可以在该标题没有相应书目时对该标题进行预订。每个借阅者可以预订多个标题，每个标题也可以有多个借阅者预订。这是一种多对多的关联。另外，Borrower类和Item类存在借阅的关联。在借书时，一个借阅者可以借阅多个书目，但每个书目一次只能被一个借阅者借阅，因此，这一关联是一对多的。

6. 属性

属性用于刻画对象的状态，是对对象的细节描述，如Borrower类有姓名（name）、读者号（userID）、最大可借书量（maxbook）、已借书量（borrownum）等属性；Title类有名称（name）、作者名（author）、图书号（ISBN）、该标题的书目数量（totalnum）等属性。在图7.2中，BookTitle、JournalTitle、CDTitle类虽然只定义了最大借阅时间（maxtime），但由于它们是Title的子类，因此，还继承有Title类的所有属性。

7. 服务

服务就是操作，是对象拥有的行为。属性是对对象类的一种静态特征描述，而服务是对对象类动态特征的描述。如Borrower类有查询（find）、借阅（borrow）、还书（return）等操作；Title类有创建（create）、删除（destroy）、查找（find）等操作。BookTitle、JournalTitle、CDTitle类虽然没有定义操作，但继承了Title类中创建、删除、查找等操作。

7.7 本章小结

20世纪以来，有关新技术革命中最具有贡献的两个事件分别是以计算技术为代表的信息技术在理论和实用方面取得的重大突破，以及系统科学方法的应用。前者是后者得以成功的基础，后者又为前者的发展开辟了道路。

计算机软硬件系统都是形式化的产物，因此，人们希望在计算机软硬件系统开发的初期就全部使用形式化方法。然而，对于现实世界中很多复杂系统却很难，甚至无法用数学方法直接进行描述。为最终实现形式化，就需要采用一种中间过渡形式，其作用是先将系统的复杂性降下来，系统科学方法做的正是这项工作。现代计算机普遍采用的组织结构，即冯·诺依曼体系结构就可以认为是系统科学在计算技术领域所取得的应用成果之一。随着计算技术的迅猛发展，计算机软硬件系统变得越来越复杂。因此，更需要将系统科学方法有效地引入计算领域。

系统科学方法针对的是复杂性问题，而复杂性又是相对于人的能力而言的。其实，人所固有的能力极其有限，然而，这种有限的能力可以用来创造工具和使用工具，从而产生巨大的力量。

系统科学方法是人们在生产过程中创造的、认识现实世界的有效工具，使用这种工具可以大大降低软件系统的复杂性，从而使软件的研制处于某种可控的状态。例如计算学科中的虚拟机、网络的层次结构可以认为源自系统科学中结构和层次这两个概念。

在计算机软件领域，很多新的方法与技术都源于程序设计语言，并越来越趋向于应用在软件生命周期的前期阶段。这种趋势具有十分重要的意义，它使那些富有生命力的新方法和新技术就此形成系统化的技术体系。本章所介绍的结构化方法和面向对象方法以及前面介绍的形式化方法都遵循这一发展规律，它们极大地推动了计算技术的发展。

本章所介绍的结构化方法和面向对象方法都是计算技术中常用的系统开发方法，两种开发方法目前都非常流行，应根据分析者的熟练程度和项目的类型来确定选用哪种方法。

就目前而言，十全十美的开发方法并不存在，真正实用的系统开发方法往往是多种开发方法的结合。如何综合应用，需要根据所开发系统的规模、系统的复杂程度、系统开发方法的特点以及所能使用的计算机软件等诸多因素进行综合考虑后决定。

系统科学方法在科学技术方法论中占有重要的地位，如何更好地将系统科学的成果应用于计算学科是值得思考的问题。下面，给出黑箱方法在计算学科中的一些应用，以起抛砖引玉之用。

利用黑箱方法进行软件测试是其在计算学科中的一个重要应用。由于无法了解软件系统的内部结构及其算法，测试人员往往会把软件系统当作一个“黑箱”，从软件的行为，而不是内容、结构出发来设计测试用例，以发现软件的错误，衡量软件的质量，并对其是否满足设计要求进行评估。另外，在计算学科中，黑箱方法还完全可以应用于计算机病毒以及计算机加密和解密等领域。这类应用的前提在于以下事实：经计算机加密程序处理的数据，必定存放在计算机存储设备的一个确定范围之内；一般所指的计算机病毒分两类情况被调用，一类是通过修改中断地址而被调用；另一类是通过修改操作系统的文件（如 DOS 操作系统中的 Io. sys、Command. com 等文件）并因该类文件的调用而被调用。由于知道目的地或中间环节，因此无论黑箱多复杂，一般都可有解决方案，至少可以让它失效。例如，利用黑箱方法解 PC-Lock 或处理引导区病毒。

习题 7

7.1　什么是系统科学？系统科学应遵循哪些原则？

7.2　如何正确理解系统的整体涌现性？

7.3　常用的系统科学方法有哪几种？

7.4　简述人固有能力的局限性以及使用工具后产生的力量。

7.5　按人的平均寿命 75 岁计算，除去睡觉、娱乐以及学习等所需的时间，一个人一生可直接用于工作的时间（这个时间一般是指创造社会财富的时间）应该是多少？以此为根据，阐述工具（含思想、方法等无形的工具）的选择，对正确、高效处理问题的重要性。

7.6　计算 1+2+3+4+5+6+7+8+9+10 所用的时间（必须按次序一步一步地相加），并将该时间与计算（1+10）×5 所用的时间进行比较，并回答两者的计算结果是否相同。若相同，为什么用的计算时间不一样？试从方法（也就是工具）的选择上进行解释。

*7.7　著名计算机科学家、图灵奖获得者迪杰斯特拉教授认为，优秀的程序员对待编写程序的态度是谦卑的，特别是，他们会像逃避瘟疫那样逃避“聪明的技巧”。试从人所固有能力的局限性这个角度进行分析。

7.8　从可操作性的角度给出复杂性的定义。

*7.9　结合克拉默给出的用于分析程序复杂性的几个例子，分析结构与复杂性的关系。

7.10　为什么温伯格认为，牛顿和爱因斯坦的才能并不在于他们的大脑计算能力特别突出，而在于懂得如何对问题做合理的简化和理想化，从而把复杂的问题转化为普通人的大脑可以处理的、相对简单的问题？

7.11　从软件的复杂性、一致性、可变性、不可见性等方面介绍软件所固有的困难。

7.12　布鲁克斯认为，对于一个软件系统的开发来说，最为困难的是什么？

7.13　为什么说笛卡儿积“完美无缺”，但却无任何实际的应用价值？

7.14　软件开发的系统化方法需要遵循的基本原则是什么？

*7.15　迪杰斯特拉认为，编程的艺术就是处理复杂性的艺术，试从软件开发需要系统化方法的角度进行分析。

7.16　敏捷方法中的 4 个价值观和 12 条原则是什么？

7.17　简述每日站立会议，以及作用。

7.18　Crystal Clear 方法认为取得软件项目开发成功的 7 个关键属性（要求）是什么？

7.19　上网查找我国软件行业使用敏捷方法的若干典型案例，并总结之。

7.20　什么是结构化方法？结构化方法应遵循哪些基本原则？

7.21　在结构化方法中如何建立和实现模型？

7.22　面向对象思想与“分类学理论”中有关人类认识现实世界普遍采用的 3 个构造法则有什么关系？

7.23　如何理解面向对象方法中的对象和类？

7.24　面向对象模型有哪些特性？

7.25　面向对象模型应遵循哪些基本原则？

7.26　面向对象模型主要由什么组成？

7.27　结构化方法和面向对象方法的产生和发展规律有何相同之处？

7.28　设有一个图书管理系统，一本图书可被多个读者借阅，一个读者可借阅多本图书，一个管理员既可管理图书信息，也可管理读者信息，试画出该图书管理系统的 E-R 图（提示：借阅时，有“借阅号、出借日期、还书日期”等属性）。图书、读者、管理员 3 个实体的属性如下：

图书（图书号，书名，类别，出版社，出版日期，作者名，可借数量）

读者（读者姓名，读者号，最大可借书量，已借书量，性别，读者类别）

管理员（管理员号，管理员类别，性别，联系电话，登录密码）

第 8 章　社会与职业问题

计算学科的学生不仅要了解专业，还要了解社会，以及与职业生涯有关的法律和道德等方面的内容。根据 CS2023 等系列报告的要求，本章选择“社会、伦理与职业化”中的 7 个主题进行介绍，包括计算的历史、计算的社会背景、伦理选择和评价、AI 中的若干伦理问题、职业和道德责任、基于计算机系统的风险和责任、计算机犯罪等。

8.1　引言

20 世纪 80 年代以来，随着计算技术（特别是网络技术）的迅猛发展和广泛应用，由这一新技术带来的诸如网络空间中的自由化、网络环境下的知识产权，以及计算机从业人员的价值观与工作观等社会与职业问题极大地影响着计算产业的发展，并引起业界人士的高度重视。CC1991 报告将“社会、道德和职业的问题”列入计算学科主领域之中，并强调它对计算学科的重要作用和影响。

CC1991 报告要求计算机专业的学生不但要了解专业，还要了解社会。例如，要求学生要了解计算学科的基本文化、社会、法律和道德方面的固有问题；了解计算学科的历史和现状；理解它的历史意义和作用。另外，作为未来的实际工作者，他们还应当具备其他方面的一些能力，如能够回答和评价有关计算机的社会冲击这类严肃问题，并能预测将已知产品投放到给定环境后可能产生怎样的冲击；知晓软件和硬件的卖方及用户的权益，并树立以这些权益为基础的道德观念；意识到他们各自承担的责任，以及不负这些责任可能产生的后果；另外，他们还必须认识到自身和工具的局限性等。

CC2001 充分肯定了 CC1991 关于“社会、道德和职业的问题”的论述，并将它改为“社会与职业问题”，CS2013 改为“社会问题与专业实践”，CS2023 则将该领域修改为“社会、伦理与职业化”以继续强调它对计算学科的重要作用和影响。“社会、伦理与职业化”主要属于学科设计形态技术价值观方面的内容，广义地讲，它属于一种技术方法。

根据 CS2023 等系列报告，本书将“社会、伦理与职业化”领域划分为以下 12 个知识单元。

（1）计算的历史。

（2）计算的社会背景。

（3）伦理选择和评价。

（4）AI 中的若干伦理问题。

（5）职业和道德责任。

（6）基于计算机系统的风险和责任。

（7）计算机犯罪。

（8）团队工作。

（9）知识产权。

（10）隐私与公民的自由。

（11）与计算有关的经济问题。

（12）哲学框架。

本章主要介绍其中（1）~（7）子领域的内容，其他知识单元的内容，请读者自行查阅 CS2023 等相关文献。

8.2　计算的历史

8.2.1　计算机史前史

在 1946 年美国研制成功第一台高速电子数字计算机 ENIAC 之前，计算机器的发展经历了一个漫长的阶段。根据计算机器的特点，可以将其划分为三个时代：算盘时代、机械时代和机电时代。

1. 算盘时代

这是计算机器发展史上经历时间最长的一个阶段。这一阶段出现了表示语言和数字的文字及其书写工具，作为知识和信息载体的纸张、书籍以及专门存储知识和信息的图书馆。这一时期最主要的计算工具是算盘，其特点是：手动完成从低位到高位的数字传送（十进制位传送），数字由算珠的数量表示，数位则由算珠的位置来确定，执行运算就是按照一定的规则移动算珠的位置。

2. 机械时代

随着齿轮传动技术的产生和发展，计算机器进入了机械时代。这一时期计算装置的特点是：借助于各种机械装置（齿轮、杠杆等）自动传送十进制位，而机械装置的动力则来自计算人员的手。例如，1641 年，法国人布莱斯·帕斯卡（Blaise Pascal）利用齿轮技术制成了第一台加法机，德国人戈特弗里德·W. 莱布尼茨（Gottfried W. Leibniz）在此基础上又制造出能进行加、减、乘、除的演算推论器；1822 年，英国人查尔斯·巴贝奇（Charles Babbage）制成了第一台差分机（difference engine），这台机器可以完成平方表及函数数值表的计算；1834 年，巴贝奇又提出了分析机（analytical engine）的设想，他是提出用程序控制计算思想的第一人。值得指出的是，分析机中有两个部件（用来存储输入数字和操作结果的“store”以及其中对数字进行操作的“mill”）与现代计算机相应部件（存储器和中央处理器）的功能十分相似。遗憾的是该机器的开发因经费短缺而失败。

3. 机电时代

计算机器的发展在机电时代的特点是：使用电力做动力，但计算机器本身还是机械式的。1886 年，赫尔曼·霍利里思（Herman Hollerith）制成了第一台机电式穿孔卡系统——

穿孔制表机，成为第一个成功地把电和机械计算结合起来制造电动计算机器的人。这台穿孔制表机最初用于人口普查卡片的自动分类和计数。该机器获得了极大的成功，于是，1896年，霍利里思创立了制表公司 TMC（Tabulating Machines Company），这就是 IBM 公司的前身。电动计算机器的另一代表是由美国人霍华德·H. 艾肯（Howard H. Aiken）提出、由 IBM 公司生产的自动序列控制演算器（automatic sequence controlled calculator，ASCC），即 Mark I，它结合了霍利里思的“穿孔卡”技术和巴贝奇的通用可编程机器的思想。1944 年，Mark I 正式在哈佛大学投入运行。IBM 公司从此走上了开发与生产计算机之路。

从 20 世纪 30 年代起，科学家认识到电动机械部件可以由简单的真空管来代替。在这种思想的引导下，世界上第一台电子数字计算机在艾奥瓦州立大学（Iowa State University）产生了。1941 年，德国人康拉德·楚泽（Konrad Zuse）制造了第一台使用二进制数的全自动可编程计算机。此外，楚泽还开发了世界上第一个程序设计语言——Plankalkul，该语言被当作现代算法程序设计语言和逻辑程序设计的鼻祖。1946 年，世界上第一台高速、通用计算机 ENIAC 在宾夕法尼亚大学研制成功。从此，电子计算机进入了一个快速发展的新阶段。

8.2.2 计算机硬件的历史

现代计算机的历史可以追溯到 1943 年英国研制的巨人计算机和同年美国研制的 Mark I。今天，计算机已经历了 4 代，并得到了迅猛发展。

1. 第一代计算机（1946—1957）

第一代计算机利用真空管制造电子元件，以穿孔卡作为主要的存储介质，体积庞大，重量惊人，耗电量也很大。UNIVAC－I 是第一代计算机的代表，它是继 ENIAC 之后由约翰·莫奇利（John Mauchly）和约翰·埃克特（John Eckert）再度合作设计的。

2. 第二代计算机（1958—1964）

在计算机的历史上，1947 年晶体管的发明是一个重要的事件。使用晶体管的计算机称为第二代计算机。和真空管计算机相比，晶体管计算机无论是耗电量还是产生的热能都大大降低，而可靠性和计算能力则大为提高。第二代计算机利用磁芯制造内存，利用磁鼓和磁盘取代穿孔卡作为主要的外部存储设备。此时，出现了高级语言，如 FORTRAN 和 COBOL。

3. 第三代计算机（1965—1971）

这一代计算机的特征是使用集成电路代替晶体管，使用硅半导体制造存储器，广泛使用微程序技术简化处理机的设计，操作系统开始出现。系列化、通用化和标准化是这一时期计算机设计的基本思想。

4. 第四代计算机（1972 年至今）

这一代计算机的主要特征是采用了大规模（LSI）和超大规模（VLSI）集成电路，使用集成度更高的半导体元件来制造主存储器。在此期间，微处理器产生并高速发展，个人微型计算机市场迅速扩大。第四代计算机在体系结构方面的发展引人注目，发展并形成了并行处理机、分布式处理机和多处理机等计算机系统。同时，巨型、大型、中型和小型机也取得了稳步的进展。计算机发展呈现出网络化和智能化的趋势。

随着第四代计算机向智能化方向发展，最终将激发新一代计算机尽早地出现。新一代计算机是各国计算机界研究的热点，如知识信息处理系统、神经网络计算机、生物计算机等。知识信息处理系统根据外部功能来模拟人脑的思维方式，使计算机具有人的某些智能，如学习和推理的能力。神经网络计算机则从内部结构上模拟人脑神经系统，其特点是具有大规模分布并行处理、自适应和高度容错能力。生物计算机是使用以人工合成蛋白质分子为主要材料制成的生物芯片计算机。生物计算机具有生物体的某些机能，如自我调节和再生能力等。

8.2.3 计算机软件的历史

软件是由计算机程序和程序设计等概念发展演化而来的，是程序和程序设计发展到规模化和商品化后逐渐形成的概念。软件是程序以及实现和维护程序时所必需的文档的总称。

1. 第一位程序员

19 世纪初，在法国人约瑟夫·M. 雅卡尔（Joseph M. Jacquard）设计的织布机里已经具有初步的程序设计的思想。他设计的织布机能够通过“读取”穿孔卡上的信息完成预先确定的任务，可以用于复杂图案的编织。早期利用计算机器解决问题的一般过程如下。

（1）针对特定的问题制造解决该问题的机器。

（2）设计所需的指令并把完成该指令的代码序列传送到卡片或机械辅助部件上。

（3）使计算机器运转，执行预定的操作。

英国著名诗人拜伦（Byron）的女儿、数学家埃达·洛夫莱斯伯爵夫人（Ada Lovelace）在帮助巴贝奇研究分析机时，指出分析机可以像织布机一样进行编程，并发现进行程序设计的基本要素，被认为是史上第一位程序员，而著名的计算机语言 Ada 就是以她的名字命名的。

2. 布尔逻辑与程序设计

在计算机的发展史上，二值逻辑和布尔代数的使用是一个重要的突破。其理论基础是由英国数学家乔治·布尔（George Boole）奠定的。1847 年，布尔在《逻辑的数学分析》（*The Mathematical Analysis of Logic*）中分析了数学和逻辑之间的关系，并阐述了逻辑归于数学的思想。这在数学发展史上是一个了不起的成就，也是思维的一大进步，并为现代计算机提供了重要的理论准备。值得一提的是，布尔的理论与那个时代的大多数数学理论一样，在相当长一段时间内并没有得到具体的应用，直到 100 年后，基于香农等人的工作，布尔代数才被应用于计算。

在基于继电器的计算机器时代，所谓“程序设计”实际上就是设置继电器开关以及根据要求使用电线把所需的逻辑单元连接起来，重新设计程序就意味着重新连线。所以通常的情况是：“设置程序”要花许多天时间，而计算本身几分钟就可以完成。此后，随着真空管计算机和晶体管计算机的出现，程序设计的形式有了不同程度的改变，但革命性的变革则是在 1948 年香农发现了二值演算之后发生的。二值逻辑代数被引入程序设计过程，程序的表现形式就是存储在不同信息载体上的“0”和“1”的序列，这些载体包括纸带、穿孔卡以及后来的磁鼓、磁盘和光盘。此后，计算机程序设计进入了一个崭新的发展阶段。就程序设计语言来讲，经历了机器语言、汇编语言、高级语言、非过程语言等 4 个阶段，第 5 代自然语言的研究已经成为学术研究的热点。

3. 计算机软件产业的发展

计算机软件的发展与计算机软件产业化的进程息息相关。计算机软件产业从狭义来说，仅包括软件产品，如系统软件和应用软件等。从广义来说，它还包括软件服务业即系统集成（包括计算机系统设计和维护业务等）。

在电子计算机诞生之初，计算机程序是作为解决特定问题的工具和信息分析工具而存在的，并不是一个独立的产业。计算机软件产业化是在20世纪50年代，随着计算机在商业应用中的迅猛增长而逐渐发展起来的。这种增长直接促进了社会对程序设计人员需求的增长，于是一部分具有计算机程序设计经验的人分离出来专门从事程序设计工作，并创建了他们自己的程序设计服务公司，根据用户的订单提供相应的程序设计服务。这样就产生了第一批软件公司，如1955年创建的计算机应用公司（CUC）和1959年创建的应用数据研究公司（ADR）等。

进入20世纪60年代和70年代，计算机应用范围持续快速扩展，这使计算机软件产业无论是软件公司的数量还是产业的规模都有了进一步的发展。同时与软件业相关的各种制度也逐步建立起来。1968年马丁·戈茨（Martin Goetz）获得了世界上第一个软件专利；1969年春，ADR公司就IBM垄断软件产业提起了诉讼，促使IBM在1969年6月30日宣布结束一些软件和硬件的捆绑销售，为软件产品单独定价。这一时期成立的软件公司有美国计算机公司（CCA）、Information Builders公司和Oracle公司等。

8.2.4 计算机网络的历史

计算机网络是指将若干台计算机用通信线路按照一定规范连接起来，以实现资源共享和信息交换的系统。

1. 计算机网络发展的4个阶段

（1）第一代网络：面向终端的远程联机系统。其特点是：整个系统里只有一台主机，远程终端没有独立的处理能力，它通过通信线路以点到点的直接方式或通过专用通信处理机或集中器的间接方式和主机相连，从而构成网络。在前一种连接方式下，主机和终端通信的任务由主机来完成；而在后一种方式下，该任务则由通信处理机或集中器来承担。这种网络主要用于数据处理，远程终端负责数据采集，主机则对采集到的数据进行加工处理，常用于航空自动售票系统、商场的销售管理系统等。

（2）第二代网络：以通信子网为中心的计算机通信网。其特点是：系统中有多台主机（可以带有各自的终端），这些主机之间通过通信线路相互连接。通信子网是网络中实现通信功能的部分，其功能是负责把消息从一台主机传到另一台主机，消息传递采用分组交换技术。这种网络出现在20世纪60年代后期。1969年由美国国防高级研究计划局（DARPA）建立的阿帕网（ARPANET）就是其典型代表。

（3）第三代网络：遵循国际标准化网络体系结构的计算机网络。其特点是：按照分层的方法设计计算机网络系统。1974年由美国IBM公司研制的系统网络体系结构（SNA）就是其早期代表。系统网络体系结构的出现为具有相同体系结构的网络用户之间的互联提供了方便。但同时其局限性也是显然的。20世纪70年代后期，为了解决不同网络体系结构用户之间难以相互连接的问题，国际标准化组织（ISO）提出了一个试图使各种计算机都能够互联的标准框架，即开放系统互连模型。该模型包括7层：物理层、数据链路层、网络层、传输层、会话层、表示层和应用层，同时给出了每一层应该完成的功能。

20世纪80年代建立的计算机网络多属第三代计算机网络。

（4）第四代网络：宽带综合业务数字网（broadband integrated service digital network，BISDN）。其特点是：传输数据多样化和传输速度快。宽带网络不但能够用于传统数据的传输，而且还可以胜任声音、图像、动画等多媒体数据的传输，数据传输速率可以达到每秒几十到几百兆位，甚至达到每秒几十吉位。第四代网络可以提供视频点播、电视现场直播、全动画多媒体电子邮件、CD级音乐等网上服务。1993年9月美国提出了国家信息基础设施（National Information Infrastructure，NII）行动计划（NII又被译为信息高速公路），该文件指出NII是美国国家信息基础结构的5个部分之一，NII也就是宽带综合业务数字网。现在世界各国都竞相研究和制定建设本国信息高速公路的计划，以适应世界经济和信息产业的飞速发展。

2. 因特网（Internet）的由来

因特网是由许多计算机网络连成的网络，即网络的网络。它的产生主要分3个过程。

（1）阿帕网的诞生。1969年，第一个计算机网络——阿帕网诞生，这种计算机网络跨越的地理范围较大，如一个省、一个国家甚至全球，被称为广域网。

（2）以太网的出现。1973年，鲍勃·梅特卡夫（Bob Metcalfe）在施乐（Xerox）公司发明了以太网（Ethernet）。这种计算机网络所跨越的地域较小，如几个办公室、一栋大楼。今天的以太网已成为局域网的代名词。局域网的传输速率高出阿帕网几千倍，成为中小型单位网络建设较理想的选择。

（3）因特网的产生。1973年，美国斯坦福大学的文顿·瑟夫（Vinton Cerf）提出了关于计算机网络的一个重要概念——网关（gateway），这对最终形成TCP/IP（传输控制协议/互联网协议）起了决定性的作用，因此他被人们誉为“因特网之父”。1974年5月，文顿·瑟夫和鲍勃·卡恩（Bob Kahn）正式发表了传输控制协议（TCP），即后来的TCP/IP协议（1978年将TCP中处理分组路由的部分分割出来，单独形成一个IP协议）。

1977年，文顿·瑟夫和鲍勃·卡恩成功地实现了阿帕网、无线分组交换网络和卫星分组交换网三网互联。虽说因特网源于阿帕网，但是真正促成因特网形成的则是美国国家科学基金会（NSF）。1986年，主干网使用TCP/IP协议的NSF网络建成。1986—1991年，并入NSF网的网络数从100个增加到3 000个。1989年，NSF网络正式改称为因特网。

3. 基于网络的云计算和人工智能技术

云计算标志着基于网络的计算技术中一个重大的技术转变，其中智能手机的普及、云服务的广泛应用、软件即服务（SaaS）的兴起以及对安全和隐私的关注已成为云计算时代的主要特征。

当前推动网络应用发展的一个重要力量是数据驱动的人工智能，新兴的人工智能辅助技术如决策系统、推荐系统、生成式人工智能和其他机器学习驱动的工具、技术正在改变着人们的生活和工作方式，人工智能引发的伦理问题也越来越引起人们的重视。

8.3 计算的社会背景

8.3.1 计算的社会内涵

高科技是一把双刃剑，计算机也不例外。计算机的广泛应用为社会带来了巨大的经济利益，同时也对人类社会生活的各个方面产生了深远的影响。不少社会学家和计算机科学家正在密切关注着计算机时代所特有的社会问题，如计算机化对人们工作和生活方式、生活质量的影响，计算机时代对软件专利和版权、商业机密的保护，公民的权利和网络空间的自由，计算机从业人员职业道德和计算机犯罪等。实际上，如何正确地看待这些影响和这些新的社会问题并制定相应的策略已经引起了越来越多的关注。

8.3.2 网络的社会内涵

由计算机和通信线路构成的计算机网络正在使整个世界经历一场巨大的变革，这种变革不但在人们的日常工作和生活中体现出来，而且也深刻地反映在社会经济、文化等各个方面。比如，计算机网络信息的膨胀逐步瓦解了信息集中的状况；与传统的通信方式相比，计算机通信更有利于不同性别、文化和语言的人们之间的交流，更有助于减少交流中的偏见和误解；"网络社会"这一"虚拟现实（virtual reality）"社会有着自己独特的文化和道德，同时也存在其特有的矛盾和偏见。现在，网络技术飞速发展的事实使人们不得不就网络技术对社会政治、经济、文化、军事、国防等领域的影响及其社会意义进行认真的思考。

网络作为资源共享的手段是史无前例的。以因特网为例，经过几十年的飞速发展，今天因特网已经成为规模空前的信息宝库，人们已经习惯于从因特网中了解他们感兴趣的信息。如今，网络建设情况已经成为衡量一个社会信息化程度的重要标准。网络的迅猛发展创造了一个新的空间：网络空间（cyberspace）。网络空间在发展初期处于无序状态，如曾有关于因特网"三无"（无国界、无法律、技术无法管理）的说法。自20世纪90年代以来，随着计算机犯罪（如网上诈骗、发布恶意计算机程序等）和网络侵权事件的增多，人们逐渐认识到，为了让网络长远地造福社会，就必须规范对网络的访问和使用。这就对各国政府、学术界和法律界提出了挑战，即要求制定和完善网络法律法规。具体地说，就是在计算机空间里保护公民的隐私，规范网络言论，保护电子知识产权，保障网络安全等。

此外，网络对社会的另一个重要影响就是促使世界各国在面临网络新技术为社会带来的共同挑战时重新认识开展国际合作的重要性。

8.3.3 因特网的使用和控制

因特网的规模到底有多大，现在已经没有人能够讲得清楚了。下面给出的几个数据可以从一个侧面反映因特网的增长。1969 年，因特网的前身阿帕网诞生时，只有 4 台主机；1984 年，因特网上的主机超过 1 000 台；1993 年，主机超过 100 万台；2002 年 4 月，主机超过 19 000 万台。现在，主机已不计其数，一般情况下一台计算机就可联上因特网。

截至 2023 年 12 月，我国网民规模达 10.92 亿人，较 2022 年 12 月新增网民 2 480 万人，互联网普及率达 77.5%；农村网民规模达 3.26 亿人，较 2022 年增长 1 788 万人，城乡数字鸿沟加速弥合。2023 年，生成式人工智能技术与实体经济深度融合，我国人工智能企业数量已超 4 400 家。在深度合成内容检测方面，发布了“深度合成内容检测平台 AIGC-X”。该平台能够对 AI 生成文本、图形、视频内容进行精准识别，防范伪造风险，促进构建健康安全的人工智能生态。2023 年，全国网上零售额达 15.4 万亿元，连续 11 年稳居全球第一。同时从网民遇到各类网络安全问题的情况来看，遭遇个人信息泄露的网民比例为 23.2%，遭遇网络诈骗的网民比例为 20.0%，遭遇设备中计算机病毒或特洛伊木马的网民比例为 7.0%，遭遇账号或密码被盗的网民比例为 5.2%。

由于使用因特网是不受控制的，因此造成的负面效应不容忽视。因特网上的资料和信息并不是对所有人都适合的，这一点已经成为人们的共识。

自 20 世纪 80 年代以来，美国政府相继颁布了《计算机欺诈和滥用法》《全球电子商务纲要》和《数字千年版权法》等多项法律法规或政策性文件，初步建立了互联网法制的整体框架。例如，颁布于 1986 年的《计算机欺诈和滥用法》的主要目的是惩处计算机欺诈和与计算机有关的犯罪行为，被视为惩治计算机黑客犯罪的里程碑；1997 年 7 月 1 日发布的《全球电子商务纲要》报告阐述了美国政府在建立全球电子商务基础结构上的原则和立场，是划时代的政策性文件；1998 年 10 月发布的《数字千年版权法》对网络上的软件、音乐、文字作品的著作权给予了新的保护。

在我国，网络立法已经受到有关方面的高度重视，近年来出台了多部有关网络使用规范、网络安全和网络知识产权保护的规定，如 1996 年 2 月 1 日发布并施行的《中华人民共和国计算机信息网络国际联网管理暂行规定》，并与 1997 年 5 月 20 日及 2024 年 3 月 10 日予以修订；还有《互联网信息服务管理办法》《中国互联网络域名注册实施细则》《计算机病毒防治管理办法》《计算机信息系统国际联网保密管理规定》和《全国人民代表大会常务委员会关于维护互联网安全的决定》以及《互联网新闻信息服务管理规定》等。

从技术上对用户使用因特网实施控制可以用两种方法来实现。一种是使用代理服务器技术。代理服务器位于网络防火墙上，代理服务器收到用户请求时，就检查其请求的 Web 页地址是否在受控列表中，如果不在就向因特网发送该请求，否则拒绝请求，这是一种根据地址进行访问控制的方法。还有一种是基于信息内容的控制技术，即从技术角度控制和过滤违法与有害信息。它主要是对网页中的内容进行分类，并根据内容特性加上标签，同时由计算机软件对网页的标签进行监测，以限制对特定内容网页的检索。

8.4 伦理选择和评价

伦理选择和评价的主要内容包括对伦理问题的分析、确定及其评价，如何进行伦理选择及伦理评价，如何理解软件设计的社会背景，识别假设和价值观念等。本节侧重介绍伦理分析的一个重要方法——伦理选择及伦理评价。

1. 伦理选择

伦理选择就是在处理与伦理相关的事务时以伦理原则（ethical principles）为依据，以与伦理原则一致为标准对可能的伦理观点进行选择的过程。进行伦理选择是一件困难而复杂的事情。这种选择往往伴随着来自经济的、职业的和社会的压力，有时这些压力会对我们所信守的伦理原则或伦理目标提出挑战，或者掩盖或混淆某些伦理问题。伦理选择的复杂性还在于，在许多情况下会同时存在多种不同的价值观和不同的利益倾向，我们必须对这些相互竞争的价值观和利益进行取舍。除此之外，有时我们并不知道或者无法知道赖以进行伦理选择的重要事实。既然伦理选择可能出现一部分人受益而另外一部分人利益受损的情况，那么就必须对此进行权衡，充分考虑各种伦理选择可能出现的后果。

2. 伦理评价

伦理评价是伦理选择的关键。伦理评价必须遵循一定的伦理原则。1984 年，基奇纳（Kitchener）提出了下面 5 条为公众和许多社会组织所接受的伦理原则。

（1）自治（autonomy）原则。

（2）公正（justice）原则。

（3）行善（beneficence）原则：尽量预防和制止对他人造成的危害，并主动做对他人有益的事。

（4）勿从恶（nonmaleficence）原则：强调不要对他人造成伤害，并避免可能对他人造成伤害的行为。

（5）忠诚（fidelity）原则：诚实对人，信守诺言。

3. 伦理选择中其他相关因素及伦理选择过程

在确定了伦理评价的标准之后，为了使伦理选择顺利进行，进行伦理选择的人还必须具备其他一些必要的条件。比如选择者对各种选择的伦理意义必须具有一定的敏感性、理解力和奉献精神，必须能够对复杂、不明朗或不完整的事实做出比较恰当的评价，要避免在做伦理选择时因为方式不当而对一个职业造成伤害。

伦理选择一般包括以下步骤。

（1）确定所面临的问题。尽量搜集更多的信息以帮助自己对当前问题有一个清晰的认识，包括问题的性质、已有的事实、前提和假设等。

（2）利用现有的伦理准则，检查该问题的适用性，如果适用则采取行动予以解决；如果问题比较复杂，解决方案尚不明确，则继续下面的步骤。

（3）从不同的角度认识所面临的难题的性质，包括确定特定情况下适用的伦理原则，并对相互之间可能发生冲突的伦理原则进行权衡。

（4）形成解决问题的候选方案。

（5）对候选方案进行评价，考虑所有候选方案的潜在伦理后果，做出最为有利的选择。

（6）实施所选方案。

（7）对实施的结果进行检查和评价。

8.5 AI 中的若干伦理问题

AI 伦理学现已成为人工智能研究的一个非常重要的子领域，其发展非常迅速。该领域主要研究人类应如何设计和部署 AI，以及如何创建能够适当地思考其行为方式的 AI。

AI 三大核心要素是数据、算法和算力，数据有隐私泄露问题，算法有偏见与歧视等问题。另外，AI 还存在技术滥用、权责归属、人机关系、价值对齐等方面的伦理问题。

隐私泄露包括机器学习的隐私泄露、语音识别的隐私泄露、人脸识别的隐私泄露、生物识别的隐私泄露等。隐私泄露领域可能导致用户的个人信息、敏感信息或身份被披露或推断出来，给个人和社会带来严重的危害和风险。

偏见与歧视包括机器学习的偏见与歧视、图像识别的偏见与歧视、语音识别的偏见与歧视、搜索引擎的偏见与歧视、推荐系统的偏见与歧视（大数据杀熟、信息茧房）、人脸识别的偏见与歧视等。偏见与歧视问题是一种系统性的错误表示、归因错误或事实扭曲，可能导致偏袒某些群体、复制刻板印象或做出不公平决策或歧视的行为等。

技术滥用包括机器学习的技术滥用、图像识别的技术滥用、语音识别的技术滥用、搜索引擎的技术滥用、计算机视觉的技术滥用、自然语言处理的技术滥用、生物识别的技术滥用等。

权责归属包括 AI 著作权、机器人权利、自动驾驶事故的认定等问题。AI 著作权涉及 AI 生成的作品所产生的著作权归属和法律责任问题。例如，2018 年 10 月，美国纽约佳士得拍卖行成功卖出由人工智能完成的名为《埃德蒙·贝拉米肖像》的作品，成交价高达43.25万美元。这幅作品由巴黎艺术团队 Obvious 指导完成，他们把创作于 14—20 世纪的 15 000 幅肖像画输入系统，然后使用生成对抗网络（GAN）算法进行创作。现在的问题是，该作品的著作权归谁呢？关于机器人拥有何种权利的问题引发了人们的争论。例如，2017 年 10 月 26 日，沙特阿拉伯授予中国香港汉森机器人技术公司生产的机器人索菲亚（Sophia）公民身份，引发了人们对机器人身份定位、法律权利以及社会权利等问题的争论。自动驾驶事故的认定，就是对与自动驾驶车辆或部分自动驾驶车辆相关的交通事故进行责任判定和调查的过程。例如，无人驾驶车辆撞倒行人，该如何判定法律意义上的责任人，是生产厂家的法人代表、工程师还是购买人？

人机关系方面则存在用户过度信任甚至沉溺于大语言模型（large language model，LLM），或者像对待人类一样对待 LLM 所带来的风险和危害。而 LLM 的训练和运行会给环境资源带来影响，但 LLM 的应用也会引发新的挑战。

LLM 还存在其所描述的语义、所具有的行为与人类的目标、偏好、道德规范或价值观不一致等价值对齐问题。从理论角度来看，如果一个强大的 LLM 所追求的目标和人类的真实目的、意图和价值不一致，就有可能给人类带来灾难性后果。2003 年哲学家尼克·博斯特罗姆（Nick Bostrom）提出了一个“回形针思想实验”，引发了 AI 对人类威胁的广泛争论。该实验设想有一个 AI 系统被授意制造尽可能多的回形针，为了完成这个任务，AI 可能会穷尽一切必要的手段把地球变成一座巨大的回形针工厂，最终毁掉人类。LLM 的价值对齐问题主要表现为，如何在模型层面让人工智能理解人类的价值和伦理原则，尽可能防止模型产生有害输出，从而打造更加有用、更加符合人类价值观的 AI 模型。

针对人工智能带来的隐私泄露、偏见与歧视、技术滥用等伦理问题，国家人工智能标准化总体组和全国信标委人工智能分委会于 2023 年 3 月联合发布了《人工智能伦理治理标准化指南》（简称《指南》）。该《指南》以人工智能伦理治理标准体系的建立和具体标准研制为目标，围绕人工智能伦理概念和范畴、人工智能伦理风险评估、人工智能伦理治理技术、人工智能伦理治理标准化等方面进行了论述，期望为人工智能伦理治理的标准化工作奠定基础。

8.6 职业和道德责任

职业化的英文单词是 professionalism，该单词也常被译为职业特性、职业作风、职业主义或专业精神等。那么职业化的本质是什么呢？

英国德蒙特福德大学（De Montfort University，DMU）信息技术管理与研究中心穆罕默德教授认为“职业化”是从业人员、职业团体及其服务对象——公众之间的三方关系准则。该准则是从事某一职业并得以生存和发展的必要条件。实际上，该准则隐含地为从业人员、职业团体和公众（或社会）拟订了一个三方协议，协议中规定的各方需求、期望和责任就构成了职业化的基本内涵。如从业人员希望职业团体能够抵制来自社会的不合理要求，能够对职业目标、指导方针和技能要求不断进行检查、评价和更新，从而保持该职业的吸引力。反过来，职业团体也对从业人员提出了要求，要求从业人员具有与职业理想相称的价值观念，具有足够的、完成规定服务所要求的知识和技能。类似地，社会对职业团体以及职业团体对社会都具有一定的期望和需求。任何领域提供的专业服务都应该让三方满意，至少能够使三方彼此接受对方。

“职业化”是一个适用于所有职业的一个总的原则性协议，但具体到某一个行业时，还应考虑其自身特殊的要求，如在广播行业里，公众要求广播公司和广播人员公正地报道新闻事件，广播公司则对广播人员的语言有特别的要求。

任何一个职业都要求其从业人员遵守一定的职业和伦理规范，同时应承担维护这些规范的责任。虽然这些职业和伦理规范没有法律法规所具有的强制性，但遵守这些规范对行业的健康发展是至关重要的。在计算机日益成为各个领域及各项社会事务中的中心角色的今天，为使软件工程成为一个有益的和受人尊敬的职业，1998 年，IEEE CS 和 ACM 联合特别工作组在对多个计算学科和工程学科规范进行广泛研究的基础上，制定了软件工程师职业化的一个关键规范：资格认证。在经过广泛的讨论和严格的审核之后，IEEE CS 和 ACM 提出了软件工程师应该坚持以下伦理规范。

（1）公众：从职业角色来说，软件工程师应当始终关注公众的利益，按照与公众安全、健康和幸福一致的方式发挥作用。

（2）客户：软件工程师应当有一个认知，了解什么是客户的最大利益。他们应该总是以职业的方式担当他们的客户的忠实代理人和委托人。

（3）产品：软件工程师应当尽可能地确保他们开发的软件对于公众、客户是有用的，在质量上是可接受的，在时间上要按期完成并且费用合理，同时没有错误。

（4）判断：软件工程师应当完全坚持自己独立自主的专业判断并维护其判断的声誉。

（5）管理：软件工程的管理者和领导应当通过规范的方法促进软件管理的发展与维护，并鼓励他们所领导的人员履行个人和集体的义务。

（6）职业：软件工程师应该提高他们职业的正直性和声誉，并与公众的兴趣保持一致。

（7）同事：软件工程师应该公平、合理地对待他们的同事，并应该采取积极的步骤支持社团的活动。

（8）自身：软件工程师应当在他们的整个职业生涯中积极参与有关职业规范的学习，努力提高从事自己的职业所应该具有的能力，以推进职业规范的发展。

软件工程资格认证将会指导从业者遵循有关学会期望他们所要符合的规范、追寻他们的奋斗目标。更重要的是，认证将使公众意识到责任心对职业的重要性。

另外，在软件开发的过程中，软件工程师及工程管理人员不可避免地会在某些与工程相关的事务上产生冲突。为了减少和妥善地处理这些冲突，软件工程师和工程管理人员应该以某种符合职业道德的方式行事。

8.7 基于计算机系统的风险和责任

8.7.1 历史上软件风险的例子

计算机系统一般由硬件和软件两部分构成，二者的可靠性构成了整个系统的可靠性。相应地，系统的风险也就由硬件风险和软件风险构成。根据 CC2001 教学计划的要求，本书以历史上著名的 Therac-25 事件为例，着重讲述系统设计中存在的软件风险及其影响。Therac-25 事件就是历史上软件风险的著名案例。

Therac-25 是由加拿大原子能公司（AECL）生产的一种医疗设备（医疗加速器），它产生的高能光束或电子流能够杀死人体毒瘤而不会伤害毒瘤附近健康的人体组织。该设备于 1982 年正式投入生产和使用。在 1985 年 6 月—1987 年 1 月不到两年的时间里，该设备引发了 6 起由于电子流或 X 光束的过量使用而造成的医疗事故，造成了 4 人死亡、2 人重伤的严重后果。事故的原因要从 Therac-25 的设计说起。

Therac-25 与其前两代产品 Therac-6 和 Therac-20 相比，软件部分在系统中作用有所差异。在前两代产品中，软件仅仅为操作硬件提供了某种方便，硬件部分具有独立的监控电子流扫射的保护电路；而在 Therac-25 中，软件部分是系统控制机制的必要组成部分，保证系统安全运转更多地依赖于软件。Therac-25 系统有 X 模式和 E 模式两种工作模式。在 X 模式下机器产生 25 MeV 的 X 光束，在 E 模式下则能产生各种能量级别的电子流。由于前者的能量非常高，所以必须经过一个厚厚的钨防护罩之后才能够与病人发生病变的人体组织相接触。模式由操作员从终端上输入数据来选择。

据调查，1985—1987 年间发生的 6 起事故是由操作员的失误和软件缺陷共同造成的。在 1985 年发生的第一起事故中，操作员在终端上输入错误的控制数据“X”后随即对此进行了纠正。但就在纠正输入数据的操作结束时，系统发出错误信息，操作员不得不重新启动计算机。然而就在这段时间里，躺在手术台上接受治疗的病人一直接受着过量的 X 光束的照射，结果造成其肩膀灼伤。三周之后，同样的事情又发生了。当操作员重新启动计算机的时候，支撑钨防护罩的机械手已经缩回，而 X 光束却没有被切断，结果病人被置于超出所需剂量 125 倍的强光束的辐射之下而最终致死。

事后的调查表明，Therac-25 系统中使用的软件有一部分直接来自为前两代产品开发的软件，整个软件系统并没有经过充分的测试。而在 1983 年 5 月 AECL 所做的 Therac-25 安全分析报告中，有关系统安全分析只考虑了系统硬件（不包括计算机）的因素，并没有把计算机软件故障所造成的安全隐患考虑在内。Therac-25 作为医疗加速器设备历史上最为严重的辐射事故之一，给人们以深刻的启示：软件设计不当很可能对系统的安全造成巨大隐患，甚至危及人的生命。因此，在开发应用系统，尤其是安全至上的应用系统时，必须充分考虑当系统出现故障时，怎样才能将危害降至最低。

8.7.2 软件的正确性、可靠性和安全性

软件的正确性、可靠性和安全性是影响软件质量的三个重要因素。根据麦考尔（McCall）等人提出的软件质量度量模型，正确性是指程序满足其规格说明和完成用户任务目标的程度。正确性的评价准则包括可跟踪性、完备性和一致性。可靠性是指程序在要求的精度下，能够完成其规定功能的期望程度。可靠性的评价准则包括容错性、准确性、一致性、模块性和简洁性。安全性则是对软件的完备性进行评价的准则之一，指控制或保护程序和数据机制的有效性，比如对于合理的输入，系统会给出正确的结果，而对于不合理的输入程序则予以拒绝等。在 1985 年 ISO 建议的软件质量模型中，正确性和安全性是软件质量需求评价准则（SQRC）中的两条准则，前者包括软件质量设计评价准则（SQDC）中的可跟踪性、完备性和一致性，后者则包括存取控制和存取审查。而 McCall 模型中的可靠性因素则体现在可容性准则和可维护性准则中。

8.7.3 软件测试

软件测试（software testing）是发现软件缺陷、保证软件质量的主要手段。根据 IEEE 标准的定义，软件测试就是以手工或自动方式，通过对软件是否满足特定的需求进行验证或识别软件的实际运行结果与期望值之间的不同，对系统或系统部件进行评价的过程。

1. 软件测试的目标

（1）测试是一个程序的执行过程，其目标是发现错误。

（2）一个好的测试用例能够发现至今尚未察觉的错误。

（3）一个成功的测试则是发现至今尚未察觉的错误的测试。

遗憾的是，现在并没有一种测试方法能够找出软件中存在的所有错误。对于大型软件系统而言，更加难以保证它是没有任何错误的。

关于软件测试的局限性，迪杰斯特拉（Dijkstra）有句名言：测试只能够证明软件是有错的，但不能证明软件是没有错误的。

2. 软件测试的原则

（1）程序员或程序设计机构不应测试由其自己设计的程序。

（2）在设计测试用例时，不仅要有确定的输入数据，而且要有确定、预期输出的详尽数据。

（3）测试用例的设计不仅要有合理的输入数据，还要有不合理的输入数据。

（4）除了检查程序是否做完了它应做的事，还要检查它是否做了不应做的事。

（5）保留全部测试用例，并作为软件的组成部分之一。

（6）程序中存在错误的概率与在该段程序中已发现的错误数成比例。

8.7.4 软件重用中隐藏的问题

软件重用是指在新的环境中，一些软件部件、概念和技术等被再次使用的能力，它是提高软件生产率、降低软件开发成本的有效手段。软件重用技术就是要把软件设计人员从反复设计雷同程序的重复劳动中解放出来。软件重用可以在不同的级别上实施，重用的单位可以是软件规格说明、软件模块和软件代码等。

同时，软件重用还对软件开发的各个阶段提出了新的要求和新的问题。比如在基于部件的软件开发中，为了保证被重用部件能够成功地运用在新的应用环境中，重用部件开发者必须考虑以下几个问题：重用部件在特定的新环境中能否合理地发挥作用？根据是什么？对重用部件的测试是否充分考虑了可能出现的各种不同情形？设计时是否考虑了各种可能环境下部件的有效性、可靠性、健壮性以及可维护性？

20世纪90年代后，随着面向对象软件设计方法的广泛应用，软件重用的应用前景越来越广阔，但软件重用中还存在不少理论和技术问题，尚需进一步的研究。

8.7.5 风险评定与风险管理

所谓风险就是潜在的问题，已知的确定会发生的问题不是风险。风险源于实际工作环境中的不确定性。不同行业中风险的具体类别也不相同。例如，在软件工程中，可能的风险包括技术风险（如目前还比较薄弱的技术领域）、来自用户的风险（如用户对项目执行情况的确认、用户新需求对原来需求的影响）、关键开发人员离职的风险、开发队伍管理不善的风险（如资源配置和协调不当）等。

风险管理（risk management）一词最初是由美国的所罗门·许布纳（Solomon Huebner）博士于1930年提出的。卡尔·E. 维格斯（Karl E. Wiegers）在《了解你的敌人：软件风险管理》（“Know Your Enemy：Software Risk Management”）一文中给出的解释是：风险管理就是使用适当的工具和方法把风险限制在可以接受的限度内。中国学者袁宗慰把风险管理定义为：在对风险的不确定性及可能性等因素进行考察、预测、收集、分析的基础上，制定包括识别风险、衡量风险、积极管理风险、有效处置风险及妥善处理风险所致损失等一整套系统而科学的管理方法。尽管定义的细节不尽相同，但风险管理的目的却是一致的，即以一定的风险处理成本实现对风险的有效控制和处理。

8.8 计算机犯罪

1. 计算机犯罪的概念

计算机犯罪是指利用计算机知识和技能进行的违法活动，是指一切以计算机和信息网络为犯罪对象、攻击主体和犯罪工具的犯罪。

计算机犯罪主要分为三大类。

（1）以计算机为犯罪对象的犯罪，如行为人针对个人计算机或网络发动攻击，这些攻击包括非法访问存储在目标计算机或网络上的信息，或非法破坏这些信息，窃取他人电子身份等。

（2）以计算机作为攻击主体的犯罪，如当计算机是犯罪现场、财产损失的源头、原因或特定形式时，常见的有黑客、特洛伊木马、网络蠕虫、计算机病毒和逻辑炸弹等。

（3）以计算机作为犯罪工具的传统犯罪，如使用计算机系统盗窃他人信用卡信息，或通过互联网的计算机来存储、传播淫秽物品或传播儿童色情等。

2. 黑客

黑客（hacker）是指拥有高深的计算机及网络知识，能够躲过系统安全控制，达到进入或破坏计算机系统或网络的非法用户。

骇客（cracker）是指为追求个人或组织的经济利益或名声，对网络信息系统进行入侵的人。

3. 恶意计算机程序和拒绝服务攻击

1）恶意计算机程序

恶意程序通常是指带有攻击意图而编写的一段程序，这些威胁可以分成需要宿主程序的威胁和彼此独立的威胁两类。前者一般为不能独立于实际的应用程序、实用程序或系统程序的程序片段，包括后门（backdoor，有时也称陷门 trapdoor）、逻辑炸弹（logic bomb）、特洛伊木马（trojan horse）、计算机病毒（computer virus）；后者是可以被操作系统调度和运行的自包含程序，如网络蠕虫（network worms）等。

（1）后门是指有意隐藏在信息系统中的，可以绕过常规鉴别和访问控制机制的程序或方法。有时程序员为了进行调试和测试程序，也会采用后门技术。当后门被无所顾忌的程序员用来获得非授权访问时，后门就变成了威胁。对后门进行操作系统的控制是困难的，必须将安全防控集中在程序开发和软件及时更新上才能更好地避免这类攻击。例如，近来网络上广泛流传的 Backdoor. Hacarmy. E 病毒，就是一个后门服务器程序，它允许未经验证的远程终端访问计算机。

（2）逻辑炸弹。在计算机病毒和网络蠕虫之前最古老的程序威胁之一是逻辑炸弹。逻辑炸弹是指信息系统中人为植入的恶意代码或程序逻辑，它可被某种特定的系统条件触发，从而造成对信息系统的损害。它具有计算机病毒明显的潜伏性。一旦触发，逻辑炸弹可能改变或删除数据或文件，引起机器关机或完成某种特定的破坏工作。

（3）特洛伊木马是一种秘密潜伏的、能够通过远程网络进行控制的恶意程序。控制者可以控制被秘密植入特洛伊木马的计算机的一切动作和资源，是恶意攻击者从事窃取信息等非法活动的工具。它的危害性是可以用来完成一些非授权用户不能直接完成的功能。特洛伊木马的另一动机是破坏数据，程序看起来是在完成有用的功能（如计算器程序），但它也可能悄悄地在删除用户文件，直至破坏数据文件，这是一种非常常见的病毒攻击。

（4）计算机病毒是隐藏在计算机系统中，具有自我复制和传染能力的破坏性代码片段。当被感染文件加载进内存时，这些副本就会执行去感染其他文件，如此不断进行下去。病毒经常都具有破坏性作用，有些是故意的，有些则不是。

计算机病毒就像生物上的对应物一样，通过执行代码进入并感染实体，寄宿在一台宿主计算机上。典型的计算机病毒获得计算机操作系统的临时控制权，然后，每当受感染的计算机接触一个没被感染的软件时，计算机病毒就将新的副本传到该程序中。因此，通过正常用户间的磁盘交互以及向网络上的另一用户发送程序等行为，感染就有可能从一台计算机传到另一台计算机。在网络环境中，可访问其他计算机上的应用程序和系统服务的能力为计算机病毒的传播提供了基础。

（5）网络蠕虫是指一种独立执行的，可以通过信息系统或计算机网络进行自我复制和传播的程序。一旦这种程序在系统中被激活，网络蠕虫可以表现得像计算机病毒或细菌，或者可以注入特洛伊木马程序，或者进行任何次数的破坏或毁灭行动。网络蠕虫传播主要靠网络载体实现。例如，近年网络上流行的 CodeRed（红色代码）网络蠕虫病毒，就是利用微软 Web 服务器 IIS 4.0 或 5.0 中 index 服务的安全缺陷，攻破目标机器，并通过自动扫描感染方式传播网络蠕虫。由于很多 Windows NT/2000 系统都默认提供 Web 服务，因此该网络蠕虫的传播速度极快，大大地加重了网络的通信负担，常常造成网络瘫痪。而 CodeRedII 更是一种加入了特洛伊木马功能的网络蠕虫，破坏力更大。

2）拒绝服务攻击

拒绝服务（denial of service，DoS）攻击是一种常见的网络攻击方式，其基本特征是：攻击者通过某种手段，如发送虚假数据或恶意程序等剥夺网络用户享有的正常服务。DoS 攻击常见的形式有缓冲区溢出攻击，如向一个特定的服务器发送大量的垃圾邮件以耗尽其邮件服务器的资源，使合法的邮件用户不能得到应有的服务；扰乱正常 TCP/IP 通信的 SYN 攻击和 Teardrop 攻击；向目标主机发送哄骗 Ping 命令的 Smurf 攻击等。

单一的 DoS 攻击一般采用一对一方式，当攻击目标终端 CPU 速度慢、内存小或者网络带宽小等各项性能指标不高时它的效果是明显的。随着计算机与网络技术的发展，计算机的处理能力迅速增长，内存大大增加，同时也出现了千兆级别的网络，这使得 DoS 攻击的困难程度加大了，对恶意攻击包的“消化能力”加强了不少，例如，若攻击软件每秒可以发送3 000 个攻击包，而被攻击主机与网络带宽每秒可以处理 10 000 个攻击包，这样一来攻击就不会产生什么效果了。

因此，近年来又出现了一种攻击力更强、危害更大的“分布式拒绝服务”（DDoS）攻击，这种攻击是在传统的 DoS 攻击基础之上产生的一类攻击方式，攻击者利用客户-服务器技术，将众多受控计算机联合起来作为攻击平台，对目标主机发起多攻击端协作攻击，从而成倍地提高拒绝服务攻击的威力。

4. 防止计算机犯罪的策略

一般来说，防范计算机犯罪有以下几种策略。

（1）加强教育，提高计算机安全意识，预防计算机犯罪。社会和计算机应用部门要提高对计算机安全和计算机犯罪的认识，从而加强管理，减少犯罪分子的可乘之机。

（2）健全计算机犯罪相关的法律法规体系。健全的法律法规体系一方面使处罚计算机犯罪有法可依，另一方面能够对各种计算机犯罪分子起到一定的威慑作用。

（3）采用先进的计算机安全技术，保障信息安全，比如使用防火墙、身份认证、数据加密、数字签名和安全监控技术、防范电磁辐射泄密等。

（4）实施严格的安全管理制度。计算机应用部门要建立适当的信息安全管理办法，确立计算机安全使用规则，明确用户和管理人员职责；加强部门内部管理，建立审计和跟踪体系。

8.9 本章小结

社会与职业问题的提出源于软件工程职业化的不断发展，并引起了 IEEE CS 和 ACM 的高度关注。在 IT 2005 报告中，引用了一份由美国高等学校和公司劳资协会联合发布的调查报告，介绍了对求职者品质的期待，按期待的强烈依次排列如下。

（1）沟通技能（口头和书面）。

（2）诚实/正直。

（3）团队工作技能。

（4）人际关系技能。

（5）动机/主动性。

（6）强烈的职业道德。

（7）分析技能。

（8）机动性/适应性。

（9）计算机技能。

（10）自信。

对求职者这些品质的重视进一步强调了社会与职业问题在学科教育中的重要性。在步入社会的最初几年，毕业生面临的最大挑战往往不是专业知识方面的，而是社会与职业方面出现的问题。

习题 8

8.1　CC1991 报告关于“社会、道德和职业的问题”的主要论述是什么？

8.2　从硬件来看，计算机的发展经历了哪些阶段？

8.3　计算机网络的发展经历了哪几个阶段？

8.4　因特网是怎样产生的？

8.5　简述我国计算机发展的历程。

8.6　计算机网络有何社会内涵？

8.7　以 Therac-25 事件为例，简述系统设计中存在的软件风险及其影响。

8.8　什么是软件测试？软件测试的目标是什么？软件测试的原则是什么？

8.9　阐述软件的正确性、可靠性和安全性之间的不同。

8.10　软件重用中包括哪些隐藏的问题？

8.11　什么是风险管理？在风险管理中如何进行风险评定？

8.12　什么是黑客行为？

8.13　恶意计算机程序包括哪几种？

8.14　什么是拒绝服务攻击？什么是分布式拒绝服务攻击？

8.15　如何防止计算机犯罪？

8.16　为什么说，在步入社会的最初几年，毕业生面临的最大挑战往往不是专业知识方面的，而是社会与职业方面出现的问题？

第 9 章　若干问题的探讨

本章对计算学科中的若干问题进行探讨，包括计算本质的认识历史、第三次数学危机与希尔伯特纲领、图灵对计算本质的揭示、关于能力的培养、布卢姆教育目标分类法中的复杂度与难度、SOLO 分类法中的浅层学习与深度学习等。

9.1　引言

在第 1.4 节，曾介绍了本书关于“计算机科学导论”课程建立在“计算学科二维定义矩阵”基础上的情况，分析了建立在这个关于学科概念认知模型上的导引以及它的优点和不足。本章就几个需要关注的问题做进一步讨论，从而使本书的内容更加完备。

9.2　需要关注的若干问题

9.2.1　计算本质认知的历史

1. 中国古代的“算法化”思想

在很早以前，人们就碰到了必须计算的问题。远在旧石器时代，刻在骨头和石头上的花纹就是对某种计算的记录。然而，在 20 世纪 30 年代以前，人们并没有真正认识计算的本质。尽管如此，在人类漫长的岁月中，人们一直没有停止过对计算本质的探索。很早以前，我国学者就认为，对于一个数学问题，只有当确定了它可用算盘给出解算它的规则时，这个问题才算可解。这就是中国古代的“算法化”思想。

2. 计算机器制造的先河

算盘作为主要的计算工具流行了相当长的一段时间，直到中世纪，哲学家们提出了这样一个大胆的问题：能否用机械来实现人脑活动的个别功能？最初的试验目的并不是制造计算机，而是试图从某个前提出发机械地得出正确的结论，即思维机器的制造。早在 1275 年，西班牙神学家雷蒙杜斯·卢勒（Raimundus Lullus）就发明了一种思维机器（“旋转玩具”），从而开创了计算机器制造的先河。

在“旋转玩具”中，数值可以由圆盘的旋转角度表示，其正、负可以由转动的方向确定。“旋转玩具”引起了许多学者的研究兴趣，最终激发了能进行简单数学运算的计算机器的产生。受“旋转玩具”的影响，并伴随着机械钟（用齿轮传动）的产生和发展，

1641 年，法国人帕斯卡利用齿轮技术制造了第一台加法机；1673 年，德国人莱布尼茨在帕斯卡的基础上又制造了能进行简单加、减、乘、除的计算机器；19 世纪 30 年代，英国人巴贝奇制造了用于计算对数、三角函数以及其他算术函数的“分析机”；20 世纪 20 年代，美国人万尼瓦尔·布什（Vannevar Bush）研制了能解一般微分方程组的电子模拟计算机等。

历史上，模拟计算机采用的运算方法通常不是我们理解的“四则运算”，冯·诺依曼在《计算机与人脑》（*The Computer and the Brain*）一书中介绍了一种经典式的模拟计算机——微分分析机及其 3 种基本运算，即$(x\pm y)/2$、积分：采用差动齿轮可以实现$(x\pm y)/2$；采用一种称为“积分器”的部件，可以对两个函数 $x(t)$，$y(t)$求解斯蒂尔切斯积分。就解全微分方程而言，运算$(x\pm y)/2$ 和斯蒂尔切斯积分比常用的 4 种基本算术运算$(x+y, x-y, xy, x/y)$更为有效。

当然，从微分分析机的 3 种基本出发，通过一定的组合，可以产生常用的加法、减法和乘法，若再与一定的“反馈”方法结合，还可以产生常用的除法。

以上计算的历史包含了人们对计算过程的本质及其根本问题所做的探索，同时，还为现代计算机的研制积累了经验。

其实，对计算本质的真正认识取决于形式化的研究，而“旋转玩具”就是一种形式化的产物，不仅如此，它还标志着形式化思想革命的开始。

9.2.2 第三次数学危机与希尔伯特纲领

1. 第三次数学危机

形式化方法和理论的研究起源于对数学的基础研究。数学的基础研究是指对数学对象、性质及其发生、发展的一般规律进行的科学研究。

德国数学家格奥尔格·康托尔（Georg Cantor）从 1874 年开始，对数学基础做了新的探讨，发表了一系列集合论方面的著作，从而创立了集合论。康托尔创立的集合论对数学概念做了重要的扩充，对数学基础的研究产生了重大影响，并逐步发展成为数学的重要基础。

不久，数学家们却在集合论中发现了逻辑矛盾，其中最为著名的是 1901 年伯特兰·罗素（Bertrand Russell）在集合论概括原则基础上发现的“罗素悖论”，从而导致了数学发展史上的第三次危机。

“罗素悖论”可以这样形式化地定义：$S=\{x \mid x \notin S\}$。为了使人们更好地理解集合论悖论，罗素将“罗素悖论”改写成“理发师悖论”。其大意是，一个村庄的理发师宣布了这样一条规定：“给且只给村里那些不自己刮胡子的人刮胡子”。现在要问：理发师给不给自己刮胡子呢？如果理发师给自己刮胡子，他就属于那类“自己刮胡子的人”，按规定，该理发师就不能给自己刮胡子；如果理发师不给自己刮胡子，那么，他就属于那类“不自己刮胡子的人”，按规定，他就应该给自己刮胡子。由此可以推出两个相互矛盾的等价命题：理发师自己给自己刮胡子⇔理发师自己不给自己刮胡子。

2. 希尔伯特纲领

为了消除悖论、奠定更加牢固的数学基础，20 世纪初，逐步发展并形成了关于数学基础研究的逻辑主义、直觉主义和形式主义三大流派。其中，形式主义流派的代表人物是大数学家戴维·希尔伯特。他在数学基础的研究中提出了一个设想，其大意是，将每一门数学的分支形式化，构成形式系统或形式理论，并在以此为对象的元理论即元数学中，证明每一个形式系统的相容性，从而导出全部数学的相容性。希尔伯特的这一设想就是所谓的“希尔伯特纲领”。

希尔伯特纲领的研究基础是逻辑和代数，主要源于 19 世纪英国数学家布尔所创立的逻辑代数体系（即布尔代数）。它的目标就是要寻找通用的形式逻辑系统，该系统应当是完备的，即在该系统中可以机械地判定任何给定命题的真伪。

希尔伯特对实现自己的纲领充满信心。然而，1931 年，奥地利 25 岁的数理逻辑学家库尔特·哥德尔（Kurt Gödel）提出的关于形式系统的“不完备性定理”中指出，这种形式系统是不存在的，从而宣告了著名的希尔伯特纲领的失败。希尔伯特纲领的失败同时也暴露了形式系统的局限性，它表明形式系统不能穷尽全部数学命题，任何形式的系统中都存在该系统所不能判定其真伪的命题。

希尔伯特纲领虽然失败了，但它仍然不失为人类抽象思维的一个伟大成果，它的历史意义是多方面的。对计算学科而言，最具有意义的是，希尔伯特纲领的失败启发人们应避免花费大量的精力去证明那些不能判定的问题，而应把精力集中于解决具有“能行性”的问题。

9.2.3　图灵对计算本质的揭示

在哥德尔等人研究成果的影响下，20 世纪 30 年代后期，图灵从计算一个数的一般过程入手对计算的本质进行了研究，从而实现了对计算本质的真正认识。

根据图灵的研究，直观地说，计算就是计算者（人或机器）对一条两端可无限延长的纸带上的一串 0 和 1 执行指令，一步一步地改变纸带上的 0 或 1，经过有限步骤，最后得到一个满足预先规定的字符串的变换过程。图灵用形式化方法成功地表述了计算这一过程的本质。图灵的研究成果是对哥德尔研究成果的进一步深化，该成果不仅再次反映了某些数学问题是不能用任何机械过程来解决的思想，而且还深刻地揭示了计算所具有的“能行过程”的本质特征。

图灵的描述是关于数值计算的，不过，我们知道英文字母以及汉字均可以用数值来表示，因此，图灵机同样可用于完成非数值计算。不仅如此，更为重要的是，由数值和非数值（英文字母、汉字等）组成的字符串既可以解释成数据，又可以解释成程序，从而使计算的每一过程都可以用字符串的形式进行编码，并存放在存储器中，使用时由处理器来执行，机器码（结果）可以从高级符号形式（即程序设计语言）机械地推导出来。

图灵的研究成果是：可计算性=图灵机可计算性。在进行可计算性问题的讨论时，不可避免地要提到一个与计算具有同等地位和意义的基本概念，那就是算法。算法也称为能行方法或能行过程，是对解题（计算）过程的精确描述，它由一组定义明确且能机械执行的规则（语句、指令等）组成。根据图灵的论点，可以得到这样的结论：任一过程是能行的（能够具体表现为一个算法），当且仅当它能够被一台图灵机实现。

图灵机与当时哥德尔、阿朗佐·丘奇（Alonzo Church）、埃米尔·波斯特（Emil Post）

等人提出的用于解决可计算问题的递归函数、λ 演算和 POST 规范系统等计算模型在计算能力上是等价的。在这一事实的基础上，形成了著名的丘奇-图灵论题。

图灵机等计算模型均是用来解决“能行计算”问题的，理论上的能行性隐含着计算模型的正确性，而实际实现中的能行性还包含时间与空间的有效性。

伴随着电子学理论和技术的发展，在图灵机这个思想模型提出约 10 年的时间时，世界上第一台电子计算机诞生了。

其实，图灵机反映的是一种具有能行性的、用数学方法精确定义的计算模型，而现代计算机正是这种模型的具体实现。

计算运用了科学和工程两者的方法学，理论工作已大大地促进了这门艺术的发展。同时，计算并没有把发现新的科学知识与利用这些知识来解决实际问题分割开来。理论和实践的紧密联系给该学科带来了力量和生机。

正是由于计算学科理论与实践的紧密联系，并伴随着计算技术的飞速发展，计算学科已成为一个极为宽广的学科。

9.2.4 关于能力的培养

教育的目的就是要培养学生从事某一领域工作的能力。工作能力也就是有效的活动能力，它是评价一个人在本领域从事独立的实践活动水平的标准，这个评价标准是基于本领域的历史的。

培养能力的教育过程有 5 个步骤。

（1）引起学习该领域知识的动机。

（2）充分展示该领域能做什么。

（3）揭示该领域的特色。

（4）追溯这些特色的历史根源。

（5）实践这些特色。

计算领域的工作者应该具备以下两类能力。

（1）面向计算学科的思维能力：发现本领域新的特性的能力。这些特性将促使新的活动方式和新的工具的产生。面向计算学科的思维能力应包含两层意思：其一是面向计算学科方法论的思维能力，其二是面向计算学科的数学思维能力。

在面向计算学科的思维方式这类问题上，迪杰斯特拉教授告诫我们，在计算机科学的教学过程中不要用拟人化的术语，而要用数学的形式化方法。他认为，应向年轻人教授有效使用形式化的方法，因为回报丰厚，学生不久将激动地发现，一旦掌握了形式化这种简单的思想工具，不仅会给他带来一种完全超过自己原有的、粗放的、梦想的能力，还将给他带来认识客观世界的新途径，以及建立在此基础上的全新的、可观的自信心。

（2）使用工具的能力：使用本领域的工具有效地进行其他领域实践活动的能力。

在以上两种能力中，面向计算学科的思维能力是大学计算机专业课程设计的主要目的。当然，计算机专业的工作者也应当熟悉工具，以便与其他学科的人们有效地合作，进行相关学科的设计活动。

9.2.5 布卢姆教育目标分类法中的复杂度与难度

在教学过程中，相当多的教师采用增加难度而非提高复杂程度（复杂度）的方法来培养学生的思维能力。这源于对复杂度和难度两个概念的混淆，这种混淆限制了教育学中著名的布卢姆教育目标分类法对提高学生思维能力的作用。

1. 难度与复杂度之间的差异

美国人戴维·A. 苏泽（David A. Sousa）在其著作《脑与学习》（*How the Brain Learns*）一书中指出：复杂度和难度针对的是两种完全不同的心理操作过程，复杂度针对的是大脑处理信息时所运用的思维过程；而难度针对的是一个人在同一复杂程度内完成学习目标所需要付出努力的量。

布卢姆教育目标分类法（Bloom's taxonomy of education objectives）是美国教育家和心理学家本杰明·布卢姆（Benjamin Bloom）等人 1956 年创立的一种教育目标的分类体系，这种体系降低了课程评估的复杂程度，为课程的开发提供了基本的依据。

布卢姆将人类思维的复杂程度划分为 6 个水平，从简单到最复杂，依次为记忆、理解、应用、分析、综合和评估。虽然有 6 个不同的水平，但其难度等级区分并不那么严格，个体在不断的学习过程中很容易从一种水平发展到另一种水平。布卢姆认为此分类系统不只是一套测验的工具，也是撰写学习目标的通用语言，它可以促进各领域实现有效的沟通，并能促进课程中教育目标、教学活动与评估的一致性。经过多年的发展，该分类法又得到改进（1994），再经过 7 年的讨论，最终在 2001 年出版了被大多数学者接受的修正分类法，相应的难度与复杂度分类水平图所图 9.1 所示。

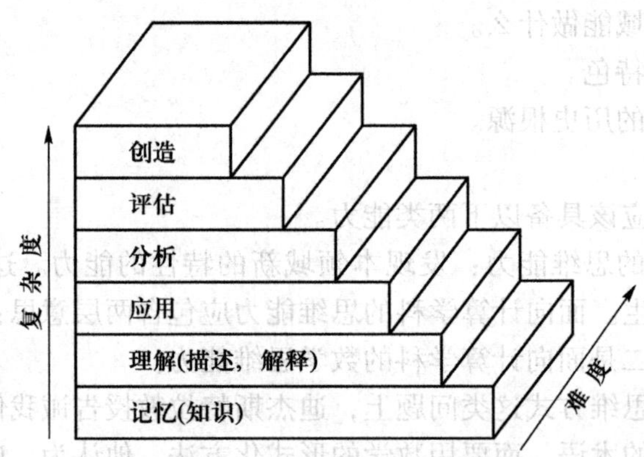

图 9.1 难度与复杂度分类水平图

需要特别指出的是，图 9.1 的 6 个水平层次（记忆、理解、应用、分析、评估、创造），不是累积层次，即前一个层次不是后一个层次的基础，这一结论动摇了只有扎实的基础才能进行较高层次思维的论断，使人们可以在较短的时间内尽快进入分析、评估和创造等较高层次的思维阶段，而记不住的知识可以查，不会的知识可以有针对性地在思维的过程中去弥补。

例 9.1 回答下面两个问题，并分析它们的复杂程度。

第一个问题：中国的首都在哪里？

第二个问题：用自己的话解释首都的含义。

北京是中国的首都。首都是国家最高政权机关所在地，是全国的政治中心。第一个问题属于知识水平层（最下层，即记忆层）的问题，第二个问题属于理解水平层（倒数第二层）的问题。显然，第二个问题比第一个问题的复杂程度要高一些。

例 9.2 分析下面问题的复杂程度和难度。

第一个问题：说出中国首都的名称。

第二个问题：说出中国省级行政区域及省会的名称。

第三个问题：按由北到南、由西到东的顺序说出中国省级行政区域及其省会的名称。

第一个问题属于知识水平层的问题，只需简单的记忆；第二个问题仍属于知识水平层的问题，但其难度却较第一个问题要大，需要更多的记忆；第三个问题较前两个问题都难，需要收集更多信息并按照方位进行排列，而其所处的层次仍是知识水平层。这就是说，在复杂度没有增加的情况下，难度增加了。

该例说明，在学习过程中，可能付出了很多努力，做了大量的知识积累，但思维水平却依然停留在较低层次上。在教学过程中，为了迎接所谓的更大挑战，人们往往会有意（或无意）地增加难度，而忽视了复杂度的提高，这容易使教学陷入一种不易察觉的误区。

2. 与人本身固有能力更相关的是难度还是复杂度？

前面介绍了难度与复杂度之间的差异。现在要问的是：复杂度和难度哪一个与人本身固有的能力关系最紧密呢？通常人们会选择复杂度，一般认为只有那些本身能力较强的人才能达到分析、评估以及创造这样更高的层次。其实，这是一种误解，这种误解带来了一系列的教育问题。

假设在一个班级中，将学生划分为 3 类，一类是学得快的学生，一类是处于平均水平的学生，还有一类是学得慢的学生。在教学中，教师一般会根据“处于平均水平的学生”所需要的学习时间来安排课时。这样就会出现以下 3 种情况。

(1) 学得快的学生：提前完成教师布置的学习任务，用剩下的时间对概念进行分类。

(2) 处于平均水平的学生：刚好完成教师布置的学习任务。

(3) 学得慢的学生：只学习了部分内容，还需要用额外的时间才能完成教师给定的学习任务。

在以上分类中，学得快的学生能在规定的时间内提前学完，在余下的时间里可以对概念进行分类。这就是学得快的学生常常提升更快的原因。当教师试图下达更高的学习目标时，学得快的学生能够在工作记忆中加工概念的重要属性，以便在更高层次的思维水平上加以运用；而学得慢的学生由于没有时间去分类，在工作记忆中还会受到其他各种重要或不重要信息的干扰，不能识别复杂加工所需要的内容。基于这样的结果，长此以往，不少教师在潜意识里就会错误地认为只有学得快的学生才具有更高层次的思维能力。

在布卢姆的研究中，他让学得慢的学生不必去学习那些非重要的内容，从一开始就将重点集中于关键的问题和重要的信息上。当教师逐步提高分类法中的思维水平时，这些学生在许多方面都要好于对照组的学生。当教师能够很好地区分复杂度和难度这两个概念时，就会对布卢姆教育目标分类法产生新的认识，这种认识可以让更多的学生取得更大的成功。换言之，降低与个人本身固有能力密切相关的学习难度，把更多的时间放在对学生分析、评估和创造能力的训练上，才是使学生取得更大成功的关键。

布卢姆的研究带给人们一个非常重要的启示，那就是，完全可以依据布卢姆教育目标分类法将教育目标、教学活动与教学评估统一起来，以“课程改革”为核心进行大学专业综合改革。课程改革的一个有效方法是：对课程中的基础概念进行合理的设置，删除布卢姆教育目标分类法中底层大约 1/4 或更多需要记忆的知识内容，将结余下来的时间，对学生进行更高层次（如分析，评估）的思维训练，创造出更有价值的成果（如软件等）。

如果教师不再受自己主观意识的错误影响，就能使那些学得慢的学生成功地进行更高层次的思维，最终成为推动国家社会与科技进步的人。1979 年的诺贝尔物理奖获得者史蒂文·温伯格（Steven Weinberg）教授在其成长过程中就受益于这样的教师。他在 2003 年 11 月 27 日出版的 *Nature* 杂志上发表了《科学家的四个黄金忠告》一文（“Scientist: Four Golden Lessons”）介绍了他的成长经历。他写道：当我得到大学学位的时候，物理学文献在我眼里就像一个未经探索的汪洋大海。但很幸运的是，在史蒂文·温伯格读研究生的第一年，就碰到了一些资深的物理学家，这些学者建议他第一年就开始进行物理学的前沿研究，他惊讶地发现他们的意见是可行的。为此，史蒂文·温伯格很快就拿到了一个博士学位。他写道，虽然我拿到了博士学位，但我对当时的物理学还几乎“一无所知”。他进一步写道，不过，我的确得到了一个很大的收获：没有人了解所有的知识，你也不必。

9.2.6　SOLO 分类法中的浅层学习与深度学习

深度学习是一种主动、探究式、理解性的学习方式，它要求学习者掌握非结构化的深层知识并进行批判性思维，能主动建构知识，有效迁移应用，以及对问题求解的方法和结果能够进行有效评估。与之相对应的浅层学习则是一种被动、机械、记忆性的学习方式，它把信息作为孤立的、不相关的事实来被动接受，进行的是简单的重复和机械的记忆。

在布卢姆教育目标分类法的基础上，学术界又做了大量工作，取得了一系列成果。其中约翰·B. 比格斯（John B. Biggs）和凯文·F. 科利斯（Kevin F. Collis）在其著作《学习质量评价：SOLO 分类理论》（*Evaluating the Quality of Learning*: *The SOLO Taxonomy*）中给出的可观察的学习成果结构分类法（structure of the observed learning outcome taxonomy，简称 SOLO 分类法）就是一个很好的补充。

SOLO 分类法沿用了系统科学中结构和层次两个基本概念，将 SOLO 划分为前结构、单点结构、多点结构、关联结构、抽象拓展结构等 5 个层次，这些层次分别与无学习、浅层学习和深度学习相对应，其核心内容如表 9.1 所示。在 SOLO 分类法中，单点结构与多点结构对应布卢姆教育目标分类法中的记忆和理解，关联结构与抽象拓展结构对应布卢姆教育目标分类法中的应用、分析、评估和创造。SOLO 分类法关注学习者对问题做出反应时所表现的思维过程和所达到的认知水平，能使教育评价的触角深入到质的层面，能为深度学习和课程评估提供支持。

需要注意的是，表 9.1 中的“问题回答人的心理年龄”与回答问题人的实际年龄有严格的区分。通常情况下，一个能够做出很复杂推理的人当他不打算回答问题时，就会胡乱地给出一个前结构的回答。但是，当涉及很多人的利益时，比如，在制定一个公共政策时

（如课程评估的标准），制定标准的专家需要更加慎重。

表 9.1　SOLO 分类法与无学习、浅层学习与深度学习之间的关系

学习类型	SOLO 层次	层次结构的内涵	回答结构
无学习	前结构	能力：最低 问题回答人的心理年龄：4~6 岁 方式：同义反复，转换，跳跃到个别细节上，没有一致的感觉，甚至问题是什么都没弄清就收敛，问题线索和解答混淆（与问题有直接关系的线索和没有直接关系的线索都混在一起）	R
浅层学习	单点结构	能力：低 问题回答人的心理年龄：7~9 岁 方式：只能联系单一事件进行“概括”，没有一致的感觉，迅速收敛，只接触到某一点就立刻跳到结论上去，只能将问题线索与单个相关要素联系起来，结论不一致	R
	多点结构	能力：中 问题回答人的心理年龄：10~12 岁 方式：只根据几个有限的、孤立的事件进行“概括”，虽然想达到一致，但只注意孤立的素材，回答收敛太快，用同样的素材得出不同结论，能将问题线索与多个孤立的相关要素联系起来	R
深度学习	关联结构	能力：较高 问题回答人的心理年龄：13~15 岁 方式：能在设定的情景或已经历的经验范围内利用相关知识进行概括，在设定的系统中没有不一致的问题，但因只有一种收敛方式，在系统之外可能会出现不一致，能将问题线索与相关的素材及其相互关系联系起来	R
	抽象拓展结构	能力：最高，具备了形式思维运用的能力 问题回答人的心理年龄：16 岁以上 方式：能对未经历的情景进行概括，不一致性消失，不觉得一定要给出收敛的回答，即结论开放，容许逻辑上兼容多个不同解答	R_1 R_2 R_3

说明：⊗表示不相关或不适当的素材，●表示给出的相关素材，○表示未给出的相关假设，▲表示线索，R 表示解答。

9.3　本章小结

本书前 7 章的内容是基于“计算学科二维定义矩阵”这个学科认知模型展开的，是对学科做的系统化梳理。本章则是建立在前 8 章系统化梳理的基础上对学科内容的补充。

习题 9

9.1　简述人们对计算本质的认识历史。
9.2　给出罗素悖论的形式化描述，并简述其大意。
9.3　什么是希尔伯特纲领？
9.4　第三次数学危机与希尔伯特纲领有什么联系？
9.5　对计算学科而言，希尔伯特纲领的失败具有何种意义？
9.6　图灵是如何揭示计算本质的？
9.7　培养能力的教育过程有哪几个步骤？
9.8　布卢姆教育目标分类法将人类思维的复杂程度划分为哪几个层次？
9.9　难度和复杂度有什么不同，请举例说明之。
9.10　与人本身固有能力关系最大的是难度还是复杂度，为什么？
9.11　布卢姆教育目标分类法给人们什么启示？
9.12　简述 SOLO 分类法。
9.13　简述 SOLO 分类法与浅层学习、深度学习之间的关系。

第 10 章　课程实验

本章设计了 9 组实验，这些实验与第 2 章~第 5 章的核心内容相呼应，可以让学生在体会计算机科学编程之美的过程中进一步理解学科的核心概念，提高学生面向计算学科求解问题的思维能力。9 组实验分别为：分支和循环结构的简单程序设计，RSA 公开密钥密码系统，存储程序式计算机的简单程序设计，递归算法、迭代算法及其比较，数组实验，栈的基本操作：push 和 pop，归并排序与折半查找，蒙特卡罗方法应用，简单的卡通与游戏实验。所有实验均安排有“热身实验”阶段的内容，该阶段内容的设计可以让学生尽快将注意力集中于问题求解的建模和算法上来，提高学生求解问题的计算思维能力。

10.1　分支和循环结构的简单程序设计

1. 实验目的

（1）熟悉可视化计算工具 Raptor 的运行环境。

（2）掌握 Raptor 中赋值、输入、输出、过程调用、选择、循环 6 种符号的使用方法。

（3）能够设计顺序、选择、循环结构的简单程序。

2. 实验准备

（1）认真阅读“附录 A　Raptor 可视化程序设计概述”的内容。

（2）阅读本书第 2.4 节和第 4.2 节内容。

（3）查看 Raptor 帮助文档，了解子函数使用方法。

3. 热身实验

1）选择结构

给定分段函数 $y=\begin{cases}1, & x\leqslant 0\\ 2, & 0<x\leqslant 2\\ 3, & x>2\end{cases}$，程序如图 10.1 所示，请回答以下问题。

问题 1：选择语句“x<=0”的 No 分支和“x<=2”的 Yes 分支各表示什么？

问题 2：在 x≤0，0<x≤2 和 x>2 的范围内为 x 各取一个值，分别模拟程序的运算过程。

问题 3：在 End 处添加“程序结束”注释。

2）循环结构

给定循环结构示例程序如图 10.2 所示，请回答以下问题。

问题 1：模拟程序运行，说明该程序的功能。

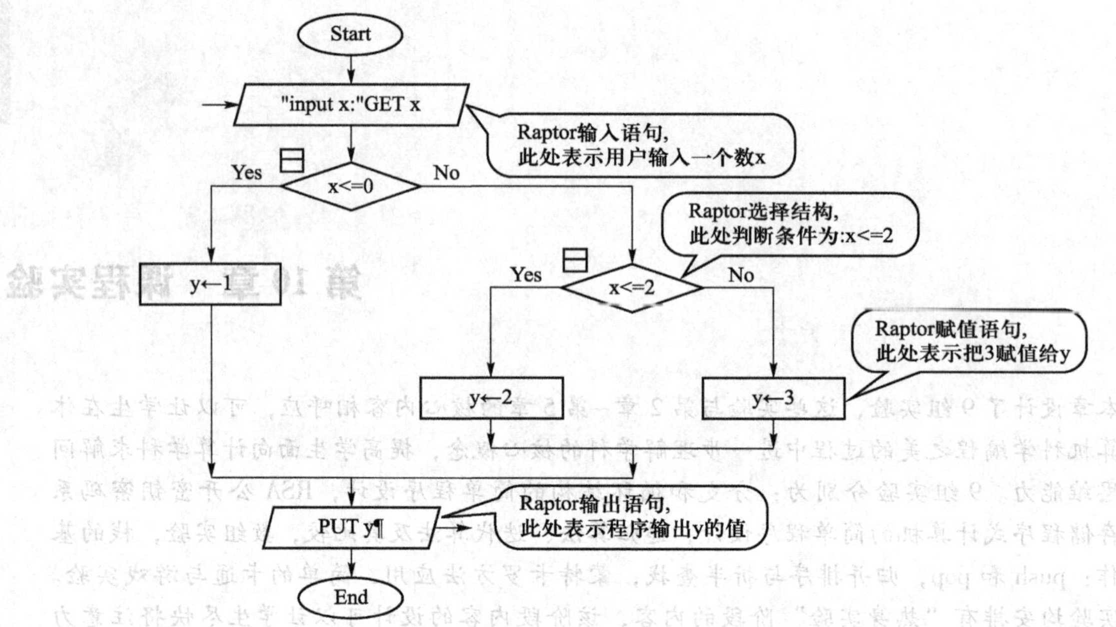

图 10.1　分段函数计算示例

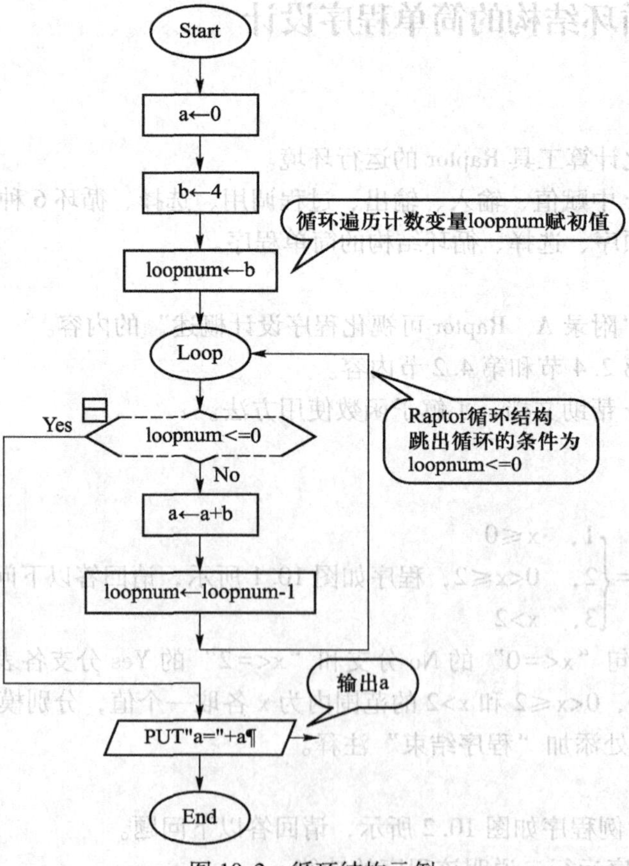

Start

a←0

b←4

循环遍历计数变量loopnum赋初值

loopnum←b

Loop

Yes

loopnum<=0

Raptor循环结构
跳出循环的条件为
loopnum<=0

No

a←a+b

loopnum←loopnum-1

输出a

PUT"a="+a¶

End

图 10.2　循环结构示例

问题 2：删除赋值语句“loopnum←loopnum-1”，查看程序的变化。

问题 3：更改赋值语句“loopnum←loopnum-1”为“loopnum←loopnum+1”，查看程序的变化。

问题 4：结合问题 2 和 3，思考程序跳出无限循环的必要条件。

3）性能分析

某公司面试要求写一个程序，计算当 n 很大时 1-2+3-4+5-6+7+…+n 的值。图 10.3（a）和图 10.3（b）是求解该问题的两个程序，请回答以下问题。

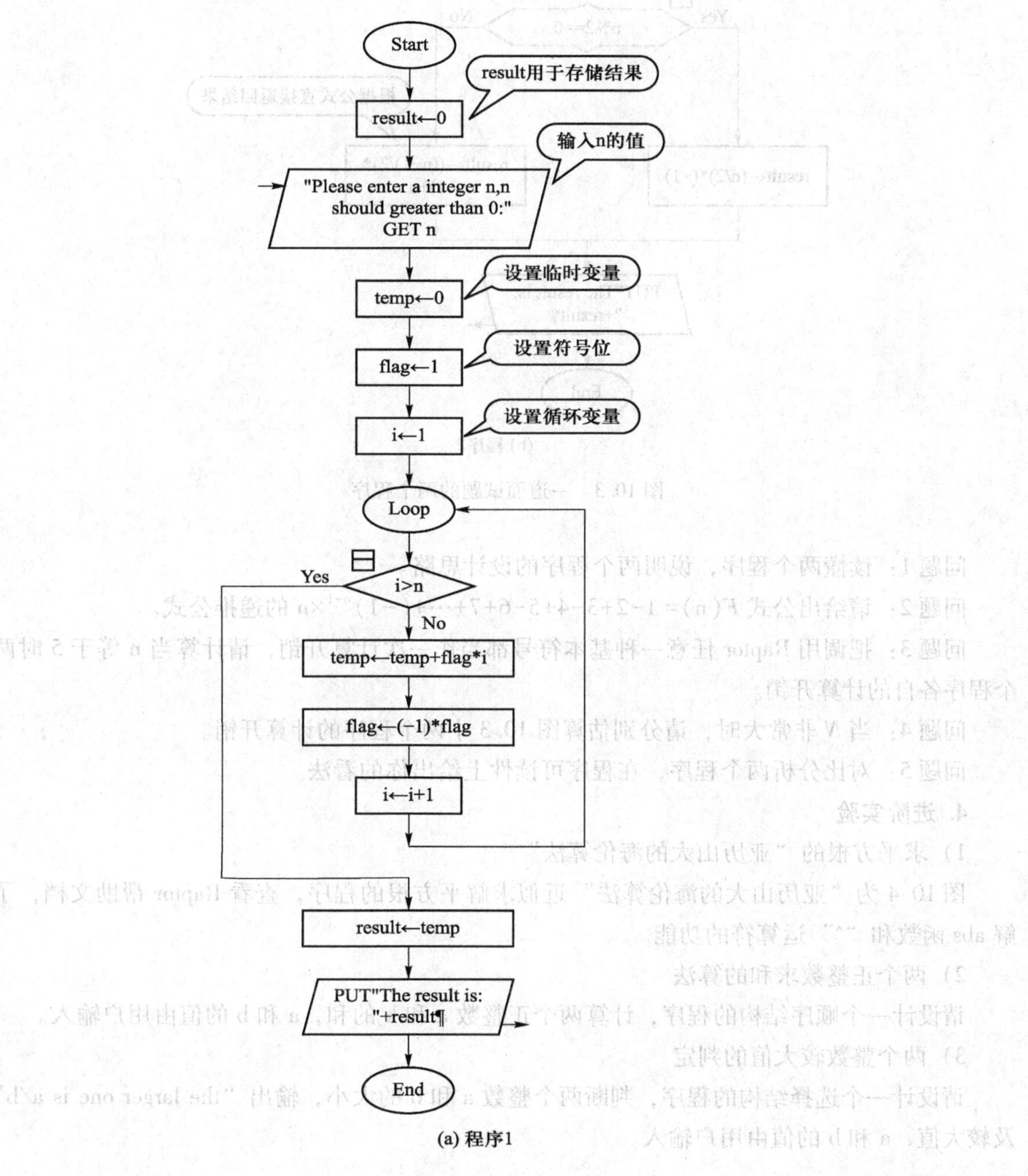

(a) 程序1

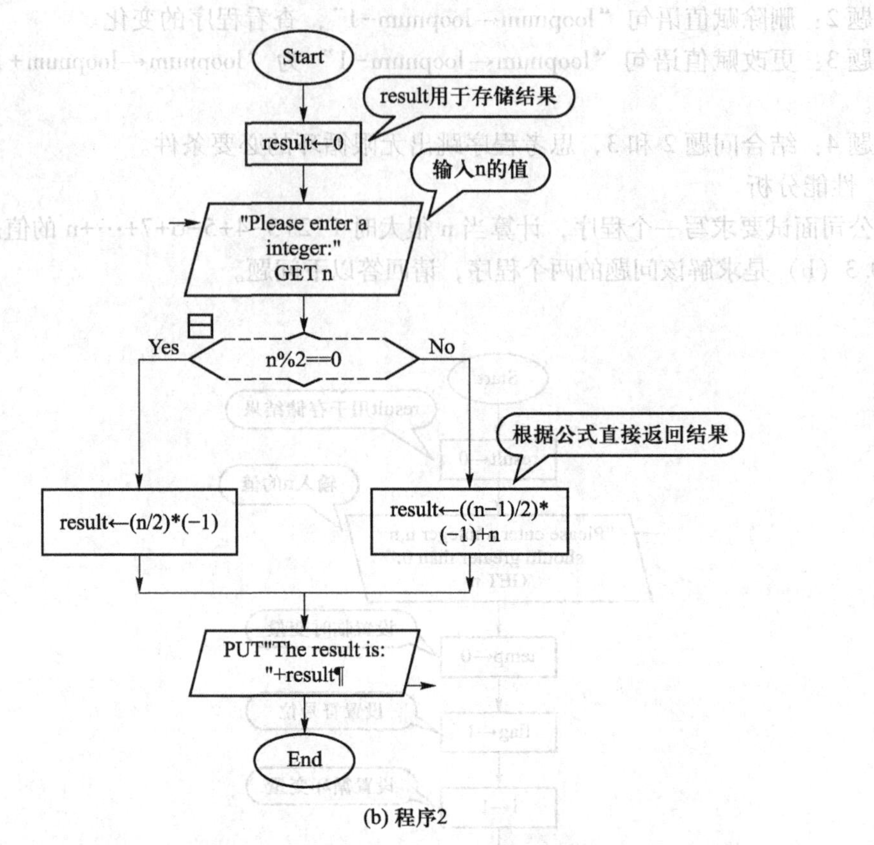

(b) 程序2

图 10.3　一道面试题的两个程序

问题 1：读懂两个程序，说明两个程序的设计思路。

问题 2：请给出公式 $F(n) = 1-2+3-4+5-6+7+\cdots+(-1)^{n-1}\times n$ 的递推公式。

问题 3：把调用 Raptor 任意一种基本符号都当作一次计算开销，请计算当 n 等于 5 时两个程序各自的计算开销。

问题 4：当 N 非常大时，请分别估算图 10.3 中两个程序的计算开销。

问题 5：对比分析两个程序，在程序可读性上给出你的看法。

4. 进阶实验

1）求平方根的“亚历山大的海伦算法”

图 10.4 为“亚历山大的海伦算法”近似求解平方根的程序，查看 Raptor 帮助文档，了解 abs 函数和“^”运算符的功能。

2）两个正整数求和的算法

请设计一个顺序结构的程序，计算两个正整数 a 和 b 的和，a 和 b 的值由用户输入。

3）两个整数较大值的判定

请设计一个选择结构的程序，判断两个整数 a 和 b 的大小，输出“the larger one is a/b”及较大值，a 和 b 的值由用户输入。

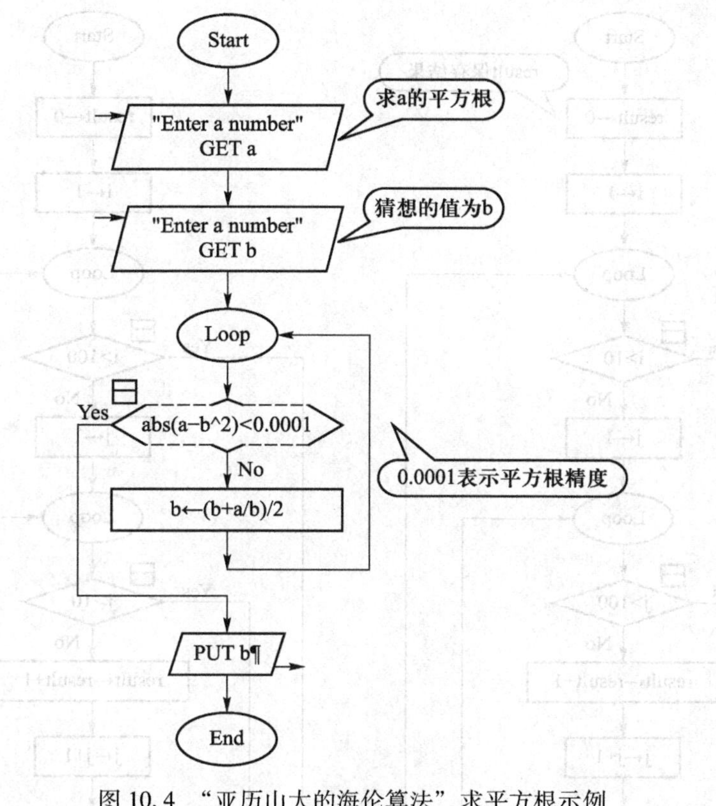

图 10.4 “亚历山大的海伦算法”求平方根示例

4）输出 1~10 的累加和

请设计一个循环结构的程序，计算 1+2+3+…+10 的结果。

5）三个数最大值的判定

请设计一个程序，判断三个整数 a、b 和 c 的最大值，输出“a/b/c is the largest”及最大值，a、b 和 c 的值由用户输入。

6）两个循环嵌套程序效率的比较

给定两个程序，如图 10.5（a）和图 10.5（b）所示。请说明两个程序的功能，并比较两个程序的性能。

5. 综合实验

1）分段函数求解

给定分段函数 $y=\begin{cases} x^3, & x>4 \\ 3x+2, & 2<x\leqslant 4 \\ 8, & x\leqslant 2 \end{cases}$，请设计一个程序，由用户输入一个数值 x，计算 y 的值。

2）农场主问题

一位农场主有鸡和羊若干，这些动物共有 26 个头，64 只脚。请设计一个程序，计算出鸡和羊的数量。

3）金字塔图形的输出

请设计一个程序，输出图 10.6 所示形状。

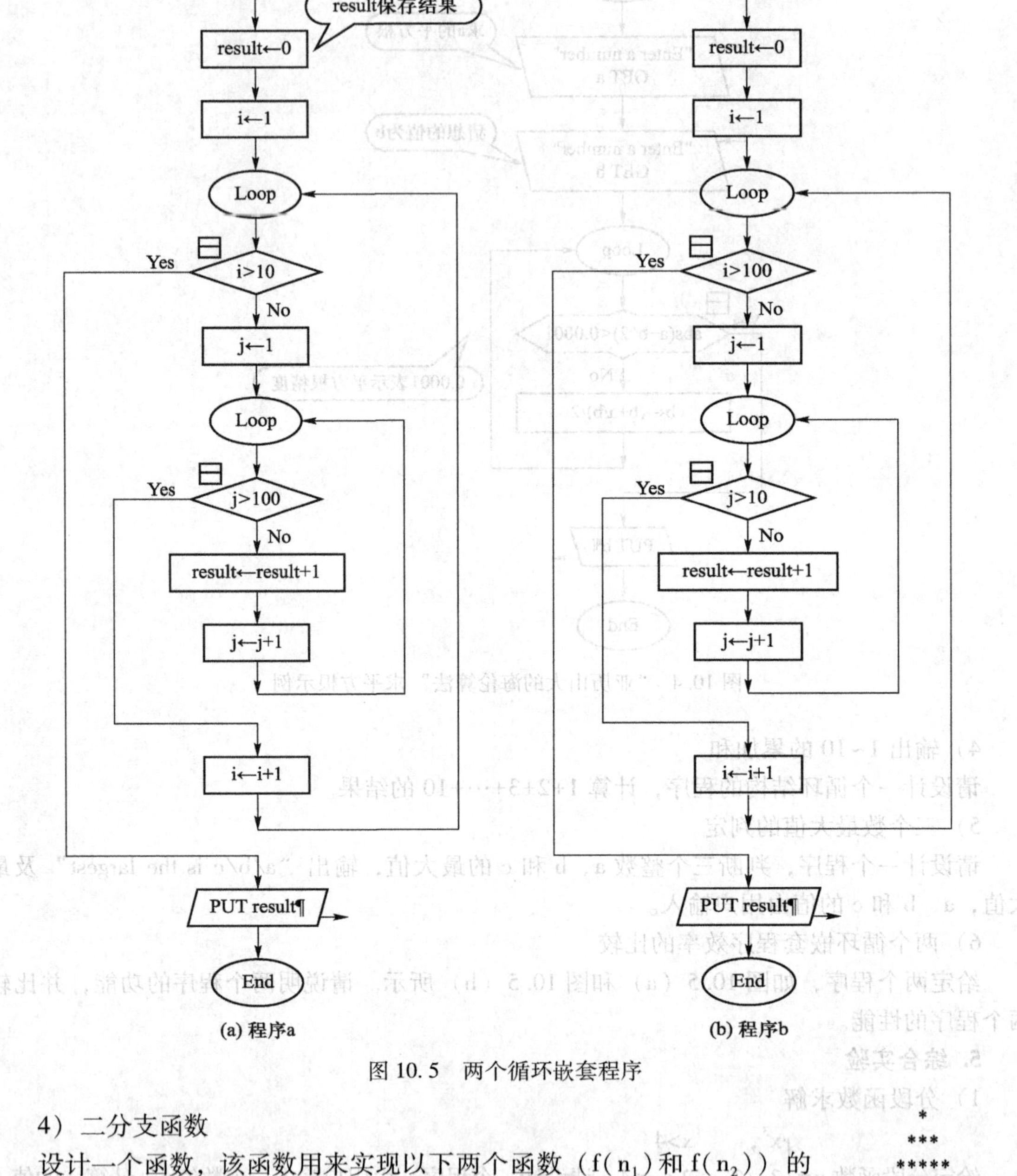

(a) 程序a　　(b) 程序b

图 10.5　两个循环嵌套程序

4）二分支函数

设计一个函数，该函数用来实现以下两个函数（$f(n_1)$ 和 $f(n_2)$）的功能。

$$f(n_1)=n/1!+n/3!+n/5!+n/7!+n/9!$$

$$f(n_2)=n/2!+n/4!+n/6!+n/8!+n/10!$$

```
      *
     ***
    *****
   *******
  *********
 ***********
*************
```

图 10.6　金字塔图形

6. 热身实验参考答案

1）选择结构

问题 1："x<=0" 的 No 分支表示 x>0；"x<=2" 的前提条件为 x>0，Yes 分支表示

$0<x\leqslant 2$。

问题 2：$y=1$ 的前提条件是 $x\leqslant 0$，$y=2$ 的前提条件是 $0<x\leqslant 2$，$y=3$ 的前提条件是 $x>2$，为 x 赋值−1、1 和 3 后分别输出 1、2 和 3。

问题 3：略。

2）循环结构

问题 1：该程序功能为输出公式 a=b∗b 的结果。

问题 2：由于缺乏循环判断参数，程序进入无限循环。

问题 3：由于循环判断参数与跳出循环条件差值越来越大，程序进入无限循环。

问题 4：略。

3）性能分析

问题 1：如图 10.3（a）所示的程序 1 基于过程求解，在程序中体现了计算过程。如图 10.3（b）所示的程序 2 基于结果求解，在程序中体现了计算结果。

问题 2：$F(n)=F(n-1)+(-1)^{n-1}\times n$。

问题 3：28 和 5。

问题 4：4n+8 和 5。

问题 5：略。

10.2 RSA 公开密钥密码系统

1. 实验目的

（1）熟悉可视化计算工具 Raptor。

（2）掌握 Raptor 中的赋值、输入、输出、调用、循环等符号的使用。

（3）掌握构建 RSA 公钥密码系统的简单程序的方法。

2. 实验准备

（1）认真阅读“附录 A Raptor 可视化程序设计概述”的内容。

（2）认真阅读第 2.3 节内容。

（3）了解初等数论中的欧拉定理及费马小定理。

1）欧拉定理

在数论中，欧拉定理（Euler's theorem，也称费马-欧拉定理）是一个关于同余性质的定理。欧拉定理表明，若 n、a 为正整数，且 n、a 互素，则

$$a^{\varphi(n)}(\mathrm{mod}\ n)=1$$

其中，欧拉函数 $\varphi(n)$ 表示不大于 n 且与 n 互素的正整数的个数。

$$\varphi(n)=\begin{cases}n-1, & n\text{ 为素数}\\ \varphi(p)\varphi(q)=(p-1)(q-1), & n=p\times q\text{ 且 }p、q\text{ 均为素数}\end{cases}$$

2）费马小定理（Fermat's little theorem）

若 p 为素数，且 a、p 的最大公约数 $\gcd(a,p)=1$，则 $a^{(p-1)}(\mathrm{mod}\ p)=1$。

即：若 a 为整数，p 为素数，且 a、p 互素（即两者只有一个公约数 1），则 $a^{(p-1)}$ 除以 p 的余数恒等于 1。

证明这个定理非常简单，由于 p 是素数，所以有 $\varphi(p)=p-1$，代入欧拉定理即可得证。

3）举例

给出一个简单的例子帮助理解欧拉定理，令 $a=3$，$n=7$，a 与 n 互素。在比 7 小的正整数集合中与 7 互素的数有 1、2、3、4、5、6，所以 $\varphi(7)=6$。

计算 $a^{\varphi(n)}(\bmod\ n)=3^6(\bmod\ 7)=729\ \bmod\ 7=1$ 与定理结果相符。

3. 热身实验

1）素数判定

给定判断输入的数值是否为素数的程序，如图 10.7 所示。请回答以下问题。

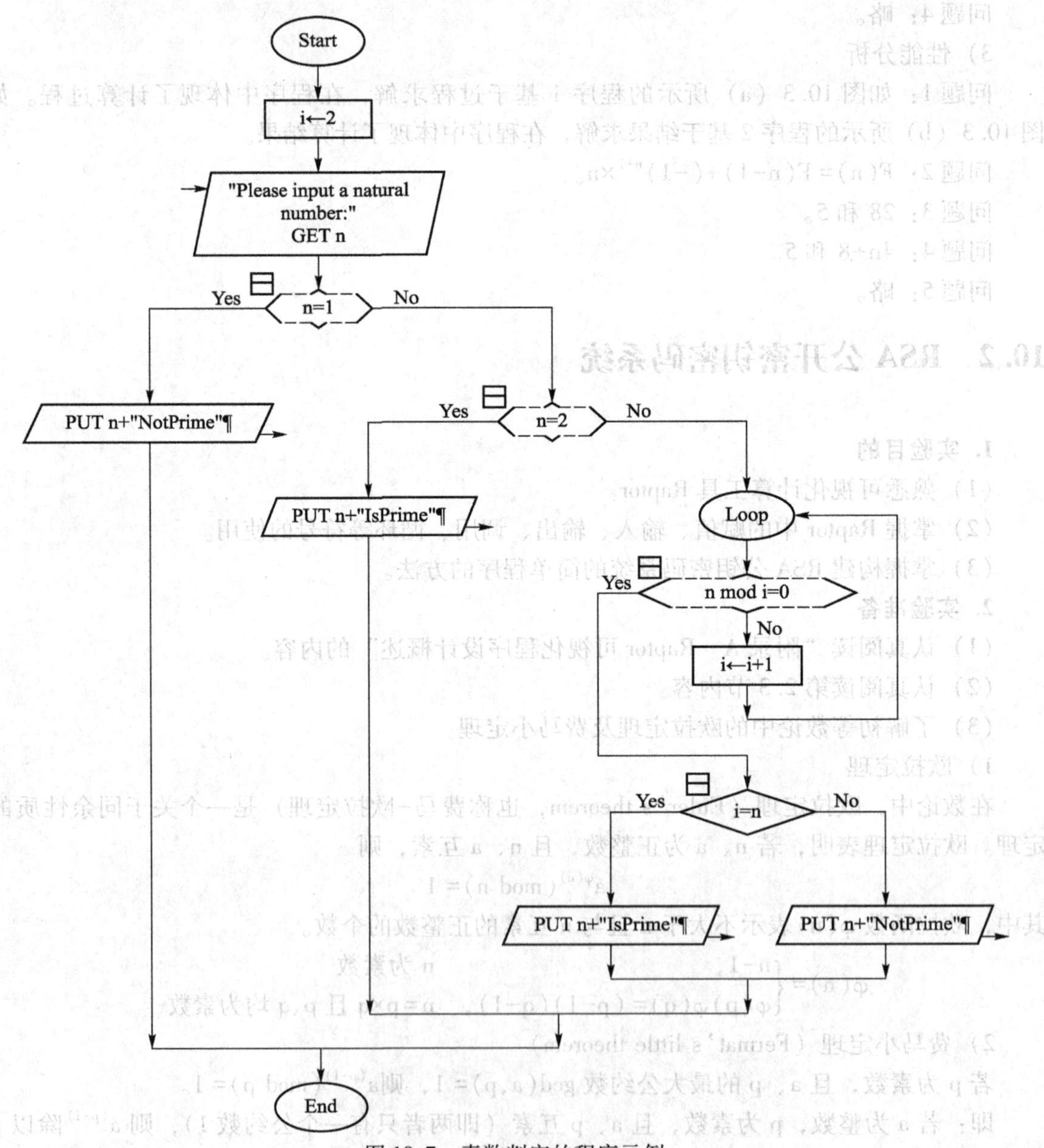

图 10.7　素数判定的程序示例

问题 1：给定数值 n=1，n=2，n>2，分别写出程序的运算过程。

问题 2：思考程序跳出循环的必要条件。

2）输出给定区间内素数

给定一程序如图 10.8 所示，请回答以下问题。

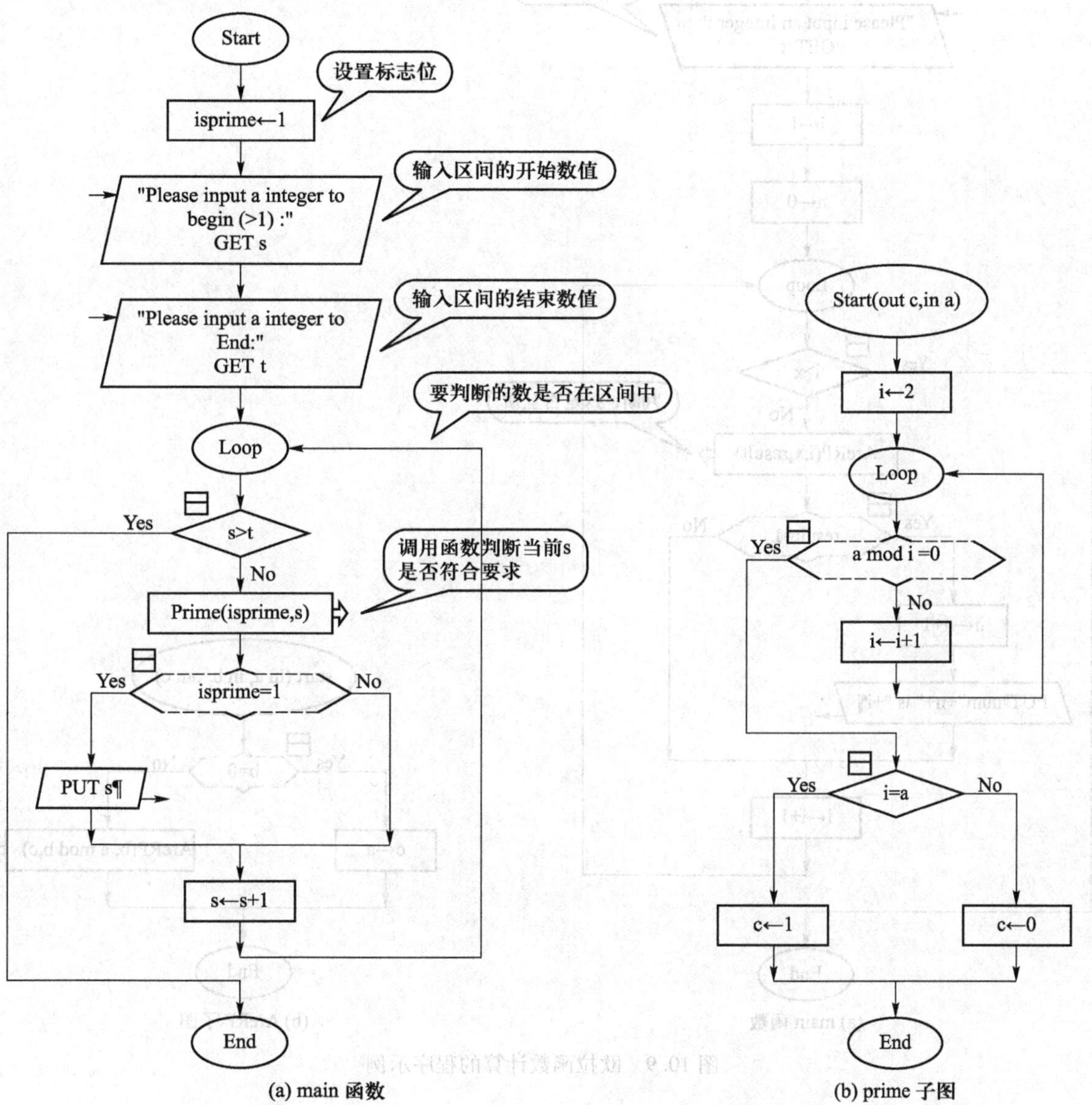

图 10.8 输出给定区间素数的程序示例

问题：给定区间如[3,11]，模拟程序运行过程。

3）欧拉函数

给定欧拉函数求解程序如图 10.9 所示，请回答以下问题。

问题 1：模拟程序运行，介绍该程序的功能。

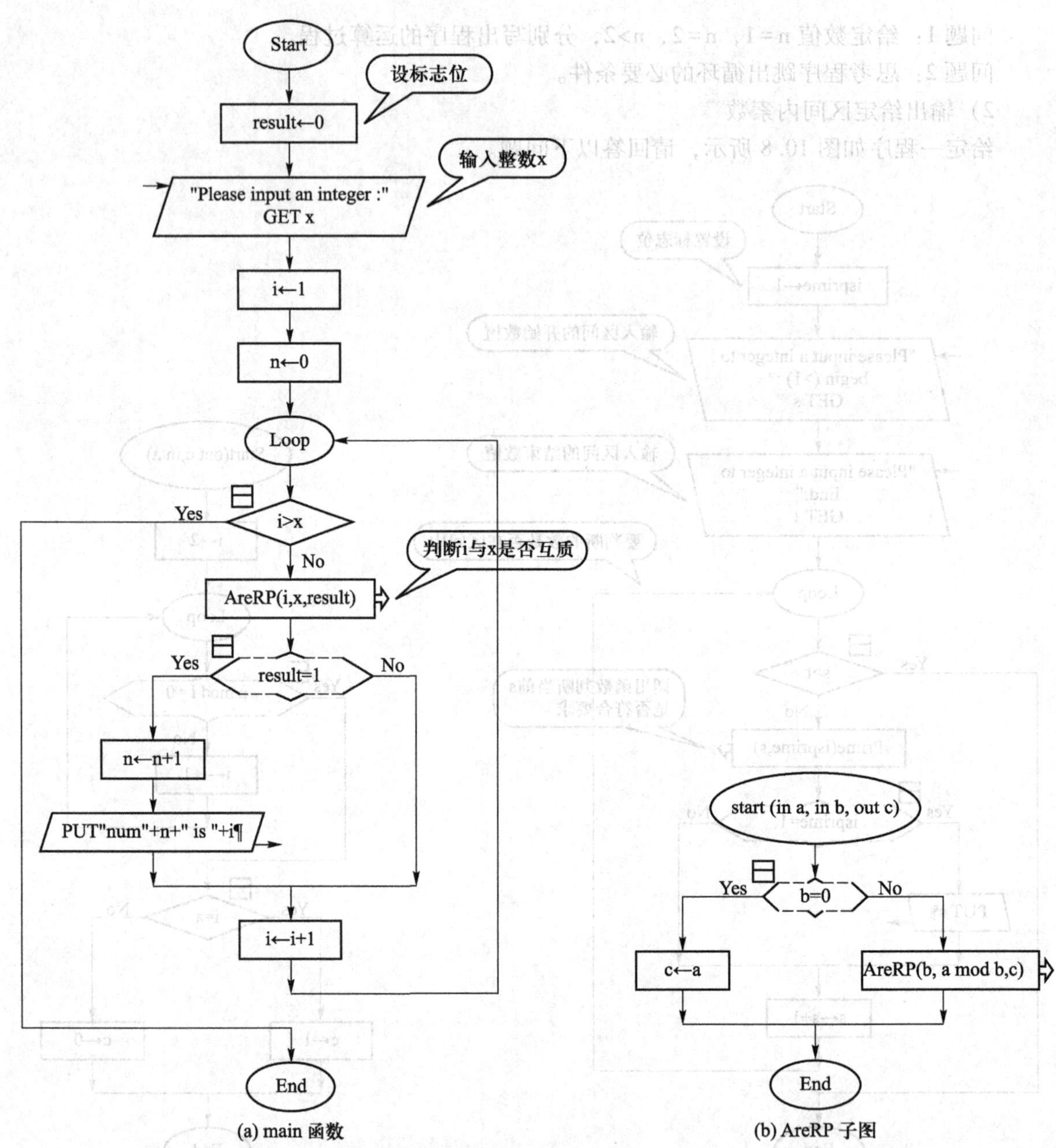

图 10.9 欧拉函数计算的程序示例

问题 2：模拟程序运行，介绍该程序子程序的功能。

问题 3：在 x 为素数，或者 x=pq 且 p、q 均为素数的情况下，分别输入 x 值，模拟程序运行过程，验证欧拉函数。例如，x=11，x=3×11。

4. 进阶实验

1）RSA 公开密钥密码系统的构建

给定构建 RSA 公开密钥密码系统的程序如图 10.10 所示，其中 AreRP 子图参见图 10.9（b），模拟程序的运算过程，并了解程序功能。

注：考虑到 Raptor 存在数据溢出的问题，这里假设输入的两个素数 p、q 的值都不大于 2^{10}。对于密码学中的大数运算问题，具体可参考密码学 C 语言函数库——MIRACL。

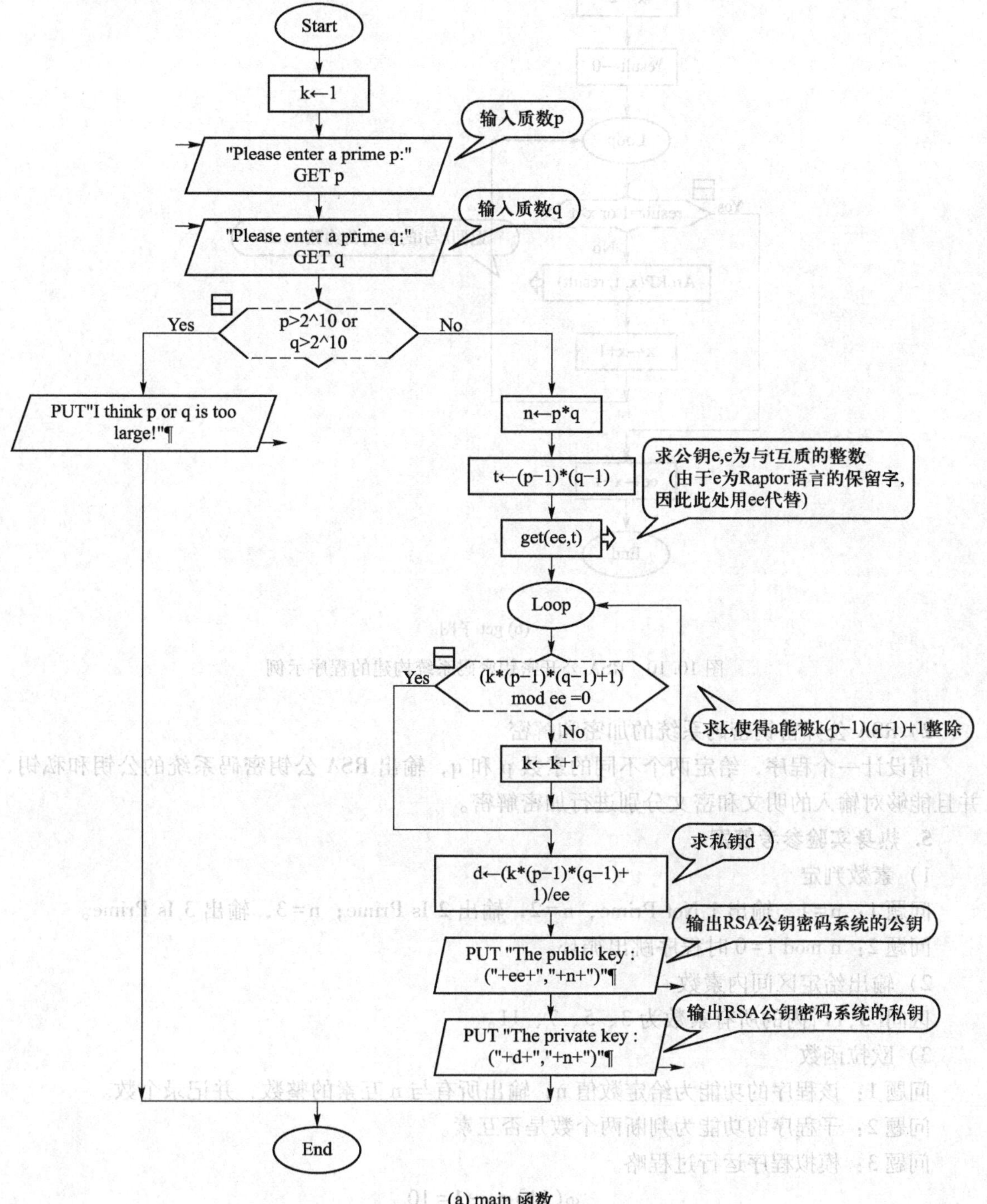

(a) main 函数

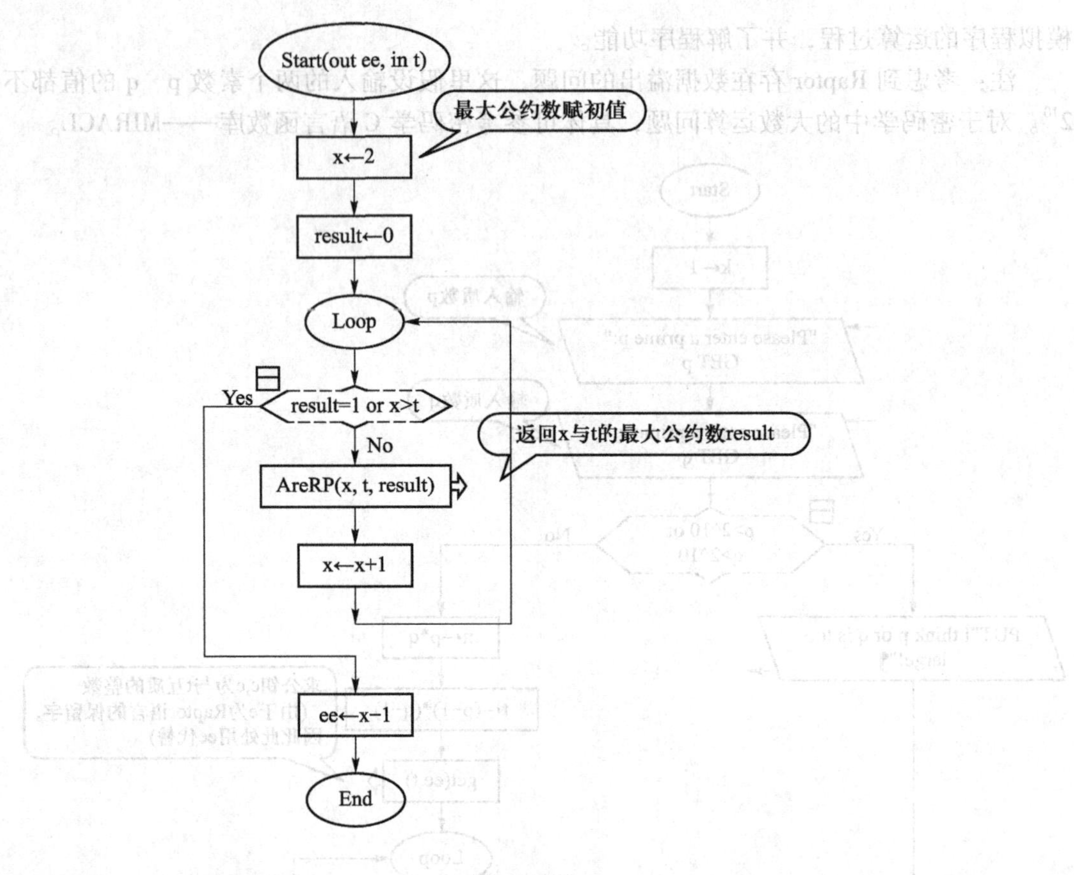

(b) get 子图

图 10.10 RSA 公开密钥密码系统构建的程序示例

2）RSA 公开密钥密码系统的加密和解密

请设计一个程序，给定两个不同的素数 p 和 q，输出 RSA 公钥密码系统的公钥和私钥，并且能够对输入的明文和密文分别进行加密解密。

5. 热身实验参考答案

1） 素数判定

问题 1：n=1，输出 1 Not Prime；n=2，输出 2 Is Prime；n=3，输出 3 Is Prime。

问题 2：n mod i=0 时程序跳出循环。

2） 输出给定区间内素数

区间[3,11]内的所有素数为 3、5、7、11。

3） 欧拉函数

问题 1：该程序的功能为给定数值 n，输出所有与 n 互素的整数，并记录个数。

问题 2：子程序的功能为判断两个数是否互素。

问题 3：模拟程序运行过程略。

$$\varphi(11)=n-1=10$$

$$\varphi(3*11)=(3-1)\times(11-1)=20$$

10.3　存储程序式计算机的简单程序设计

1. 实验目的

（1）理解自然语言与形式语言的区别。

（2）理解机器指令和汇编指令的基本概念和功能。

（3）观察机器指令程序和汇编指令程序的执行并解释程序的含义。

（4）能够基于存储程序式计算机平台进行简单的程序设计。

2. 实验准备

（1）认真阅读“附录 B　Vcomputer 存储程序式计算机概述”部分的内容，以及第 3.7 节有关虚拟机的内容。

（2）熟悉 Vcomputer 平台的基本操作。

3. 热身实验

1）一个机器指令程序的执行过程

在 Vcomputer 平台上输入表 10.1 的内容（机器指令），并回答以下问题。

问题 1：请描述程序的功能。

问题 2：开始时，若内存地址 A0 的值（即[A0]）为 20，R1 的值为 10，R2 的值为 20，R3 的值为 30，程序结束时，A0 和 R1、R2、R3 寄存器的值各为多少？（注：以上数字均为十六进制数，下同）

问题 3：若内存地址 A0 的值为 FF，R2 的值为 02，程序结束时会产生怎样的结果？

问题 4：若某程序可以将操作系统中断入口地址（通过技术手段可以得到）替换为自己编写程序的起始地址，会造成怎样的影响？是否可以将这种程序称为一种计算机病毒（不考虑病毒的自我复制特性）？

表 10.1　Vcomputer 的机器指令 1

地　址	内　容	地　址	内　容
00	11	04	33
01	A0	05	A0
02	53	06	90
03	21	07	00

2）一个汇编指令程序的执行过程

在 Vcomputer 平台上输入如下的内容（汇编指令），并回答以下问题。

```
LOAD R0,01
LOAD R1,FF
LOAD R2,02
LABEL1:ADD R3,R1,R0
JMP R3,LABEL2
```

```
    ADD R4,R1,R2
    JMP R4,LABEL2
    SHL R0,01
JMP R2,LABEL2
    SHL R0,08
    NOT R0
    JMP R1,LABEL1
    LABEL2:HALT
```

问题 1：请用自然语言解释上述汇编程序。

问题 2：请将该汇编程序转换为 Vcomputer 的机器指令。

3）一个机器指令程序的简单修改

在 Vcomputer 平台上输入表 10.2 的机器指令，并回答以下问题。

问题 1：请用自然语言解释每条指令的含义。

问题 2：该程序是否具有修改自身的功能？如果有，修改的功能是什么？

问题 3：若不让程序进行问题 2 中的自身修改，需要对源程序进行怎样的改动？

表 10.2　Vcomputer 的机器指令 2

地　址	内　容	地　址	内　容
00	10	08	71
01	0E	09	00
02	70	0A	31
03	00	0B	10
04	30	0C	90
05	08	0D	00
06	11	0E	6F
07	0F	0F	52

4）一个机器指令程序的简单设计

在 Vcomputer 平台上输入表 10.3 的机器指令，若机器从内存地址 A6 开始执行，请回答以下问题。

表 10.3　Vcomputer 的机器指令 3

地　址	内　容	地　址	内　容
A6	20	AC	53
A7	A8	AD	01
A8	21	AE	55
A9	A8	AF	23
AA	22	B0	90
AB	20	B1	00

问题 1：程序结束时，寄存器 5 中的值是多少？

问题 2：指令 20A8 与 11A8 中的“A8”是一个意思吗？如果不是，分别表示什么？

问题 3：修改以上程序，将 R3 的值存入内存单元（地址）26 中，将 R5 的值存入内存单元 28 中，然后将这两个内存地址中的值进行互换。

4. 进阶实验

1）分段函数的求解

设机器从内存地址 00 开始执行，用 Vcomputer 机器指令与汇编指令分别编程，对以下问题进行求解。

有一个函数：

$$y=\begin{cases}x+5, & x=1\\2x+6, & x=2\\4x+7, & \text{其他}\end{cases}$$

其中，x 保存于内存单元 25 中，计算 y 的值，将结果存放于内存单元 26 中。

2）累加求和

设机器从内存地址 00 开始执行，用 Vcomputer 机器指令与汇编指令分别编程，对以下问题进行求解。

计算 1+2+3+…+15 的值，将结果存放于内存单元 25 中。

3）迭代求和

设机器从内存地址 00 开始执行，用 Vcomputer 机器指令与汇编指令分别编程，对以下问题进行求解。

有一对兔子，从出生后第 3 个月起每个月都生一对兔子，小兔子长到第三个月后每个月又生一对兔子，假如兔子都不死，问到第 11 个月时兔子总数为多少？将计算结果存放于内存单元 25 中。

5. 热身实验参考答案

1）一个机器指令程序的执行过程

问题 1：程序功能说明如下。

```
00    11
01    A0   ;将地址为 A0 主存单元的值存入寄存器 1
02    53
03    21   ;将寄存器 2 和 1 中用补码表示的数相加，结果存入寄存器 3
04    33
05    A0   ;将寄存器 3 中的数取出，存入内存地址为 A0 的单元中
06    90
07    00   ;停机
```

问题 2：若开始时 A0 的值为 20，寄存器 1 的值 10，寄存器 2 的值 20，寄存器 3 的值 30，则程序结束时，[A0]=40；R1=20；R2=20；R3=40。

问题 3：寄存器值溢出，被自动截断。

问题 4：可能会阻断源程序的正常运行，进而转到自己编写程序的起始地址处开始执

行。可以称为一种计算机病毒。

2）一个汇编指令程序的执行过程

问题 1：汇编程序的自然语言描述如下。

```
LOAD R0,01            ;将数 01 存入寄存器 0 中
LOAD R1,FF            ;将数 FF 存入寄存器 1 中
LOAD R2,02            ;将数 02 存入寄存器 2 中
LABEL1:ADD R3,R1,R0   ;LABEL1：将寄存器 1 和寄存器 0 中用补码表示的数相加并存入
                      ;寄存器 3 中
JMP R3,LABEL2         ;若寄存器 3 与寄存器 0 中的值相同，则将 Label2 所对应地址（转
                      ;移地址）存入程序计数器；否则，程序按原来的顺序继续执行
ADD R4,R1,R2          ;将寄存器 1 和寄存器 2 中用补码表示的数相加存入寄存器 4 中
JMP R4,LABEL2         ;若寄存器 4 与寄存器 0 中的值相同，则将 Label2 所对应地址（转
                      ;移地址）存入程序计数器；否则，程序按原来的顺序继续执行
SHL R0,01             ;将寄存器 0 中的数左移 1 位（先将寄存器 0 中的十六进制数转
                      ;换为二进制数，再左移 1 位），移位后，用 0 填充腾空的位
JMP R2,LABEL2         ;若寄存器 2 与寄存器 0 中的值相同，则将 Label2 所对应地址（转
                      ;移地址）存入程序计数器；否则，程序按原来的顺序继续执行
SHL R0,08             ;将寄存器 0 中的数左移 8 位（先将寄存器 0 中的十六进制数转
                      ;换为二进制数，再左移 8 位），移位后，用 0 填充腾空的位
NOT R0                ;将寄存器 0 中的数按位取反，将结果存入寄存器 0 中
JMP R1,LABEL1         ;若寄存器 1 与寄存器 0 中的值相同，则将 Label1 所对应地址（转
                      ;移地址）存入程序计数器；否则，程序按原来的顺序继续执行
LABEL2:HALT           ;LABEL2：停机
```

问题 2：上述汇编语言程序按照 Vcomputer 机器的汇编指令可转换为如下十六进制机器指令。

```
2001
21FF
2202
5310
8318
5412
8418
6001
8218
6008
7000
8106
9000
```

3）一个机器指令程序的简单修改

问题 1：各条指令的含义及其执行情况如下。

（1）把 0E 单元中的内容（6F）存入 R0 中；（执行）

（2）把 R0 中的内容按位取反；（执行）

（3）把 R0 中的内容（90）存放到 08 单元中；（执行）

（4）把 0F 单元中的内容（52）存入 R1 中；（执行）

（5）把 R1 中的内容按位取反；（未执行，停机。即修改自身程序）

（6）把 R1 中的内容存放到 10 单元中；（未执行）

（7）停机。（未执行）

问题 2：由以上分析可知，该程序具有修改自身的功能，修改后程序提前停机。

问题 3：将机器指令 3008 中的地址“08”改为一个与源程序无关的地址比如“11”。

4）一个机器指令程序的简单设计

问题 1：程序结束时，寄存器 5 中的值是 70。

问题 2：20A8 与 11A8 中的 A8 含义不同，20A8 中的 A8 为一个十六进制数，而 11A8 中的 A8 为主存单元的地址。

问题 3：修改程序如表 10.4 所示。

表 10.4　修改之后的程序

地　址	十六进制机器程序	汇编程序
00	20A8	LOAD R0,A8
02	21A8	LOAD R1,A8
04	2220	LOAD R2,20
06	5301	ADD　R3,R0,R1
08	5523	ADD　R5,R2,R3
0A	3326	STORE R3,[26]
0C	3528	STORE R5,[28]
0E	1328	LOAD　R3,[28]
10	1526	LOAD　R5,[26]
12	3528	STORE R5,[28]
14	3326	STORE R3,[26]
16	9000	HALT

10.4　递归算法、迭代算法及其比较

1. 实验目的

（1）进一步熟悉可视化计算工具 Raptor。

（2）掌握使用可视化计算工具 Raptor 编写递归及迭代程序的基本方法。

（3）能够使用算法复杂度的概念对解决同一类问题的不同算法进行评估。

（4）掌握 Raptor 中子函数的使用方法。

2. 实验准备

（1）认真阅读“附录 A　Raptor 可视化程序设计概述”的内容。

（2）阅读第 4.2 节和第 5.6 节内容。

3. 热身实验

斐波那契数可以用外延的方式表示为{0,1,1,2,3,5,8,13,21,34,55,89,144,…}。其形式化定义为：

$$F(n)=\begin{cases}0, & n=0\\1, & n=1\\F(n-1)+F(n-2), & n\geqslant 2, n\in \mathbf{N}^*\end{cases}$$

1）斐波那契数的迭代实现

迭代从已知条件出发，合并子问题的解来求解较大问题。以求解斐波那契数第 5 项为例，从已知条件 F(0)和 F(1)出发，求出 F(2)，然后用 F(1)和 F(2)求 F(3)，再用 F(2)和 F(3)求 F(4)，最终用 F(3)和 F(4)求出 F(5)。迭代求解斐波那契数第 5 项的结构示意图如图 10.11 所示。

当 n 很大时，迭代求解斐波那契数的主要过程为用 F(k−2)和 F(k−1)计算 F(k)（k<n），时间复杂度为 $O(n)$。

给定迭代求解斐波那契数的示例程序，如图 10.12 所示，回答以下问题。

问题 1：给出求解数列第 6 项的运算过程。

问题 2：把调用 Raptor 任意一种基本符号都当作一次计算开销，请给出计算第 6 项所需的开销。

问题 3：当 x = n 时（$n\in \mathbf{N}$），估算该程序的计算时间开销。

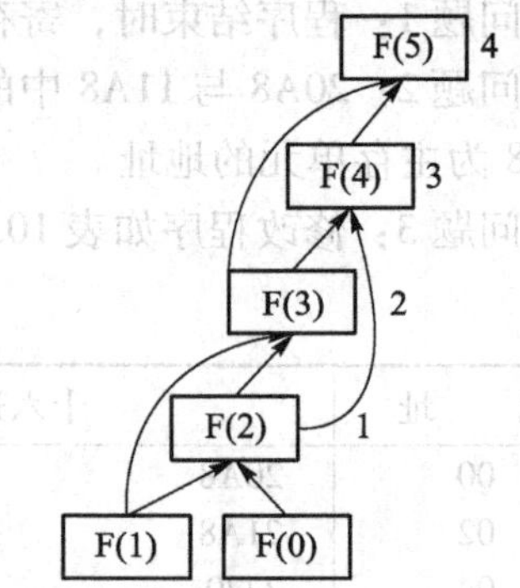

图 10.11　斐波那契数第 5 项的迭代求解流程

2）斐波那契数的递归实现

从问题 F(n)(n>2)出发，求解 F(n)必先求解 F(n−1)和 F(n−2)，这样就把求解一个较大的问题化简为求解两个较小的问题。假设先求解 F(n−1)，后求解 F(n−2)。图 10.13 为递归求解斐波那契数第 5 项的流程示意图，方框外数字表示求解次序。递归函数从F(5)出发，当子问题分解到 F(2)时，由于 F(1)和 F(0)已知，返回 F(2)的计算结果。之后，用 F(1)和 F(2)求解 F(3)。当获得 F(4) 和 F(3)的解后，F(5)获得求解。

当 n 很大时，递归求解斐波那契数的过程中，分解较大问题和合并子问题的解消耗了大部分计算时间。从图 10.13 可以看出，除叶结点外，每个非叶结点都要计算一次，计算时间开销与树的整体规模成正比，时间复杂度为 $O(2^n)$。

对比分析图 10.11 和图 10.13 可知，递归算法的计算效率较迭代算法的效率低。

给定 Raptor 示例程序，如图 10.14 所示。

问题 1：fab 子函数 Start 处的 a 和 b 各表示什么？

问题 2：在图 10.14 所示的程序中，子函数 fab(a−2,b)在子函数 fab(a−1,b)之后调用。如果先调用 fab(n−2,b)，图 10.13 的求解次序有什么变化？

问题 3：思考计算斐波那契数第 n 项所需的存储空间。

4. 进阶实验

1）n!的迭代求解

请设计一个程序，迭代求解 n!。

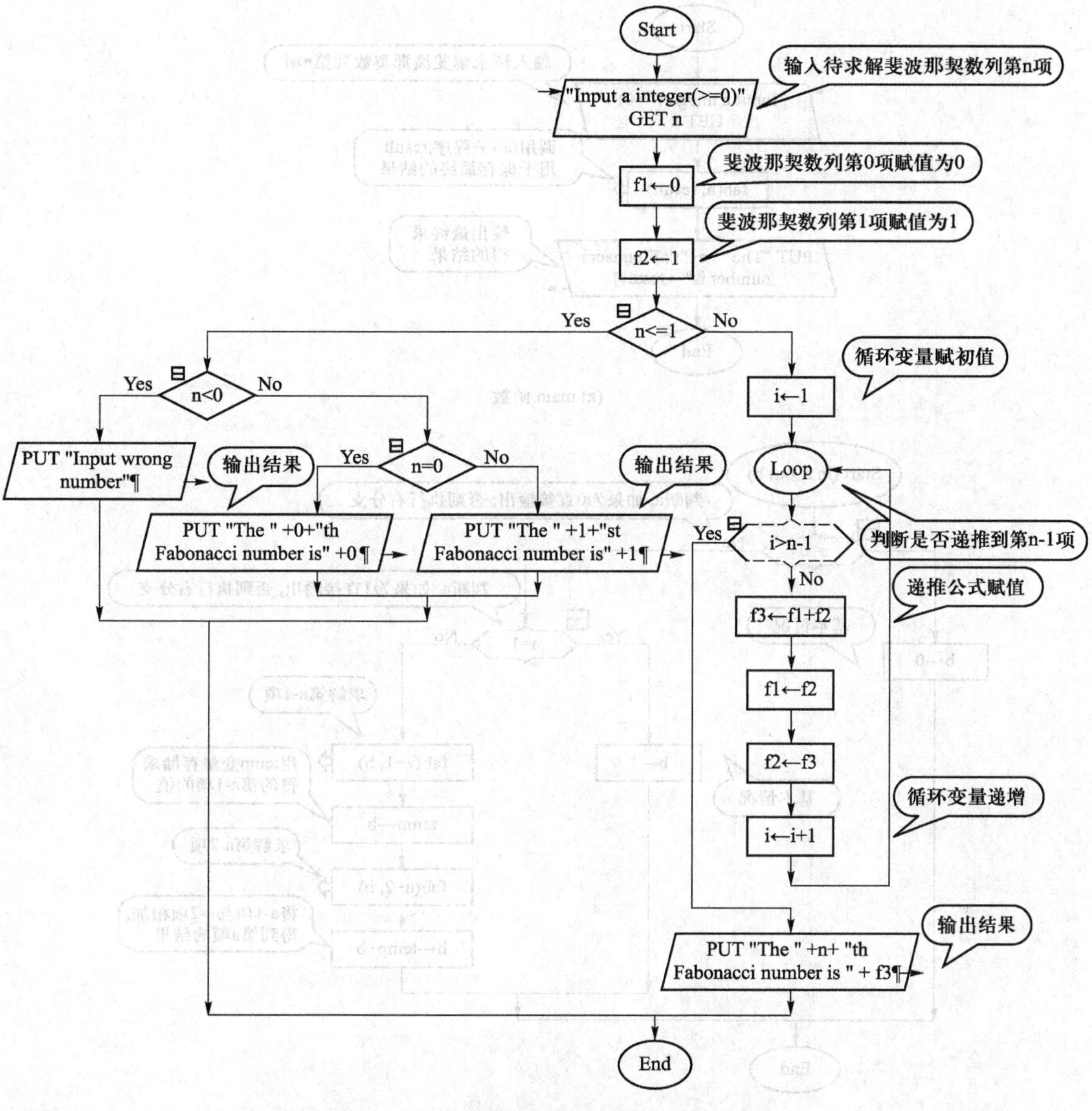

Start
"Input a integer(>=0)"
GET n
输入待求解斐波那契数列第n项
f1←0
斐波那契数列第0项赋值为0
f2←1
斐波那契数列第1项赋值为1
Yes n<=1 No
Yes n<0 No
PUT "Input wrong number"¶
输出结果
Yes n=0 No
PUT "The " +0+"th Fabonacci number is" +0 ¶
PUT "The " +1+"st Fabonacci number is" +1¶
输出结果
i←1
循环变量赋初值
Loop
Yes i>n-1 No
判断是否递推到第n-1项
f3←f1+f2
递推公式赋值
f1←f2
f2←f3
循环变量递增
i←i+1
PUT "The " +n+ "th Fabonacci number is " + f3¶
输出结果
End

图 10.12　斐波那契数迭代实现的程序示例

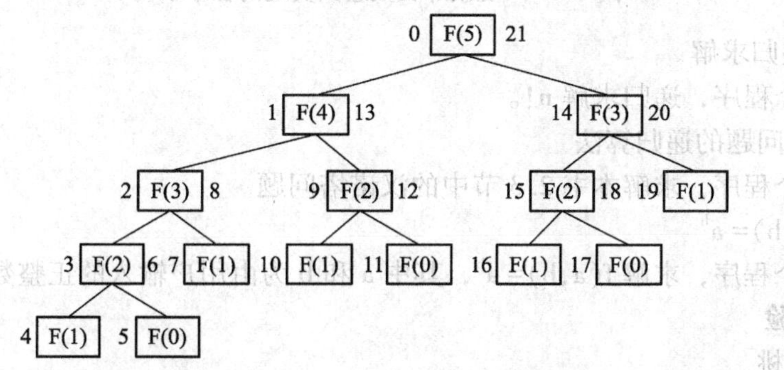

图 10.13　斐波那契数第 5 项的递归求解流程

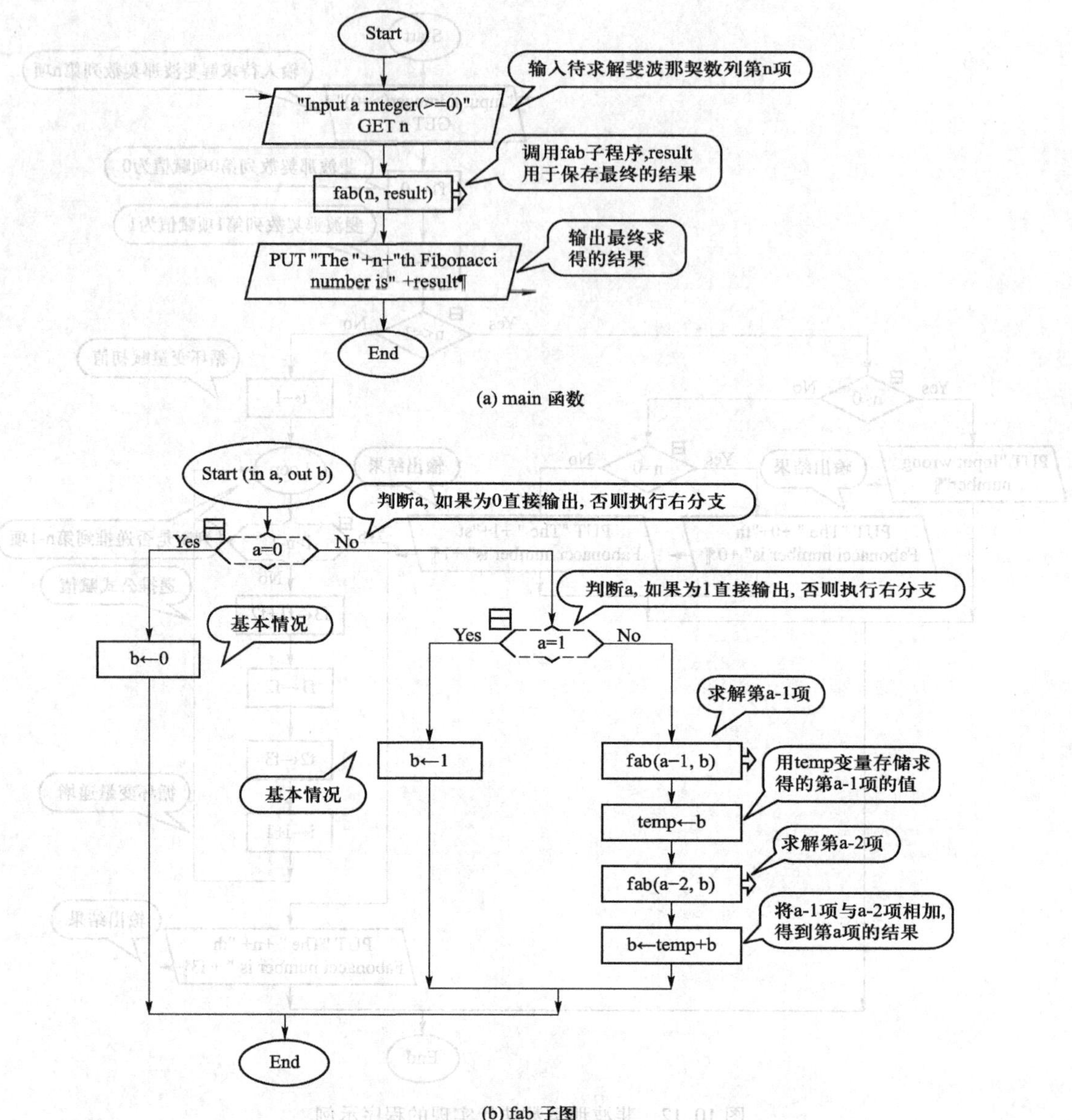

(a) main 函数

(b) fab 子图

图 10.14 斐波那契数递归实现的程序示例

2）n! 的递归求解

请设计一个程序，递归求解 n!。

3）汉诺塔问题的递归算法

请设计一个程序，求解本书 2.3 节中的汉诺塔问题。

4）求 $f(a,b)=a^b$

请设计一个程序，求解 $f(a,b)=a^b$，其中 a 和 b 为由用户输入的正整数。

5. 综合实验

1）猴子吃桃

猴子第一天摘下 N 个桃子，当时就吃了一半，还不过瘾，就多吃了一个。第二天又将剩下的桃子吃掉一半，又多吃了一个。以后每天都吃前一天剩下的一半多一个。第10天只剩一个桃子，求第一天共摘下来多少个桃子？请设计一个程序求解该问题。

2）判断回文

回文是类似“abcdcba”这样的字符串，字符串从左往右读和从右往左读内容一致。请设计一个程序判断字符串是否为回文，字符串由用户输入，可用数组存储。

6. 扩展实验——用递归法画二叉树

给定递归法画二叉树程序，如图10.15所示，输出结果示例如图10.16所示，小号数字结点表示待访问结点，大号数字结点表示已访问结点。运行该程序，并回答以下问题。

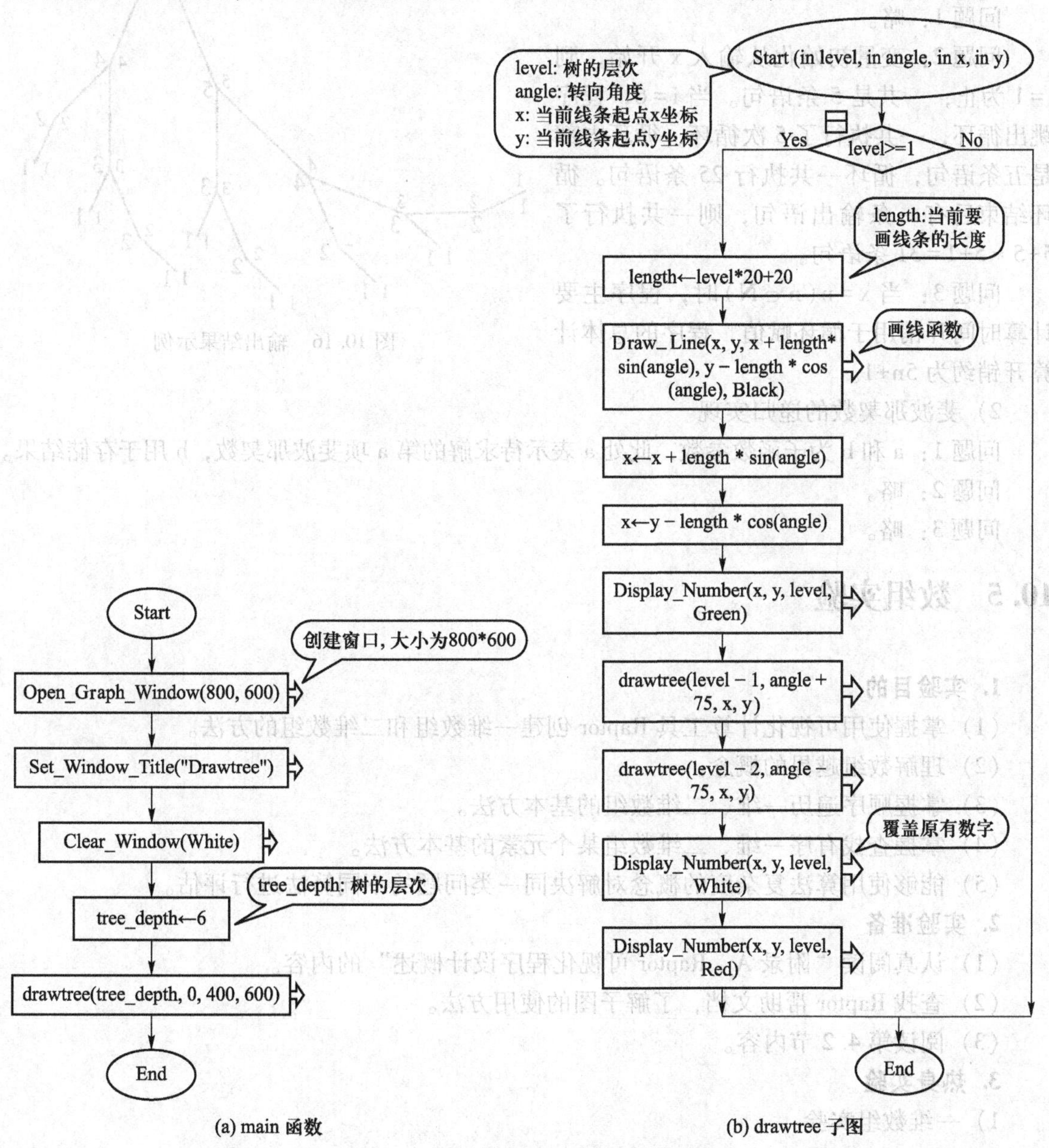

图10.15　递归法画二叉树的程序示例

问题 1：输出的二叉树有什么特点？

问题 2：查找 Raptor 帮助文档，了解 Open_Graph_Window( )、Clear_Window( )、Draw_Line( )和 Display_Number( )的用法。

问题 3：如果调用顺序为三叉树结构，每次循环调用自身三次，即树上每个结点有三个分支，请估算三叉树的时间复杂度。

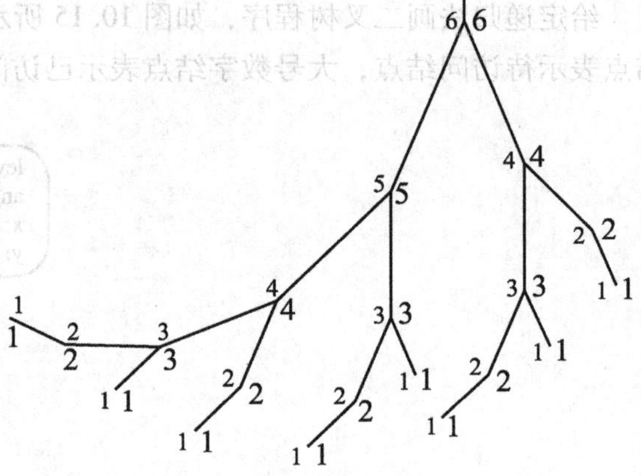

图 10.16　输出结果示例

7. 热身实验参考答案

1）斐波那契数的迭代实现

问题 1：略。

问题 2：变量初始化从输入 x 开始，到 i=1 为止，一共是 5 条语句。当 i=6，程序跳出循环，一共执行了 5 次循环，循环内部是五条语句，循环一共执行 25 条语句。循环结束后有一条输出语句，则一共执行了 5+5 * 5+1=31 条语句。

问题 3：当 $x=n(n\in\mathbf{N})$时，程序主要计算时间开销用于循环赋值，程序的总体计算开销约为 5n+1。

2）斐波那契数的递归实现

问题 1：a 和 b 为子函数参数，此处 a 表示待求解的第 a 项斐波那契数，b 用于存储结果。

问题 2：略。

问题 3：略。

10.5　数组实验

1. 实验目的

（1）掌握使用可视化计算工具 Raptor 创建一维数组和二维数组的方法。

（2）理解数组越界的概念。

（3）掌握顺序遍历一维、二维数组的基本方法。

（4）掌握查找有序一维、二维数组某个元素的基本方法。

（5）能够使用算法复杂度的概念对解决同一类问题的不同算法进行评估。

2. 实验准备

（1）认真阅读“附录 A　Raptor 可视化程序设计概述”的内容。

（2）查找 Raptor 帮助文档，了解子图的使用方法。

（3）阅读第 4.2 节内容。

3. 热身实验

1）一维数组实验

一维数组由数组名、方括号和下标组成，格式为 array_name[x]。在 Raptor 中，数组最大下标表示数组长度，未赋值的数组元素默认值为 0。数组的赋值语句为 array_name[x]←value，表示把 value 赋值给数组 array_name 的第 x 个元素。需要注意的是，Raptor 中的数组与 C、C++等高级语言中的数组有一点不同，Raptor 数组的下标是从 1 开始的，而 C、C++语言中的数组下标是从 0 开始的。假设有一个数组 Array[7]，那么在 Raptor 环境下，Array 数组的第一个元素为 Array[1]，最后一个元素为 Array[7]，如果是在 C、C++语言环境中，那么 Array 数组的第一个元素是 Array[0]，最后一个元素为 Array[6]。

给定一维数组程序，如图 10.17 所示，回答以下问题。

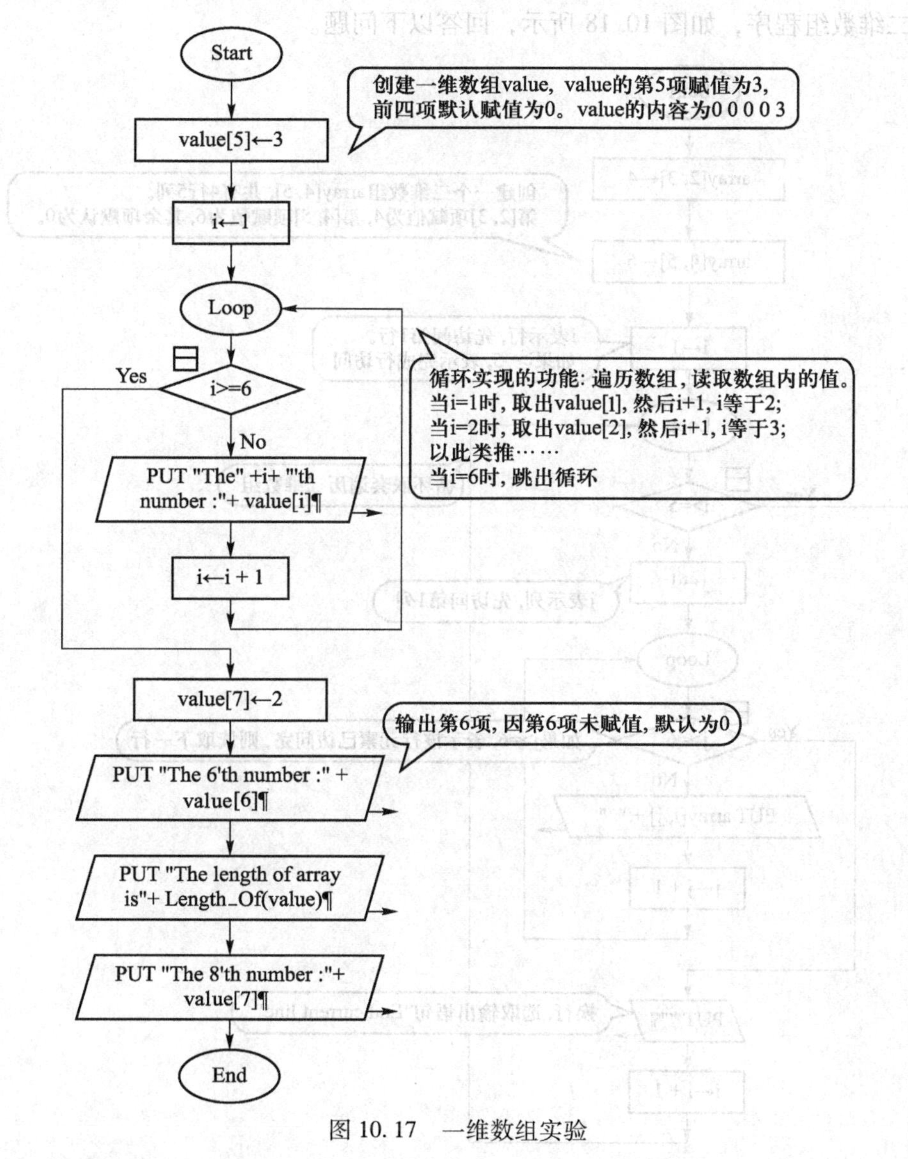

图 10.17　一维数组实验

问题 1：说明该程序的功能。

问题 2：查看帮助文档，查找 Length_Of 函数的用法。

问题 3：把程序最后一个赋值语句改为输出 value[8]，查看输出结果。

问题 4：把程序最后一个赋值语句改为输出 value[-1]，查看输出结果。

2）二维数组实验

二维数组有两个下标，格式为 array_name[x,y]，其中，x 表示行，y 表示列。二维数组用 x 和 y 来唯一标识一个元素。在 Raptor 中，二维数组的未赋值元素默认值为 0。例如，第一次给 array_name[ ]数组赋值 array_name[2,3]←4，则二维数组为

0　0　0
0　0　4

给定二维数组程序，如图 10.18 所示，回答以下问题。

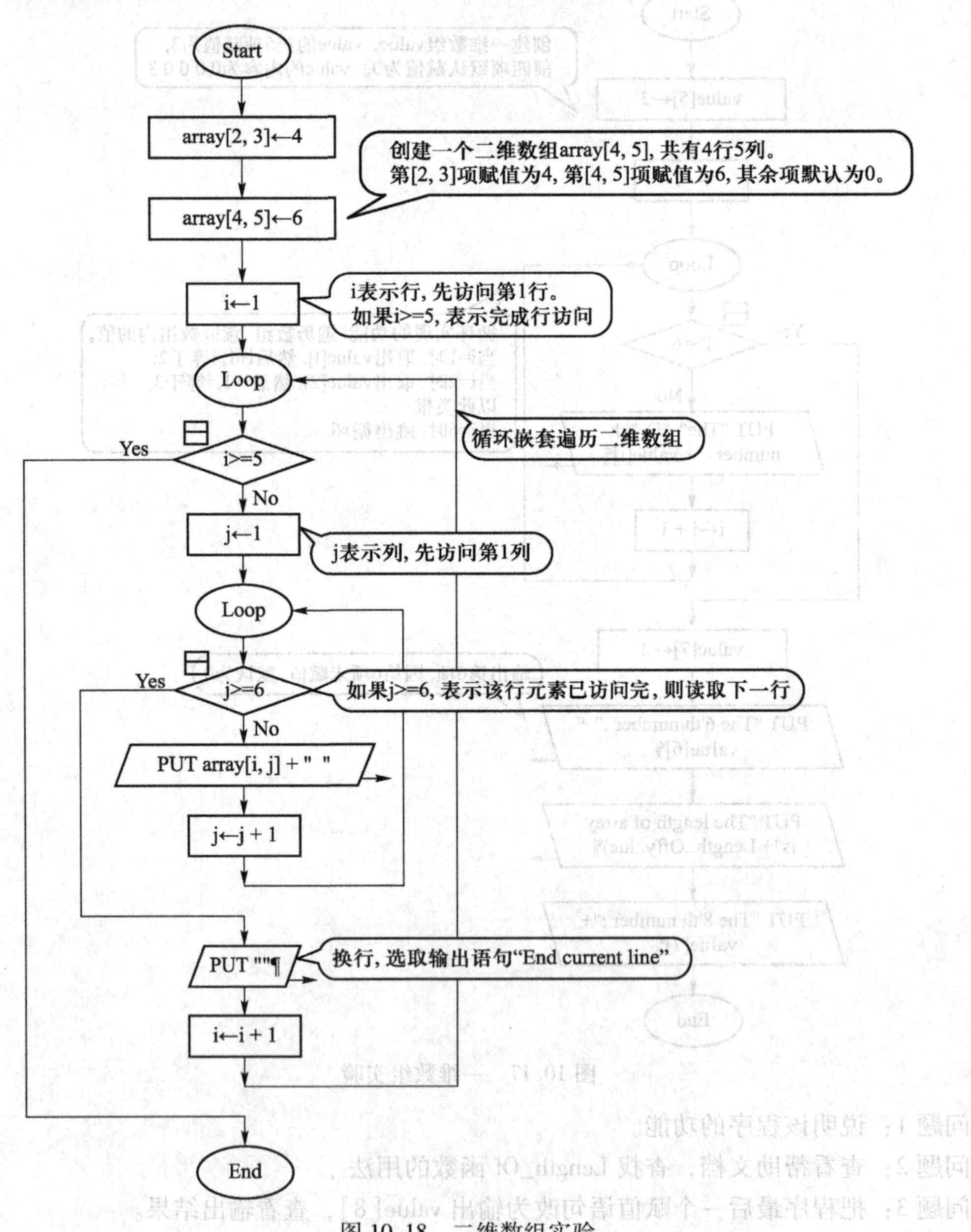

图 10.18　二维数组实验

问题 1：说明该程序的功能。

问题 2：编写输出语句输出 array[4,6]和 array[-1,2]，查看输出结果。

问题 3：编写输出语句输出 array[1]，查看输出结果。

4. 进阶实验

1）创建长度为 100 的数组

创建一个长度为 100 的数组，数组内所有元素数值为 0，并输出所有元素。

2）创建长度为 100 的数组并对数组元素赋值

创建一个长度为 100 的数组，数组内元素数值为 1，2，3，…，100，然后将数组所有元素按倒序输出。

3）将斐波那契数前 20 项存储在数组中

创建一个长度为 20 的数组，存储斐波那契数的前 20 项，并输出所有元素。

4）二维数组

创建一个 3×4 的数组并输出所有元素，数组内元素为

1 2 3 4

5 6 7 8

9 10 11 12

5. 综合实验

1）将字符数组中单空格替换为双空格

设计一个程序，完成以下功能。

功能 1：创建一个一维数组，数组内容为“I am Tom.”。

功能 2：设计一个算法将一个空格替换为双空格，即将数组拓展为“I am Tom.”。

2）二维数组中元素的查找

设计一个程序，完成以下功能。

功能 1：创建一个长度为 5×6 的二维数组，数组内容为

1 3 4 7 9

2 4 5 8 10

5 6 8 11 12

7 9 13 15 16

功能 2：设计一个算法，在数组中查找数值为 8 的元素，并输出其下标（行数和列数）。

3）以单重循环完成二分支函数

请设计一个用于求解以下两个函数的程序，要求使用一个二维数组存储各个数阶乘的值，在计算最终结果时只使用单重循环。

$$f(n_1)=n/1!+n/3!+n/5!+n/7!+n/9!$$

$$f(n_2)=n/2!+n/4!+n/6!+n/8!+n/10!$$

6. 热身实验参考答案

1）一维数组实验

问题 1：该程序的功能如下。创建一个长度为 5 的数组，第 5 项赋值为 3，并输出数组

前 5 项的内容。为第 7 项赋值为 2，并输出第 6 项。用 Length_Of( )计算数组长度，并输出第 7 项。

问题 2：RAPTOR Help->Arrays->Array Operations->Length_Of。

问题 3：数组长度为 7，因而数组不存在第 8 项，改为输出 value［8］后程序报错，如图 10. 19 所示。

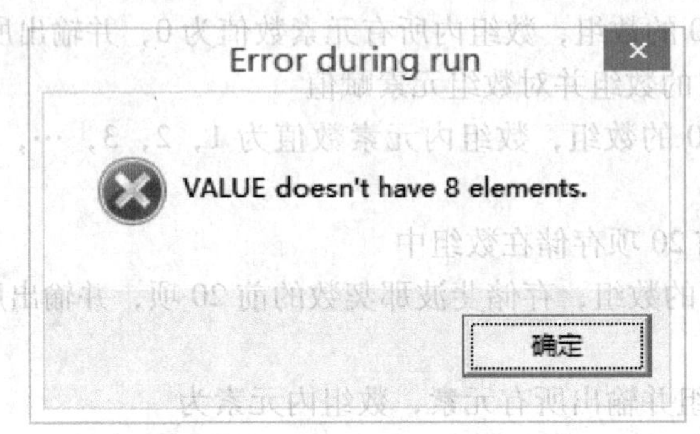

图 10. 19　访问 value[8]越界报错

问题 4：在 Raptor 中，数组下标不能为 0 或负数，访问下标为 0 或负数的元素，程序报错，如图 10. 20 所示。

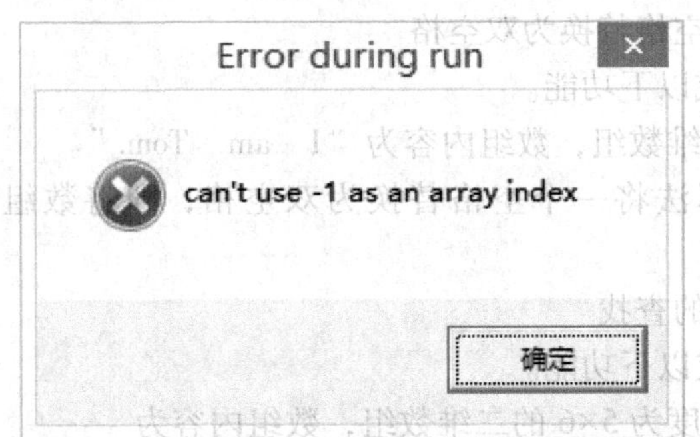

图 10. 20　访问 value[-1]越界报错

2）二维数组实验

问题 1：该程序实现的功能为：遍历二维数组，并输出二维数组内元素。

问题 2：略。

问题 3：略。

10. 6　栈的基本操作：push 和 pop

1. 实验目的

（1）掌握栈的基本概念。

（2）掌握栈的 push 和 pop 操作，并能够使用数组模拟栈的操作。

2. 实验准备

（1）阅读第 4.3 节内容。

（2）复习第 10.5 节的内容。

3. 热身实验——模拟栈操作

给定模拟栈操作的程序，main 函数调用 push 子函数和 pop 子函数，如图 10.21 所示。回答以下问题。

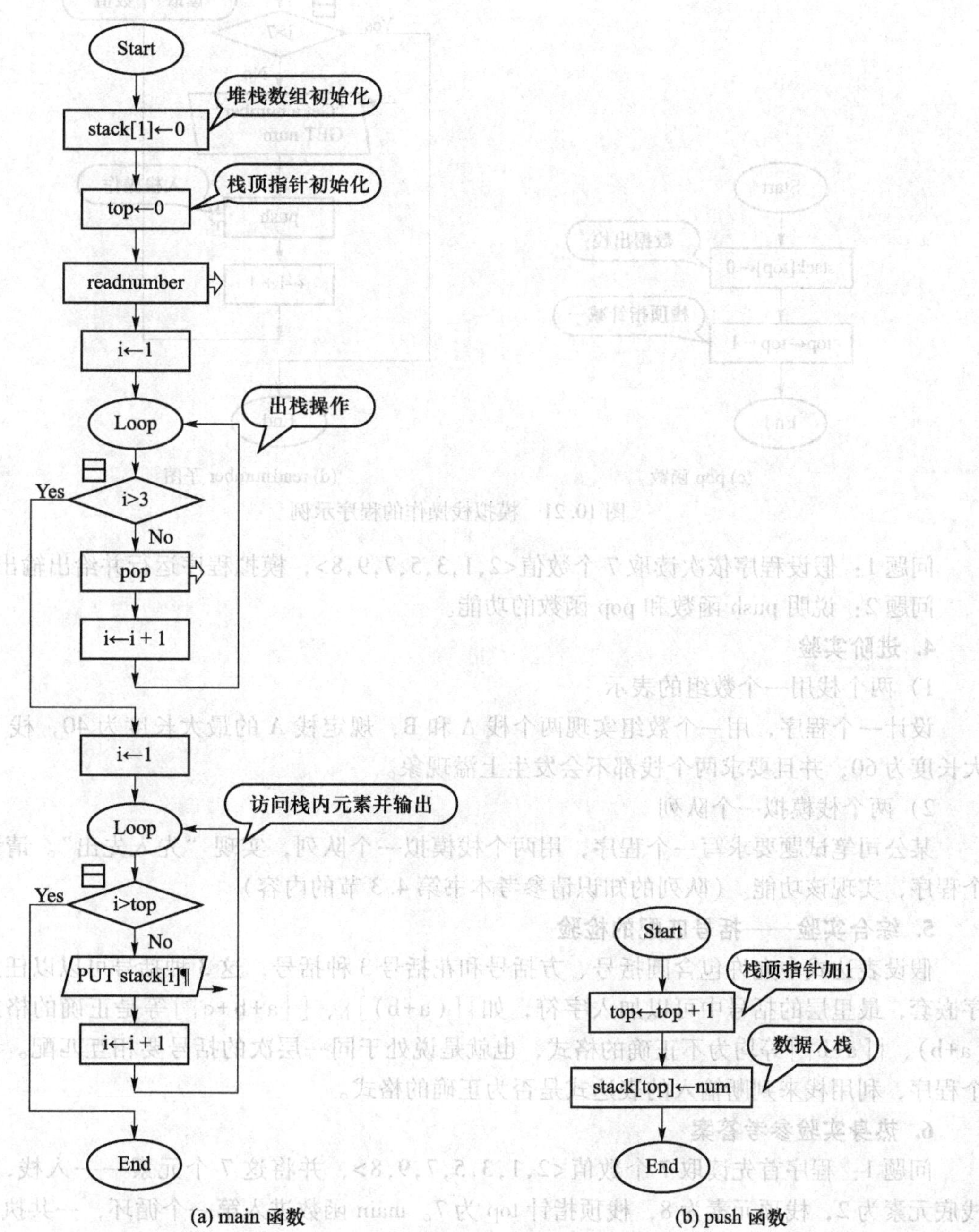

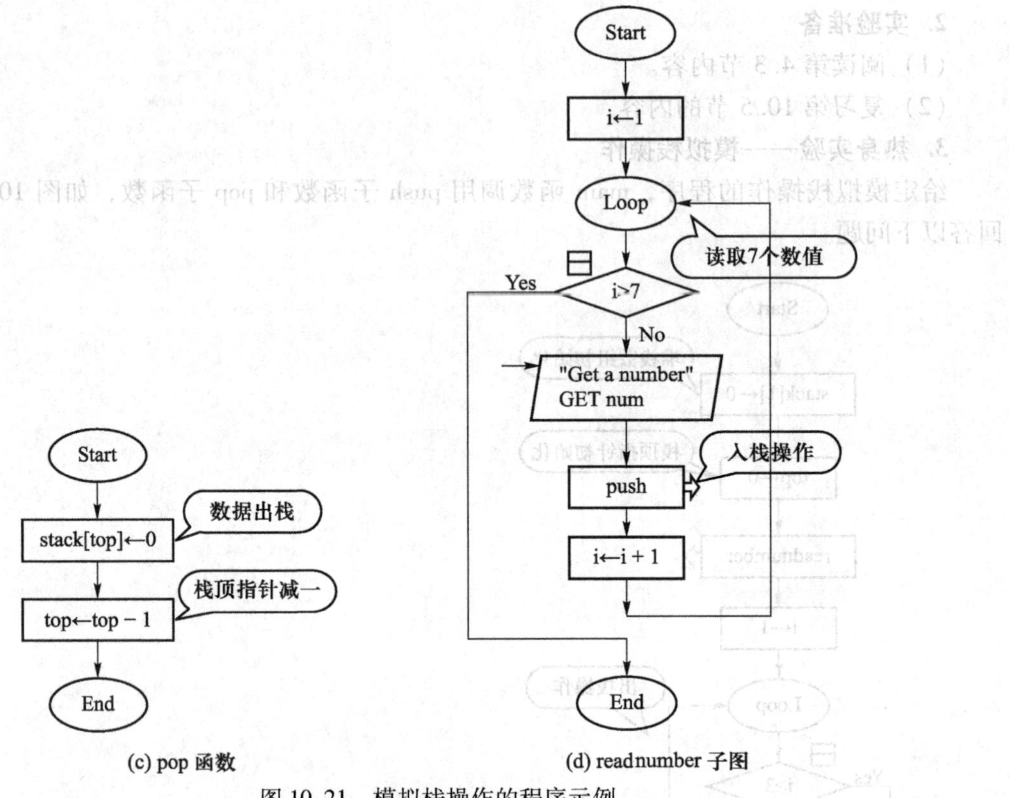

(c) pop 函数　　(d) readnumber 子图

图 10.21　模拟栈操作的程序示例

问题 1：假设程序依次读取 7 个数值<2,1,3,5,7,9,8>，模拟程序运行并给出输出结果。

问题 2：说明 push 函数和 pop 函数的功能。

4. 进阶实验

1）两个栈用一个数组的表示

设计一个程序，用一个数组实现两个栈 A 和 B，规定栈 A 的最大长度为 40，栈 B 的最大长度为 60，并且要求两个栈都不会发生上溢现象。

2）两个栈模拟一个队列

某公司笔试题要求写一个程序，用两个栈模拟一个队列，实现“先入先出”。请设计一个程序，实现该功能。（队列的知识请参考本书第 4.3 节的内容）

5. 综合实验——括号匹配的检验

假设表达式中允许包含圆括号、方括号和花括号 3 种括号，这 3 种括号可以以任意的顺序嵌套，最里层的括号中可以加入字符，如{[(a+b)]}、[{a+b+c}]等是正确的格式，而[a+b)、{[a-b}]等均为不正确的格式，也就是说处于同一层次的括号要相互匹配。设计一个程序，利用栈来判断输入的表达式是否为正确的格式。

6. 热身实验参考答案

问题 1：程序首先读取 7 个数值<2,1,3,5,7,9,8>，并将这 7 个元素一一入栈，此时，栈底元素为 2，栈顶元素为 8，栈顶指针 top 为 7。main 函数进入第一个循环，一共执行 3 次出栈操作，<8,9,7>依次被取出，此时，栈顶元素为 5，top 为 4。最后将栈内元素全部输出，结果为<2,1,3,5>。

问题2：push为入栈操作，元素入栈后top加1。pop为出栈操作，元素出栈后top减1。

10.7 归并排序与折半查找

1. 实验目的

（1）熟练掌握二路归并排序算法。

（2）熟练掌握折半查找算法。

2. 实验准备

（1）复习第10.4节与第10.5节的内容。

（2）阅读第4.2.6节内容。

3. 热身实验

很多算法在结构上是递归的，这些算法通常采用分支策略：将整体问题划分为若干个结构与原问题相似的子问题，通过递归解决这些子问题，合并其结果得到原问题的解。

分治法在每一层递归上都有三个步骤：

分解问题（divide）：将原问题分解成n个子问题，n可以是大于或等于2的正整数；

解答问题（conquer）：递归解答各子问题，若子问题足够小，则返回结果；

合并问题（combine）：将子问题的结果合并成原问题的解。

在各种排序算法中，二路归并排序和折半查找是分治法的典型应用。二路归并排序是将原问题以二叉树（n=2）的形式展开，通过合并各子问题的解来获得原问题的解。二路归并排序的一般操作为：

分解问题：将待排序的n个元素划分为包含n/2个元素的两个子序列；

解答问题：两个子序列内部各自递归排序；

合并问题：合并两个有序子序列得到排序结果。

二路归并排序算法的形式化定义为：

$$T(n)=\begin{cases}c, & n=1\\ T_{left}\left(\dfrac{n}{2}\right)+T_{right}\left(\dfrac{n}{2}\right)+c\times n, & n\geqslant 2\end{cases}$$

其中，c表示计算规模为1的问题所需的时间，也就是“解答问题”和“合并问题”中处理每个数组元素所需的时间。这里假设有8个无序正整数构成的数组A=<3,2,5,1,7,6,8,4>，二路归并排序的过程如图10.22所示。

从上面分析可以看出，二路归并排序在$\log_2 n$的步骤内把待解问题分解成单个元素的子问题，然后在$\log_2 n$的步骤内通过合并有序子数组获得原问题的解。获得问题解的步骤复杂度为$O(\log n)$（即表列数），合并有序子数组的复杂度为$O(n)$（表内每行每个元素都需要比较一次），二路归并排序的时间复杂度为$O(n\log n)$。

1）子数组的合并算法

给定两个数组A=<1,3,5,7>和数组B=<3,4,5,6>，A和B内元素都按照升序排列，给定程序如图10.23所示，回答以下问题。

<table>
<tr><td>Step1</td><td colspan="8"><3,2,5,1,7,6,8,4></td><td>待解问题</td></tr>
<tr><td>Step2</td><td colspan="2"><3,2></td><td colspan="2"><5,1></td><td colspan="2"><7,6></td><td colspan="2"><8,4></td><td rowspan="2">分解问题</td></tr>
<tr><td>Step3</td><td><3></td><td><2></td><td><5></td><td><1></td><td><7></td><td><6></td><td><8></td><td><4></td></tr>
<tr><td>Step4</td><td colspan="2"><2,3></td><td colspan="2"><1,5></td><td colspan="2"><6,7></td><td colspan="2"><4,8></td><td rowspan="2">合并有序数组</td></tr>
<tr><td>Step5</td><td colspan="4"><1,2,3,5></td><td colspan="4"><4,6,7,8></td></tr>
<tr><td>Step6</td><td colspan="8"><1,2,3,4,5,6,7,8></td><td>获得解</td></tr>
</table>

图 10.22　二路归并排序过程

问题 1：查看 Raptor 帮助文档，查找 GET 函数、Redirect_Input 函数和 floor 函数的用法。

问题 2：请说明该程序功能。

问题 3：请给出算法的时间复杂度。

问题 4：仅改写 merge 子函数，将该程序改写为问题 1 结果的逆序输出。

2）二路归并排序

给定二路归并排序程序，如图 10.24 所示，回答以下问题。

问题 1：请说明该程序功能。

问题 2：请给出该算法的时间复杂度。

问题 3：把 merge_sort 子函数中的参数 A 设置调整为 in（没有 out），查看程序结果。

3）折半查找

给定折半查找程序，如图 10.25 所示，回答以下问题。

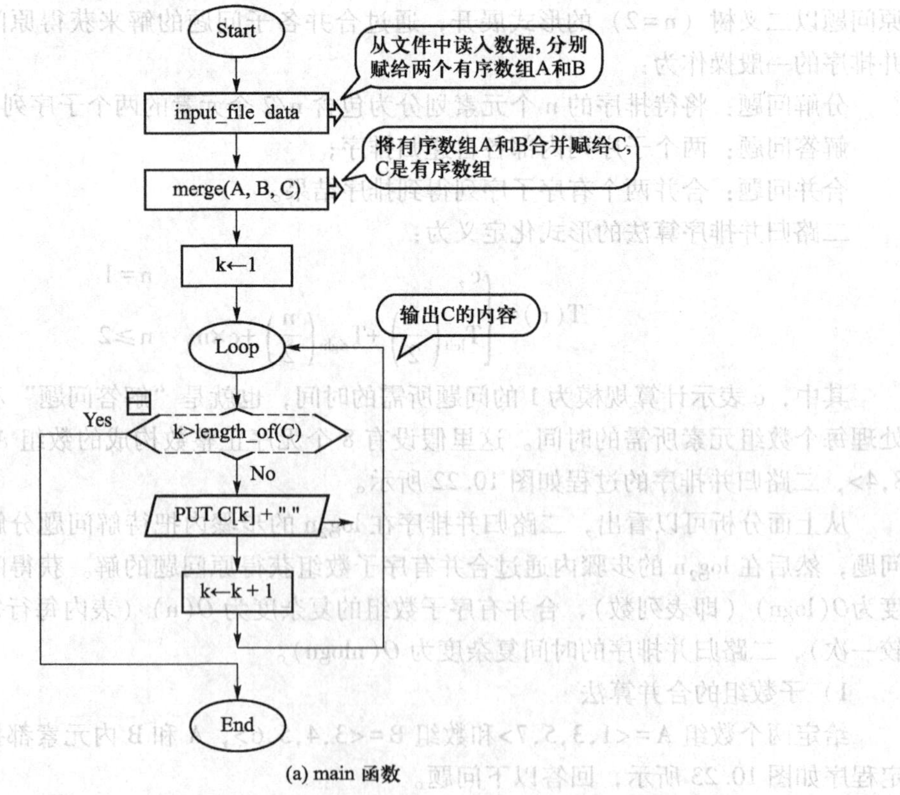

(a) main 函数

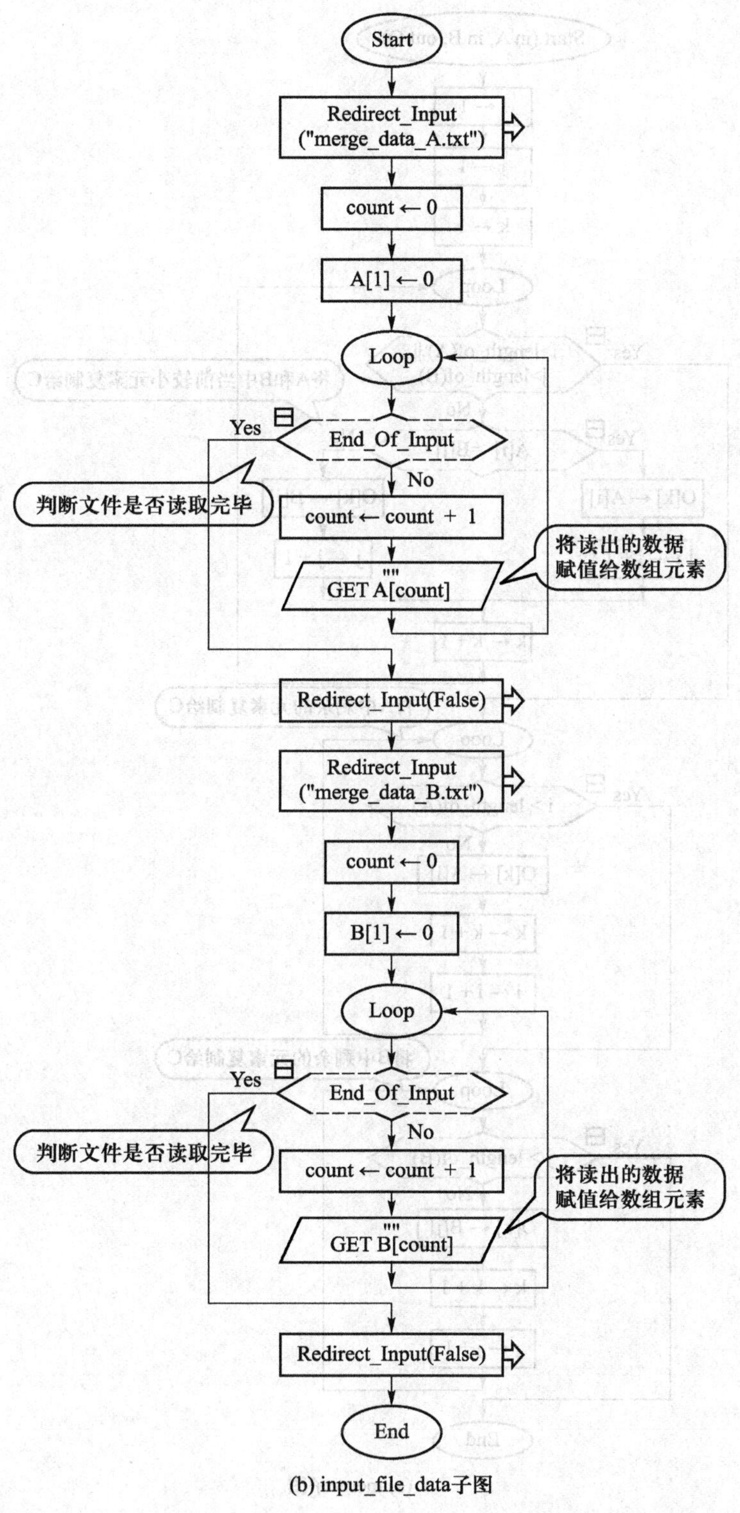

(b) input_file_data子图

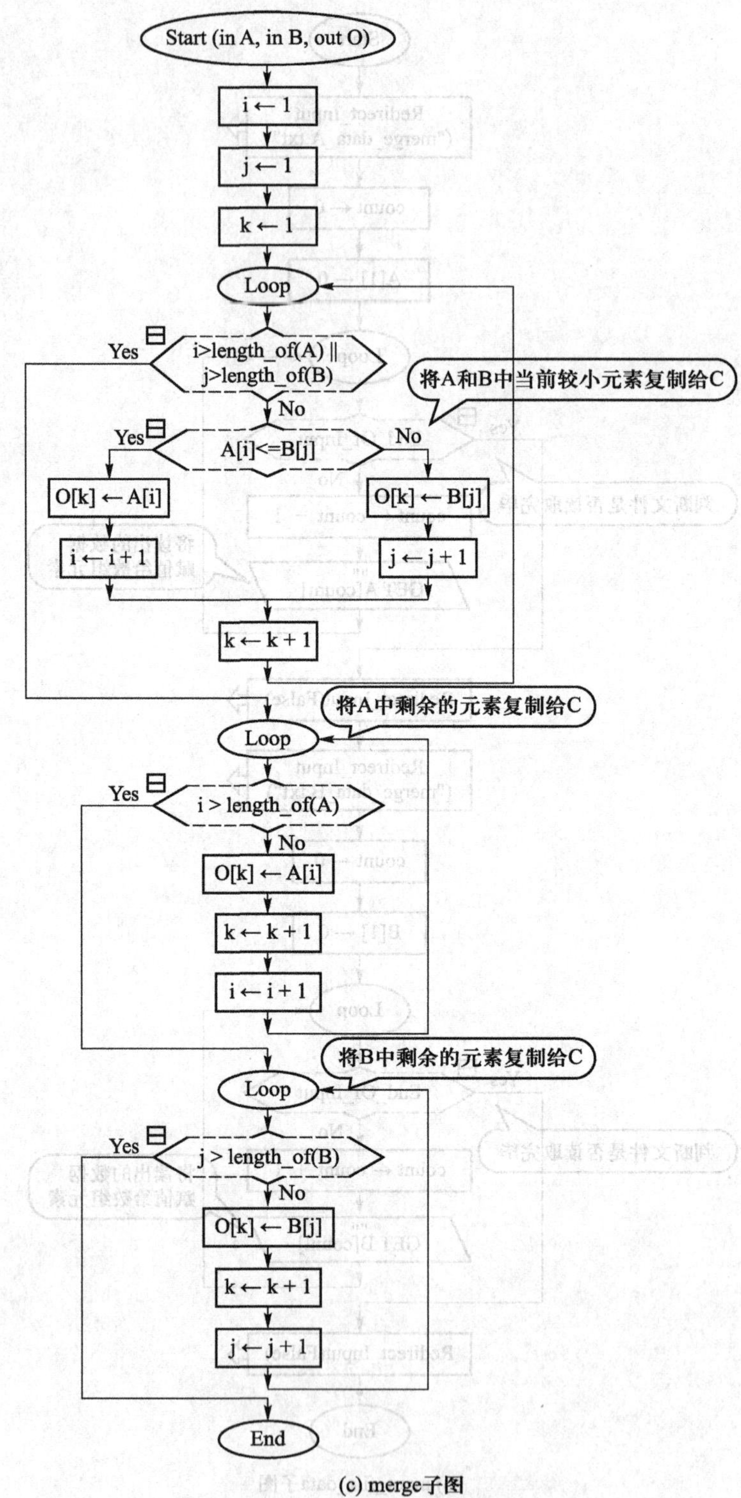

(c) merge子图

图 10.23　子数组合并的程序示例

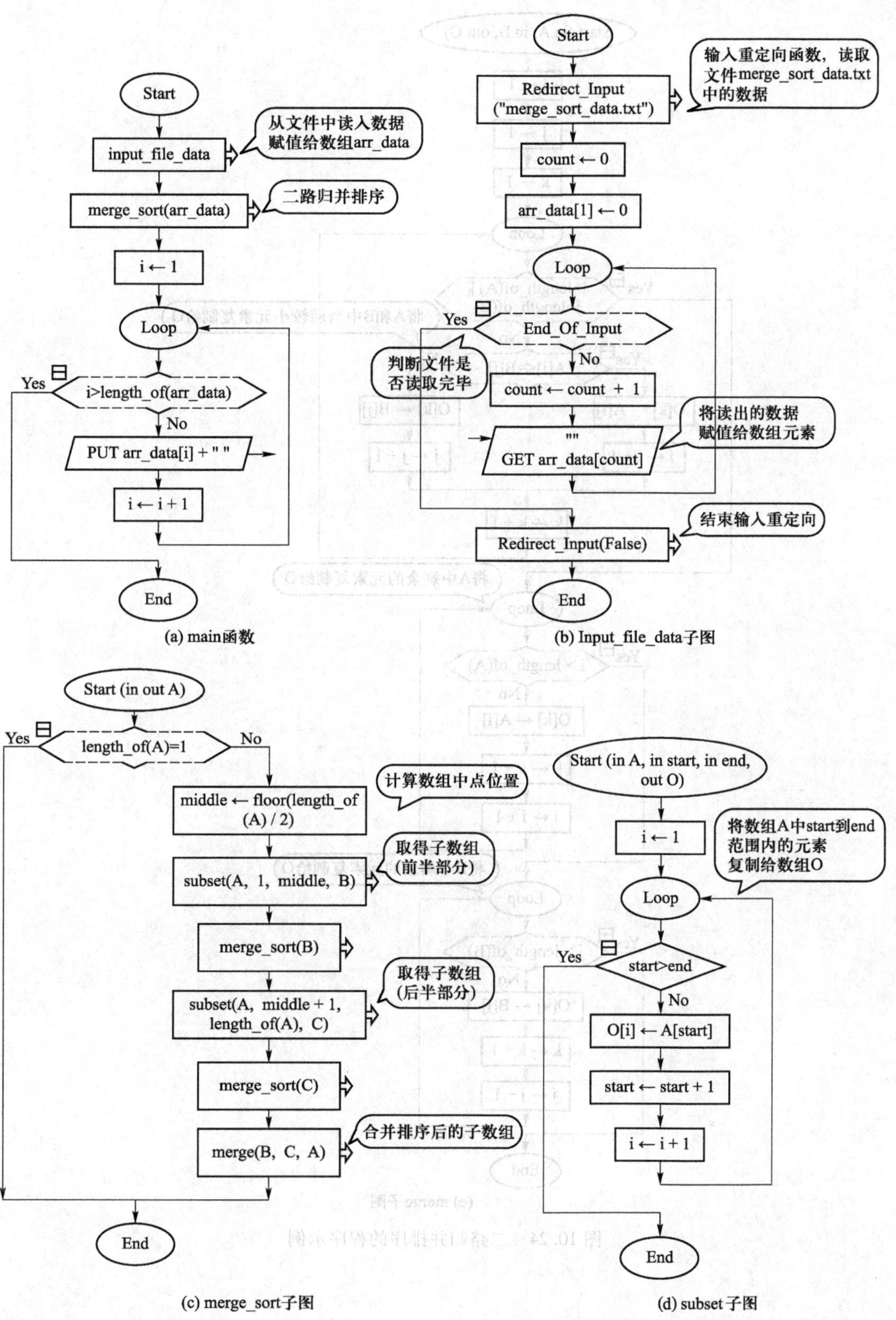

(a) main函数

(b) Input_file_data子图

(c) merge_sort子图

(d) subset 子图

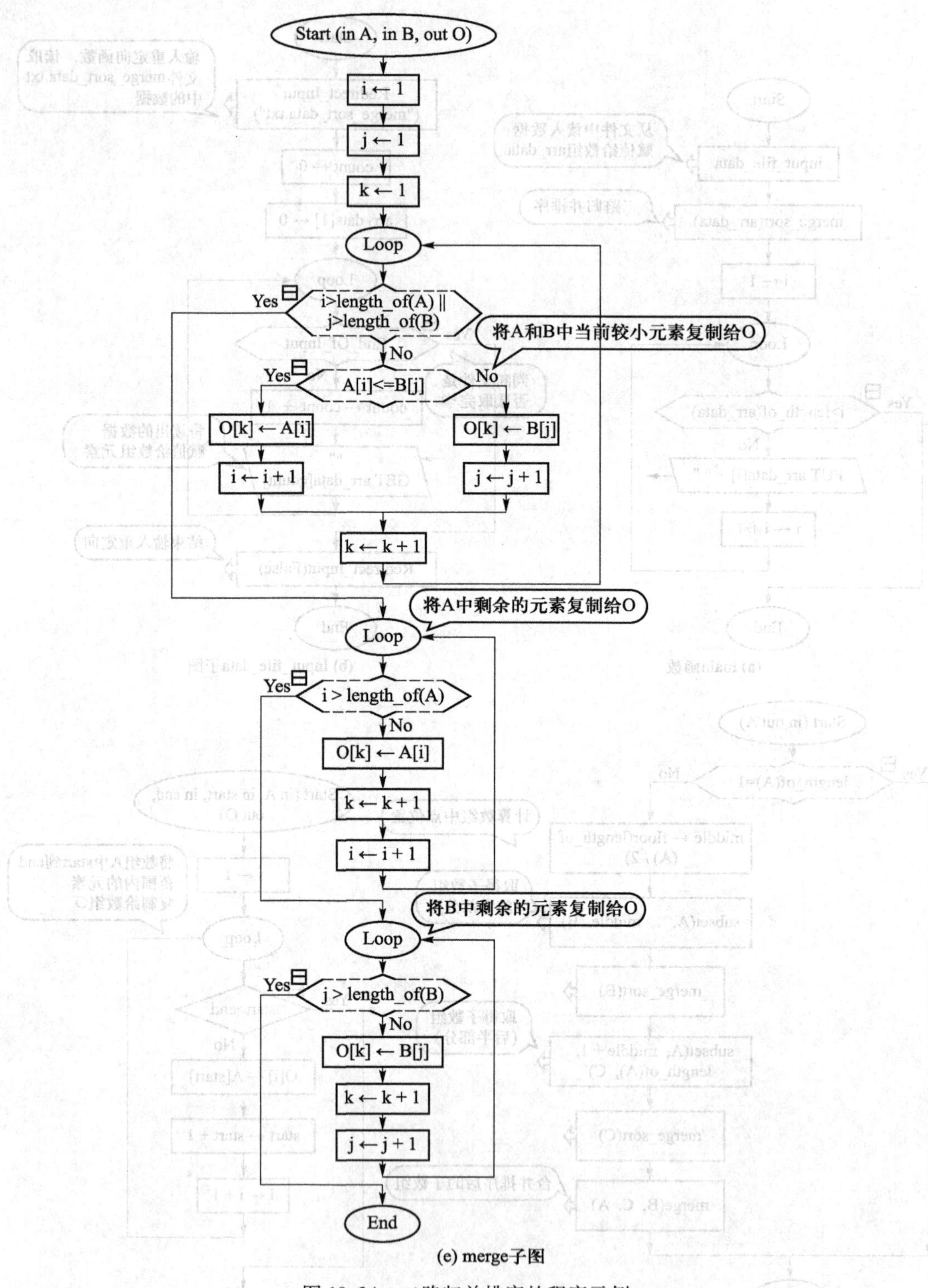

(e) merge子图

图 10.24 二路归并排序的程序示例

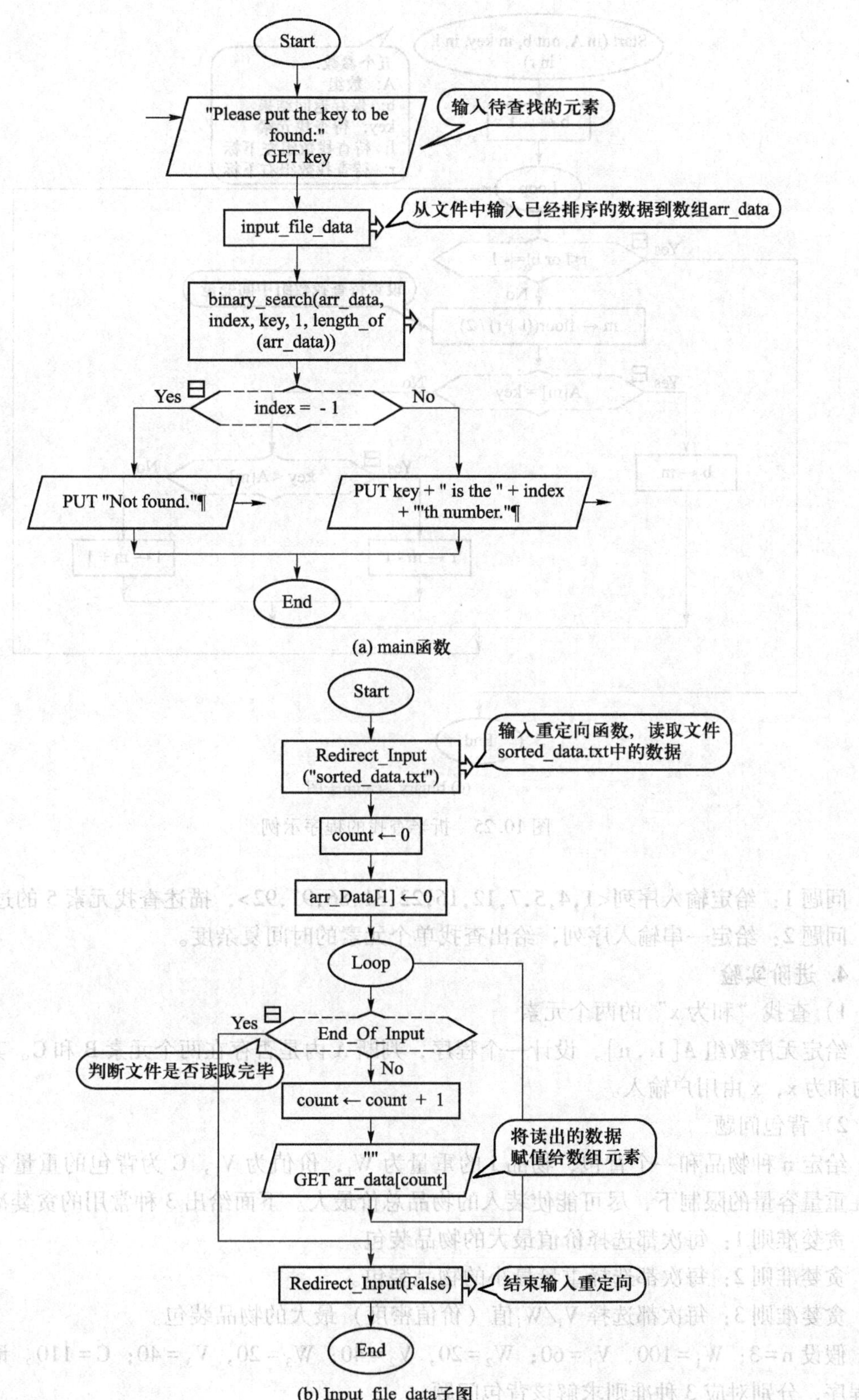

(a) main函数

(b) Input_file_data子图

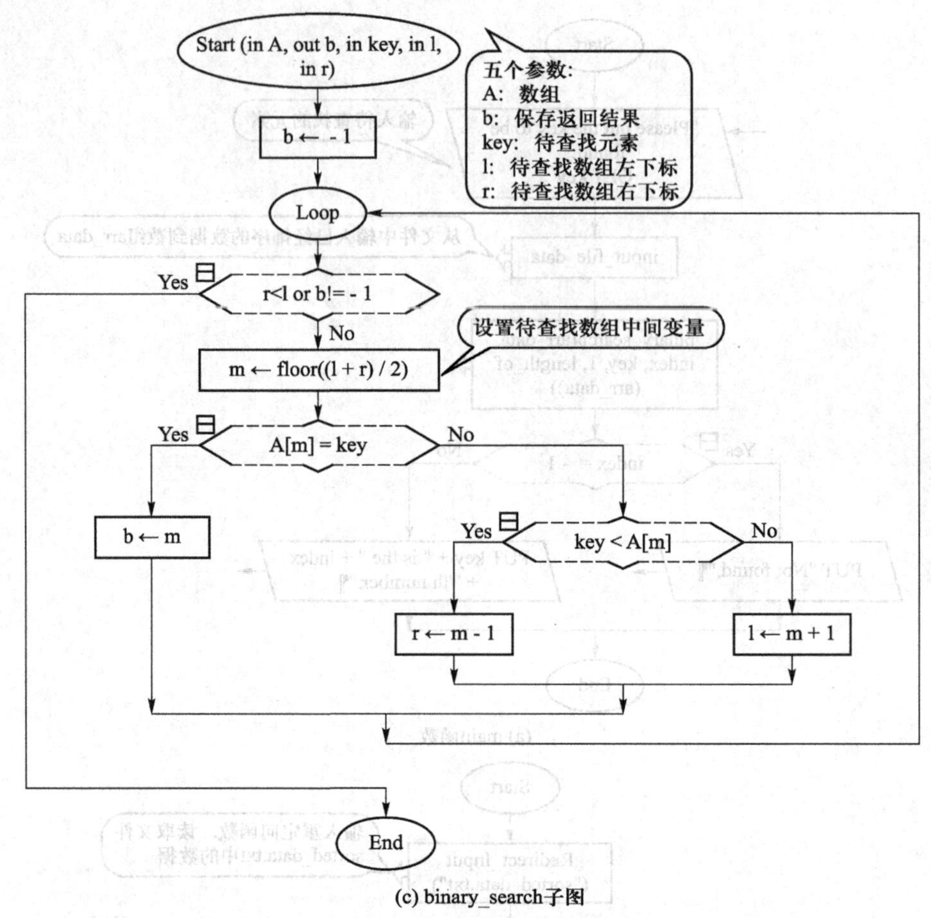

(c) binary_search子图

图 10.25　折半查找的程序示例

问题 1：给定输入序列<1,4,5,7,12,16,22,31,86,91,92>，描述查找元素 5 的过程。

问题 2：给定一串输入序列，给出查找单个元素的时间复杂度。

4. 进阶实验

1）查找"和为 x"的两个元素

给定无序数组 A[1..n]，设计一个程序，判断 A 内是否存在两个元素 B 和 C。其中，B、C 的和为 x，x 由用户输入。

2）背包问题

给定 n 种物品和一个背包，物品 i 的重量为 W_i，价值为 V_i，C 为背包的重量容量，要求在重量容量的限制下，尽可能使装入的物品总价最大。下面给出 3 种常用的贪婪准则。

贪婪准则 1：每次都选择价值最大的物品装包。

贪婪准则 2：每次都选择重量最小的物品装包。

贪婪准则 3：每次都选择 V_i/W_i 值（价值密度）最大的物品装包。

假设 n=3；$W_1=100$，$V_1=60$；$W_2=20$，$V_2=40$；$W_3=20$，$V_3=40$；C=110。请设计三个程序，分别对应 3 种准则求解该背包问题。

5. 综合实验——轮转数组内数值的查找

轮转后的有序数组是指，在有序数组中，以其中一个数为轴，将其之前的所有数都轮转到数组的末尾所得的新数组。例如，数组 A=<1,2,3,4,5,6,7,8>，以 4 为轴，轮转之后结果为 A=<4,5,6,7,8,1,2,3>。利用折半查找思想，设计一个程序，找出轮转后的有序数组内数值为 x 的元素。

6. 热身实验参考答案

1）子数组的合并算法

问题 1：略。

问题 2：该程序功能为合并两个有序子数组，数组 C 的输出结果为<1,3,3,4,5,5,6,7>。

问题 3：$O(n)$。

问题 4：略。

2）二路归并排序

问题 1：略。

问题 2：$O(n\log_2 n)$。

问题 3：设置 in 为参数输入，设置 out 为参数输出。把 A 设置为 in（不设置 out），那么调用的子程序将不改变 A 的值，最终 A 还会是原来的值。

3）折半查找

问题 1：给定输入序列和待查找元素 5，binary_search 子函数首先比较序列中间元素 16。由于待查找元素 5 小于中间元素 16，binary_search 子函数比较 16 左侧序列<1,4,5,7,12>的中间元素 5。此元素与待查找元素相同，则返回结果。

问题 2：给定 n 个元素的有序序列，折半查找每次将问题规模化简为原规模的 1/2，故复杂度为 $O(\log n)$。

10.8 蒙特卡罗方法应用

1. 实验目的

（1）理解随机数的概念及其重要特性。

（2）了解蒙特卡罗方法的广泛应用。

（3）设计 Raptor 程序，使用蒙特卡罗方法求解问题。

2. 实验准备

（1）认真阅读第 5.7 节的内容，了解随机数和蒙特卡罗方法的基本概念。

（2）熟悉可视化计算工具 Raptor 的使用。

3. 热身实验

1）基于蒙特卡罗方法对圆周率 π 的求解

基于蒙特卡罗方法计算圆周率 π，Raptor 求解程序如图 10.26 所示。

问题 1：Raptor 程序中的随机数是如何生成的？

问题 2：在最后求圆周率的值的时候为什么要乘以 4？根据上述 Raptor 程序描述蒙特卡罗方法求圆周率的具体过程。

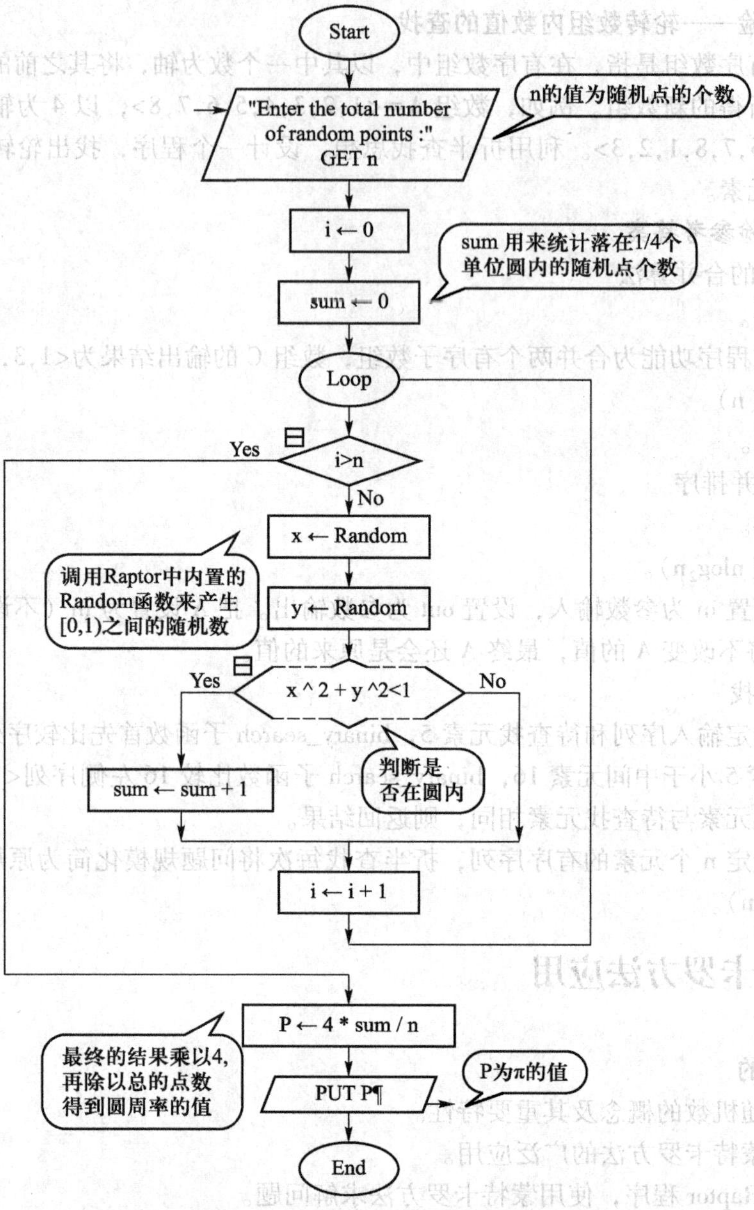

Start

"Enter the total number of random points :" GET n

n的值为随机点的个数

i ← 0

sum 用来统计落在1/4个单位圆内的随机点个数

sum ← 0

Loop

i>n

Yes

No

x ← Random

调用Raptor中内置的Random函数来产生[0,1)之间的随机数

y ← Random

x ^ 2 + y ^2<1

Yes

No

判断是否在圆内

sum ← sum + 1

i ← i + 1

P ← 4 * sum / n

最终的结果乘以4，再除以总的点数得到圆周率的值

PUT P¶

P为π的值

End

图 10.26　蒙特卡罗方法求 π 的程序示例

2）基于蒙特卡罗方法对椭圆面积的求解

已知一个椭圆的长轴长为 12，短轴长为 6（如图 10.27 所示），设计 Raptor 程序求这个椭圆的面积。Raptor 程序如图 10.28 所示。

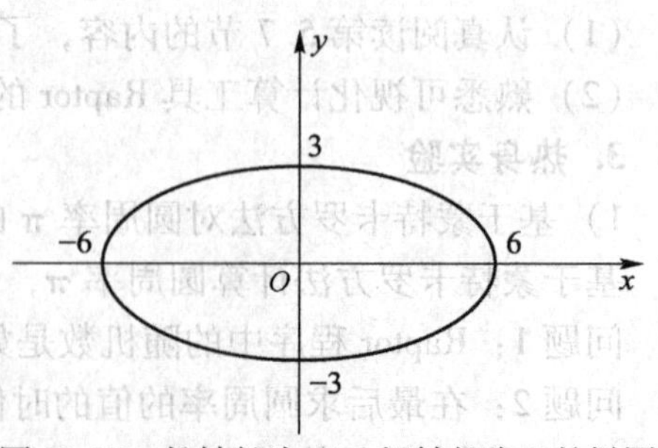

图 10.27　长轴长为 12，短轴长为 6 的椭圆

问题 1：Raptor 程序中的 random 函数产生随机数的范围是多少？如何使用 random 函数生成[−5,5)范围内的随机数？

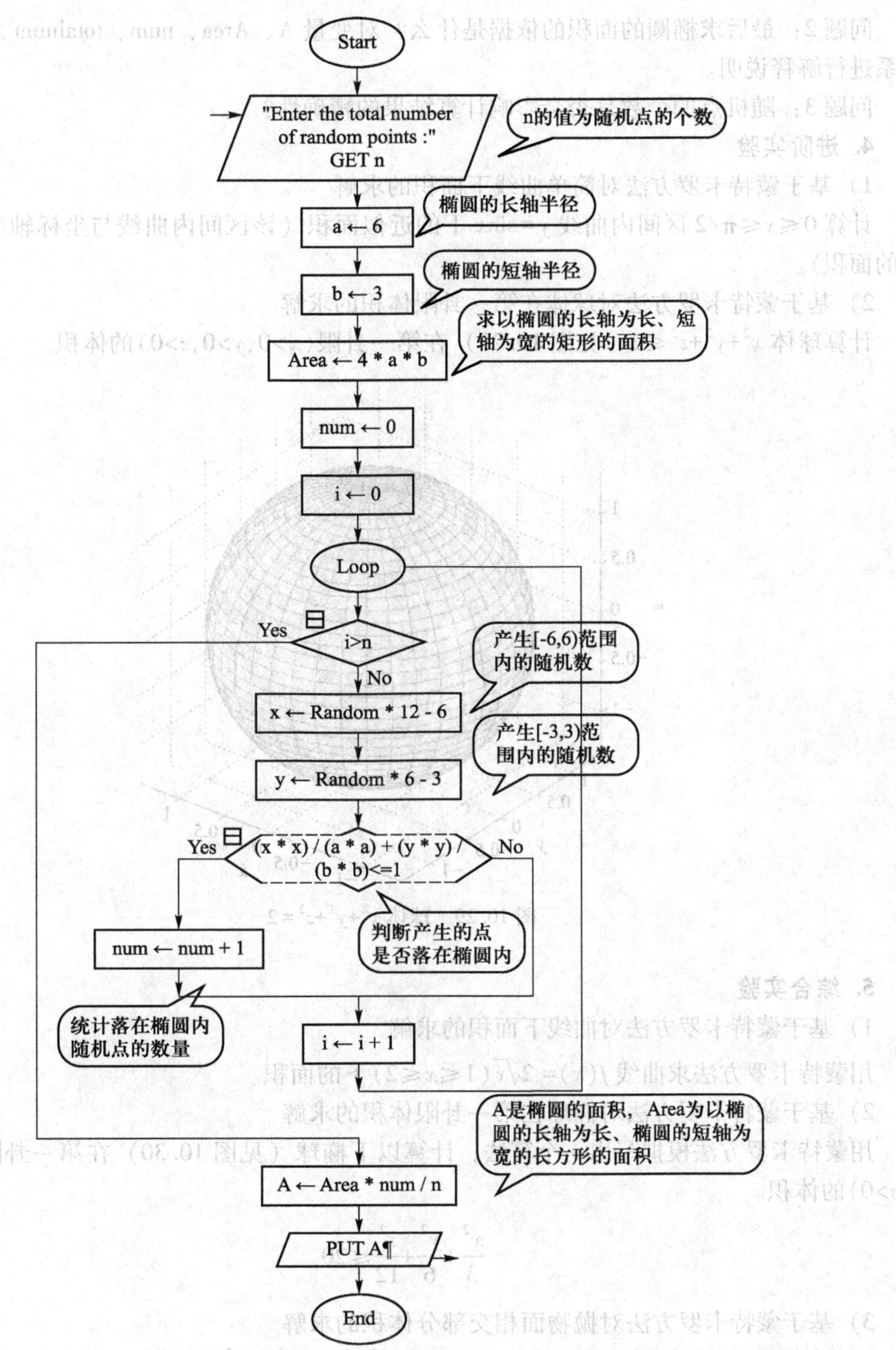

图 10.28 蒙特卡罗方法求椭圆的面积的程序示例

问题 2：最后求椭圆的面积的依据是什么？对变量 A、Area、num、totalnum 之间具有的关系进行解释说明。

问题 3：随机点的个数是否会影响计算结果的精确性？

4. 进阶实验

1）基于蒙特卡罗方法对简单曲线下面积的求解

计算 $0\leqslant x\leqslant \pi/2$ 区间内曲线 $y=\sin x$ 下的近似面积（该区间内曲线与坐标轴所围成的区域的面积）。

2）基于蒙特卡罗方法对球体在第一卦限体积的求解

计算球体 $x^2+y^2+z^2\leqslant 2$（见图 10.29）在第一卦限($x>0,y>0,z>0$)的体积。

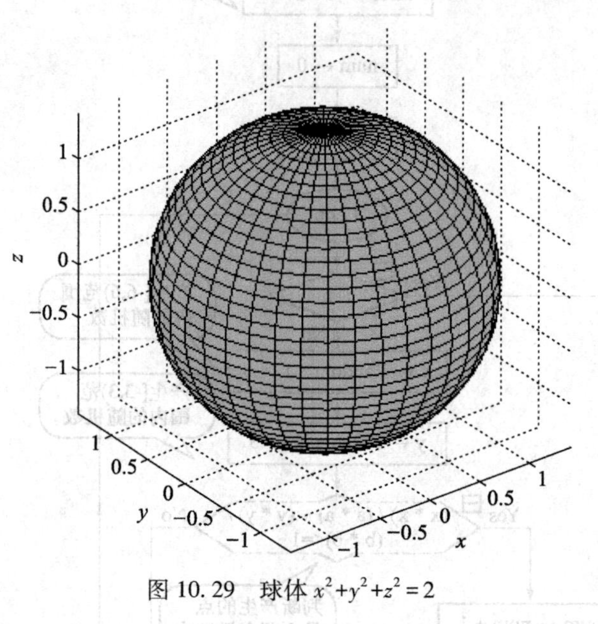

图 10.29　球体 $x^2+y^2+z^2=2$

5. 综合实验

1）基于蒙特卡罗方法对曲线下面积的求解

用蒙特卡罗方法求曲线 $f(x)=2\sqrt{x}\,(1\leqslant x\leqslant 2)$ 下的面积。

2）基于蒙特卡罗方法对椭球在第一卦限体积的求解

用蒙特卡罗方法模拟写出一个算法，计算以下椭球（见图 10.30）在第一卦限($x>0,y>0,z>0$)的体积。

$$\frac{x^2}{3}+\frac{y^2}{6}+\frac{z^2}{12}\leqslant 20$$

3）基于蒙特卡罗方法对抛物面相交部分体积的求解

用蒙特卡罗方法计算两个抛物面 $z=12-x^2-y^2$ 和 $z=x^2+3y^2$ 相交在第一卦限区域内的体积（如图 10.31 所示）。注意，两个抛物面相交于以下椭圆柱上。

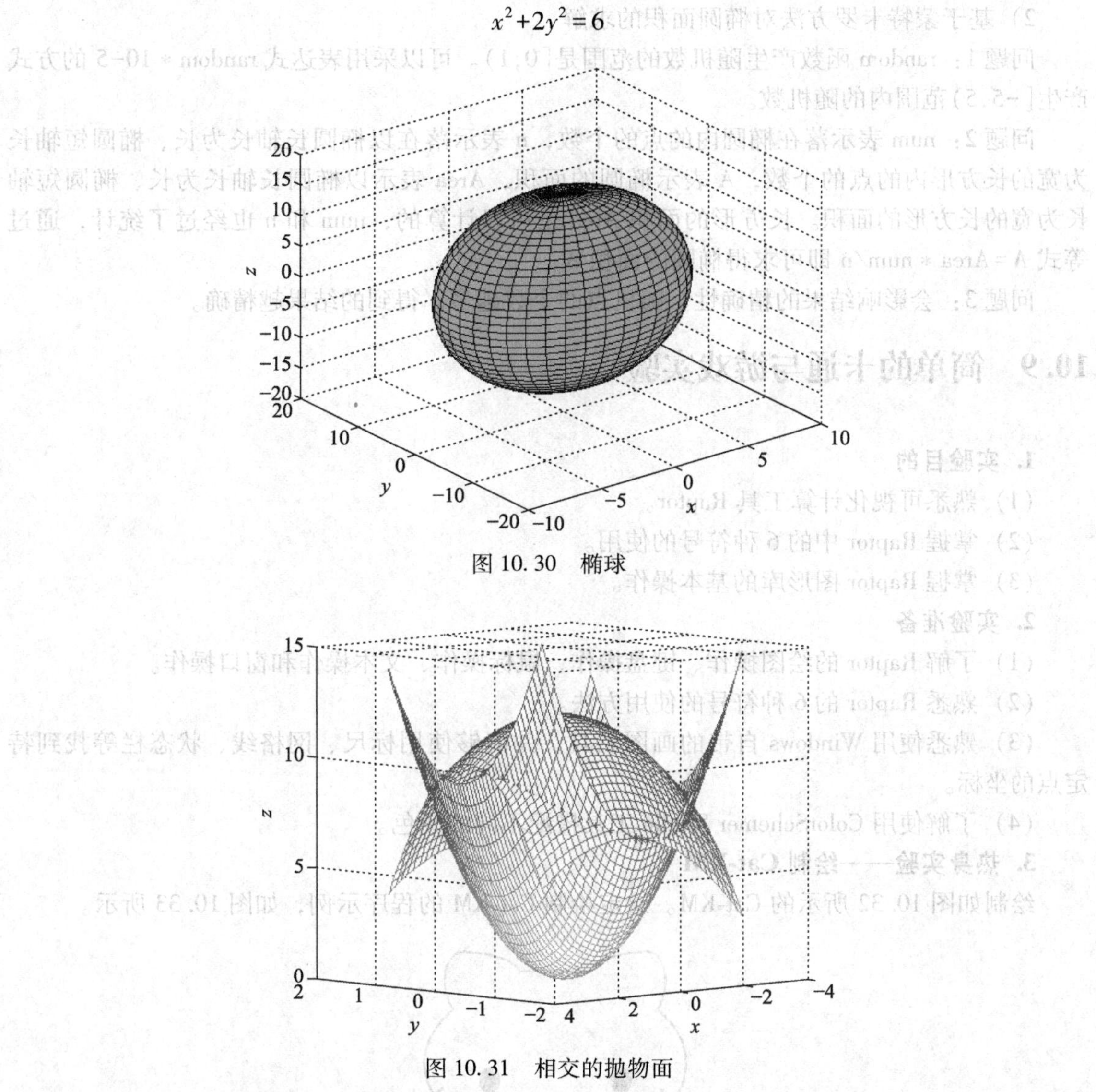

图 10.30 椭球

图 10.31 相交的抛物面

6. 热身实验参考答案

1) 基于蒙特卡罗方法对圆周率 π 的求解

问题 1：调用 Raptor 中的 random 函数生成一个[0,1)之内的随机值。

问题 2：求圆周率的具体过程如下。让计算机每次随机生成两个 0~1 之间的数，看以这两个实数为横、纵坐标的点是否在单位圆内。生成一系列随机点，统计单位圆内的点数与总点数，当随机点取得越多时，得到的圆周率的值就越精确。该 Raptor 程序模拟求解的是在一个包含 1/4 单位圆在内的正方形中，落在圆内的随机点数量与总的随机点数量的比值，该比值为 π/4，乘以 4 即得到 π。

2）基于蒙特卡罗方法对椭圆面积的求解

问题 1：random 函数产生随机数的范围是[0,1)。可以采用表达式 random＊10-5 的方式产生[-5,5)范围内的随机数。

问题 2：num 表示落在椭圆内的点的个数，n 表示落在以椭圆长轴长为长、椭圆短轴长为宽的长方形内的点的个数，A 表示椭圆的面积，Area 表示以椭圆长轴长为长、椭圆短轴长为宽的长方形的面积。长方形的面积 Area 是可以计算的，num 和 n 也经过了统计，通过等式 A=Area＊num/n 即可求得椭圆的面积 A。

问题 3：会影响结果的精确性。随机点的个数越多，得到的结果越精确。

10.9　简单的卡通与游戏实验

1. 实验目的

（1）熟悉可视化计算工具 Raptor。

（2）掌握 Raptor 中的 6 种符号的使用。

（3）掌握 Raptor 图形库的基本操作。

2. 实验准备

（1）了解 Raptor 的绘图操作、键盘操作、鼠标操作、文本操作和窗口操作。

（2）熟悉 Raptor 的 6 种符号的使用方法。

（3）熟悉使用 Windows 自带的画图工具，并能够使用标尺、网格线、状态栏等找到特定点的坐标。

（4）了解使用 ColorSchemer Studio 工具搭配不同的颜色。

3. 热身实验——绘制 Cat-KM

绘制如图 10.32 所示的 Cat-KM。给定绘制 Cat-KM 的程序示例，如图 10.33 所示。

图 10.32　Cat-KM 图标

由于程序需要描述的内容比较多，所以将该过程分为几个子图：main 子图、Head 子图、Body 子图、Foot 子图、T_shirt 子图。

各个子图的主要功能如下。

main 子图：创建图形窗口，并调用各个子图，参见图 10.33（a）。

Head 子图：绘制 Cat-KM 的头部，参见图 10.33（b）。

Body 子图：绘制 Cat-KM 的身体，参见图 10.33（c）。

T_shirt 子图：绘制 Cat-KM 的上衣，参见图 10.33（d）。

Foot 子图：绘制 Cat-KM 的脚，参见图 10.33（e）。

请回答以下问题。

问题 1：请写出创建和关闭图形窗口的函数。

问题 2：请写出绘制线段、矩形、圆、椭圆、弧的函数，对各个函数的参数给出解释，并绘制。

问题 3：请写出绘制文本、绘制数字的函数。

问题 4：对源程序做适当修改，给 Cat-KM 绘制颜色。

4. 进阶实验——绘制一朵花

请绘制花图案，如图 10.34 所示。

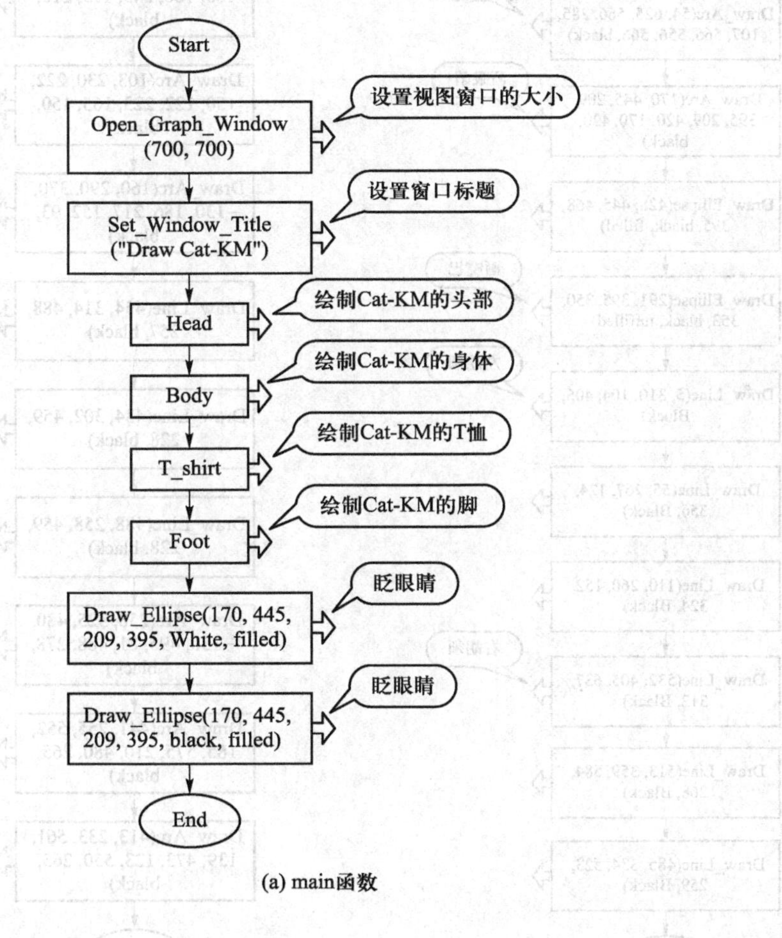

(a) main函数

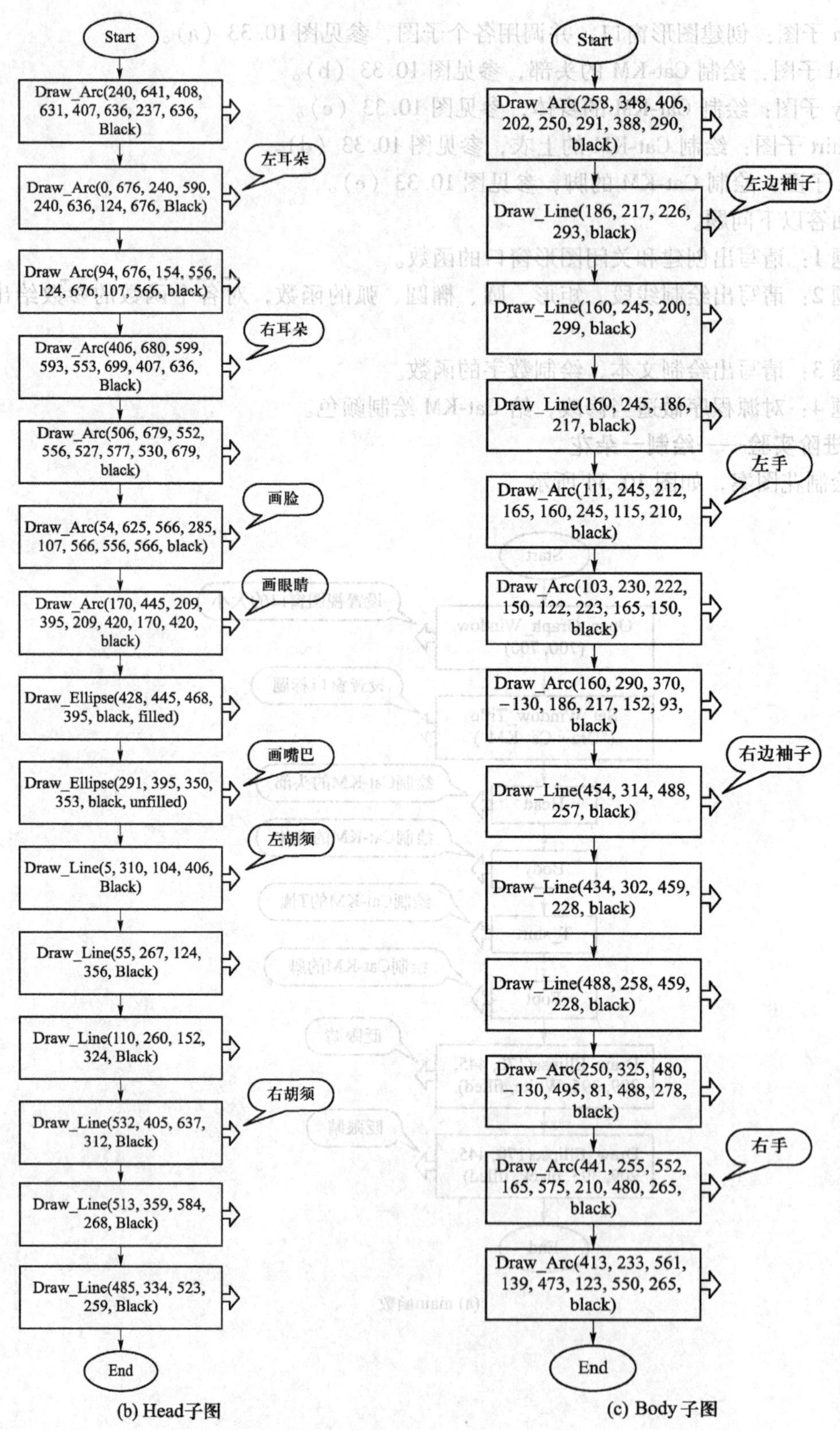

(b) Head子图　　　　(c) Body子图

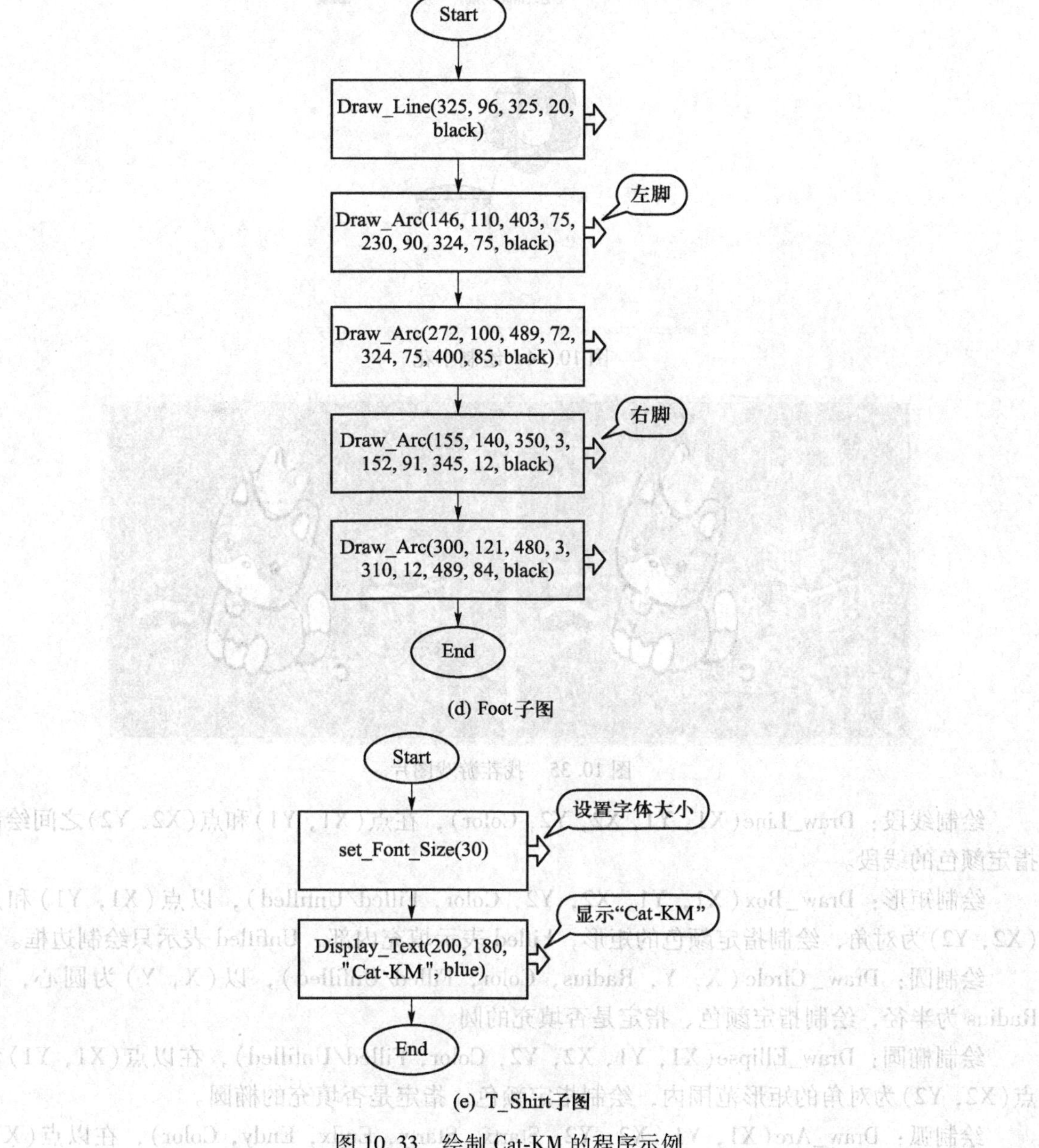

(d) Foot子图

(e) T_Shirt子图

图 10.33 绘制 Cat-KM 的程序示例

5. 综合实验——设计一个找茬游戏

按如图 10.35 所示图片设计找茬游戏。

6. 热身实验参考答案

问题 1：

创建图形窗口的命令：Open_Graph_Window(X_Size, Y_Size)；

关闭图形窗口的指令：Close_ Graph_Window。

问题 2：

图 10.34　绘制小花

图 10.35　找茬游戏图片

绘制线段：Draw_Line(X1，Y1，X2，Y2，Color)，在点(X1，Y1)和点(X2，Y2)之间绘制指定颜色的线段。

绘制矩形：Draw_Box(X1，Y1，X2，Y2，Color，Filled/Unfilled)，以点(X1，Y1)和点(X2，Y2)为对角，绘制指定颜色的矩形，Filled 表示填充内部，Unfilled 表示只绘制边框。

绘制圆：Draw_Circle(X，Y，Radius，Color，Filled/Unfilled)，以(X，Y)为圆心，以 Radius 为半径，绘制指定颜色、指定是否填充的圆。

绘制椭圆：Draw_Ellipse(X1，Y1，X2，Y2，Color，Filled/Unfilled)，在以点(X1，Y1)和点(X2，Y2)为对角的矩形范围内，绘制指定颜色、指定是否填充的椭圆。

绘制弧：Draw_Arc(X1，Y1，X2，Y2，Startx，Starty，Endx，Endy，Color)，在以点(X1，Y1)和点(X2，Y2)为对角的矩形范围内，绘制指定颜色的椭圆的一部分。

绘制图形略。

问题 3：

绘制文本：Display_Text(X，Y，Text，Color)，在(X，Y)位置上绘制内容为“Text”的指定颜色的字符串，绘制方式从左到右。

绘制数字：Display_Number(X，Y，Number，Color)，在(X，Y)位置上绘制指定颜色的 Number 数值，绘制方式从左到右。

问题 4：略。

附录 A　Raptor 可视化程序设计概述

A.1　Raptor 是什么?

Raptor（Rapid Algorithmic Prototyping Tool for Ordered Reasoning，用于有序推理的快速算法原型工具）是一种基于流程图的程序开发环境。流程图是一系列可连接的图形符号的集合，每一种符号代表着一个可执行的特定类型的指令，符号之间的连接决定了指令的执行顺序。

Raptor 是由美国空军学院的马丁·C. 卡莱尔（Martin C. Carlisle）博士带领的团队开发的。Raptor 最初是为美国空军学院计算机科学系设计的，目前 Raptor 已经得到了广泛的推广及应用，已有不少院校将其应用于计算机教学。

A.2　为什么要使用 Raptor 进行程序设计?

佐治亚理工学院计算机学院的沙克尔福德（Shackelford）和勒布朗（LeBlanc）教授曾经注意到这样一个现象，在“计算概论”课程中使用一种特定的程序设计语言容易干扰并分散学生对算法问题求解核心部分的注意力。教师都希望把时间用在他们认为学生最可能遇到困难的问题上，因此他们往往把授课的重点集中在语法上，他们希望学生能够克服困难。例如，在 C 语言环境中，错误地将赋值符号“=”当成了关系运算符“==”，或者在语句结束时忘记了加分号等，这些语法错误导致程序无法正确执行。

此外，北卡罗来纳大学的费尔德（Felder）教授认为，大多数学生是视觉化的学习者，而教师们往往倾向于提供口头讲授。研究发现，有 75%~83%的学生是视觉化的学习者。因此，对大多数初学者来说，由于传统的程序设计语言或伪代码具有高度的文本化而非可视化的性质，无法为他们提供直观的算法表达框架。

Raptor 是为应对语法困难以及非视觉环境的缺陷而专门设计的，Raptor 允许学生通过连接基本的图形符号来创建算法，在 Raptor 环境中执行算法，还可以观察算法每一步的执行过程。在 Raptor 环境中，可以观察当前程序执行到了哪个部分，可以看到所有变量的当前值。此外，Raptor 还提供了一个基于 AdaGraph 的简单图形库，借助该图形库，用户不仅可以将算法可视化，而且也可以将他们要解决的问题可视化。

马丁教授曾为美国空军学院的学生讲授“计算概论”课程，该课程设有 12 个学时的算法内容，开始时，这一部分是使用 Ada 95 和 Matlab 来讲授的。从 2003 年夏季开始，他们改用 Raptor 讲授这一部分课程。在最后的结课考试中，他们跟踪了需要学生设计算法来解决的三个问题，学生可以使用任何方式来表达他们的算法（Ada、Matlab、流程图等）。在这样的前提下，他们发现学生们更喜欢使用可视化的描述形式，而且那些学过 Raptor 的学生在考试中发挥得更加出色。

使用 Raptor 进行程序设计主要基于以下几个原因。

（1）Raptor 开发环境可以最大限度地减少编写正确程序所需要的语法要求。

（2）Raptor 开发环境是可视化的。Raptor 程序是一种每次执行一个图形符号的有向图，因此它可以帮助用户跟踪 Raptor 程序的指令流执行过程。

（3）Raptor 是为便于使用而设计的（相较于其他复杂的开发环境，Raptor 开发环境非常简单）。

（4）对于初学者来说，使用 Raptor 进行程序设计时出现的调试和报错消息更易于理解。

（5）使用 Raptor 的目的是进行算法设计和运行验证，这个目标不要求用户了解像 C++ 或 Java 这样重量级的程序设计语言。

A.3　Raptor 的安装

在 Raptor 的官方网站中可以下载 Raptor 的安装文件，该网站上有几个不同的版本，推荐使用最新的版本，只需单击相应按钮即可。该网站上还有一个便携版本，这个版本可以安装在 U 盘上使用。安装过程非常简单，只需双击安装文件，按照提示进行操作即可。

A.4　几个简单的 Raptor 程序

下面介绍 3 个简单的 Raptor 程序实例，目的是通过这些实例使读者对 Raptor 程序设计有一个基本的认识。

A.4.1　实例 1　输出字符串“Hello World!”

打开 Raptor 软件之后会弹出两个对话框，一个是 Raptor 的开始界面（如图 A.1 所示），另一个是用于显示 Raptor 程序输出结果的界面（如图 A.2 所示）。

图 A.1 的左侧列出了 Raptor 的 6 种基本符号：赋值（Assignment）、调用（Call）、输入（Input）、输出（Output）、选择（Selection）和循环（Loop）；中间显示的是主函数（main），它是程序执行的入口，start 和 end 分别表示程序的开始和结束。

在一个简单的“Hello，World!”程序中，涉及两个基本符号，即赋值（Assignment）和输出（Output）。当然也可以只用输出（Output）符号，这里是为了介绍这两种基本符号。

输出“Hello，World!”字符串，基本思路是先将该字符串存储在某个地方，然后将其输出。如何存储该字符串呢？这时就要用到赋值符号。图 A.3 是插入赋值符号后的效果。

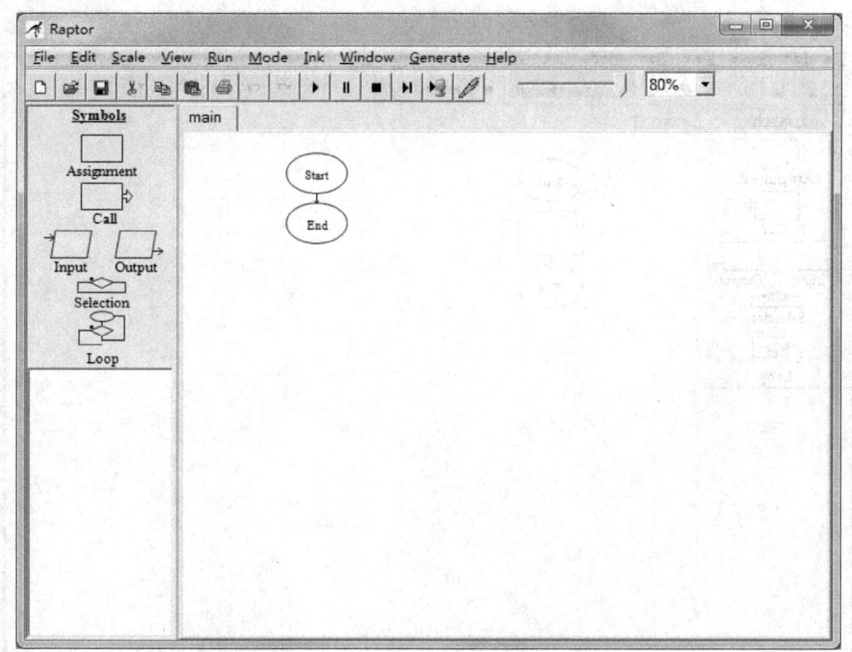

图 A.1 Raptor 的开始界面

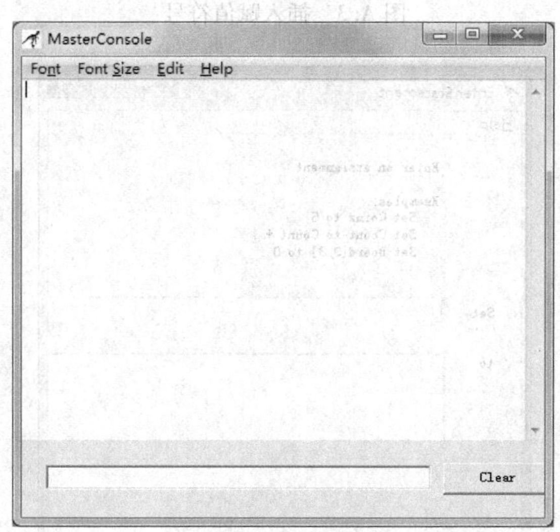

图 A.2 显示 Raptor 程序输出结果的界面

在图 A.3 中，只需单击左侧的 Assignment，然后将其拖曳到 start 与 end 之间即可。接下来是将字符串“Hello，World!”赋值给某个变量。

当双击赋值符号之后，会弹出如图 A.4 所示的窗口，该窗口用于将“Hello，World!”字符串赋值给某个变量（该字符串被存储在内存中，可以通过该变量名来访问这一内存空间）。在 Set 文本框中输入变量的名称，可以用它来访问字符串“Hello，World!”，在 to 文本框中输入想要存储的值，即“Hello，World!”，然后单击 Done 按钮即可。这里要注意一点，输入的字符串需要加英文双引号，且内容只能使用英文字符、英文符号或数字，操作完成后效果如图 A.5 所示。

Raptor
File Edit Scale View Run Mode Ink Window Generate Help
80%
Symbols
main
Assignment
Call
Input
Output
Selection
Loop
Start
End

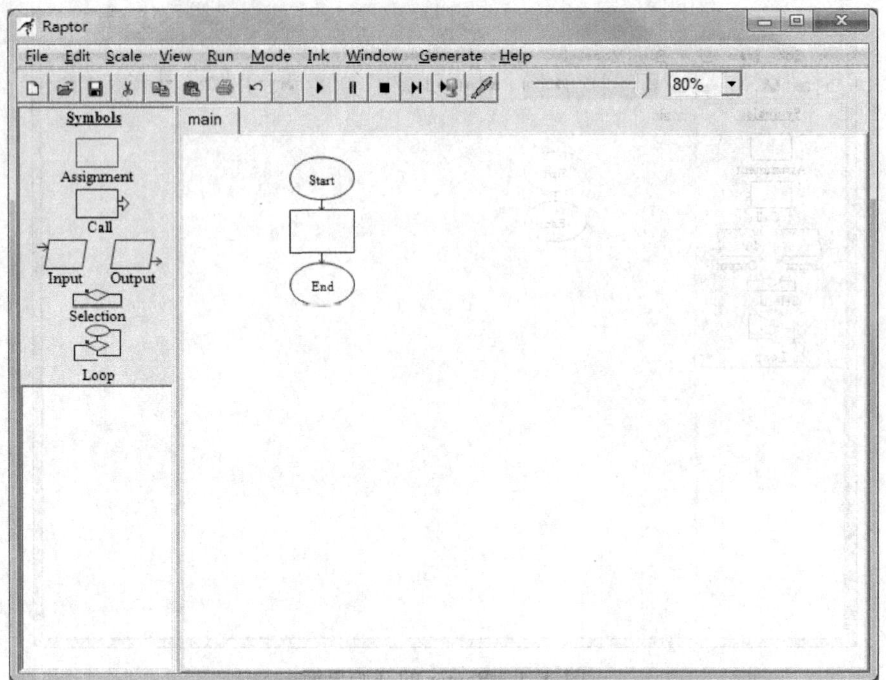

图 A.3　插入赋值符号

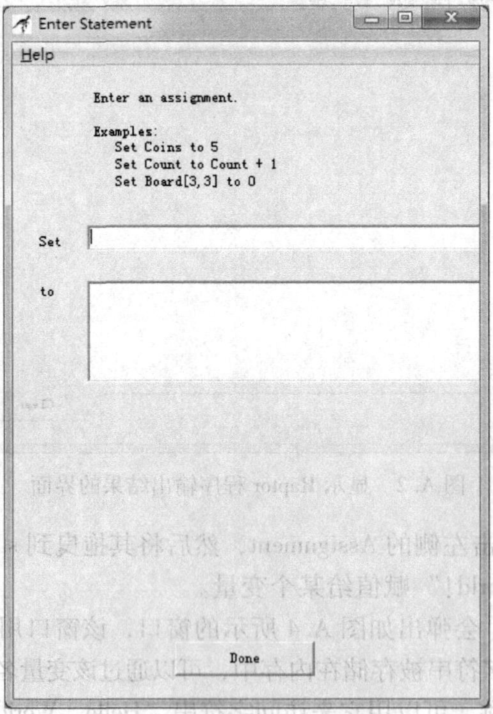

Enter Statement
Help
Enter an assignment.
Examples:
Set Coins to 5
Set Count to Count + 1
Set Board[3,3] to 0
Set
to
Done

图 A.4　赋值语句对话框

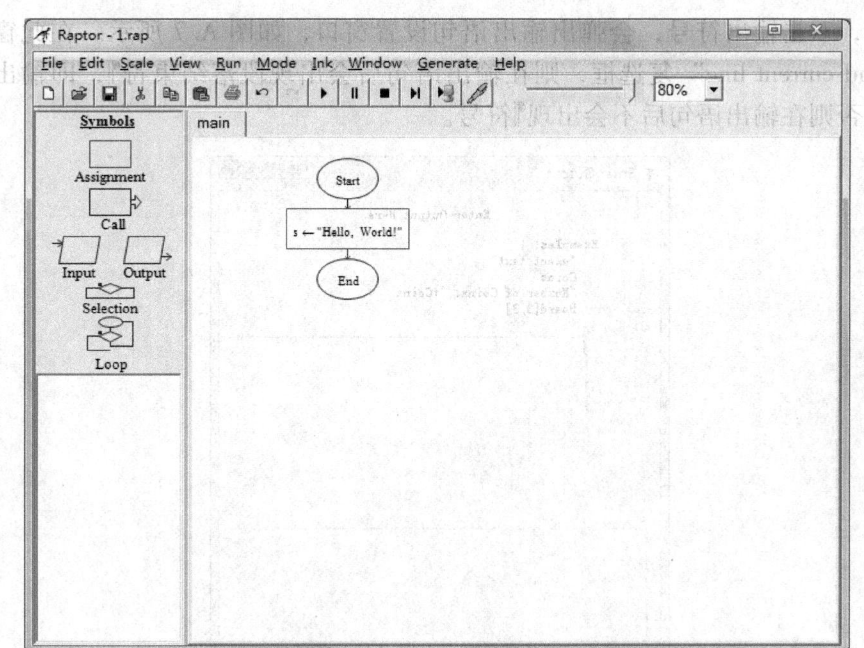

图 A. 5　将字符串“Hello，World!”赋值给变量 s

接下来就可以输出字符串了，为了实现输出，需要使用输出符号，与添加赋值（Assignment）符号的操作一样，可以采用同样的方式将输出符号拖曳到赋值符号与 End 之间，效果如图 A. 6 所示。

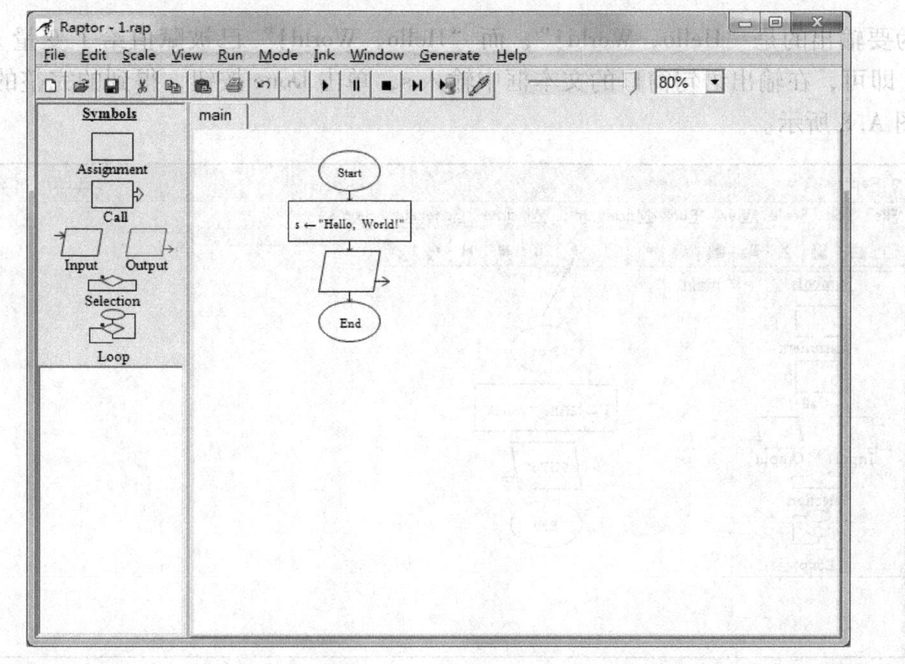

图 A. 6　加入 Output 符号

接下来，双击输出符号，会弹出输出语句设置窗口，如图 A.7 所示。在此窗口中，如果选中“End current line”复选框，则在输出语句后会出现段落结束符¶，即输出数据后会自动换行；否则在输出语句后不会出现¶符号。

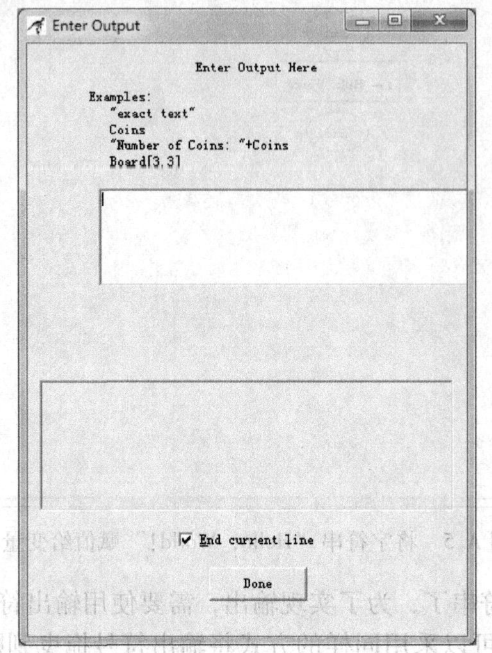

图 A.7　输出语句对话框

因为要输出的是“Hello，World!”，而“Hello，World!”已被赋值给了变量 s，因此只需输出 s 即可，在输出语句窗口的文本框中输入 s，单击 Done 按钮，得到的完整的 Raptor 程序，如图 A.8 所示。

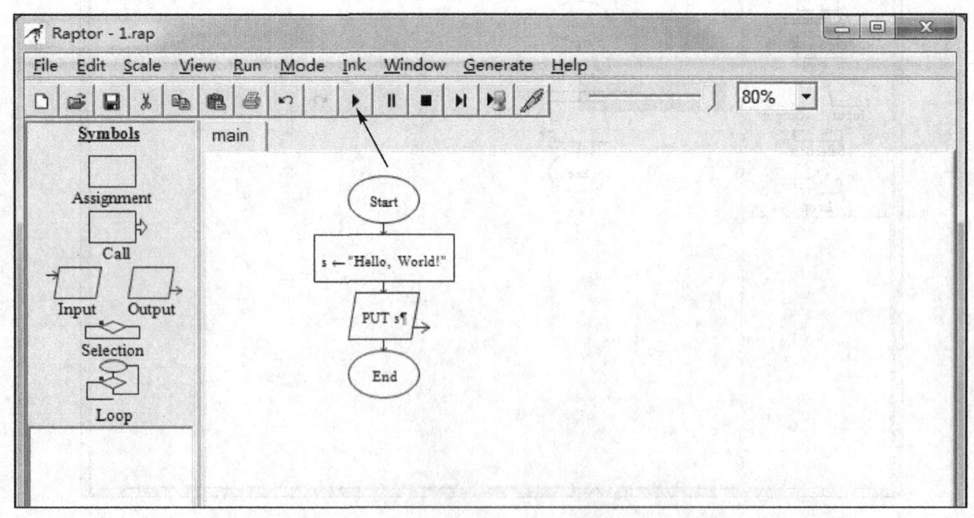

图 A.8　完整的 Raptor 程序

设计好完整的 Raptor 程序之后，接下来就可以运行程序了，可以通过两种方式运行 Raptor 程序。一种是单击图 A. 8 中箭头所指的图标；另一种是单击 Run 菜单中的 Execute to completion 选项，程序运行完成后会在程序输出对话框中显示程序运行结果，如图 A. 9 所示。

正如图 A. 9 所显示的那样，程序输出了预期的结果。“Run complete.”提示程序成功执行完成，若程序执行失败，则提示“Error，run halted”。后面的“4 symbols evaluated.”表示的是程序中被执行的符号数量。根据 Raptor 提供的这一信息，可以粗略地分析算法的复杂度。

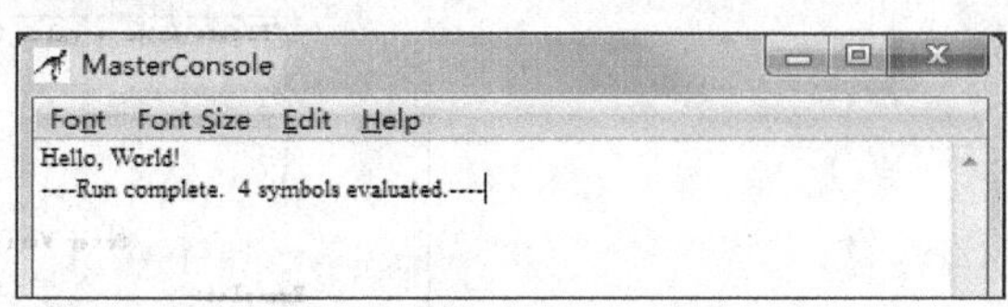

图 A. 9　程序的运行结果

单击开始界面中的 File 菜单，选择 Save 选项，对 Raptor 文件进行保存，Raptor 文件的扩展名为“rap”。而 Save as 选项允许用户将 Raptor 文件以指定的名称保存到指定的位置中。

A. 4. 2　实例 2　求两个整数中的较大值

实例 1 介绍了一个简单的输出程序，其中包括赋值与输出符号，接下来介绍一个求两个整数中较大值的程序，该程序包含更多的符号。

要求两个数 a 和 b 中的较大值，与实例 1 中直接使用赋值符号不同，此处需要使用输入符号。在使用输入符号的情况下，在程序执行到输入符号时，用户输入的值即为变量的值。插入输入符号的结果如图 A. 10 所示。

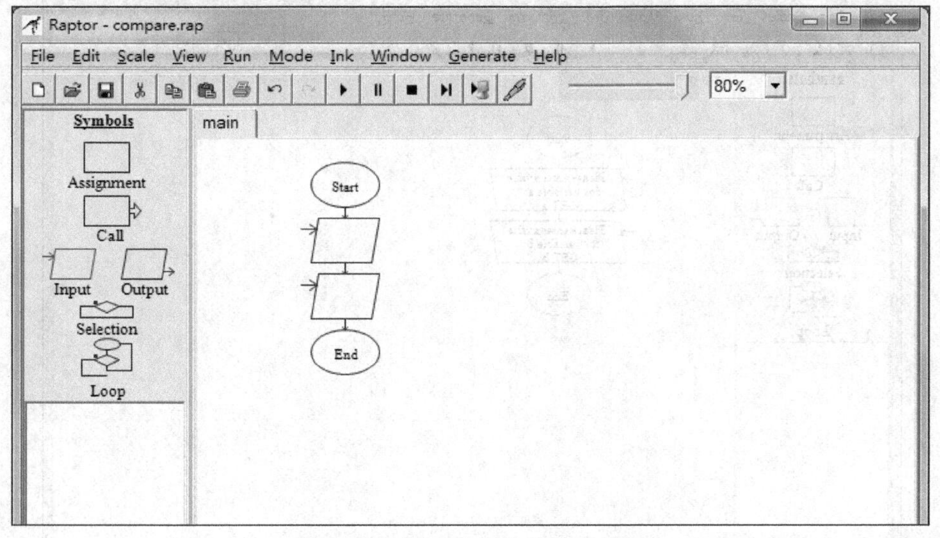

图 A. 10　插入 a 和 b 的输入符号

双击输入符号，会弹出如图 A. 11 所示的窗口，其中“Enter Prompt Here”部分要求输入提示文本，也就是对将要输入的变量进行说明，比如变量类型、范围等；“Enter Variable Here”部分要求输入变量名，该变量用于存储输入的变量值。此处要输入的是一个整数，因此在提示文本部分可以输入："Please enter a value for variable a:"，用 a 来存储待输入的变量值，因此在下半部分的文本框中输入 a；对变量 b 进行相同的操作，并单击 Done 按钮，得到的结果如图 A. 12 所示。

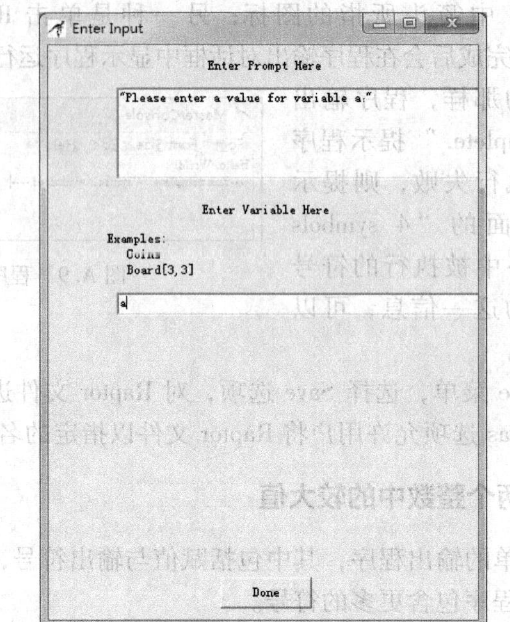

图 A. 11　为输入符号输入提示文本和变量名

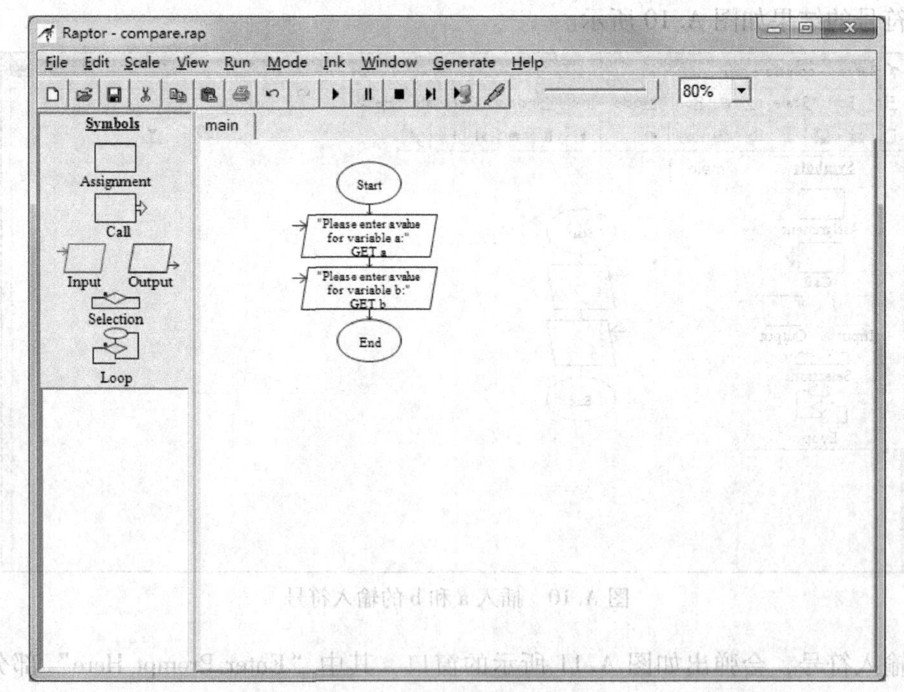

图 A. 12　定义输入符号

接下来使用一种新的符号——调用（Call），通过该符号可以调用一个能够完成特定功能的子过程，该子过程也称为子函数。加入调用符号之后，效果如图 A. 13 所示。

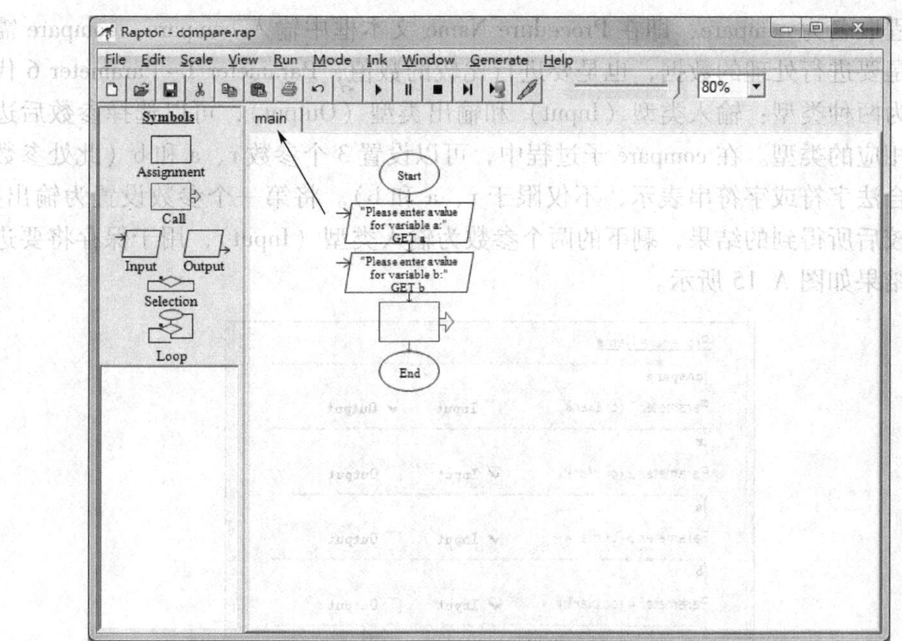

图 A. 13 插入调用符号

插入调用符号是为了调用一个子过程，在调用该子过程之前需要先定义它，要求该子过程能够完成两个整数的比较，并返回比较的结果。定义子过程的方法如下，首先右击 main（如图 A. 13 中箭头所示），在弹出的菜单中选择 Add Procedure 选项，弹出的对话框如图 A. 14 所示。

Create Procedure

Names must begin with letter, and contain only letters, numbers and underscores.

Examples:
Draw_Boxes
Find_Smallest

Procedure Name

Parameter 1 (or blank) Input Output

Parameter 2 (or blank) Input Output

Parameter 3 (or blank) Input Output

Parameter 4 (or blank) Input Output

Parameter 5 (or blank) Input Output

Parameter 6 (or blank) Input Output

Ok Cancel

图 A. 14 插入子过程

若子过程取名为 compare，即在 Procedure Name 文本框中输入 compare，compare 需要参数，参数既是要进行处理的数据，也是要进行比较的数值，Parameter 1 ~ Parameter 6 代表参数，参数分为两种类型：输入类型（Input）和输出类型（Output），可以选择参数后边的复选框来确定相应的类型。在 compare 子过程中，可以设置 3 个参数 r、a 和 b（此处参数名称可以用其他合法字符或字符串表示，不仅限于 r、a 和 b）。将第一个参数设置为输出类型，用于保存比较后所得到的结果，剩下的两个参数为输入类型（Input），用于保存将要进行比较的数值。结果如图 A. 15 所示。

Procedure Name
compare
Parameter 1 (or blank)　Input　Output
r
Parameter 2 (or blank)　Input　Output
a
Parameter 3 (or blank)　Input　Output
b
Parameter 4 (or blank)　Input　Output

图 A. 15　定义子过程的名称和参数

单击“Ok”按钮，可以得到如图 A. 16 所示的子过程。

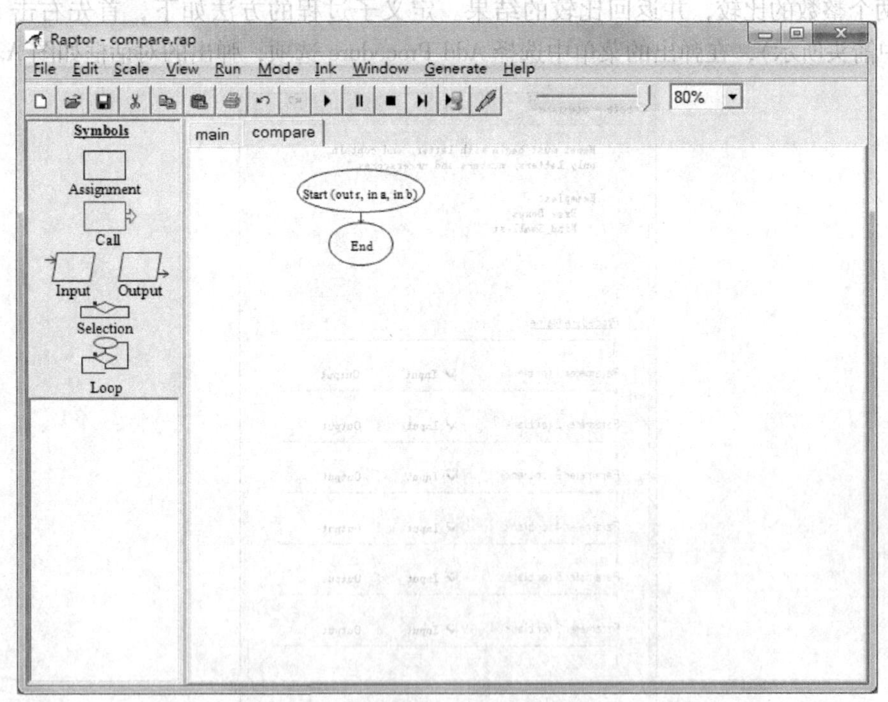

图 A. 16　子过程

接下来需要对该子过程进行定义，此处需要使用选择（Selection）符号，因为进行的是比较操作，需要根据不同的情况进行转移。

单击选择（Selection）符号，将其拖曳到 Start 之后，双击选择符号中的菱形，弹出如图 A.17 所示的窗口。在该窗口中需要输入分支条件，在此输入 a>b（当然也可以输入 a<=b，不同的选择对应的分支不同），单击 Done 按钮，结果如图 A.18 所示。

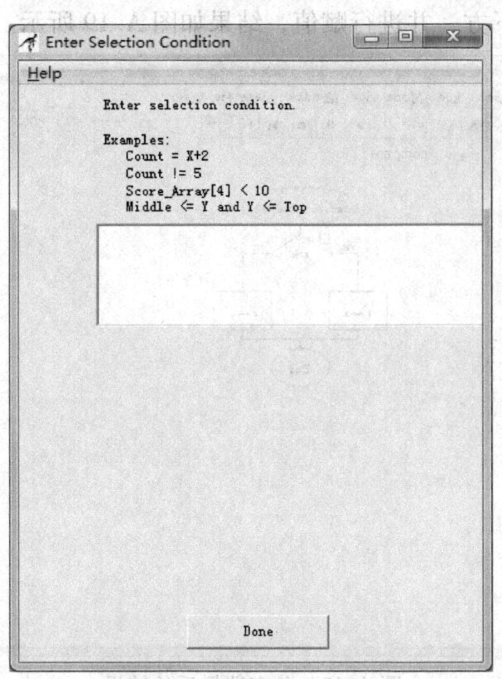

图 A.17　输入选择条件对话框

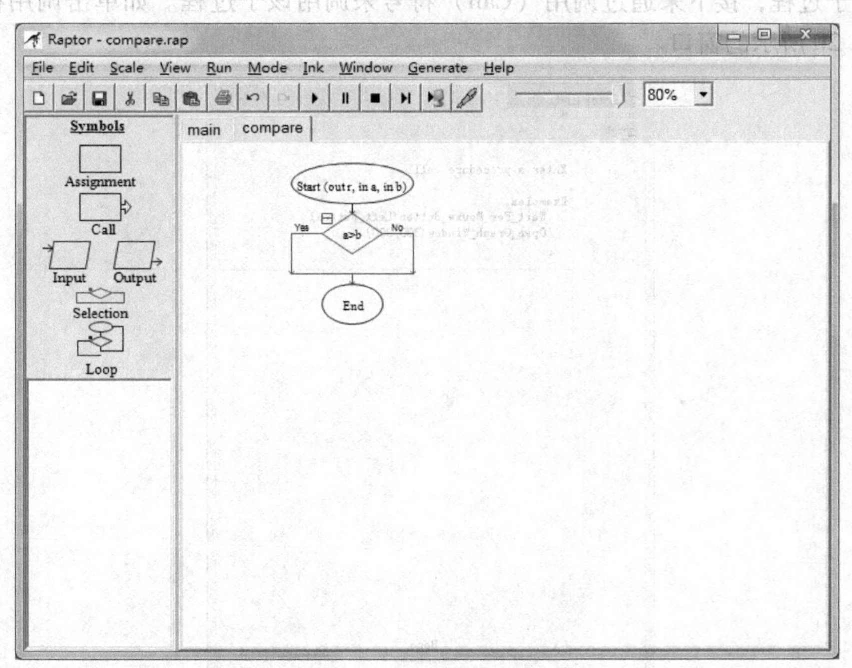

图 A.18　输入分支条件

在图 A. 18 中，当 a>b 成立时，也就是对应左分支（Yes），此时较大值为 a，用 r 保存结果，因此要插入赋值符号并将 a 的值赋值给 r；当 a>b 不成立时，也就是对应右分支（No），此时也要插入赋值符号将 b 的值赋值给 r。单击赋值（Assignment）符号，将其拖曳到 Yes 和 No 对应分支的下方，并进行赋值，结果如图 A. 19 所示。

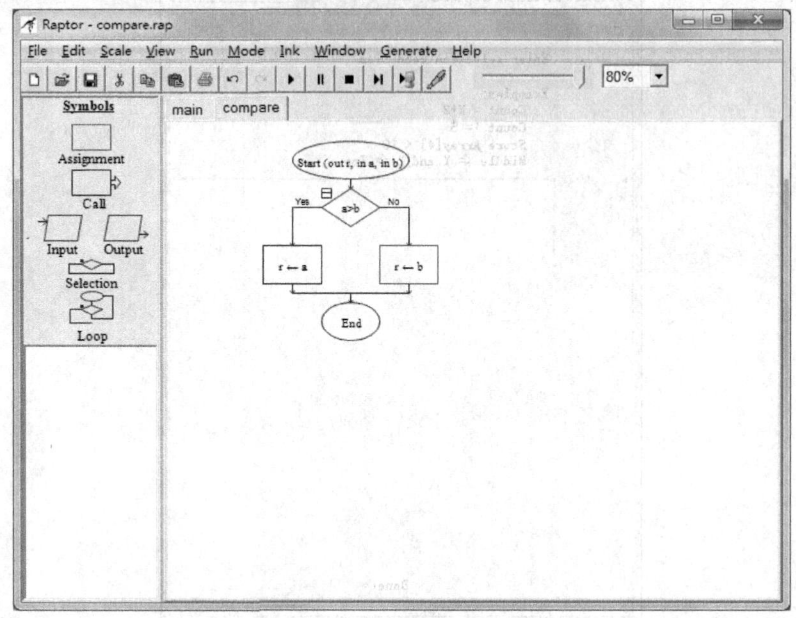

图 A. 19 分支选择后的结果

定义好子过程，接下来通过调用（Call）符号来调用该子过程。如单击调用符号后，会弹出如图 A. 20 所示的窗口。

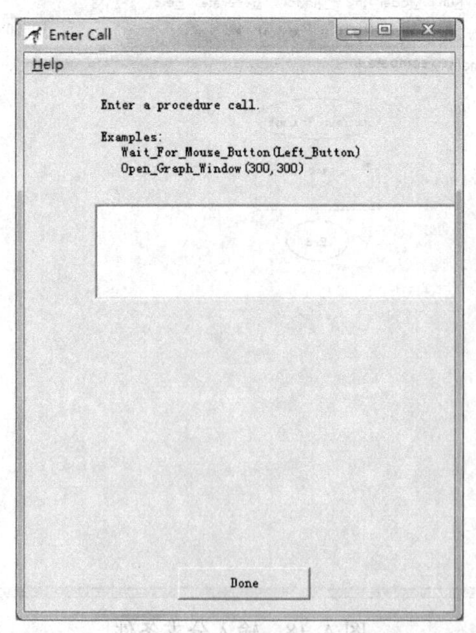

图 A. 20 输入调用的子过程对话框

在图 A. 20 中要求输入需要调用的子过程，要调用的是已经定义过的 compare 子过程，可以在图 A. 20 中看到提示，最开始的部分是子过程的名称，括号里边的内容是子过程的参数，这里要注意的一点是参数匹配，这里所说的匹配包括参数个数、参数顺序和参数类型。输入 compare(m,a,b)，单击 Done 按钮，得到的结果如图 A. 21 所示。

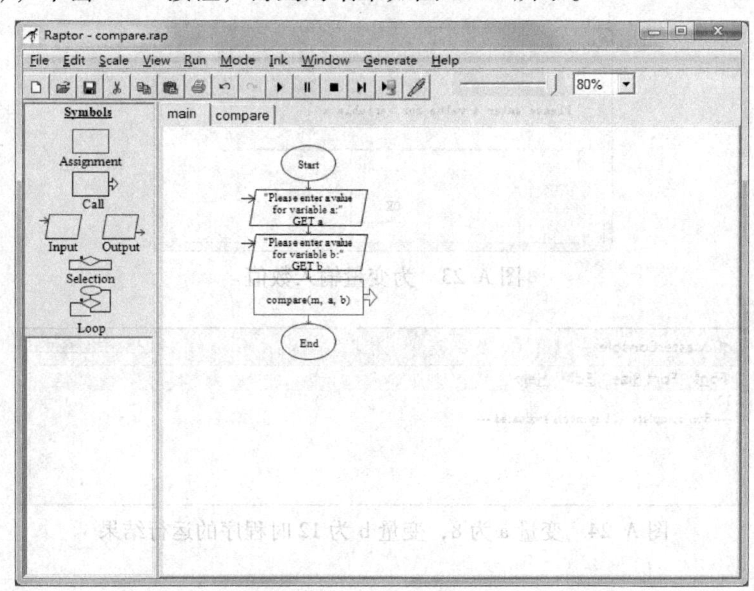

图 A. 21　调用子过程

在 compare(m,a,b)中，m 对应的是子过程中的 r，而 r 是用来存储输出结果的，在调用子过程结束时，会将 r 的值传递给 m。最后定义一个名为 result 的变量来存储最终的结果并将其输出，因此需要插入赋值符号，并将 m 的值赋给 result 并输出 result，这也就是最终要得到的完整 Raptor 程序，结果如图 A. 22 所示。

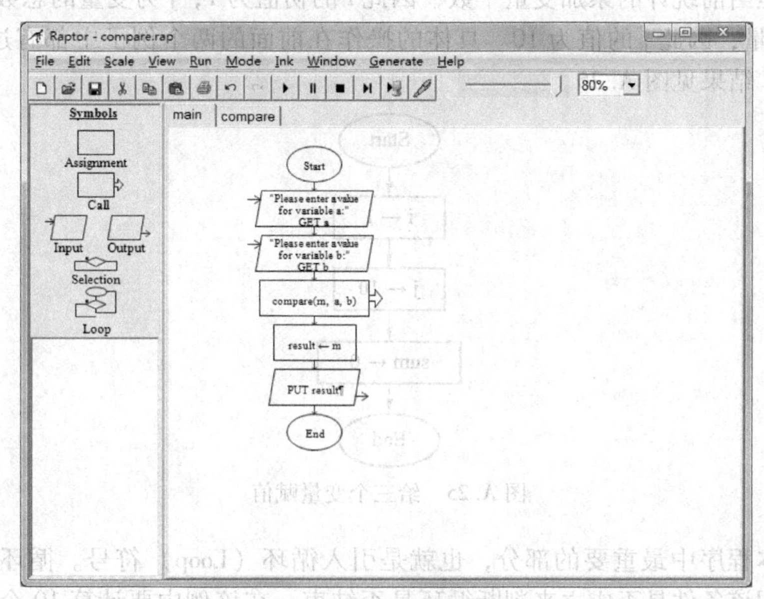

图 A. 22　完整的程序

单击运行程序按钮，当程序执行到第一个输入符号时，会弹出如图 A.23 所示的输入对话框，这里要求输入 a 的数值（可以输入一个整数，比如 8），输入数值后，单击 OK 按钮，程序会继续向下执行，要求输入 b 的数值（如 12）。观察程序的运行过程，可以看到对子过程的调用。最终的运行结果如图 A.24 所示。

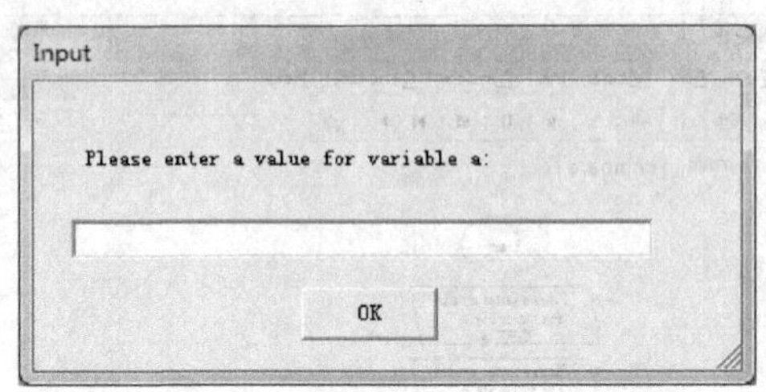

图 A.23　为变量输入数值

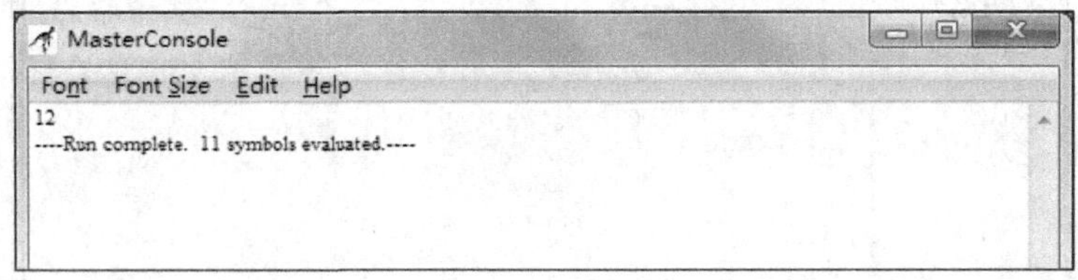

图 A.24　变量 a 为 8，变量 b 为 12 时程序的运行结果

A.4.3　实例 3　求 1+2+3+…+10 的和

在上面两个简单的例子中，介绍了基本的输入、输出符号以及选择符号，在本例中引入另一种重要的符号，即循环符号。

首先在程序中加入 3 个变量 i、j 和 sum，用 sum 表示最终求得的结果；i 既是当前进行累加的值，又是当前统计的累加变量个数，因此 i 的初值为 1；j 为变量的总数，因为本例中一共有 10 个变量，因此 j 的值为 10。具体的操作在前面的两个例子中都有过详细的说明，此处不再赘述。结果见图 A.25。

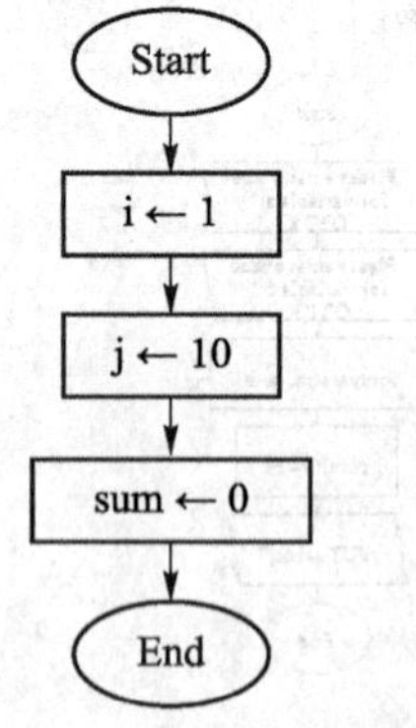

图 A.25　给三个变量赋值

接下来是本程序中最重要的部分，也就是引入循环（Loop）符号。循环符号需要一个判断条件，利用该条件是否成立来判断循环是否结束。在该例中要计算 10 个数的累加，因

此当 i 的值大于 10 时循环即结束。否则继续执行累加。

将循环（Loop）符号拖曳到 sum 赋值符号的下方，结果如图 A. 26 所示。

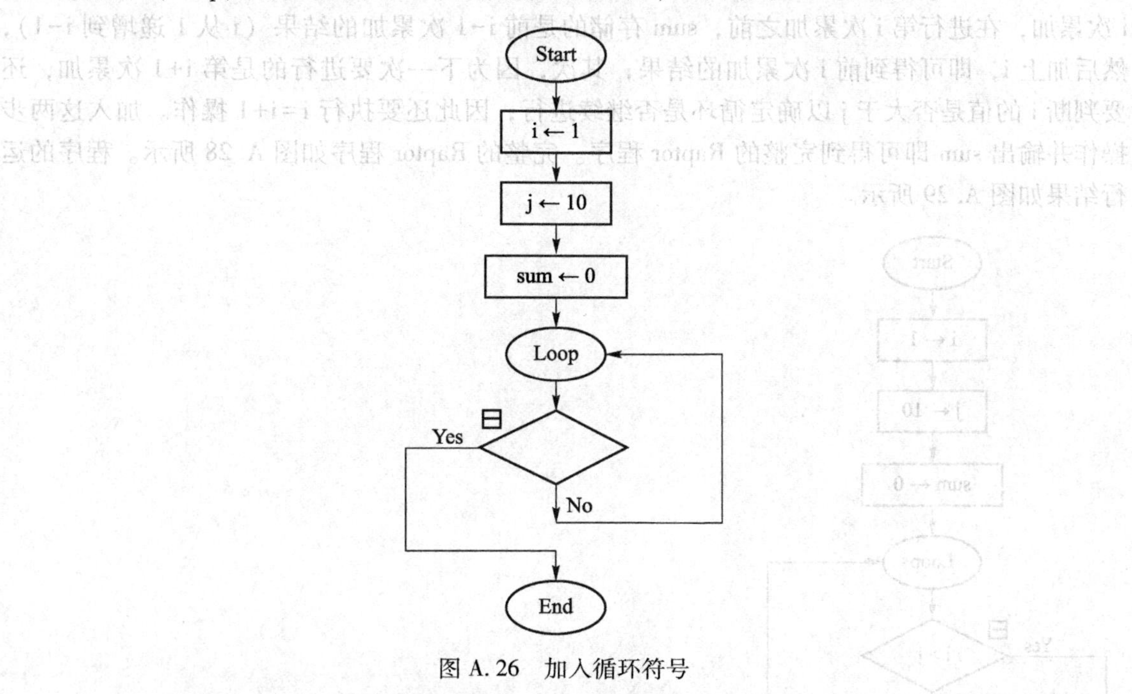

图 A. 26　加入循环符号

双击循环符号的菱形部分，会弹出如图 A. 27 所示的窗口，该窗口要求输入循环是否结束的条件，由于此处做的是对 10 个数进行累加，因此可以输入“i>j”（i 的初值为 1，j 的初值为 10）。当 i>j，即 i>10 时，说明已经累加了 10 个数，循环结束。

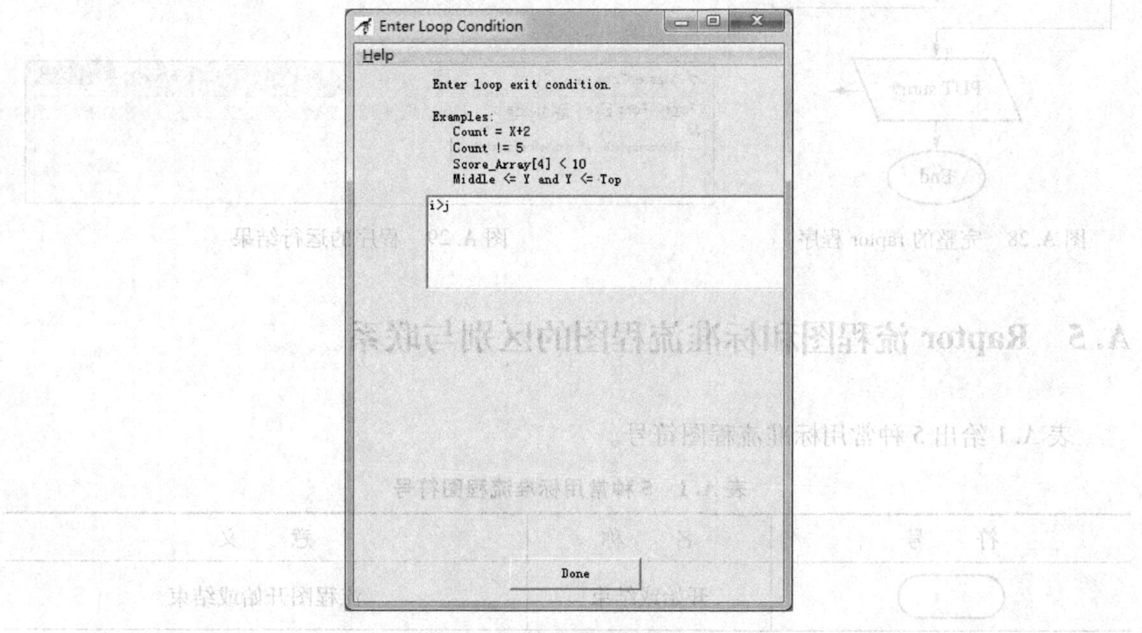

图 A. 27　输入循环结束条件

当 i>j 时，说明已经进行了 10 次累加，循环结束，并输出计算结果；如果 i<=j，那么累加还未结束，接下来要继续进行累加。累加的实现方式如下：首先，sum=sum+i，这是进行第 i 次累加，在进行第 i 次累加之前，sum 存储的是前 i-1 次累加的结果（i 从 1 递增到 i-1），然后加上 i，即可得到前 i 次累加的结果；其次，因为下一次要进行的是第 i+1 次累加，还要判断 i 的值是否大于 j 以确定循环是否继续进行，因此还要执行 i=i+1 操作。加入这两步操作并输出 sum 即可得到完整的 Raptor 程序。完整的 Raptor 程序如图 A. 28 所示。程序的运行结果如图 A. 29 所示。

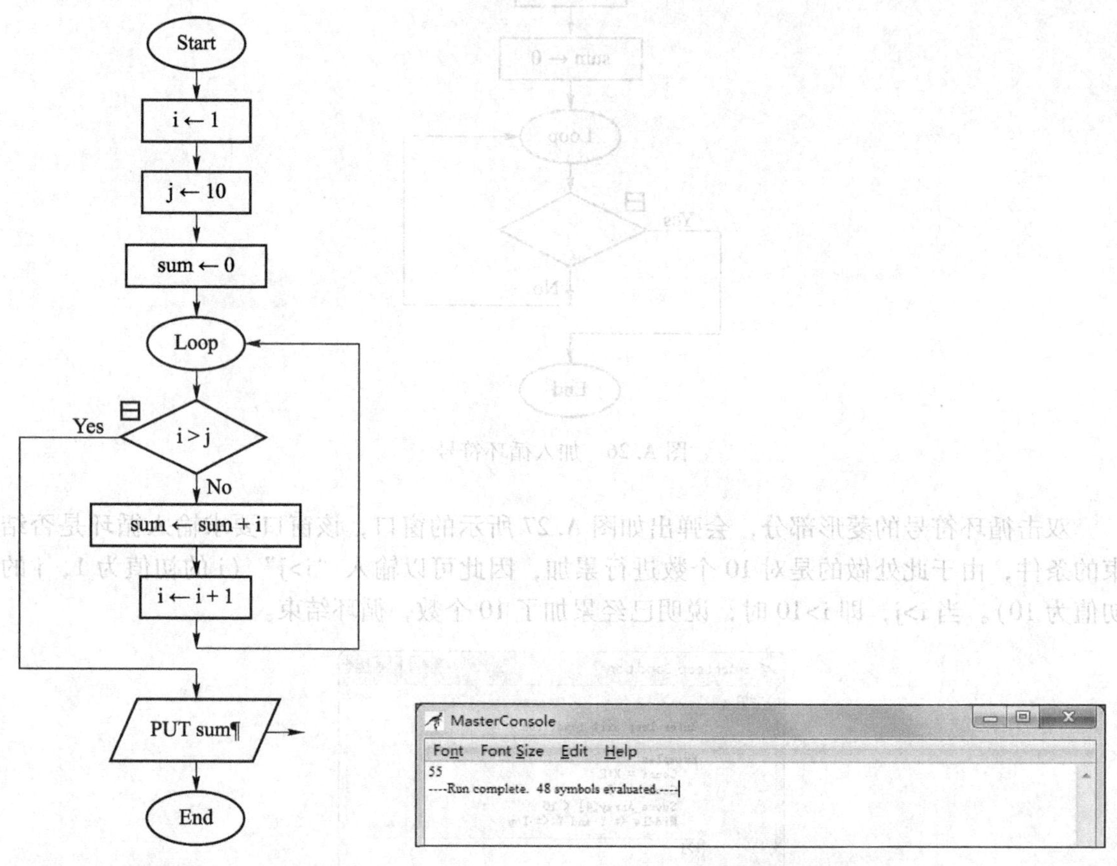

图 A. 28　完整的 raptor 程序

图 A. 29　程序的运行结果

A. 5　Raptor 流程图和标准流程图的区别与联系

表 A. 1 给出 5 种常用标准流程图符号。

表 A. 1　5 种常用标准流程图符号

符　号	名　称	意　义
	开始或结束	流程图开始或结束

续表

符　号	名　称	意　义
（矩形）	处理	处理程序
（菱形）	决策	不同方案选择
（平行四边形）	输入或输出	输入或输出数据
（箭头）	路径	指示路径方向

分别用 Raptor 流程图与标准流程图表示 1+2+3+⋯+10 的计算过程，如图 A. 30 所示。

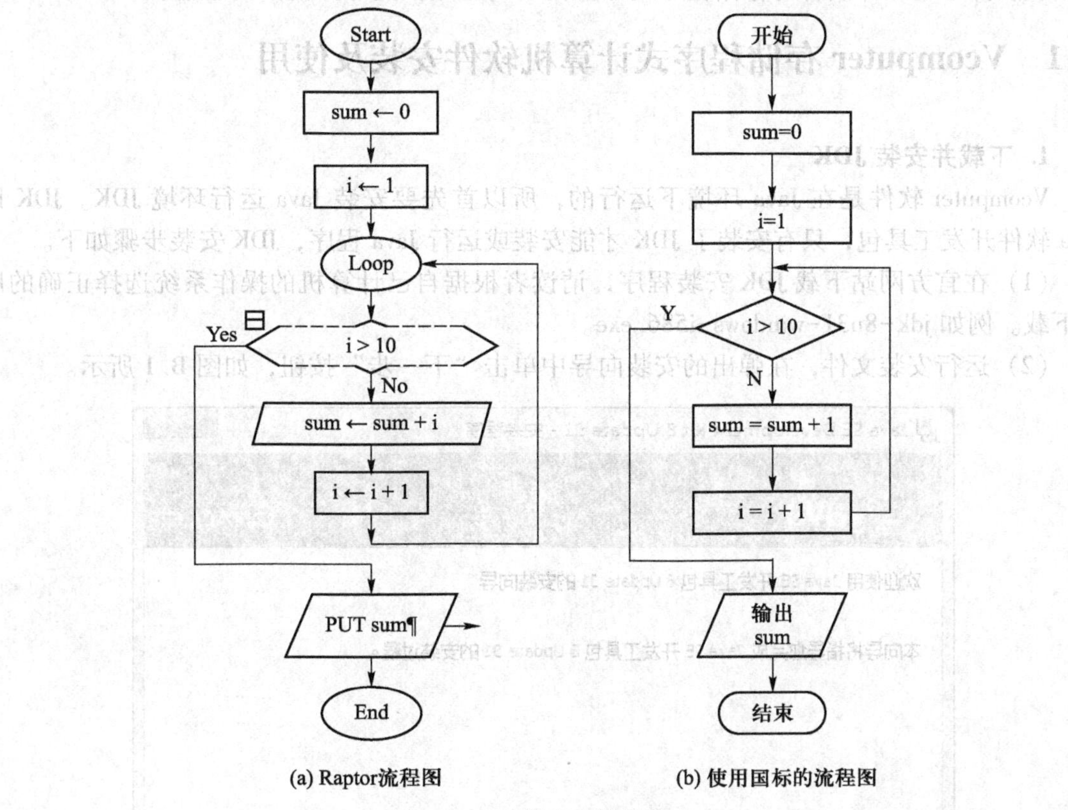

(a) Raptor流程图　　(b) 使用国标的流程图

图 A. 30　两种流程图的对比

从图 A. 30 中可以看出两种流程图的最大区别在于，Raptor 使用 Loop 控制循环而标准流程图使用决策语句控制循环，另外，Raptor 使用的流程图符号比标准流程图的符号少。

附录 B　Vcomputer 存储程序式计算机概述

Vcomputer 存储程序式计算机软件的文件名为 vcomp_alpha，该软件是本书的配套软件，使用该软件可以加深读者对存储程序式计算机（冯·诺依曼计算机）的理解。

B.1　Vcomputer 存储程序式计算机软件安装及使用

1. 下载并安装 JDK

Vcomputer 软件是在 Java 环境下运行的，所以首先要安装 Java 运行环境 JDK。JDK 即 Java 软件开发工具包，只有安装了 JDK 才能安装或运行 Java 程序，JDK 安装步骤如下。

（1）在官方网站下载 JDK 安装程序，请读者根据自己计算机的操作系统选择正确的版本下载。例如 jdk-8u31-windows-i586. exe。

（2）运行安装文件，在弹出的安装向导中单击“下一步”按钮，如图 B.1 所示。

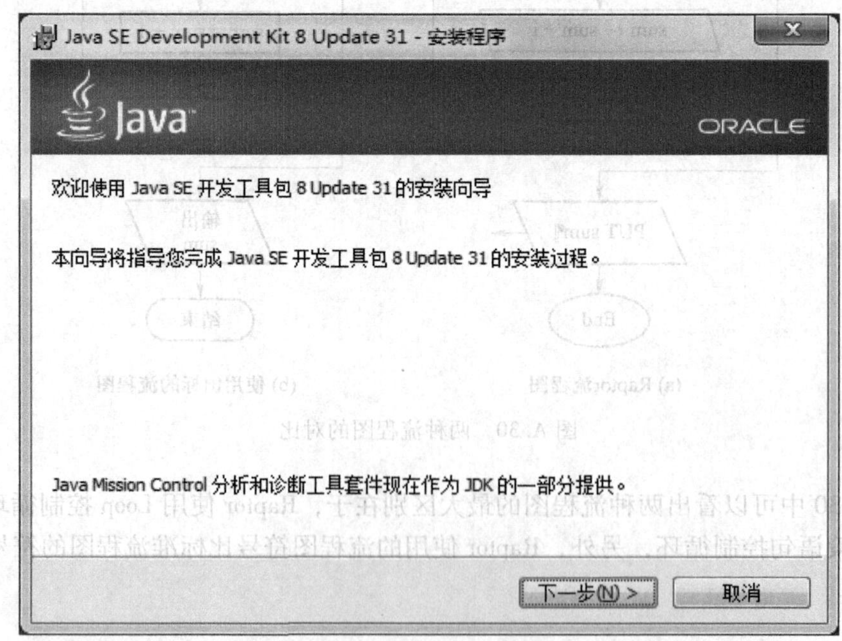

图 B.1　JDK 安装程序

（3）在弹出的“定制安装”对话框中单击“下一步”按钮，如图 B.2 所示。

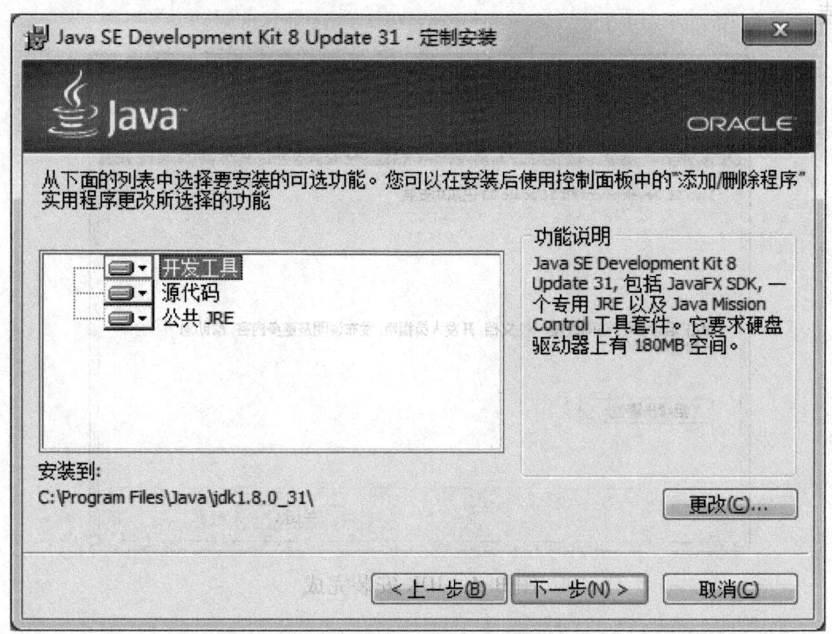

图 B.2　定制安装对话框

（4）安装程序会弹出“目标文件夹”对话框，单击“更改”按钮将 Java 安装到指定目录下，再单击“下一步”按钮，如图 B.3 所示。

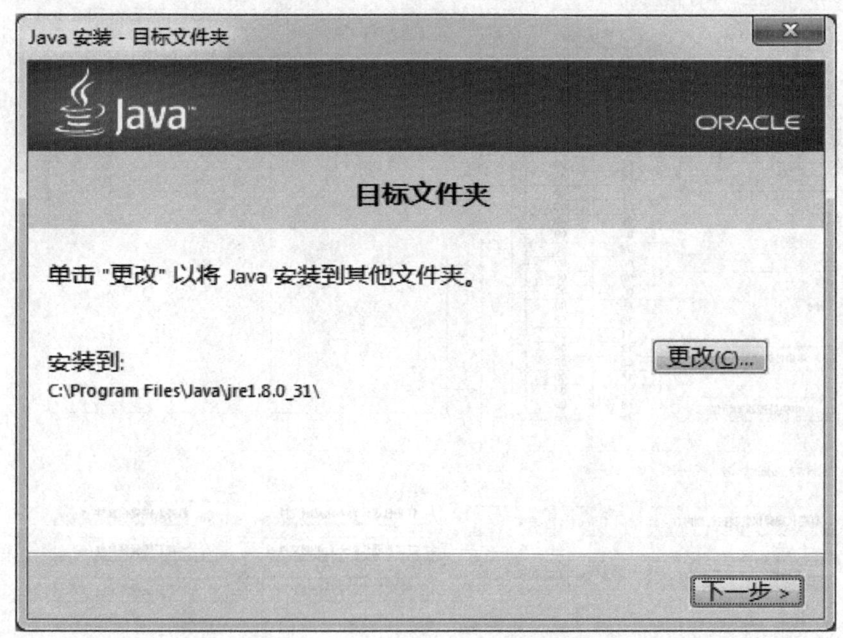

图 B.3　目标文件夹对话框

（5）等待自动安装结束后，弹出“完成”对话框（如图 B.4 所示），单击“关闭”按钮，完成安装。

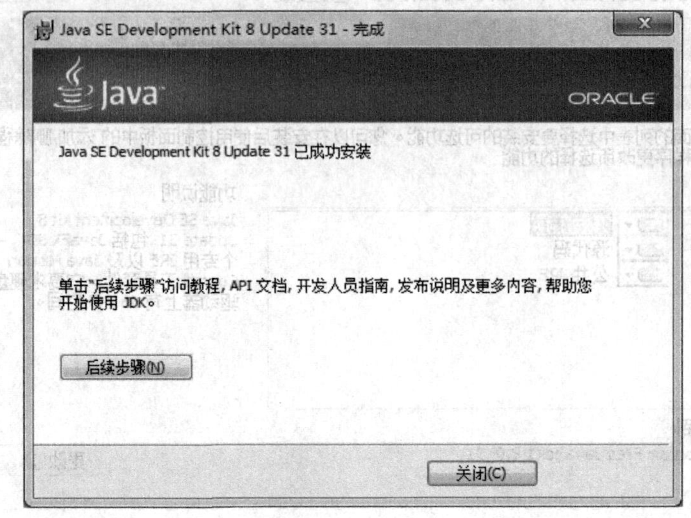

图 B.4　JDK 安装完成

2. 运行 vcomp_alpha.jar

安装好 JDK 后，直接双击文件 vcomp_alpha.jar 即可运行该软件，启动界面如图 B.5 所示。

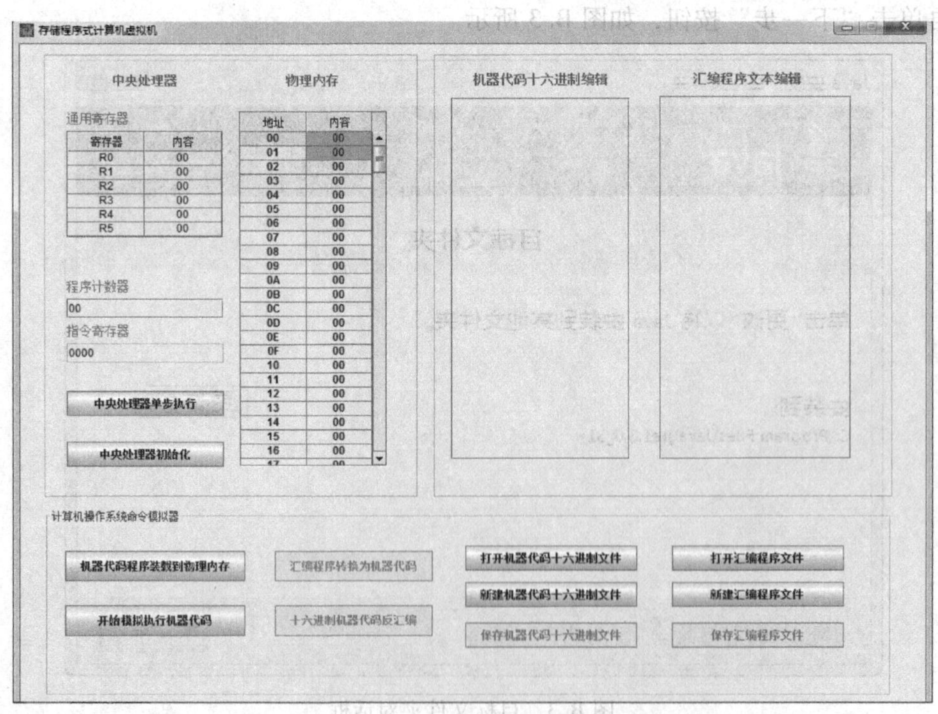

图 B.5　Vcomputer 虚拟机软件启动界面

3. 应用 Vcomputer 虚拟机软件的实例

实例 1　将十六进制机器代码转换为汇编指令程序。

从机器代码转换为汇编指令有两种操作方式，第一种方式可以先在文本文件中编辑十六进制的机器代码并保存，然后单击虚拟机上的“打开机器代码十六进制文件”按钮，将之前编辑好的机器代码加载到虚拟机的“机器代码十六进制编辑”框中，如图 B.6 所示。

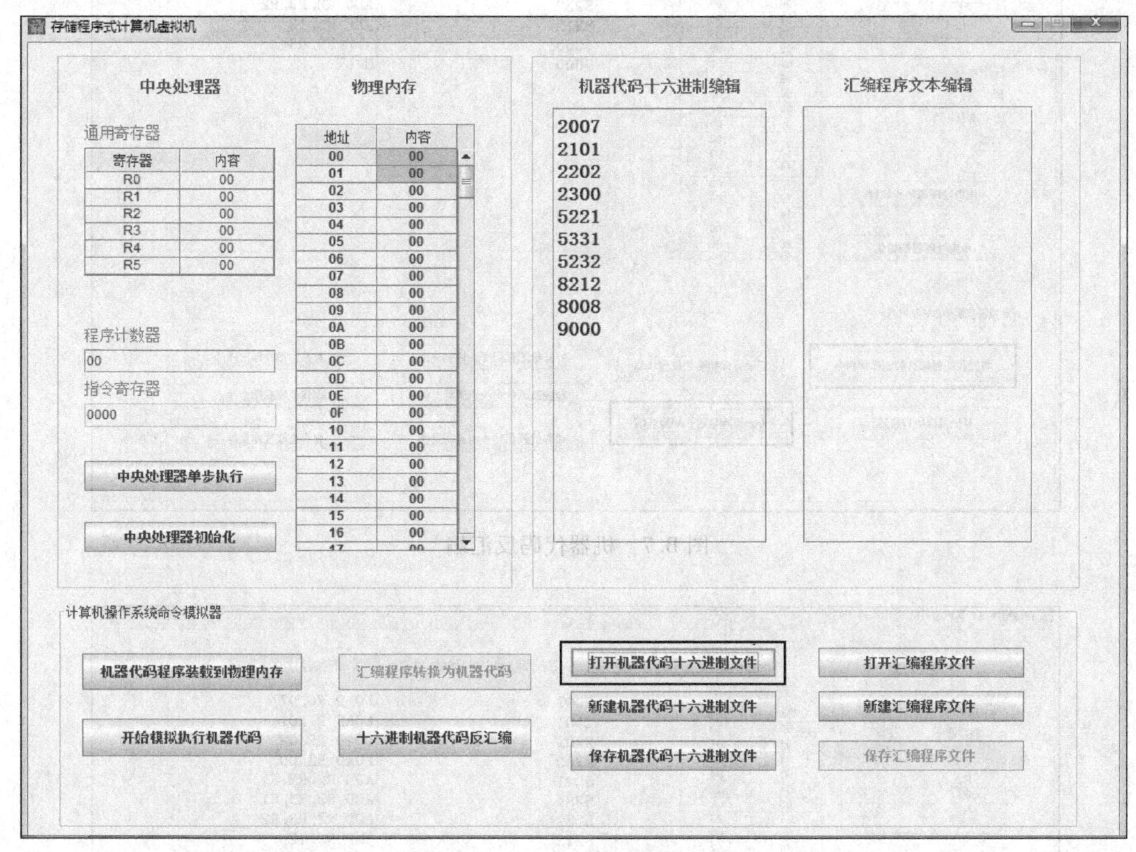

图 B.6　打开机器代码文件

单击“机器代码程序装载到物理内存”按钮，然后再单击“十六进制机器代码反汇编”按钮，在“汇编程序文本编辑”框中出现与机器代码相应的汇编指令程序，如图 B.7 所示。

Vcomputer 虚拟机还可以模拟机器代码的执行过程。单击“开始模拟执行机器代码”按钮，虚拟机就按照机器代码所加载的物理内存地址顺序执行，在执行过程中通过“程序计数器”框可以看到程序执行过程中当前执行指令的物理内存地址。在“指令寄存器”框中同时显示当前执行指令的机器代码。如果想看每一步机器指令的执行过程，先单击“中央处理器初始化”按钮，然后将机器代码重新装载到物理内存，再单击“中央处理器单步执行”按钮，每单击一次，就执行一行机器代码，同时在“通用寄存器”“程序计数器”和“指令寄存器”框中显示当前执行指令的寄存器使用状况、指令物理地址和指令本身。如图 B.8 所示。

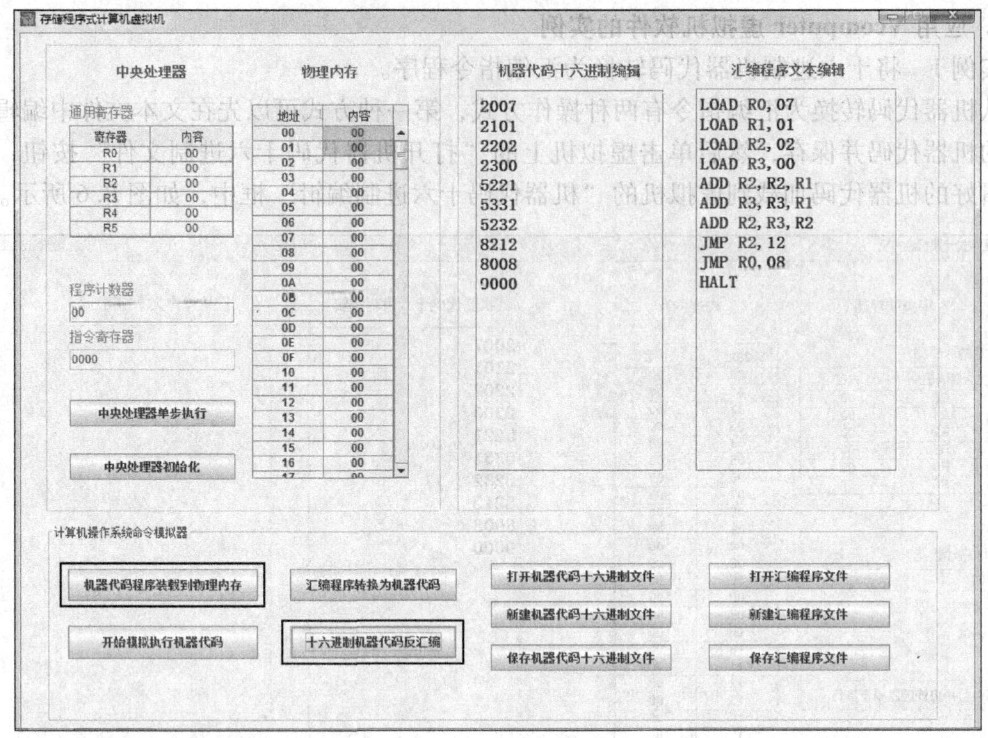

图 B.7　机器代码反汇编

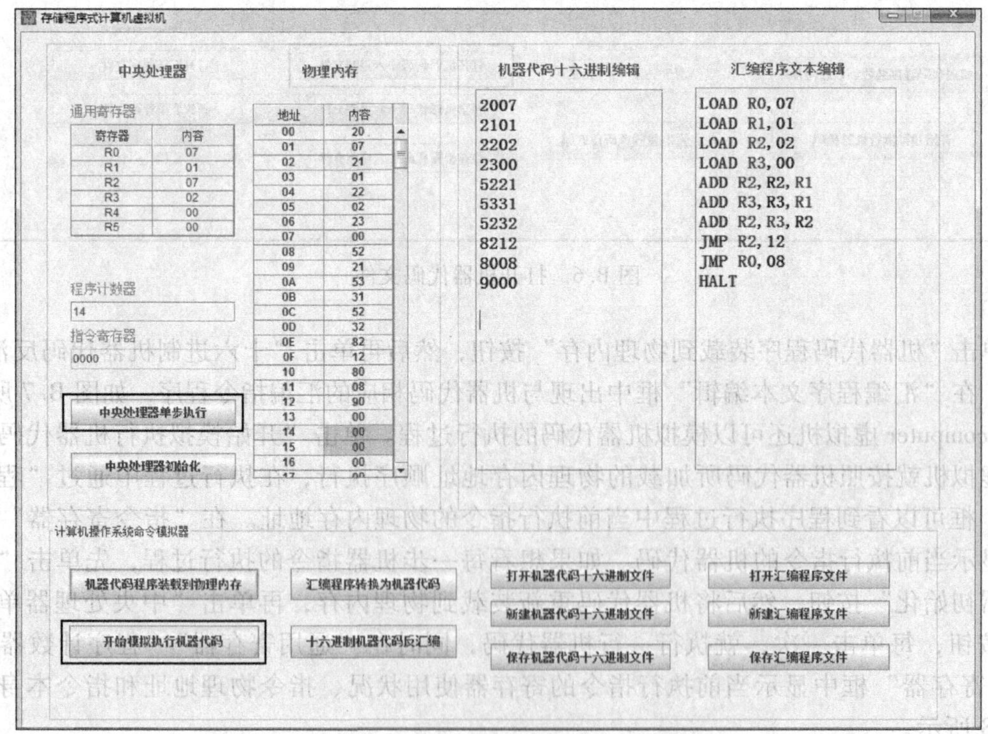

图 B.8　中央处理器单步执行机器代码

从机器代码转换为汇编指令的另外一种方式是直接在“机器代码十六进制编辑”框中编辑机器代码，其他的操作步骤和上面介绍的相同。

实例 2 将汇编指令程序转换为十六进制机器代码。

将汇编指令程序转换为十六进制机器代码有两种方式，第一种是在文本文档中编辑汇编指令程序，然后单击“打开汇编程序文件”按钮，将事先编辑好的汇编程序加载到“汇编程序文本编辑”框中，如图 B.9 所示。

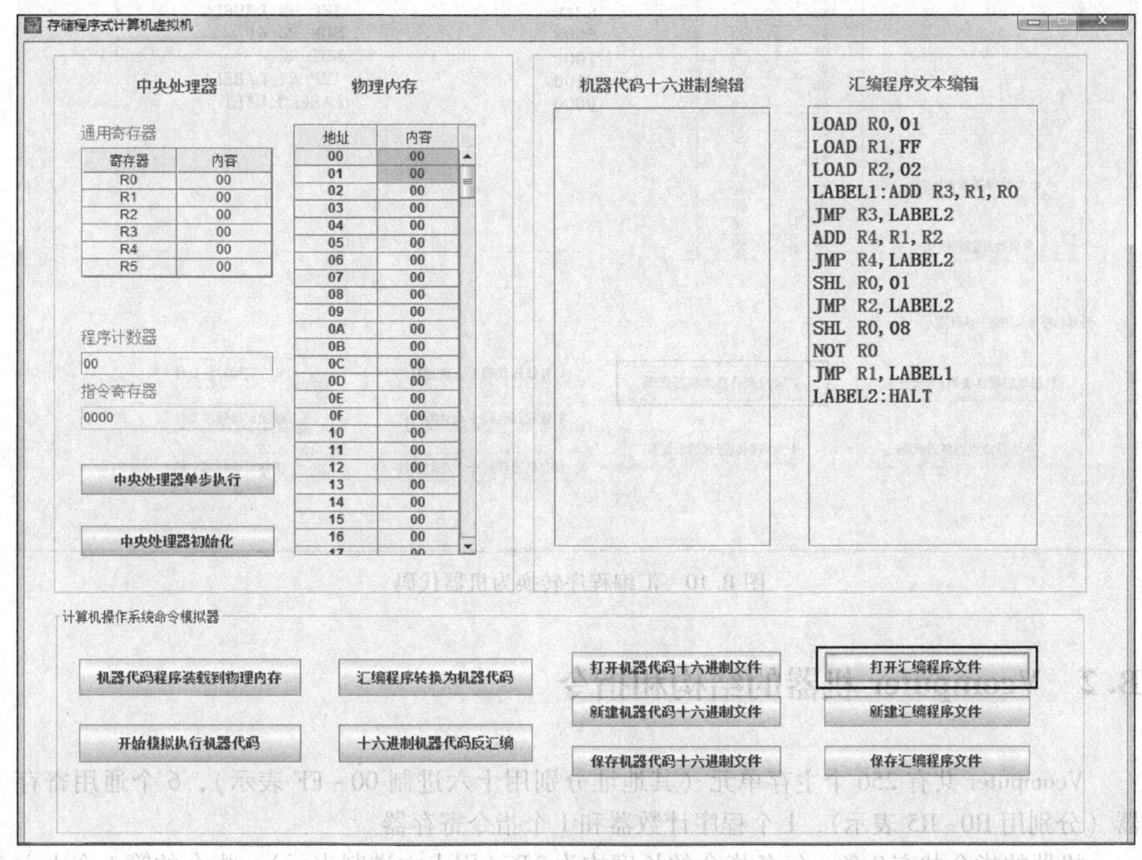

图 B.9 打开汇编程序文件

单击“汇编程序转换为机器代码”按钮，虚拟机将汇编程序直接转换为十六进制机器代码，如图 B.10 所示。

如果想查看机器代码的执行情况，可以依照前面介绍的方式运行虚拟机，这里不再赘述。另一种将汇编程序转换为机器代码的方式是直接在虚拟机的“汇编程序文件编辑”框中编辑汇编语言程序，然后单击“保存汇编程序文件”按钮，最后单击“汇编程序转换为机器代码”按钮就可以了。

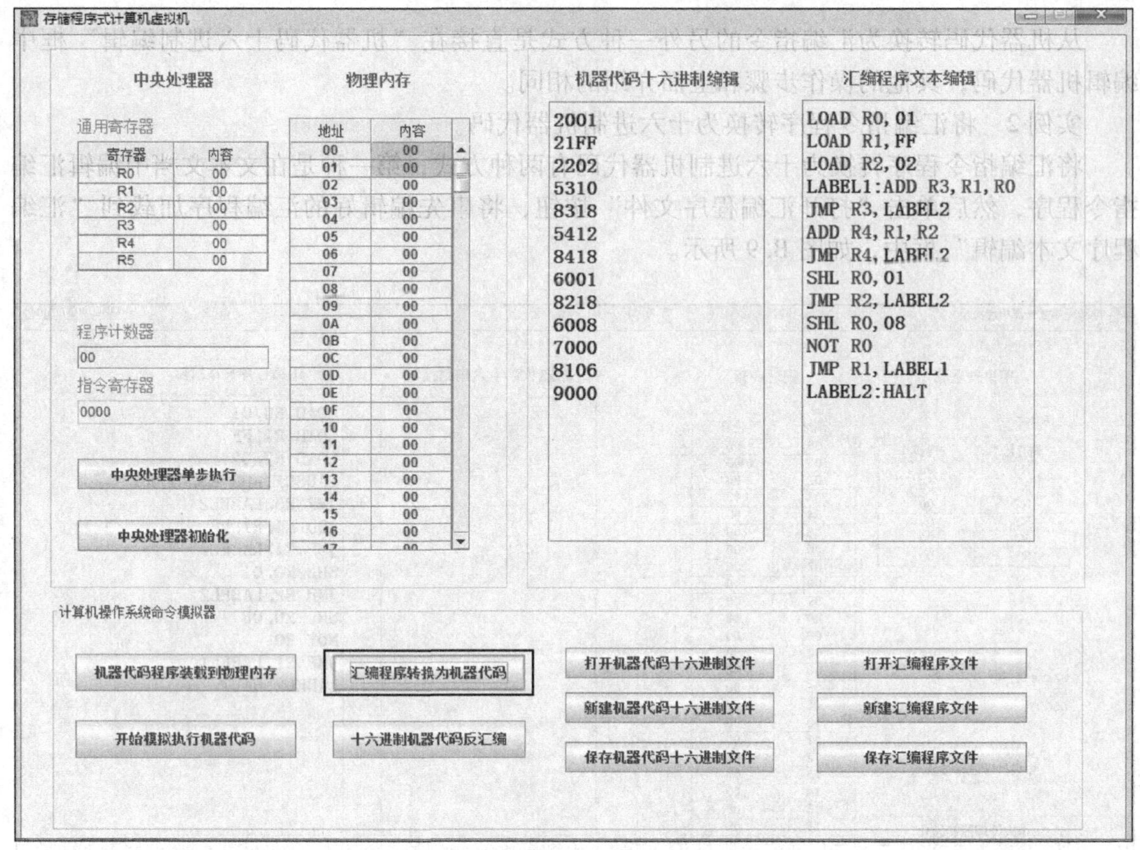

图 B.10　汇编程序转换为机器代码

B.2　Vcomputer 机器的结构和指令

Vcomputer 共有 256 个主存单元（其地址分别用十六进制 00 ~ FF 表示），6 个通用寄存器（分别用 R0 ~ R5 表示），1 个程序计数器和 1 个指令寄存器。

机器的指令共有 9 条，每条指令的长度均为 2 B（用十六进制表示）。指令的第 1 个十六进制数字为操作码，指令的后 3 个十六进制数字为操作数，如表 B.1 所示。

表 B.1　Vcomputer 机器的指令集

操作码	操作数	描　述
1	RXY	将主存 XY 单元中的数取出，存入寄存器 R 中。如 1543，将主存 43 单元中的数取出，存入寄存器 5 中
2	RXY	将数 XY 存入寄存器 R 中。如 2543，将 43（十六进制数）存入寄存器 5 中
3	RXY	将寄存器 R 中的数取出，存入内存地址为 XY 的单元中
4	0RS	将寄存器 R 中的数存入寄存器 S 中
5	RST	将寄存器 S 与寄存器 T 中用补码表示的数相加，结果存入寄存器 R 中

续表

操作码	操作数	描　述
6	R0X	将寄存器 R 中的数左移 X 位（先将 R 中的十六进制数转换为二进制数，再左移 X 位），移位后，用 0 填充腾空的位
7	R00	将寄存器 R 中的数按位取反。如 7100，将寄存器 1 中的数按位取反，将结果存入寄存器 1 中
8	RXY	若寄存器 R 与寄存器 0 中的值相同，则将数据 XY（转移地址）存入程序计数器；否则，程序按原来的顺序继续执行
9	000	停机，9000

B.3　Vcomputer 机器上的汇编指令集

Vcomputer 机器的汇编指令有 9 条，与其机器指令一一对应，如表 B.2 所示。

表 B.2　Vcomputer 机器的汇编指令与机器指令对照表

操作码	操作数	汇编指令	描　述
1	RXY	Load R,[XY]	[R]:=[XY]
2	RXY	Load R,XY	[R]:=XY
3	RXY	Store R,[XY]	[XY]:=[R]
4	0RS	Mov R,S	[S]:=[R]
5	RST	Add R,S,T	[R]:=[S]+[T]
6	R0X	Shl R,X	[R]:=[R]左移 X 位，移位后，用 0 填充腾空的位
7	R00	Not R	[R]:=[R]中的值按位取反
8	RXY	Jmp R,XY	程序计数器[PC]:=XY, IF [R]=[R0]; else [PC]:=[PC]+2
9	000	Halt	停机

B.4　汇编程序编写过程中的注意事项

（1）注释：汇编程序可以包含注释，注释含一行中从分号起到该行结束的所有符号。

（2）白空格：汇编程序文本中的白空格包括空格符（Space 键）、制表符（Tab 键）、换行符（Enter 键）。

（3）语句标号：汇编语句可以有标号，标号只能以字母开头，后面只能跟字母、数字、下画线。标号后面必须跟冒号，标号与冒号之间不能有白空格。例如，“label　:”这样的标号定义不符合规定。标号后面的冒号与操作码之间可以有多个白空格。

（4）分隔符：操作码与第一个操作数之间至少包含一个白空格。操作数之间通过逗号分隔，操作数与逗号、逗号与操作数之间可以有多个白空格。

（5）数值：数值全部用十六进制表示。

（6）字母大小写：Vcomputer 机器的汇编语句不区分字母的大小写。

B.5 机器指令（十六进制代码）编写过程中的注意事项

（1）在机器代码（十六进制代码）文件的编写过程中，一行只能写一个指令，共 4 位（十六进制数）。

（2）在机器代码（十六进制代码）文件中，一个指令编写好后，换行写另一个指令。

B.6 存储程序式计算机模拟平台的功能

本平台的设计基于 Vcomputer 的指令，具有如下功能。

（1）能够对汇编程序进行编辑、保存或打开新的文件（txt 文件）。

（2）能够对机器指令按十六进制的形式进行编辑、保存或打开新的文件（txt 文件）。

（3）能够将汇编程序转换为十六进制的机器代码。

（4）能够将十六进制的机器代码转换为汇编程序。

（5）能够将机器代码程序装载到物理内存。

（6）能够模拟程序在机器中的执行过程。

（7）可以模拟程序在机器中单步执行的过程。

（8）可以对中央处理器进行初始化操作（即对 CPU 中的各类寄存器置零）。

（9）任何时候都可以直接修改物理内存的内容。

（10）任何时候都可以直接修改程序计数器（PC）中的值。单步执行（一步完成）时，首先，根据程序计数器中修改后的地址，将相应的机器指令取出，存入指令寄存器中；其次，执行存入指令寄存器中的新指令；最后，将程序计算器的值+2。

（11）指令寄存器中的值不能修改（初值为空）。

B.7 计算机模拟平台的注意事项

若无法正常打开或保存文件，请按以下方式设置 IE：依次选择工具、Internet 选项、安全、自定义级别，对没有标记为安全的 ActiveX 控件进行初始化并运行脚本，然后启用即可。

B.8 Vcomputer 演示实例的源程序

（1）实例 1 的源程序如下。

2007

2101

2202

```
2300
5221
5331
5232
8212
8008
9000
```

（2）实例 2 的源程序如下。

```
LOAD R0,01
LOAD R1,FF
LOAD R2,02
LABEL1:ADD R3,R1,R0
JMP R3,LABEL2
ADD R4,R1,R2
JMP R4,LABEL2
SHL R0,01
JMP R2,LABEL2
SHL R0,08
NOT R0
JMP R1,LABEL1
LABEL2:HALT
```

参考文献

[1] DENNING P J, COMER D E, GRIES D, et al. Computing as a discipline[J]. Communications of the ACM, 1989, 22 (1), 63-70.

[2] TUCKER A, ALLEN B. Computing curricula 1991 [J]. Communications of the ACM, 1991, 34 (6): 68-84.

[3] ACM/IEEE-Curriculum 2001 Task Force. Computing Curricula 2001: Computer Science [M]. New York: ACM Press and IEEE Computer Society Press, 2001.

[4] ACM/IEEE-CS Joint Task Force on Computing Curricula. Computer Science Curricula 2013 [M]. New York: ACM Press and IEEE Computer Society Press, 2013.

[5] CLEAR A, PARRISH A S, IMPAGLIAZZO J, et al. Computing Curricula 2020: Introduction and Community Engagement [C]//Proceedings of the 50th ACM Technical Symposium on Computer Science Education, 2019.

[6] JEANNETTE M W. Computational thinking [J]. Communications of the ACM. 2006, 49 (3).

[7] 中国计算机科学与技术教程 2002 研究组．中国计算机科学与技术学科教程 2002 [M]. 北京：清华大学出版社，2002.

[8] 全国高等学校计算机教育研究会．全国“计算机科学与技术方法论”专题学术研讨会论文集 [J]. 计算机科学，2003，30（6，专辑）.

[9] 全国高等学校计算机教育研究会．全国“计算思维与计算机导论”专题研讨会论文专辑 [J]. 计算机科学，2008，35（11，专辑）.

[10] 计算机课程思政虚拟教研室．计算课程思政教学案例汇编 [M]. 北京：高等教育出版社，2023.

[11] 董荣胜，古天龙，殷建平．计算学科课程思政教学指南 [J]. 计算机教育，2024 (01): 7-15.

[12] 关士续，等．自然辩证法概论 [M]. 修订本．北京：高等教育出版社，1991.

[13] 冯·诺依曼．计算机与人脑 [M]. 甘子玉，译．北京：商务印书馆，2009.

[14] 教育部高等学校大学计算机课程教学指导委员会．计算思维教学改革宣言 [J]. 中国大学教学，2013 (7): 7-10+17.

[15] 陈国良．大学计算机：计算思维视角 [M]. 2 版．北京：高等教育出版社，2014.

[16] 陈国良，董荣胜．计算思维与大学计算机基础教育 [J]. 中国大学教学，2011 (1):

7-11+32.
[17] 陈国良，董荣胜. 计算思维的表述体系 [J]. 中国大学教学，2013（12）：22-26.
[18] 陈国良，张龙，董荣胜，等. 大学计算机素质教育：计算文化、计算科学和计算思维 [J]. 中国大学教学，2015（6）：4.
[19] 陈国良，李廉，董荣胜. 走向计算思维 2.0 [J]. 中国大学教学，2020（4）：24-30.
[20] 陈国良. 计算机课程思政虚拟教研室文化建设 [J]. 计算机教育，2023（11）：1-2.